建设行业岗位技能实训系列教材

楼宇智能化系统与技能实训

中国建设教育协会　组织编写
张小明　主编

中国建筑工业出版社

图书在版编目（CIP）数据

楼宇智能化系统与技能实训/张小明主编. —北京：中国建筑工业出版社，2011.4
建设行业岗位技能实训系列教材
ISBN 978-7-112-13173-0

Ⅰ.①楼… Ⅱ.①张… Ⅲ.①智能化建筑-自动化系统-教材 Ⅳ.①TU243

中国版本图书馆 CIP 数据核字（2011）第 067337 号

本书以提高学习者的职业实践能力和职业素养为宗旨，倡导以学生为本位的教育培训理念，突出职业教育的特色，根据企业实践工作任务、工作过程和工作情境组织教学内容，形成围绕工作过程的新型教学与训练教材，紧密结合相应的国家职业标准和行业岗位要求，并加强实操技能训练，以项目教学法的形式编写。

本书主要介绍楼宇智能化技术必备基础知识、常用电工工具、器具、仪器、仪表的使用和保养等基本技能、视频监控系统训练、入侵报警系统训练、出入口控制系统、火灾自动报警与消防联动控制系统、可视对讲系统、综合布线系统各系统的施工、调试、验收等技能训练、技能训练的组织与管理，突出动手能力的培养和技能培训。全书的内容形式更贴近实际，且实用性、实践性更强，通俗易懂，流程清晰，便于自学。

本书可作为高等职业技术学院和中等职业技术学校相关专业教学用书，并可作为不同层次的岗位培训教材，亦可供从事智能建筑行业的工程技术人员等参考。

* * *

责任编辑：田立平　李　明　朱首明
责任设计：张　虹
责任校对：陈晶晶　王雪竹

建设行业岗位技能实训系列教材
楼宇智能化系统与技能实训
中国建设教育协会　组织编写
张小明　主编

*

中国建筑工业出版社出版、发行（北京西郊百万庄）
各地新华书店、建筑书店经销
北京红光制版公司制版
北京建筑工业印刷厂印刷

*

开本：787×1092毫米　1/16　印张：20¾　字数：513千字
2011年5月第一版　2013年8月第三次印刷
定价：**43.00**元
ISBN 978-7-112-13173-0
(20590)

编 者 的 话

教育部、住房和城乡建设部合作举办全国职业院校技能大赛中职组建筑工程技术技能比赛已进入第三个年头。

这个由政府搭台、行业介入、企业赞助，学校参与的大赛，其关联度、受众面、影响力则越来越大，初步形成了“校校有比赛，层层有选拔，全国有大赛”的可喜局面。据2010年不完全统计，全国各地参加各类别比赛的中等职业学校学生达到400多万人次，占在校生总数的20%以上。

建筑工程技术技能比赛，作为全国职业院校技能大赛中职组技术技能比赛的一个分支，从开始的一、二个赛项发展到目前五个赛项，涉及全国37个省市，仅参加全国比赛的学生约五百人，连同之前的校赛、省市赛、参与的人数多达几十万。

前两年大赛的成果证明了，在推动职业教育的内涵发展，加快职业教育人才培养模式的改革，促进职业教育与产业结合、加强学生职业技能培养、推进双师型教师队伍建设等方面，大赛凸显重要的作用。当然，大赛也暴露出学生职业技能培训的缺失，尤其是创新能力的不足；职业院校教师的“双师型”素质亟待提高等问题。

为解决上述问题，我们组织比赛大纲起草者、命题人、参与裁判工作的教师，共同编著了这套职业技能训练指导丛书。本丛书力求将比赛元素融合于日常教学之中，力求使内容更贴近职业技能的实际，力求让学生多掌握一点就业本领。因此，我们将本丛书取名为岗位技能实训系列教材。

我们计划每一个赛项都有一本岗位技能实训书与之配套，现先推出工程算量技能实训和楼宇智能化系统与技能实训两本。

本套丛书如期出版了。参与编著工作的专家们为之付出了极大的辛劳，教育部职成司、住房和城乡建设部人事司的领导给予了极大支持和直接指导，在此一并表示衷心感谢！

中国建设教育协会

于一零一一年四月

前　言

我国智能楼宇起步于20世纪90年代，从无到有，从概念到实用，乃至今天已成为建筑的必然要求，其内涵和技术的发展都让置身其中者及旁观者为之炫目。

随着科学技术在建筑行业的渗透，尤其是计算机、自动化、通信与计算机网络等技术在建筑行业的广泛应用，建筑业对从业人员的知识结构有了更高的要求。因此，近几年在一些高等职业院校的教学内容中增加了建筑智能化技术课程，以适应建筑业对这类人才的需求。然而，与建筑智能化技术课程相配套的实验、实训、毕业设计等实践性教学环节的建设相对薄弱。究其原因，其一是由于建筑智能化实验室的建设成本较高；其二是一些建筑智能化实训室与实际系统差距较大。课程教学与实践教学出现脱节和不协调直接影响了建筑智能化教学的质量，制约了学生创新精神和实践能力的提高。因此，为了配合教育部、建设部技能型紧缺人才培训指导方案的顺利实施，满足中等职业学校人才培训和全面素质教育的要求，编写本书以实践教学为主要内容的教材，构建一个与建筑智能化理论紧密结合的实践教学体系，为培养建筑智能化人才奠定基础。

本教材是在较强的工程实践基础上编写的，编写过程中遵循以实用为准，力求内容丰富，图文并茂，贯彻以学生为主体、以能力为本位、以就业为导向的职业教育理念，注重理论联系实际，适用型和灵活性相结合。全书对智能楼宇设备系统施工、调试、验收等作了深入浅出的论述，介绍了从事建筑智能化系统施工所必须的基本知识、基本操作和安装技能，注重专业技能训练和创新能力的培养。

本书按照项目教学法编写，全书共分为四个单元，每一个单元有多个项目组成。本书由张小明主编，并编写单元2、单元3（项目四）、单元4；孙德初编写单元1；徐玉峰编写单元3（项目一、项目二、项目三、项目五、项目六）。在写作过程中，还先后得到许多同行同志的支持和帮助，提出了许多修改意见，在此一并表示衷心的感谢！

在编写过程中笔者参考了许多图书、杂志、设备说明书、设备操作手册，还有超星数字图书馆中的图书，由于篇幅有限，书后的参考文献中只列举了主要的参考书目，在此谨向参考文献的作者表示衷心的感谢。由于编者水平有限，加之时间仓促，书中难免有不足之处，殷切期望专家、同行批评指正，也希望得到读者的批评指正。

编　制

2011年4月

目　录

单元1　楼宇智能化技术必备基础知识

本单元为楼宇智能化技术必备基础知识，详细介绍了弱电工程中的信号传输、传输媒介、模拟信号、数字信号；阐述了弱电工程中的直流电源和UPS电源的基本概念以及如何选用；对弱电工程中的防雷与接地方法与要求作了介绍；最后对弱电工程的验收要点进行了阐述；从电器线路敷设、电源设备安装及弱电系统接地等方面的验收作了较全面的介绍，对实际工作很有指导意义。

1.1　信　号　传　输

学习目标： 通过对传输媒介的学习，掌握传输媒介的分类、特点及应用。掌握模拟信号和数字信号的特点及传输方式。

1.1.1　信号传输的概念

信号是运载消息的工具，是消息的载体，是随时间变化的物理量。从广义上讲，它包含光信号、声信号和电信号等。人们通过对光、声、电信号进行接收，才知道对方要表达的消息。信号传输一般为某种形式的电磁能（电信号、无线电、光），可以传输语音、文字、符号、音乐、图像等。

为实现远距离的通信，在19世纪末即发明了用电信号来模拟语音信号并进行远距离传输，于是出现了电话以及话音传输技术。时至今日，电话通信仍然是电信网络中的重要业务之一，而传输技术则已经经历了几次重大的变革。

从电话通信发明到20世纪60年代，电信传输均是采用模拟话音传输技术，起初是采用一对线路传输一路模拟话音信号；随后为提高传输效率，开始采用频分复用（FDM）技术进行多路载波传输，传输介质也从双绞线向同轴电缆过渡。

上世纪60年代末到80年代后期，通信网络处于数字化的发展时期。随着话音信号的脉冲编码调制（PCM）技术的发展，数字传输技术以其安全、可靠、通信质量高，通信成本低、有利于通信设备小型化、集成化等优点迅速替代了模拟传输技术。另一方面，无线通信与移动通信的广泛应用以及利用模拟线路传输数字信号的需求，也暴露出了模拟信号频带传输技术的频谱利用率不高、抗噪声与抗干扰能力较差、不利于设备集成化等缺点。数字调制技术便迅速取代了模拟调制技术在频带信号传输中的位置。

近年来，光传输技术得到了迅速发展，光纤通信技术以其带宽充足、不受电磁干扰、原材料丰富等优点获得了广泛应用，在骨干传输网、局域传输网中已占据了主导地位。以电流调制为特征的光传输技术也属于数字传输技术的范畴。

1.1.2 传输媒介

信号传输一般采用电流、无线电波、微波或者是光谱能量来传递信号。传输媒介就是这些能量所传递的通路。传输媒介可分为线缆及无线两种。线缆及无线媒介为电压和电磁（EM）频谱提供物理通路导体。

1. 线缆媒介

（1）双绞线

双绞线是一种常用做电信电缆的铜导线，因为铜是一种电子传递的良好的导体。当两根非常接近的铜线都在传输电信号时，就会出现一定的电磁干扰，这种干扰称作串扰。此外，电磁现象无所不在，这便导致双绞线传输或接收到了一些从其他地方来的信号。把电极相反的两根铜线相互绞在一起可以减少串扰及信号放射程度，每一根缠绕着的导线在导电时，发出的电磁辐射被绞合的另一根线上发出的电磁辐射所抵消。

双绞线由两根绝缘铜线相互缠绕而成，而一对或多对双绞线安装在一个绝缘塑料外皮套中时，便形成了双绞线电缆。双绞线电缆有非屏蔽与屏蔽两种。

非屏蔽双绞线（Unshielded Twisted Pair）

非屏蔽双绞线电缆由多股双绞线和一个塑料外皮构成。电气工业协会（EIA）为5种不同质量的双绞线电缆推行了一个分类方案。第3类型（Category 3）、第5类型（Category 5）及5e UTP被广泛使用在计算机联网中。

非屏蔽双绞线（UTP）的性能表 **表1-1**

优　点	缺　点
相对便宜	不适宜＞100Mbps的高速率数据传输
容易安装，管理和再配置	衰减大
基础技术和标准成熟并稳定	易受电磁干扰和被窃听；UTP的传输距离有一定限制

屏蔽双绞线（Shieled Twisted Pair）

STP是一种绝缘电缆，它内部是双绞线，外面用铝箔包住。

屏蔽双绞线（STP）的性能表 **表1-2**

优　点	缺　点
相对光缆比较便宜	连接器安装困难
带宽比UTP高，155Mbit/s～500Mbit/s	STP的传输距离有一定限制
容易安装，管理和再配置	衰减大，易受电磁干扰和被窃听

（2）同轴电缆

同轴电缆（Coaxial cable俗称coax）由同一轴线的两个导体组成。因此，称为同轴。典型的同轴电缆中央是一根相对比较硬的铜导线或是一股导线，它由泡沫塑料与外层绝缘开。这层绝缘体又被第二层导体包住，网状导体（有时是导电的铝箔），被用来屏蔽EMI干扰，最后，电缆表面由坚硬的绝缘塑料包住。

为保持导线正确的电气特性，电缆必须接地同时也必须对端头进行处理，接地完成一个必要的电气回路，而端头起到消弱信号反射的作用。

同轴电缆的性能表 **表 1-3**

优　　点	缺　　点
抗电磁干扰能力优于双绞线，比较紧固	对极端状态下的电磁干扰及窃听有中等程度的敏感

（3）光纤缆

光纤是一种束缚和传导光波的长圆柱形透明材料，由光导玻璃或塑料芯构成，它被另一层称作包层的玻璃包住以及最外一层坚硬的外壳包住，一般是由三层组成。中心提供光通路或者称波导，而包层由多层反射玻璃构成。玻璃层设计成可以将光折射到中芯上的构造。每一芯以及包层都被外壳紧型或松型裹着。

在紧型结构中，光纤被外层塑料壳完全裹住；在松型结构中，光纤与保护壳之间有一层液体胶或其他材料。无论哪种情况，外壳都是起着提供必要电缆强度的作用，以防止光纤受外界温度，弯曲，外拉，折断的影响。

光纤缆也可以由单外壳光纤构成，但通常是将多股光纤捆到一起放在电缆中心。有些光纤缆还将提供附加金属性的物质，钢丝或者光纤玻璃导线来增大电缆强度。

光纤要比铜导线小得多也轻得多。所以，大型光纤缆能比同样尺寸的铜电缆起着更多的导体作用，这一特点使其在空间有限的环境下使用很理想。

光纤有多模或单模。单模下它只提供一条光通道，而多模下则提供多条通道。多模下的光纤层特性控制了不同模的速度。利用光的不同折射率而传信号的特性，信号的各个部分同时到达，使得接收者看来是一个脉冲。单模光纤具有更高的容量，但是，生产及使用这种光纤要比多模光纤昂贵。

光纤缆的性能表 **表 1-4**

优　　点	缺　　点
支持 100Mbit/s 以至超过 2Gbit/s 的带宽	光纤缆及配件价格较高
低衰减	要求制作精度高，安装较复杂
抗干扰和防窃听	

2. 无线媒介

无线媒介不使用电或光的导体进行电磁信号的传送或接收工作，一般采用多种形式的电磁波来运载信号。

（1）无线电

无线通信的传输媒质，即是无线信道，更确切地说，无线信道是基站天线与用户天线之间的传播路径。天线感应电流而产生电磁振荡并辐射出电磁波，这些电磁波在自由空间或空中传播，最后被接收天线所感应并产生感应电流。电磁波的传播路径可能包括直射传播和非直射传播，多种传播路径的存在造成了无线信号特征的变化。

电磁波谱区间，在 10kHz 至 1GHz 之间常称为无线电频率。

（2）微波

微波数据通信系统有两种方式：地面（基于地球表面）系统和卫星系统。

地面微波一般采用定向式抛物面形天线，这便要求与其他地点之间的通路没有障碍或视线能及。地面微波信号一般在低 GHz 频率范围，它由收发装置产生。由于微波连接不需要电缆，所以，比起基于电缆的方式它更加容易通过荒凉的地段。然而，地面微波设备经常采用受控的频率，所以微波通信管理局组织或政府部门要其交纳一定费用，使用时间也要受到限制。

频率范围：地面微波系统通常的运行频率为低 GHz 区域（一般在 4～6GHz 以及21～23GHz）。

与地面微波相似，卫星微波系统也是用低 GHz 频率范围的微波。然而他们通过地球上的定向抛物面天线，向地球同步卫星发送直波光束。一个基本的卫星网络安装包括一个网络连接设备或一个天线控制器。通过一根电缆，它与 0.75～2.4m 的抛物面天线连接到一起。地面天线将发射机产生的信号反射到离地面 22300 英里高同步轨道上的卫星上。这些信号又被再聚焦到主地面站。最后信号被主地面站或者其他网络天线接收到，它们再通过对应的网络连接设备送至所需的网络点。可以建立单个点到点系统或者多个传输器/接收器系统。

卫星微波传输跨越陆地海洋，所需要的时间及费用与传输距离无关，费用较昂贵。由于传输距离远，所以卫星传输有延迟（称为传播延迟），延迟小到 500ms，大到 5s 以上，但是卫星不受距离的限制。雨和雾会引起信号衰减（雨衰会使性能下降或传输中断）。带宽较高，使用频率必须被批准，设备需要认可。

卫星传输的频率范围：卫星连接通常使用的频率为低 GHz（一般在 11～14GHz）。

（3）红外线

另一种无线传输媒介建立在红外线光基础上。红外连接采用光发射二极管（LED）、激光二极管（LLD）或者光电二极管（音像遥控器或光纤收发器）来进行站与站之间的数据交换。这些设备发出的光非常纯净——只包含电磁波或小范围 EM 频谱中的光子。传输信息可以直接或经过墙面、天花板反射后被接收装置收到（每次反射信号强度大约衰减一半）。红外信号没有能力穿透墙壁和一些其他固体，也容易被强光源给盖住。红外线最有用的地方是在一个空荡的小房间里。红外波的高频特性可以支持高速度的数据传输。

频率范围：红外线传输一般在光频的最低区域（大约为 100GHz～1000THz）。

1.1.3 模拟信号的传输

1. 模拟信号的概述

按照信号参量的取值方式及其与消息之间的关系，可将信号划分为两类，即模拟信号与数字信号。模拟信号是指代表消息的信号参量（幅度、频率或相位）随消息连续变化的信号。如代表消息的信号参量是幅度，则模拟信号的幅度应随消息连续变化，即幅度有无限多个取值。模拟信号在时间上可以连续，但也可以离散。图 1-1 为时间连续和时间离散的模拟信号。

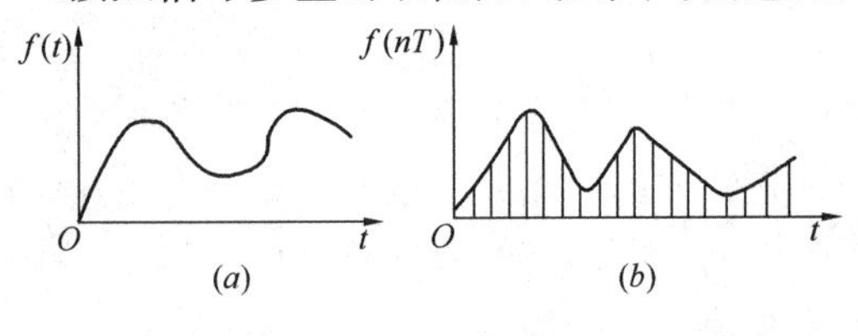

图 1-1 模拟信号

（a）时间连续的模拟信号；（b）时间离散的模拟信号

2. 模拟通信系统的特点

模拟通信系统的模型如图 1-2 所示。其中包含两种重要的变换：一是在发送端将连续消息变换成原始电信号，或在接收端作相反变换，它是由信息源或受信者完成；二是在发送端将原始电信号转换成其频带适合于信道传输的信号或在接收端作相反变换，即调制或解调，它们由调制器或解调器完成。

模拟通信系统发展和应用较早，技术成熟，设备简单，对一些需要大量低价接收终端的通信运用场合较为实用。如目前广泛使用的广播电台、无线电视、电话等，用户终端（收音机、电视机、电话机）便宜，容易普及。但模拟通信系统其缺点也很明显，如信息传输效率较低，频谱利用率不高，通信质量差，不适宜计算机应用，抗干扰能力较差等。因此，对于公众通信网络，模拟通信体制即将全部被数字通信系统所取代。但在一些特殊的场合，如简单的点对点通信、信息采集、近距离的信号传输等，模拟通信还具有很强的生命力。

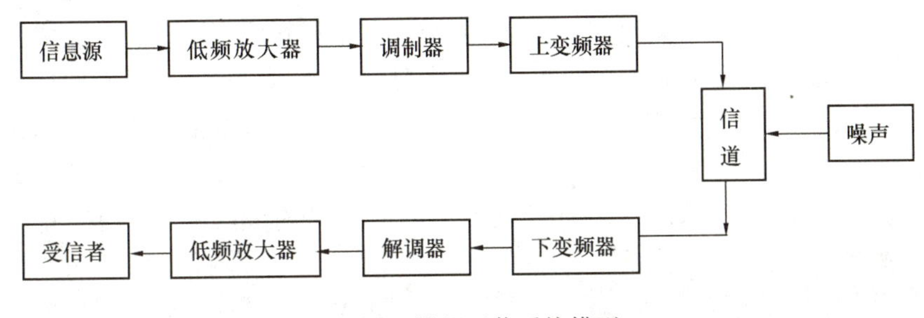

图 1-2 模拟通信系统模型

3. 调制

所谓调制就是用需要发送的信号去控制“载波”的某个或几个参数，从而将信号“寄生”在“载波”上。这里的“载波”是广义的，除了高频正弦载波以外，也可以是光波，红外线，高频脉冲信号等。

调制的目的主要有三方面：

(1) 将基带信号变换为适合于信道传输的频带信号，如在无线通信中，必须将基带信号载在高频上才能发射出去；

(2) 改善系统性能；

(3) 实现信道复用，提高信道利用率。

1.1.4 数字信号的传输

1. 数字信号的概述

数字信号结构简单，再生力强，故数字通信具有模拟信号系统无可比拟的优点。数字信号指幅度的取值是离散的，幅值表示被限制在有限个数值之内。二进制码就是一种数字信号。二进制码受噪声的影响小，易于数字电路进行处理，所以得到了广泛的应用。

2. 数字信号的特点

(1) 抗干扰能力强、无噪声积累；

(2) 便于加密处理；

(3) 便于存储、处理和交换；

(4) 设备便于集成化、微型化；

(5) 便于构成综合数字网和综合业务数字网；

(6) 占用信道频带较宽。

数字通信具有很多优点，所以各国都在积极发展数字通信。近年来，我国数字通信得到迅速发展，正朝着高速化、智能化、宽带化和综合化方向迈进。

3. 信号数字化过程

通信系统可以分为模拟通信系统和数字通信系统两类，数字通信系统可以传输两类数字信号，一类是数据信号，如两台计算机之间的数据传输，另一类是模拟信号数字化信号，也就是说模拟信号转化成数字信号后，也可以用数字通信的方式传输。

信号的数字化需要三个步骤：抽样、量化和编码。

（1）抽样

抽样是指用每隔一定时间的信号样值序列来代替原来在时间上连续的信号，也就是在时间上将模拟信号离散化。话音信号是模拟信号，它不仅在幅度取值上是连续的，而且在时间上也是连续的。要使话音信号数字化并实现时分多路复用，首先要在时间上。

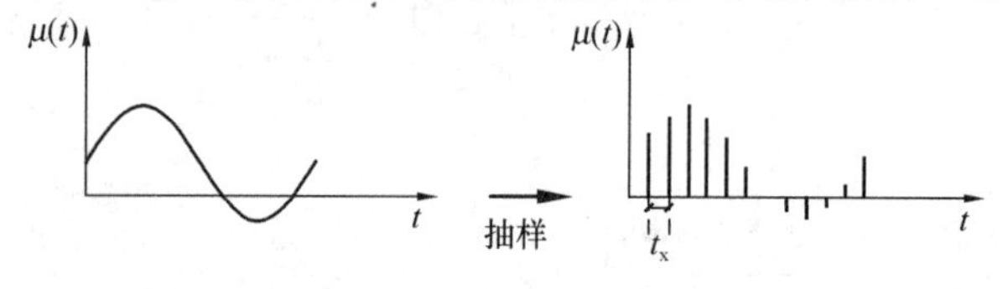

图 1-3　模拟信号的抽样过程

对话音信号进行离散化处理，这一过程叫抽样。所谓抽样就是每隔一定的时间间隔 t，抽取话音信号的一个瞬时幅度值（抽样值），抽样后所得的一系列在时间上离散的抽样值称为样值序列。图 1-3 为模拟信号的抽样过程抽样后的样值序列在时间上是离散的，可进行时分多路复用，也可将各个抽样值经过量化、编码变换成二进制数字信号。理论和实践证明，只要抽样脉冲的间隔 $t \leqslant 12f_m$（或$\geqslant 2f_m$）（f_m 是话音信号的最高频率），则抽样后的样值序列可不失真地还原成原来的话音信号。

（2）量化（如图 1-4 所示）

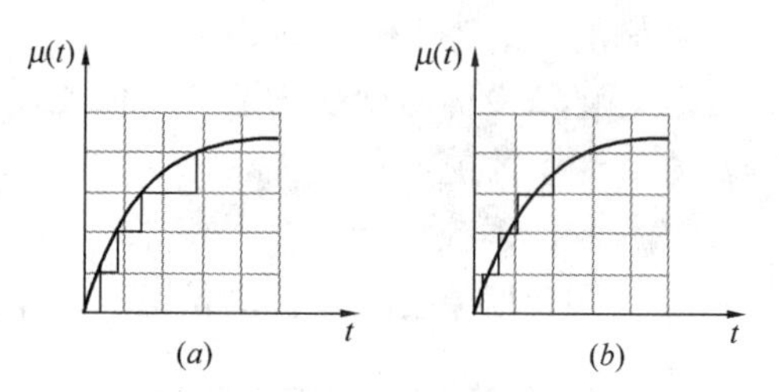

图 1-4　模拟信号的量化过程

量化是用有限个幅度值近似原来连续变化的幅度值，把模拟信号的连续幅度变为有限数量的有一定间隔的离散值。

抽样信号（样值序列）虽然时间上有时离散，但仍为模拟信号，其样值在一定取值范围内可有无限多个值。虽然，无限个样值都给出数字码组对应是不可能的。为实现以数字码表示样值，采用“四舍五入”法把样值分级“取整”，使一定取值范围内的样值有无限多个变为有限个。量化后的采样信号与量化前的采样信号相比较有失真，分的级数越多，量化极差或间隔越小，失真也就越小。

（3）编码

编码则是按照一定的规律，把量化后的值用二进制数字表示，然后转换成二值或多值的数字信号流。最简单的编码方式是二进制编码。具体说来，就是用 n 比特二进制码来表示已经量化了的样值，每个二进制数对应一个量化值，然后把它们排列，得到由二值脉冲组成的数字信息流。

图 1-5 为模拟信号 $m(t)$ 的数字化过程。其中，图（b）根据抽样定理，$m(t)$ 进过抽样后变成时间离散、幅度连续的信号 $m_s(t)$ 。图（c）将 $m_s(t)$ 输入量化器，得到量化输入信号 $m_q(t)$，采用“四舍五入”法将每个连续抽样值归结为某一临近的整数值，即量化电平。

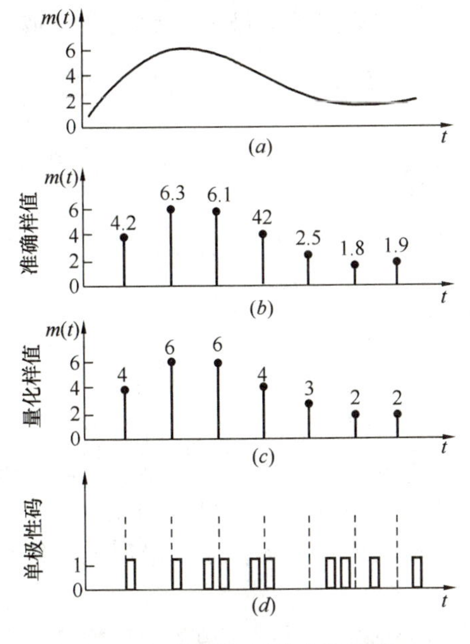

图 1-5 模拟信号数字化过程

这里采用了 8 个量化级，将图 (*b*) 中 7 个准确样值 4.2、6.3、6.1、4.2、2.5、1.8、1.9 分别变换成 4、6、6、4、3、2、2。量化后的离散样值可以用一定位数的代码表示，即编码。因为只有 8 个量化电平，所以可用 3b 二进制码表示（$2^3=8$）。图 (*d*) 是用自然二进制码对量化样值进行编码的结果。

4. 数字通信系统

数字通信系统的主要性能指标

(1) 信道传输速率

信道的传输速率通常是以每秒所传输的信息量多少来衡量。一个二进制码元所含的信息量是一个“比特”，所以信息传输速率的单位是比特/秒（bit/s）。

(2) 符号传输速率

它是指单位时间（秒）内传输的码元数目，其单位为波特。这里的码元可以是二进制的，也可以是多进制的。

(3) 误码率

信码在传输过程中，由于信道不理想以及噪声的干扰，以致在接收端判决再生后的码元可能出现错误，这叫误码。误码的多少用误码率来衡量，误码率是数字通信系统中单位时间内错误码元数与发送总码元数之比。误码越多，误码率越大。

1.2 弱电工程系统电源

学习目标：通过对直流供电系统和 UPS 电源的学习，掌握直流供电系统的组成、特点、各系统组成部件原理及使用方法。掌握 UPS 电源的种类和选用方法。

1.2.1 弱电工程系统供电的概念

弱电工程很多系统中，如计算机网络中的服务器、路由器、通信设备、消防安防监控器等重要设备是不允许断电，也不允许出现较大电流、电压波动的，否则会引起重要数据的丢失和设备损坏甚至会导致系统瘫痪。因此在弱电系统中普遍采用 UPS（Uninterruptible Power Supply），一种含有储能装置（常用蓄电池储能），以逆变器为主要组成部分的恒压、恒频设备，来能够提供持续、稳定、不间断的电力供应。

1.2.2 直流供电

1. 直流供电的基本概念

直流供电系统由整流器、滤波器、蓄电池和直流变换器等部分组成。

(1) 整流器

整流器是一个整流装置，简单地说就是将交流（AC）转化为直流（DC）的装置。它有两个主要功能：第一，将交流电（AC）变成直流电（DC），经滤波后供给负载，或者供给逆变器；第二，给蓄电池提供充电电压。因此，它同时又起到一个充电器的作用。

（2）滤波器

滤波器是将信号中特定波段频率滤除的操作，是抑制和防止干扰的一项重要措施。

（3）蓄电池

蓄电池是电池中的一种，它的作用是能把有限的电能储存起来，在合适的地方使用。它的工作原理就是把化学能转化为电能。

由于直流供电系统中设置了蓄电池组，可保证不间断供电。

（4）直流变换器

直流变换器分为并联直流变换器和非并联直流变换器两种。

并联直流变换器采用先进的高频脉宽调制边缘谐振技术，使效率得到了极大提高。整机具有稳压精度高、动态响应快、输出杂音低、抗干扰能力强、工作温度范围宽等特点。

非并联直流变换器采用进口DC-DC模块组成，具有稳压精度高、输出噪声低、抗干扰能力强等优点，且体积小、重量轻。

当通信设备需要多种不同数值的电压时，采用直流变换器将基础电源的电压变换为所需的电压。

2. 直流供电系统的分类

直流供电系统可以分为集中方式和分散方式。

（1）直流供电系统的集中方式

直流供电系统的集中方式的交流电源是由市电（主用电源）、油机发电机组（备用电源）及转换屏组成。直流系统是由整流器（主用电源）、蓄电池（备用电源）及直流屏组成，集中安装在电力室和电池室。由电力室馈送出来的低压基础载流电源，接至各个通信机房，即安装在楼房底层的电源设备为整栋大楼的通信设备供电。

（2）直流供电系统的分散方式

1）半分散供电方式

将电源设备（整流器、蓄电池、交流和直流配电屏）搬至通信机房内，为本机房的各种通信设备及空调机供电。

2）全分散供电方式

在每行通信设备的机架内都装设了小基础电源系统（包含整流模块、交流和直流配电单元、蓄电池）。

直流电源集中供电方式是传统的方法。新型的供电方式是采用分散供电，依据通信机房楼层次及不同的通信系统可有多种分设方法，具有综合投资少、扩容方便、运行更可靠、容易实现智能管理与无人值守等优点。

3. 直流供电的优缺点

（1）直流供电的优点

1）当输送的功率相同时，其线路的造价低，线路的损耗较小；

2）两端直流电力系统不需要同步运行，输电距离不受电力系统同步运行稳定性的限制，还可以用来提高与直流线路并列运行的交流输电系统的稳定性；

3）用于直流线路的电流和功率的调节比较容易且迅速，可实现各种调节、控制；直流线路的短路电流较小，交流系统用直流线路互联之后，短路容量基本没有增加；

4）用以实现不同频率或相同频率交流系统之间的非同步联系，既可得到联网的技术经济效益，又可避免大面积停电事故的发生；

5）在导线几何尺寸和电压有效值相等的条件下，电晕无线电干扰较小；

6）线路在稳态运行时没有电容电流，沿线电压分布较平稳；线路部分不需要无功补偿。

（2）缺点

1）整流器较贵：整流器在运行中需要较多的无功功率，并要装设滤波装置；整流器过载的能力也较小；

2）以大地作为回流电路时，会引起沿途金属构件和管线的腐蚀。

1.2.3 UPS供电

1. UPS的基本概念

UPS是一种集数字和模拟电路、自动控制逆变器与免维护贮能装置于一体的电力电子设备，它广泛地应用于从信息采集、传送、处理、储存到应用的各个环节。UPS具有以下几项基本功能：

（1）电网电压正常时，市电电压通过UPS稳压后供应给负载使用，性能好的UPS本身就是良好的交流稳压器；同时它还对机内的电池进行充电，贮存后备能量。

（2）电网电压异常时（欠压、过压、掉电、干扰等）UPS的逆变器将电池组的直流电能转换成交流电能维持对负载的供电。

（3）UPS在电网供电和电池供电之间自动进行转换，确保对负载的不间断供电。一般的电脑设备允许有很小的电力间断（切换时间10ms以内），但精密的电脑设备和通信设备不允许电力有间断（切换时间0ms），所以应确认你需要的UPS切换时间究竟是多少。

2. UPS的种类

（1）后备式

后备式UPS如图1-6所示，是静止式UPS的最初形式。其应用广泛，技术成熟，电路简单，价格低廉，一般只适用于小功率范围。

1）功能部件

① 充电器：市电存在时，通过整流对蓄电池进行充电；如果要求长延时，则除了增加蓄电池容量之外，还需相应地加强充电能力和逆变器的散热措施。

② 逆变器：市电存在时，逆变器不工作，也不输出功率；当市电中断时，则由逆变器向负载供电，电压波形有方波、准方波、正弦波等。

③ 输出转换开关：市电存在时，接通市电向负载供电；市电中断时，断开市电通路，接通逆变器，继续向负载供电。

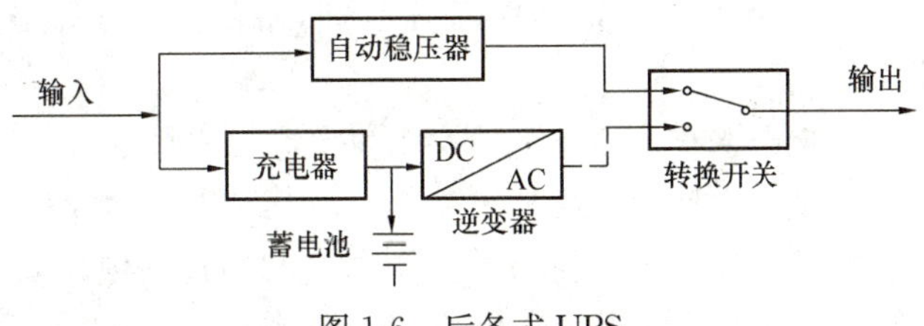

图1-6　后备式UPS

④ 自动稳压器：市电存在时，可粗略稳压及吸收部分电网

干扰。

2）性能特点

① 当市电存在时：

- 市电利用率高，可达98%以上；
- 输入功率因数和输入电流谐波取决于负载性质；
- 输出能力强，对负载电流峰值系数、负载功率因数、过载等没有严格的限制；
- 输出电压稳定度较差，但能满足一般要求。

② 当市电中断时：

- 转换时间一般为4～10ms；
- 输出转换开关受切换电流能力和动作时间的限制，一般后备式UPS多在2kVA以下。

（2）在线互动式

在线互动式UPS如图1-7所示。“在线”的含义是逆变器工作，但不输出功率，处于热备份状态，同时兼顾对蓄电池充电，增大了UPS在市电正常时的功率容量，并且减少了在市电中断时的转换时间，提高了输出电压的滤波作用，属于并联功率调整方式，输出功率多在5kVA以下。

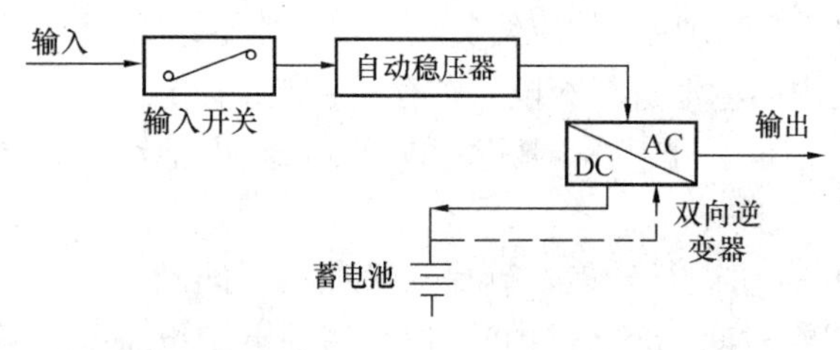

图1-7 在线互动式UPS

1）功能部件

① 输入开关：市电中断时，自动断开输入开关，防止逆变器向电网反向馈电。

② 自动稳压器：市电存在时，可粗略稳压和吸收部分电网干扰。

③ 逆变器：此逆变器具有双向变换功能，当市电存在时为整流器，给蓄电池浮充电；当市电中断时为逆变器，由电池释放电能，保持给负载继续供电。

2）性能特点

① 当市电存在时：

- 市电利用率高，可达98%以上；
- 输入功率因数和输入电流谐波取决于负载性质；
- 输出能力强，对负载电流峰值系数、负载功率因数、过载等没有严格的限制；
- 输出电压稳定度较差，但能满足一般要求；
- 变换器直接接在输出端，并处于热备份状态，对输出电压尖峰干扰有抑制作用。

② 当市电中断时：

- 因为输入开关存在断开时间，致使UPS输出仍有转换时间，但比后备式要小得多；
- 电路简单、成本低、市电供电时可靠性高；
- 变换器同时具备充电功能，且其充电能力较强；
- 如在输入开关与自动稳压器之间串接一电感，当市电中断时，逆变器立即向负载供电，可避免输入开关未断开时，逆变器反馈到电网而出现短路的危险。

在线互动式UPS的转换时间接近于零，并增加了抗干扰能力。

(3) 双变换在线式

双变换在线式UPS如图1-8所示。传统双变换在线式，特别是大功率UPS，目前仍多采用这种电路结构，属于串联功率传输方式。

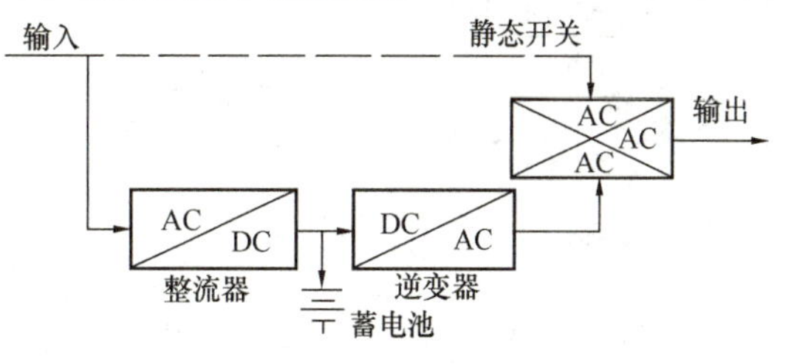

图1-8 双变换在线式UPS方框图

1) 功能部件

整流器：当市电存在时，实现AC→DC转换功能，一方面向DC→AC逆变器提供能量，同时还向蓄电池充电。该整流器多为可控硅整流器，但也有IGBT—PWM—DSP高频变换新一代整流器。

逆变器：完成DC→AC转换功能，向输出端提供高质量电能，无论由市电供电或转由蓄电池供电，其转换时间均为零。

静态开关：当逆变器过载或发生故障时，逆变器停止输出，静态开关自动转换，由市电直接向负载供电。静态开关为智能型大功率无触点开关，转换时间可认为是零。

2) 性能特点

① 不管有无市电，负载的全部功率都由逆变器提供，保证高质量的电能输出。

② 市电中断时，输出电压不受任何影响，没有转换时间。

③ 由于全部负载功率都由逆变器供给，因此UPS的输出能力不理想，对负载提出限制条件，如负载电流峰值因数、过载能力和负载功率因数等。

④ 对可控整流器还存在输入功率因数低、无功损耗大和输入谐波电流对电网产生较大的污染等缺点。

⑤ 在市电存在时，串联式的两个变换器都承担100%的负载功率，所以UPS整机效率较低。

⑥ 为了提高双变换在线式UPS在市电存在时的节能及运行的可靠性，近来有人提出在线式UPS的后备运行设想和技术。在电网电压条件较好，且在输入电压处于某一范围内时（可自行设置），当UPS本身又具有很强的抗干扰功能时，通过智能开关，可把UPS设置在后备运行状态，逆变器空载热备份，对于要求供电质量并不十分苛刻的用户，这是一种可行的经济运行方案。

⑦ 因为当今应用的负载几乎全部是非线性负载，所以如果将负载直接接入电网，则其输入非正弦峰值电流很大，造成较多的无功损耗。当然把低输入功率因数的双变换在线式UPS接入电网，其输入非正弦峰值电流很大，也会造成较多的输入无功损耗。只不过前者是非线性负载，直接消耗电网的无功功率，而后者却是通过UPS来消耗电网的无功功率。当采用高输入功率因数双变换在线式UPS时可以通过能量变换关系，把非线性负载引起的无功损耗降至最低。因而高输入功率因数双变换在线式UPS具有节能效果，这是后备式UPS、在线互动式UPS望尘莫及的。

(4) 双变换电压补偿在线式

双变换补偿在线式UPS如图1-9所示。此项技术提出时间不长，主要是把交流稳压技术中的电压补偿原理应用到UPS电路中，产生一种新的UPS电路结构模式，属于串、并联功率传输方式。

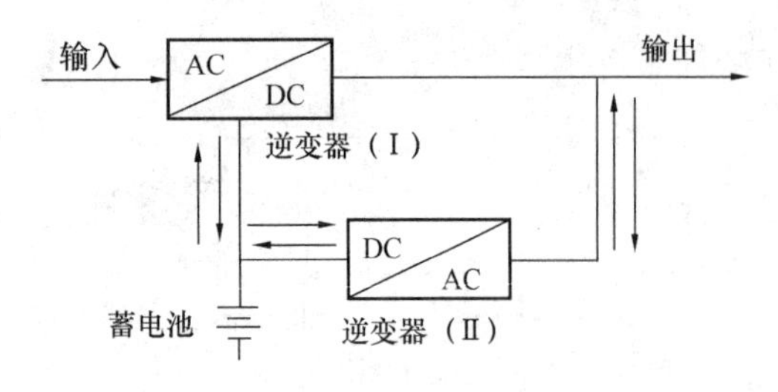

图1-9 双变换电压补偿在线式UPS

1）功能部件

① 逆变器（Ⅰ）：AC→DC和DC→AC的双向变换器，输出变压器次级串联在UPS主电路中。其功能主要有：

A. 对UPS输入端进行功率因数补偿，并抑制输入电流谐波；

B. 与逆变器（Ⅱ）完成对输入电压补偿，当输入电压高于输出电压额定值时，逆变器（Ⅰ）吸收功率，反极性补偿输入、输出电压的差值；当输入电压低于输出电压额定值时，逆变器（Ⅰ）输出功率，正极性补偿输入、输出电压的差值；

C. 与逆变器（Ⅱ）一起完成对电池的充电功能。

② 逆变器（Ⅱ）：DC→AC和AC→DC的双向变换器。其功能主要有：

A. 与逆变器（Ⅰ）完成对输出电压差值的补偿；

B. 与逆变器（Ⅰ）完成对电池的充电功能；

C. 随时监测输出电压，保证输出电压的稳定，并对输出电压波形失真和输出电流谐波成分进行补偿；

D. 当市电中断时，全部输出功率由逆变器（Ⅱ）给出，保证输出电压不间断，转换时间为零。

2）性能特点

① 逆变器（Ⅱ）监视输出端，并与逆变器（Ⅰ）参与主电路电压的调整，可向负载提供高质量的电能。

② 市电中断时，输出电压不受影响，没有转换时间；当负载电流发生畸变时，由逆变器（Ⅱ）调整补偿，因而是在线工作方式。

③ 当市电存在时，逆变器（Ⅰ）与逆变器（Ⅱ）只对输入电压与输出电压的差值进行调整与补偿，逆变器主要承担输出功率中的无功功率和瞬间变化，因而功率余量大，过载能力强。

④ 逆变器（Ⅰ）同时完成对输入端功率因数的校正功能，输入功率因数＞0.9，输入谐波电流＜3％。

⑤ 在市电存在时，由于两个逆变器承担的最大功率仅为输出功率的1/5，因此整机效率可以达到96％。

⑥ 在市电存在时，逆变器（Ⅱ）的功率强度仅为额定值的1/5，因此功率器件的可靠性必然大幅度提高。

⑦ 由于具有输入功率因数补偿，因而节能效果好。

3. UPS的选用

（1）购买时应考虑的因素

一台UPS至少可以使用3年以上。用户在挑选UPS电源时，一般来说，应该考虑三个因素：技术性能、服务保证和产品价格。

1）在考虑产品技术性能时，一般用户都注意到如下指标：输出功率、输出电压波形、波形失真系数、输出电压稳定度、蓄电池可供电时间的长短等因素。然而，有的用户往往忽视产品输出电压的瞬态响应特性。特性差，这表现在：当负载突然加载或突然减载时，UPS的输出电压波动较大，当负载突变时，有的UPS根本不能正常工作。除了UPS的瞬态响应特性之外，用户还需十分注意UPS的负载特性（指UPS的某些技术参数是负载电流大小的函数）和承受瞬间过载的能力等性能参数，应该特别指出，准方波输出的UPS不能带任何超前功率因数的负载。

2）用户在购买UPS时，还应该十分注意产品的可维护性。完善的保护系统是UPS得以安全运行的基础。完善的充电回路是提高UPS蓄电池使用寿命及保证蓄电池的实际可供使用的容量尽可能地接近产品额定值的重要保证。

3）价格是用户在挑选UPS时要考虑的一个非常重要的因素，由于目前在UPS的整个生产成本中，蓄电池所占的比例相当高。所以，在比较产品价格时，必须要注意到UPS所配备的蓄电池的容量到底是多少。一个比较客观的和比较科学的比较方法是看蓄电池的两个技术性能指标：

① 蓄电池的性能价格比：也就是UPS所配备的蓄电池平均每安时容量的电池到底花多少钱；

② 蓄电池的放电效率比：也就是UPS所配备的蓄电池平均每安时到底能维持UPS工作多长时间。显然，维持时间越长，蓄电池的利用效率也就越高。当然还要十分注意UPS机内到底配置的是什么类型的蓄电池（包括生产厂家）。

（2）如何选型

步骤1：先确认你需要何种类型的UPS

就中国目前的电力状况而言，UPS是一种非常必要的电源保护设备，不同的用户对UPS类型的需求也是不同的，如：重要设备须选用性能优异，安全系数极高的在线式机种，在线式UPS功能完善，能抵抗来自电网上的各种侵害，如高压、尖峰、浪涌、杂讯干扰等等，输出纯净的电源，时刻保护您的负载。

网络用户除选用在线式外，亦可考虑线上互动式UPS。

个人及家庭用户可以考虑选用后备式机型，后备式UPS价格低廉，外形轻巧，是个人电脑理想伙伴。它在从市电切换到电池供电时的转换时间小于10ms，而PC机具有储存电能的电容，可忍受小于20ms的停电转换时间，所以不会影响PC机的正常使用。

步骤2：确定你所需要的UPS功率（VA）值

列出所有需保护的设备，别忘了显示器、主机、外挂硬盘等。

每一设备的电压及电流数据可在其背板上找到，把两者相乘即可获得VA值。有些设备用瓦特（W）表明电能需要，将瓦数乘以1.4即可获得大致的伏安值。把所有部件的VA值汇总；将汇总值加上30%的预留扩充容量，以备系统升级时使用。

步骤3：确定负载设备所需要的备用时间

断电时，负载设备只需进行存盘、关机操作，建议选择标准型UPS。

断电时，负载设备仍需进行长时间运转，应当选择长效型UPS。

步骤4：选择一个好品牌的UPS是非常重要的，原因是：

好品牌的UPS，产品质量有保证。售后服务周到、及时。一台UPS的使用寿命至少有3年，所以最好选择能提供3年保修服务的品牌。另外销售与维修服务网点覆盖面的大小也是购买时需考虑的因素，这可以保证对产品的及时维护及维修。好品牌UPS的厂商珍惜产品声誉，对用户的承诺言而有信。

(3) 其他因素对选型的影响

1) 负载容量、负载功率因数对选型的影响

选购UPS时，首先要知道负载的总容量，同时还要考虑负载的功率因数，才能确定UPS的额定容量，UPS的额定容量一般是在考虑负载功率因数为0.8的情况下确定的，而在UPS用户中，80%以上都是计算机负载，而计算机内部电源大多采用开关式电源，在这种负载下，实际功率是各瞬时电压值与瞬时电流值乘积的平均值。因此，瞬时功率（峰值功率）很高，但平均实际功率却很小，故一般UPS在以开关电源作负载时功率因数只能达到0.6～0.65左右，而市场上的各种UPS负载功率因数指标为0.8，若按此指标选购的UPS来带动开关电源负载，势必造成UPS损坏。因此，在选择UPS的容量时，一定要考虑功率因数（或电流峰值系数）。

由于负载的功率因数很难计算，故在UPS技术规范中要求UPS有电流峰值系数这个极其重要的指标，电流峰值系数越高，UPS承受非线性负载的能力越强。一般电流峰值系数比应在3∶1以上。

2) 电池后备时间对选型的影响

选择UPS时，一定要清楚UPS内部所配蓄电池的情况，如满载工作时、半载工作时、蓄电池供电压、容量、生产厂家、使用寿命、质量保证等。

一般情况下，在选择电池后备时间时，通常选取满载工作时间为10min、15min或30min即可。而长延时UPS则由于大容量蓄电池价格昂贵，一般仅在一些停电时间较长的场合选用，此时最好选择有外接大容量蓄电池功能的UPS（或外接大功率充电器），以保证在市电停电后能长时间供电。

3) 集中与分散供电方案对选型的影响

如果有多台设备需要UPS，那么是用一台大功率的UPS集中供电，还是由多台小功率的UPS分散供电呢？若负载比较集中，为便于管理，一般选用一台大功率的UPS集中供电；如果要增加可靠性，可以考虑用两台同容量的大功率UPS双机冗余并联供电；若负载比较分散，且各负载之间比较独立，对供电质量要求较高，并且要求互不干扰，此时可以考虑用多台小功率UPS分散供电。

1.3 弱电防雷与接地系统

学习目标： 通过本章节的学习，了解防雷的重要性及防雷措施，掌握接地的方法与要求。

1.3.1 防雷与接地的重要性

当人类社会进入电子信息时代后，雷灾出现的特点与以往有极大的不同，受灾面大大扩大，从电力、建筑这两个传统领域扩展到几乎所有行业；从闪电直击和过电压波沿线传输变为空间闪电的脉冲电磁场从三维空间入侵到任何角落，无孔不入地造成灾害，因而防雷工程已从防直击雷、感应雷进入防雷电电磁脉冲（LEMP）。雷灾的经济损失和危害程度大大增加了，它袭击的对象本身的直接经济损失有时并不太大，而由此产生的间接经济

损失和影响就难以估计。雷电的本身并没有变，而是科学技术的发展，使得人类社会的生产生活状况变了。微电子技术的应用渗透到各种生产和生活领域，微电子器件极端灵敏这一特点很容易受到无孔不入的 LEMP 的作用，造成微电子设备的失控或者损坏。

弱电系统的接地对于信息传输，系统工作稳定性，设备和人员的安全都具有重要的保证作用。

为此，当今时代的防雷与接地工作的重要性、迫切性、复杂性大大增加了。

1.3.2 防雷

1. 雷电破坏的三种形式

(1) 直击雷

雷云直接对建筑物或电力装置放电，强大的雷电流通过这物体入地时，将产生破坏性很大的热效应和机械效应，直接导致建筑物损坏和人畜死亡。

(2) 感应雷

当雷云接近电力装置上方时，由于静电感应和电磁感应，向物体先导放电，进而发展到主放电，物体上电荷被释放，产生数万安培的电流和上百万伏的过电压，对电力装置造成极大的破坏。

(3) 雷电波

输电线路上遭受直击雷或发生感应雷时，要产生高电位雷电波。雷电波沿输电线侵入配电装置，将造成危害。这种雷电波侵入用户造成的事故占雷电事故一半以上，所以要严加防范。

2. 电源设备防雷措施

(1) 电力变压器高、低压侧应各装一组避雷器，避雷器应尽量靠近变压器设备。

(2) 交流屏输入端、自动稳压稳流的控制电路，均应有防雷措施。

(3) 交流稳压器的输入端、交流配电屏输入端的三根相线及零线应分别对地加装避雷器，在整流器输入端、不间断电源设备输入端、通信用空调输入端均应按上述要求加装避雷器。

(4) 在直流配电屏输出端应增加浪涌吸收装置。

(5) 电力变压器低压侧第一级与第二级避雷器的距离应≥10m。

(6) 通信站内所装设的避雷器残压要符合要求。

3. 电源建筑防雷措施

(1) 在建筑物的顶部应装设避雷针、避雷网或避雷带，避雷网的网格不大于 10m×10m，屋面上任何一点距避雷带的距离均不大于 5m（第二类民用建筑为 10m）。在建筑物的各层中应有均压网。

(2) 突出屋面的物体，如风管、烟囱、天线、天线杆塔等，应在其上部安装架空防雷线或避雷针进行保护。

(3) 防雷装置的引下线不应小于两根，其间距不应大于 18～24m，引下线接续处，必须采用焊接接头，引下线应与各均压网连通。

(4) 电源建筑防雷接地装置的冲击接地电阻不应大于 10Ω，对于三合一接地（联合接地）应满足工作接地要求。

（5）室外的电缆、金属管道等在进入建筑物之前，应进行接地，室外架空线直接引入室内时，在入户处应加装避雷器，并将其接到接地装置上。

（6）建筑物和构建物应利用钢筋混凝土楼板、梁、柱和基础的钢筋作为防雷装置。

（7）建筑物的接地，应采用联合接地系统。联合接地系统应将工作接地、保护接地、防雷接地连在一起。联合接地的接地电阻必须按各种设备接地体的接地电阻标准要求中的最小值设计，且要符合有关标准要求。应采用建筑物本身的金属构建（楼板、梁、柱和基础内的钢筋）作为防雷接地引下线，这些引下线应电气连通，使建筑物内电位均衡。应选择两根以上的引下线作为检查联合接地电阻值的测试点。

4. 防雷设备

（1）避雷针

避雷针的作用是它能对雷电场产生一个附加电场（这是由于雷云对避雷针产生静电感应引起的），使雷电场畸变，因而将雷云的放电通路吸引到避雷针本身，由它及与它相连的引下线和接地体将雷电流安全导入大地中，从而保护了附近的建筑物和设备免受雷击。所以说避雷针实际上是引雷针。

避雷针由三部分组成：接闪器、引下线和接地体。

（2）避雷线

由悬挂在空中的接地导线（接闪器）、支持物和接地引下线组成。接地引下线和接地体相连接，使雷电流经接地装置流入大地，以达到防雷的目的，接地导线和接地引下线一般用截面不小于25mm^2的镀锌钢绞线制成。避雷线主要用来保护输电线路和配电所及建筑物等。

（3）避雷器

避雷器是用来防护雷电产生的过电压波沿线路侵入变电所、配电所或其他建筑物内，以免危及被保护设备的绝缘。避雷器应与被保护设备并联，在被保护设备的电源侧。当线路上出现危及设备绝缘的过电压时，避雷器的火花间隙被击穿，或由高阻变为低阻，使过电压对地放电从而保护了设备的绝缘层。

（4）消雷器

消雷器是由离子化装置、地电吸收装置及连接线组成，如图1-10所示。其工作原理是利用金属针状电极的尖端放电。当雷云出现在被保护物上方时，将在被保护物周围的大地中感应出大量的与雷云所带电极性相反的异性电荷，地电吸收装置将这些异性感应电荷收集起来通过连接线引向针状电极（离子化装置）而发射出去。这些异性电荷在向雷云方向运动中与雷云所带电荷中和，使雷电场减弱，从而起到了防雷的效果。

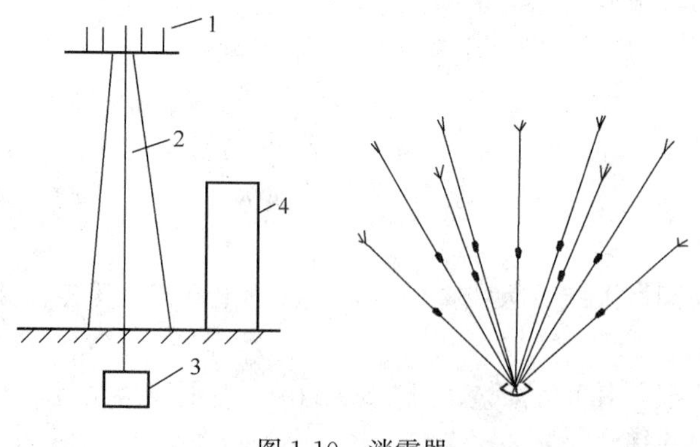

图1-10　消雷器

1—离子化发射装置；2—连接线；3—地电收集装置；4—被保护物

（5）电源防雷器

电源防雷器品种繁多，国内、

国外的都有，且形式多样，有箱体式、模块式等。无论其形式如何，只要是用于电子设备的过电压保护，其核心部件都是采用氧化锌压敏电阻器。它是一种非线性的敏感元件，具有动作电压低、通流容量大、响应时间快等特点，是一种较理想的过电压保护元件。它具备广泛的适用性，安装要简单，维护要方便。

1.3.3 接地系统

1. 接地系统的组成

电气设备或金属部件与一个接地系统的连接称为接地。一个接地系统由大地、接地体、接地引入线、接地汇流排、接地配线及接地点汇集线等组成。

（1）大地

接地系统中所指的“地”，即指一般的土壤，不过它有导电的特性，并假设有无限大的电容量，可以用来作为良好的参考电位。土壤的导电特性用电阻或电阻率来衡量，它主要取决于土壤类型，但土壤的类型不易明确规定。例如，黏土包括了各种各样的土壤。因此只能大概地叙述，黏土具有多少“Ω·m”的电阻率。而且同一种普通类型的土壤存在于各种不同场所时。

（2）接地体

为使电流入地扩散而采用的与土壤呈电气接触的金属部件称为“接地体”，一般有垂直接地体和水平接地体。接地体一般采用镀锌钢材，接地体之间的所有焊接点（浇灌在混凝土中的除外），均应进行防腐处理。接地体应尽量避免埋设在污水排放和土壤腐蚀性强的地段。接地体埋深（指接地体上端）一般不小于 0.7m。在寒冷地区，接地体应埋设在冻土层以下。接地系统中的垂直接地体，宜采用长度不小于 2.5m 的镀锌钢材，并用硅酸盐水泥（或其他低电阻率水泥）混凝土包封电极或石墨电极；水平接地体长度不大于 60m（如图 1-11 所示）。

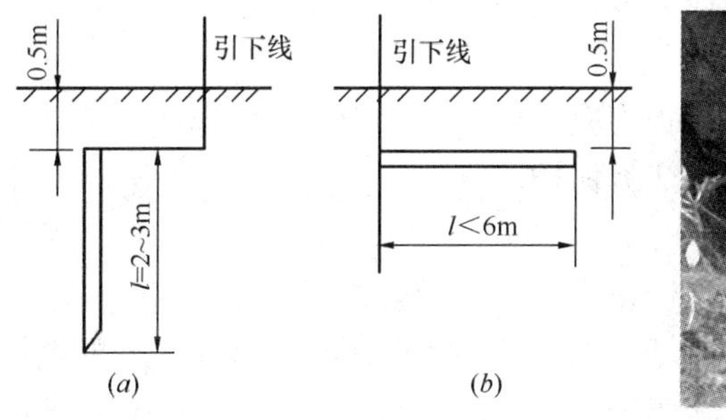

图 1-11 垂直与水平接地体

（a）垂直埋设的接地体；（b）水平埋设的带形接地体

（3）接地引入线

把接地电极连接到地线盘（或地线汇流排）上去的导线称为“接地引入线”。接地引入线宜采用 40mm×4mm 或 50mm×5mm 镀锌扁钢。应进行绝缘防腐处理。

（4）接地总汇集线

接地总汇集线可采用接地汇集环或汇集排。汇集环安装在地下室或底层，距离墙面

(柱面) 应为50mm左右；汇集排安装在电力室。不同金属材料互连时，应防止电化腐蚀，接地线不得使用铝材。

(5) 接地配线

把必须接地的各部分连接到地线排或地线汇流排上去的导线称为“接地配线”。接地配线的选择应注意以下几点：

① 直流电源接地线的截面积，应根据直流供电回路的允许电压降确定。

② 各类设备保护接地线的截面积，应根据最大故障电流值确定。一般宜选用导线截面为35～95mm^2，相互故障电流为25～350A的多股铜导线。

③ 接地线两端的连接点应确保电气接触良好，并应做防腐处理。

④ 严禁在接地线中及交流中性线中加装开关或熔断器。

⑤ 严禁利用其他设备作为接地线电气连通的组成部分。

⑥ 由接地总汇集线引出的接地线应设明显标志。

2. 如何接地

(1) 通信设备的保护接地

机房内通信设备及其供电设备正常不带电的金属部分、进局电缆的保安装置接地端以及电缆的金属护套均应进行保护接地。

模拟通信设备的机架保护接地，可直接与引入机房内的直流电源接地连通；数字通信设备的机架保护接地，应从接地总汇集线或机房内的分接地汇集线上引入，并应防止通过布线引入机架的随机接地；数字通信设备和模拟通信设备共存的机房，两种设备的保护接地线应分开。

(2) 通信电源的接地

电力室的直流电源接地线必须从接地总汇集线上引入。其他机房的直流电源接地线也可从分汇集线上引入。

引入大楼内的交流电力线应采用地下电力电缆，其电缆金属护套的两端均应作良好地接地。

大楼内所有交、直流用电及配电设备均应采取接地保护。交流保护接地线应从接地汇集线上单独引出，严禁采用中性线作为交流保护地线。

3. 其他设施的接地

大楼顶的各种金属设施均应分别与楼顶避雷接地线就近连通。

大楼顶的航空障碍信号灯、节日彩灯等的电源线应选用具有金属护套的电缆，或将电源线穿入金属管道内布放，并且电缆金属护套或金属管道应每隔5～10m与避雷带或避雷接地线就近连通。

大楼内各层金属管道均应就近接地。

大楼所装电梯的滑道上、下两端均应就近接地，且从离地面30m以上，应每向上隔一层，就近接地一次。

大楼内的金属竖井及金属槽道自身的节与节之间应确保电气接触良好。金属竖井上、下两端均应就近接地，且从离地面30m处开始，应每向上隔一层，与接地端子就近接地一次。金属槽道应与机架或加固钢梁保持良好的电气连接。

1.4 弱电工程施工验收规则

学习目标：通过本章节的学习，掌握弱电工程验收的基本规则，重点掌握电器线路敷设，电源设备安装及接地验收的要点。

1.4.1 弱电工程验收的基本概念

弱电工程验收分为隐蔽工程、分项工程和竣工工程三项步骤进行。

1. 隐蔽工程验收

弱电工程安装中的线管预埋、直埋电缆、接地极等都属于隐蔽工程，以上这些工程在实施下道工序施工前，应由建设单位代表（或监理人员）进行隐蔽工程检查验收，并认真作好隐蔽工程验收记录，纳入技术档案。

2. 分项工程验收

某阶段工程结束，或某一分项工程完工后，由建设单位会同设计单位进行分项验收；有些单项工程则由建设单位申报当地主管部门进行验收。

3. 竣工验收

工程竣工验收是对整个工程建设项目的综合性检查验收。一般来说，在工程正式验收前，应由施工单位进行预验收，由相关人员检查有关的技术资料、工程质量，若发现问题应及时解决。然后再由建设单位会同设计单位并协同由建设单位申报当地主管部门进行验收。

总而言之，在弱电工程施工的全过程中应严格按照工程质量检验评定标准逐项检查操作质量，在工程完工后，对施工质量进行评定，并准备好质量保证资料，保证交付使用的工程达到设计要求和满足使用功能。

1.4.2 电器线路敷设验收要点

1. 一般规定

(1) 电缆（线）敷设前，做外观及导通检查，并用直流 500V 兆欧表测量绝缘电阻，其电阻不小于 5MΩ；当有特殊规定时，应符合其规定。

(2) 线路按最短途径集中敷设，横平竖直、整齐美观、不宜交叉。

(3) 线路不应敷设在易受机械损伤、有腐蚀性介质排放、潮湿以及有强磁场和强静电场干扰的区域；必要时采取相应保护或屏蔽措施。

(4) 当线路周围温度超过 65℃时，采取隔热措施；处于有可能引起火灾的火源场所时，加防火措施。

(5) 线路不宜平行敷设在高温工艺设备、管道的上方和具有腐蚀性液体介质的工艺设备、管道的下方。

(6) 线路与绝热的工艺设备，管道绝热层表面之间的距离应大于 200mm，与其他工艺设备、管道表面之间的距离应大于 150mm。

(7) 线路的终端接线处以及经过建筑物的伸缩缝和沉降缝处，应留有适当的余度。

(8) 线路不应有中间接头，当无法避免时，应在分线箱或接线盒内接线，接头宜采用压接；当采用焊接时应用无腐蚀性的焊药。补偿导线宜采用压接。同轴电缆及高频电缆应采用专用接头。

（9）敷设时，不宜在混凝土梁、柱上凿安装孔。

（10）线路敷设完毕，应进行校线及编号，并按第一条的规定，测量绝缘电阻。

（11）测量线路绝缘时，必须将已连接上的设备及元件断开。

2. 电缆的敷设

（1）敷设电缆时的环境温度不应低于－7℃。

（2）敷设电缆时应合理安排，不宜交叉；敷设时应防止电缆之间及电缆与其他硬物体之间的摩擦；固定时，松紧应适度。

（3）多芯电缆的弯曲半径，不应小于其外径的6倍。

（4）信号电缆（线）与电力电缆交叉时，宜成直角；当平行敷设时，其相互间的距离应符合设计规定。

（5）在同一线槽内的不同信号、不同电压等级的电缆，应分类布置；对于交流电源线路和连锁线路，应用隔板与无屏蔽的信号线路隔开敷设。

（6）电缆沿支架或在线槽内敷设时应在下列各处固定牢固：

① 电缆倾斜坡度超过45°或垂直排列时，在每一个支架上。

② 电缆倾斜坡度不超过45°且水平排列时，在每隔1～2个支架上。

③ 和补偿余度两侧以及保护管两端的第一、第二两个支架上。

④ 引入仪表盘（箱）前300～400mm处。

⑤ 引入接线盒及分线箱前150～300mm处。

（7）线槽垂直分层安装时，电缆应按下列规定顺序从上至下排列：

- 仪表信号线路；
- 安全连锁线路；
- 交流和直流供电线路。

（8）明敷设的信号线路与具有强磁场和强电场的电气设备之间的净距离，宜大于1.5m；当采用屏蔽电缆或穿金属保护管以及在线槽内敷设时，宜大于0.8m。

（9）电缆在沟道内敷设时，应敷设在支架上或线槽内。当电缆进入建筑物后，电缆沟道与建筑物间应隔离密封。

3. 其他要求

（1）电线穿管前应清扫保护管，穿管时不应损伤导线。

（2）信号线路、供电线路、连锁线路以及有特殊要求的仪表信号线路，应分别采用各自的保护管。

（3）仪表盘（箱）内端子板两端的线路，均应按施工图纸编号。

（4）每一个接线端子上最多允许接两根芯线。

（5）导线与接线端子板、仪表、电气设备等连接时，应留有适当余度。

1.4.3 电源设备安装验收要点

1. 供电系统的安装

弱电工程的供电设备应在安装前检查设备的外观和技术性能并符合下列规定：

(1) 继电器、接触器和开关应动作灵活，接触紧密、无锈蚀、损坏。

(2) 紧固件、接线端子应完好无损，且无污物和锈蚀。

(3) 设备的附件齐全，性能符合安装使用说明书的规定。

2. 电源设备的安装

(1) 设备的安装应牢固、整齐、美观，端子编号、用途标牌及其他标志，应完整无缺，书写正确清楚。

(2) 固定设备时，应使设备受力均匀。

(3) 仪表箱内安装的供电设备其裸露带电体相互间或其他裸露导电体之间的距离应不小于 4mm。当无法满足时，相互间必须可靠绝缘。

(4) 供电箱安装在混凝土墙上、柱上或基础上时，宜采用膨胀螺栓固定，并应符合下列规定：

① 箱体中心距地面的高度宜为 1.3～1.5m；

② 成排安装的供电箱，应排列整齐。

(5) UPS 设备安装完毕，应检查其自动切换装置的可靠性，切换时间及切换电压值应符合设计规定。

(6) 稳压器在使用前应检查其稳压特性，电压波动值应符合安装使用说明书的规定。

(7) 整流器在使用前应检查其输出电压，电压值应符合安装前使用说明书的规定。

(8) 供电设备的带电部分与金属壳间的绝缘电阻，500V 兆欧表测量时，应不小于 5MΩ。当安装使用说明书中有特殊规定时，应符合规定。

(9) 供电系统送电前，系统内所有电源设备的开关均应处于“继”的位置，并应检查熔继器容量。

1.4.4 弱电系统接地验收要点

弱电系统的接地，按用途分有保护性接地和功能性接地。保护性接地分为：防电击接地、防雷接地、防静电接地和防电蚀接地；功能性接地分为：工作接地、逻辑接地、屏蔽接地和信号接地。不同的接地有不同的要求，应按设计决定的接地施工。

需要接地的弱电系统的接地装置应符合下列要求：

(1) 当配管采用镀锌电管时，除设计明确规定处，管子与管子、管子与金属盒子连接后不必跨接，但应遵守下述规定：

① 管子间采用螺纹连接时，管端螺纹长度不应小于管接头长度的 1/2，螺纹表面应光滑、无锈蚀、缺损，在螺纹上应涂以电力复全脂或导电性防腐脂。连接后，其螺纹宜外露 2～3 扣。

② 管子间采用带有紧定螺钉的套管连接时，螺钉应拧紧；在振动的场所，紧定螺钉应有防松动措施。

③ 管子与盒子的连接不应采用塑料纳子，应采用导电的金属纳子。

④ 弱电管子内有 PE 线时，每只接线盒都应和 PE 线相连。

(2) 当配管采用镀锌电管，设计又规定管子间需要跨接时，应遵守下述规定：

① 明敷配管不应采用熔焊跨接，应采用设计指定的专用接下来线卡子跨接。

② 埋地或埋设于混凝土中的电管，不应用线卡跨接，可采取熔焊跨接。

③ 若管内穿有裸软 PE 铜线时，电管可不跨接。此 PE 线必须与它所经过的每一只接线盒相连。

(3) 配管采用黑铁管时，若设计不要求跨接，则不必跨接。若要求跨接时，黑铁管之间及黑铁管与接线盒之间可采用圆钢跨接，单面焊接，跨接长度不宜小于跨接圆钢直径的6倍；黑铁管与镀锌桥架之间跨接时，应在黑铁管端部焊一只铜螺栓，用不小于4mm的铜导线与镀锌桥架相连。

(4) 当强弱电都采用 PVC 管时，为避免干扰，弱电配管应尽量避免与强电配管平行敷设，若必须平行敷设，相隔距离宜大于0.5m。

(5) 当强弱电用线槽敷设时，强弱电线槽宜分开；当需要敷设在同一线槽时，强弱电之间应用金属隔板隔开。

拓展与思考

1. 何为信号？
2. 常见的传输介质有哪些？各有什么特点？
3. 请你描述双绞线的特征？双绞线的分类？
4. 请你描述同轴电缆的特点？
5. 光缆于铜缆传输介质相比较有哪些优点？
6. 传输介质如何选择？
7. 模拟信号在有线和无线通信系统中传输有什么异同？
8. 模拟信号如何实现在数字通信系统进行传输？
9. 模拟信号的数字化变换。
10. 直流供电系统主要有哪几部分组成？每一部分的功能是什么？
11. 直流供电系统可分为哪几类？
12. 直流供电系统优缺点是什么？
13. 为何要用 UPS？
14. UPS 有哪些种类，分别使用什么场合？
15. 不同设备、不同系统的 USP 供电方式是否相同？
16. 以学校某一机房实训中心为例100台计算机。为其选用一台或几台 UPS，确定品牌、型号、容量等性能参数和供电方式。
17. 蓄电池对 UPS 性能有何影响？

单元2 基 本 技 能

本单元主要介绍常用电工工具的用途、规格及使用注意事项；导线的连接焊接及绝缘的恢复；同时对万用表的工作原理、操作使用方法进行重点介绍。电流表、电压表、钳形电流表、兆欧表、接地电阻测量仪、功率表、电度表等仪表进行分析和介绍。

电工仪表在电气线路、用电设备的安装、使用与维修中起着重要的作用。常用的电工仪表有电流表、电压表、万用表、钳形电流表、兆欧表、接地电阻测定仪、功率表、电度表等多种。由于万用表在电工电子测量中起着特殊重要的作用，为保证万用表的安全正确使用，本章对万用表的工作原理、操作使用方法进行重点介绍。同时，对电流表、电压表、钳形电流表、兆欧表、接地电阻测定仪、功率表、电度表等的测量原理及使用方法逐一分析和介绍。

2.1 常用工具的使用

2.1.1 测电笔及其使用

1. 测电笔结构及原理

测电笔简称电笔，常用来区分电源的相线和中线，或用来检查低压导电设备外壳是否带电的辅助安全工具。电笔又分为钢笔式和螺丝刀式两种，它主要由氖泡和大于10MΩ的碳电阻构成。其外形如图2-1所地。

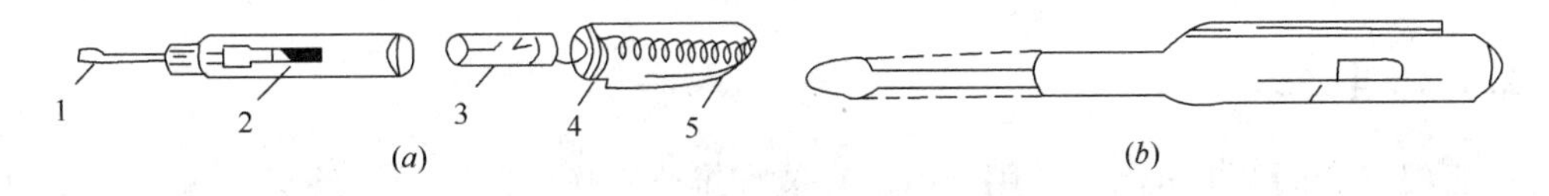

图2-1 测电笔外形

(a) 钢笔式测电笔；(b) 螺丝刀式测电笔

1 笔尖；2—电阻；3—氖管；4—弹簧；5—笔尾金属

2. 使用注意事项

(1) 测试带电体前，要先测试已知有电的电源，以检查电笔中的氖泡能否正常发光。

(2) 在明亮光线下测试时，往往看不清氖泡的辉光，应当避光测试。

2.1.2 钢丝钳

钢丝钳又称为钳子，如图2-2所示。钢丝钳的用途是夹持或折断金属薄板以及切断金属丝（导线）。电工使用的钢丝钳带绝缘手柄、一般钢丝钳的绝缘护套耐电压为500V，所以只能适应于低压带电设备使用。在使用钢丝钳时要注意如下问题：

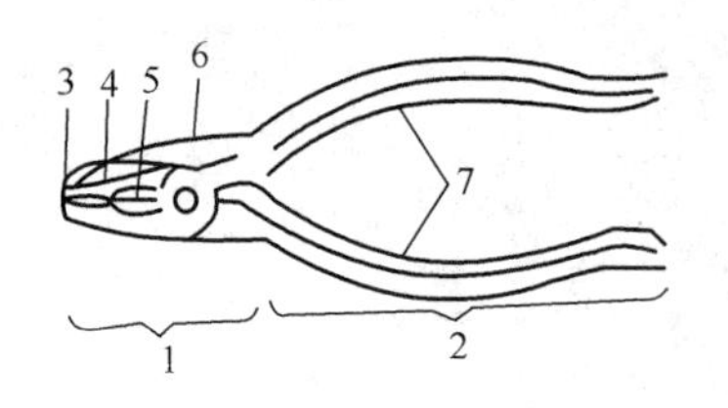

图 2-2 钢丝钳

1—钳口；2—钳柄；3—钳口；4—齿口；
5—刀口；6—侧口；7—绝缘套

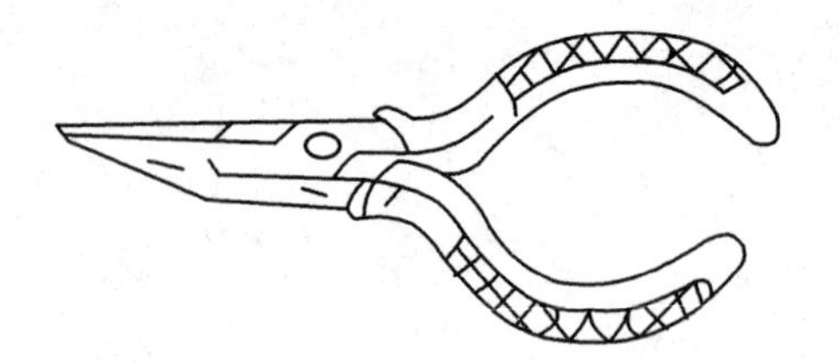

图 2-3 尖嘴钳

（1）在使用钢丝钳过程中切勿将绝缘手柄碰伤、损伤或烧伤，并注意防潮。

（2）钳轴要经常加油，防止生锈。

（3）带电操作时，手与钢丝钳的金属部分保持 2cm 以上的距离。

（4）根据不同用途，选用不同规格的钢丝钳，一般钢丝钳有 150mm，175mm 和 200mm 三种。

2.1.3 尖嘴钳

尖嘴钳的头部尖细如图 2-3 所示，适应于狭小的工作空间或带电操作低压电气设备。尖嘴钳也可用来剪断细小的金属丝。它适应于电气仪表制作或维修，使用灵活方便。电工维修人员在选用尖嘴钳时，应选用带有绝缘手柄的耐酸塑料套管，耐电压为 500V 以上。尖嘴钳的规格有 130mm，160mm，180mm，200mm 四种。

使用尖嘴钳时要注意以下几个问题：

（1）绝缘手柄损坏时，不可用来切断带电导线。

（2）为了使用安全，手离金属部分的距离应不小于 2cm。

（3）钳头部分尖细，又经过热处理，钳夹物不可太大，用力切勿太猛，以防损坏钳头。

（4）尖嘴钳使用后清洁干净，钳轴要经常加油，以防生锈。

2.1.4 电工刀

电工刀（如图 2-4 所示）适用于电工在装配维修工作中割削导线绝缘外皮，以及割削木桩和割断绳索等。电工刀有普通型和多用型两种，按刀片尺寸的大小又可分为大号（112mm）和小号（88mm）。多用型电工刀除了有刀片外，还有可收式的锯片、锥针和螺丝刀。使用电工刀要注意以下几个问题：

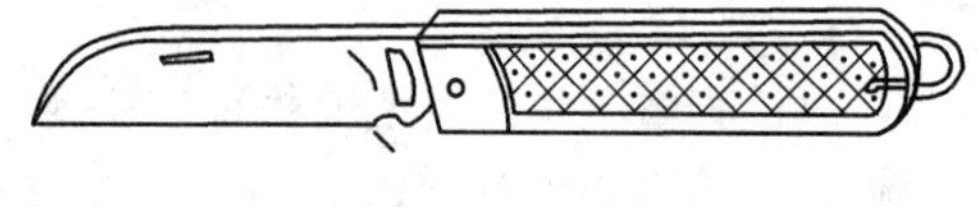

图 2-4 电工刀

（1）使用电工刀时切勿用力过大，以免不慎划伤手指和其他器具。

（2）使用电工刀时，刀口应朝外操作。

（3）一般电工刀的手柄不绝缘，因此严禁用电工刀带电操作。

2.1.5 螺钉旋具

螺钉旋具又称“起子”。其头部形状有一字形和十字形（如图 2-5 所示）两种。

一字形螺钉旋具用来紧固或拆卸带一字槽的螺钉；十字形螺钉旋具是专供紧固或拆卸带十字槽的螺钉。电工常用 50mm 和 150mm 两种十字形螺钉旋具。十字形螺钉旋具有四种规格的螺钉直径：Ⅰ号为 2～2.5mm；Ⅱ号为 3～5mm；Ⅲ号为 6～8mm；Ⅳ号为10～12mm。

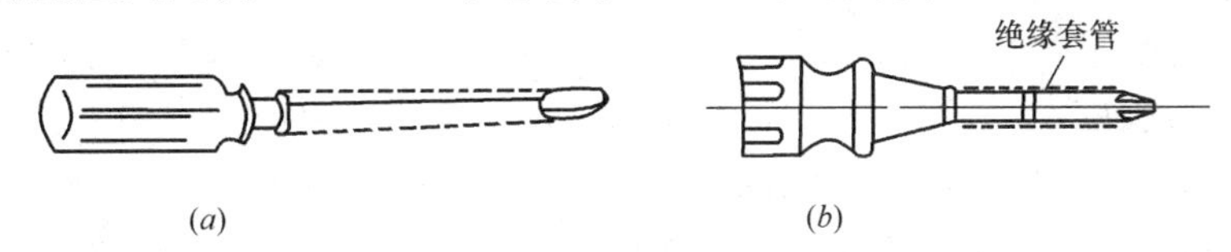

图 2-5　螺钉旋具
(a) 一字形；(b) 十字形

使用螺钉旋具要注意如下几个问题：

(1) 电工不得使用金属杆直通柄顶的旋具，否则容易造成触电事故。

(2) 为了避免旋具的金属杆触及皮肤或邻近带电体，应在金属杆上套绝缘管。

(3) 旋具头部厚度应与螺钉尾部槽形相配合，斜度不宜太大，头部不应该有倒角，否则容易打滑。

(4) 旋具在使用时应该使头部顶牢螺钉槽口，防止打滑而损坏槽口。同时注意，不用小旋具去拧旋大螺钉。否则，一是不容易旋紧，二是螺钉尾槽容易拧豁，三是旋具头部易受损。反之，如果用大旋具拧旋小螺钉，也容易造成因力矩过大而导致小螺钉滑丝现象。

2.1.6　剥线钳

剥线钳用来剥削截面积 6mm 以下塑料或橡胶绝缘导线的绝缘层，它由钳口和手柄两部分组成，其外形如图 2-6 所示。剥线钳分有 0.5～3mm 的多个直径切口，用于不同规格线芯的剥削。使用时曲口大小必须与导线芯线直径相匹配，过大难以剥离绝缘层，过小会切断芯线。

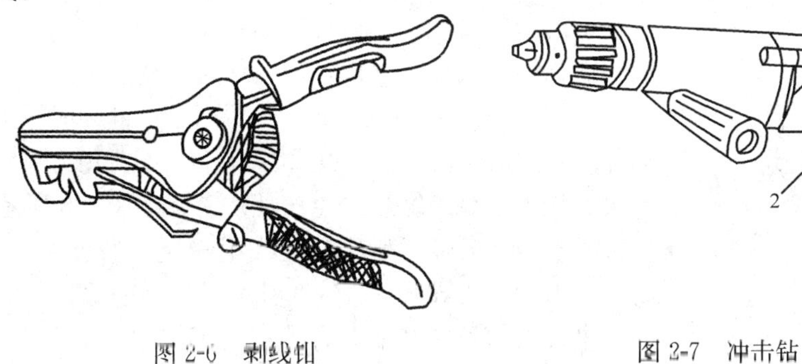

图 2-6　剥线钳

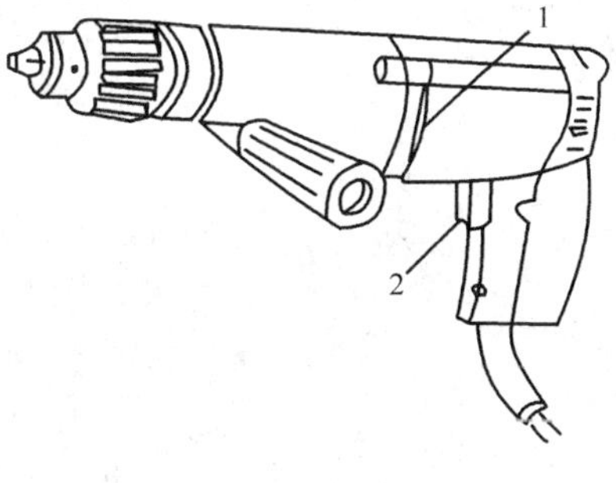

图 2-7　冲击钻
1—锤钻调节开关；2—电源开关

2.1.7　冲击钻

冲击钻是一种旋转带冲击的电钻，一般为可调式。当调节在旋转无冲击即“钻”的位置时，装上普通麻花钻头能在金属上钻孔。当调节在旋转带冲击即“锤”的位置时，装上镶有硬质合金的钻头，能冲打混凝土和砖墙等建筑构件上的木榫孔和导线穿墙孔。通常可冲打直径为 6～16mm 的圆孔。冲击钻的外形如图 2-7 所示。

冲击钻使用时应注意下列几个问题：

（1）长期搁置不用的冲击钻，使用前必须用500V兆欧表测定相对绝缘电阻，其值应不小于0.5MΩ。

（2）使用金属外壳冲击钻时，必须戴绝缘手套，穿绝缘鞋或站在绝缘板上，以确保操作人员的人身安全。

（3）在钻孔时遇到坚实物不能加过大压力，以防钻头退火或冲击钻因过载而损坏。冲击钻因故突然堵转时，应立即切断电源。

（4）在钻孔时应经常把钻头从钻孔中拔出以便排除钻屑。

2.2 导 线 链 接

导线的连接于绝缘的恢复是电气操作人员基本技能之一，其质量关系着线路和设备运行的可靠性和安全程度。对导线连接的基本要求是：连接可靠、机械强度高、耐腐蚀和绝缘性能好。敷设线路时，常常需要在分接支路的接合处或导线不够长度的地方连接导线，这个连接处通常称为接头。导线的连接方法很多，有绞接、焊接、压接和螺栓连接等，各种连接方法适用于不同导线及不同的工作地点。导线连接无论采用哪种方法，都不外乎下列四个步骤：剥离绝缘层；导线线芯连接；接头焊接或压接；恢复绝缘。

2.2.1 剥离线头绝缘层

在连接前，必须先剖削导线绝缘层，要求剖削后的芯线长度必须适合连接需要，不应过长或过短，且不应损伤芯线。

1. 塑料硬线绝缘层的剖削

塑料硬线绝缘层的剖削有如下两种方法。

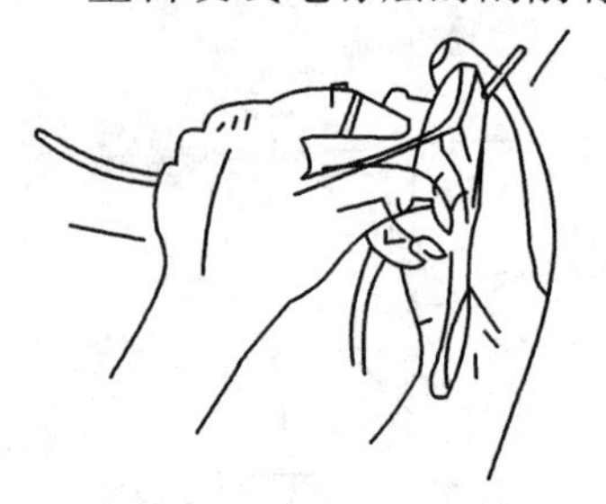

图2-8 用钢丝钳勒去导线绝缘层

（1）用钢丝钳剖削塑料硬线绝缘层。线芯截面积4mm及以下的塑料硬线，一般可用钢丝钳剖削，方法如下：按连接所需长度，用钳头刀口轻切绝缘层，用左手捏紧导线，右手适当用力捏住钢丝钳头部，然后两手反向同时用力即可使端部绝缘层脱离芯线。在操作中注意，不能用力过大，切痕不可过深，导线绝缘层以免伤及线芯，如图2-8所示。

（2）用电工刀剖削塑料硬线绝缘层。按连接所需长度，用电工刀刀口对导线成45°角切入塑料绝缘层，使刀口刚好削透绝缘层而不伤及线芯，然后压下刀口，夹角改为约15°后把刀身向线端推削，把余下的绝缘层从端头处与芯线剥开，接着将余下的绝缘层扳翻至刀口根部后，再用电工刀切齐。

2. 塑料软线绝缘层的剖削

塑料软线绝缘层剖削除用剥线钳外，仍可用钢丝钳直接剖削截面为4mm及以下的导线。方法与用钢丝钳剖削塑料硬线绝缘层时相同。塑料软线不能用电工刀剖削，因其太软，线芯又由多股铜丝组成，用电工刀极易伤及线芯。软线绝缘层剖削后，要求不存在断股（一根细芯线称为一股）和长股（即部分细芯线较其余细芯线长，出现端头长短不齐）现象。否则应切断后重新剖削。

3. 塑料护套线绝缘层的剖削

塑料护套线只有端头连接，不允许进行中间连接。其绝缘层分为外层的公共护套层和内部芯线的绝缘层。公共护套层通常都采用电工刀进行剖削。常用方法有两种：一种方法是用刀口从导线端头两芯线夹缝中切入，切至连接所需长度后，在切口根部割断护套层。另一种方法是按线头所需长度，将刀尖对准两芯线凹缝划破绝缘层，将护套层向后扳翻，然后用电工刀齐根切去。芯线绝缘层的剖削与塑料绝缘硬线端头绝缘层剖削方法完全相同，但切口相距护套层长度应根据实际情况确定，一般应在 10mm 以上。

4. 花线绝缘层的剖削

花线的结构比较复杂，多股铜质细芯线先由棉纱包扎层裹捆，接着是橡胶绝缘层，外面还套有棉织管（即保护层）。剖削时先用电工刀在线头所需长度处切割一圈拉去，然后在距离棉织管 10mm 左右处用钢丝钳按照剖削塑料软线的方法将内层的橡胶层勒去，将紧贴于线芯处棉纱层散开，用电工刀割去。

5. 橡套软电缆绝缘层的剖削

用电工刀从端头任意两芯线缝隙中割破部分护套层。然后把割破已分成两片的护套层连同芯线（分成两组）一起进行反向分拉来撕破护套层，直到所需长度。再将护套层向后扳翻，在根部分别切断。橡套软电缆一般作为田间或工地施工现场临时电源馈线，使用机会较多，因而受外界拉力较大，所以护套层内除有芯线外，尚有 2～5 根加强麻线。这些麻线不应在护套层切口根部剪去，应扣结加固，余端也应固定在插头或电具内的防拉板中。芯线绝缘层可按塑料绝缘软线的方法进行剖削。

6. 铅包线护套层和绝缘层的剖削

铅包线绝缘层分为外部铅包层和内部芯线绝缘层。剖削时先用电工刀在铅包层上切下一个刀痕，再用双手来回扳动切口处，将其折断，将铅包层拉出来。内部芯线绝缘层的剖削与塑料硬线绝缘层的剖削方法相同。操作过程如图 2-9 所示。

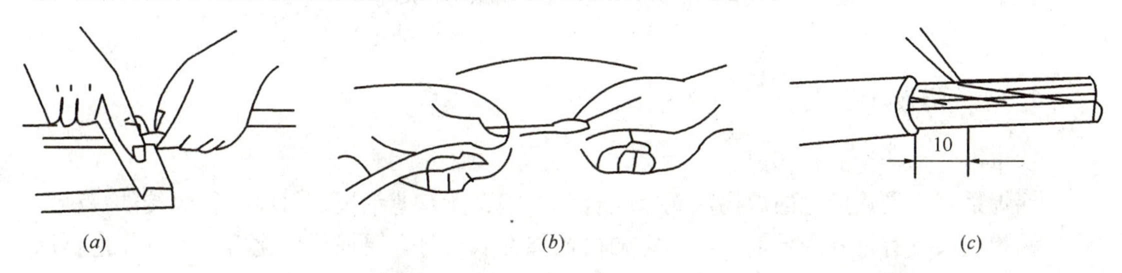

图 2-9　铅包线绝缘层的剖削

(a) 剖切铅包层；(b) 折扳和拉出铅包层；(c) 剖削芯线绝缘层

2.2.2　导线的连接

1. 对导线连接的基本要求

对导线连接的基本要求如下：

(1) 接触紧密，接头电阻小且稳定性好。与同长度、同截面积导线的电阻比应不大于 1。

(2) 接头的机械强度应不小于导线机械强度的 80%。

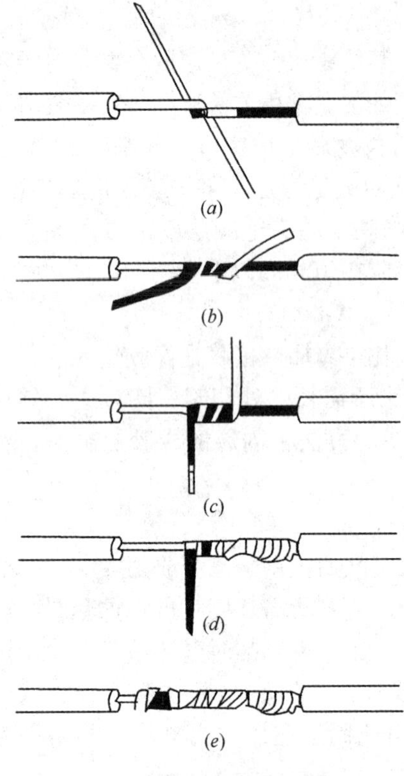

图 2-10 单股铜芯线的直接连接

(3) 耐腐蚀。对于铝与铝连接，如采用熔焊法，主要防止残余熔剂或熔渣的化学腐蚀。对于铝与铜连接，主要防止电化腐蚀。在接头前后，要采取措施，避免这类腐蚀的存在。否则，在长期运行中，接头有发生故障的可能。

(4) 接头的绝缘层强度应与导线的绝缘强度一样。

2. 铜芯线的连接

单股铜芯线的直接连接。先按芯线直径约 40 倍长剥去线端绝缘层，并勒直芯线再按以下步骤进行。

① 把两根线头在离芯线根部的 1/3 处呈 X 状交叉，如图 2-10(*a*) 所示。

② 把两线头如麻花状互相紧绞两圈，如图 2-10(*b*) 所示。

③ 先把一根线头扳起与另一根处于下边的线头保持垂直，如图 2-10(*c*) 所示。

④ 把扳起的线头按顺时针方向在另一根线头上紧缠 6～8 圈，圈间不应有缝隙，且应垂直排绕。缠毕切去芯线余端，并钳平切口，不准留有切口毛刺，如图 2-10(*d*) 所示。

⑤ 另一端头的加工方法，按上述步骤③～④操作。

2.3 导线的焊接技能

2.3.1 焊接（锡焊）

这里讲的焊接指的是锡焊。

锡焊是利用受热熔化的焊锡对铜、铜合金、钢、镀锌薄钢板等材料进行焊接的一种方法。锡焊接头具有良好的导电性、一定的机械强度以及对焊锡加热熔化后，可方便地拆卸等优点，所以在生产上应用较广。

1. 电烙铁

电烙铁是用来焊接导线接头、电气元件接点或焊掉导线接头和电气元件接点的。电烙铁的工作原理是利用电流通过发热体（电热丝）产生的热量熔化焊锡后进行焊接的。电烙铁的形式有多种，有外热式电烙铁，内热式电烙铁和感应式电烙铁等。

电烙铁的功率有 15W，25W，75W，100W，500W 等多种。根据焊接对象，选择不同功率的电烙铁。当焊接点面积小时，选用小功率电烙铁；反之，当焊接点面积大时，则用大一点功率的电烙铁。

内热式或外热式电烙铁内部接线端子如图 2-11 所示。电烙铁在使用时要注意以下几点：

(1) 使用之前应检查电源电压与电烙铁上的额定电压是否相符，一般为220V，检查电源和接地线接头是否接错。

(2) 新烙铁在使用前应先用砂纸把烙铁头打磨干净，然后在焊接时和松香一起在烙铁头上沾上一层锡（称为搪锡）。

(3) 电烙铁不能在易爆场所或腐蚀性气体中使用。

(4) 使用外热式电烙铁还要经常将铜头取下，清除氧化层，以免日久造成铜头烧死。

(5) 电烙铁通电后不能敲击，以免缩短使用寿命。

(6) 电烙铁使用完毕，应拔下插头，待冷却后放置干燥处。

2. 焊锡

焊锡是由锡、铅和锑等元素组成的低熔点（185～260℃）合金。为了便于使用，焊锡常制成条状和盘丝状。

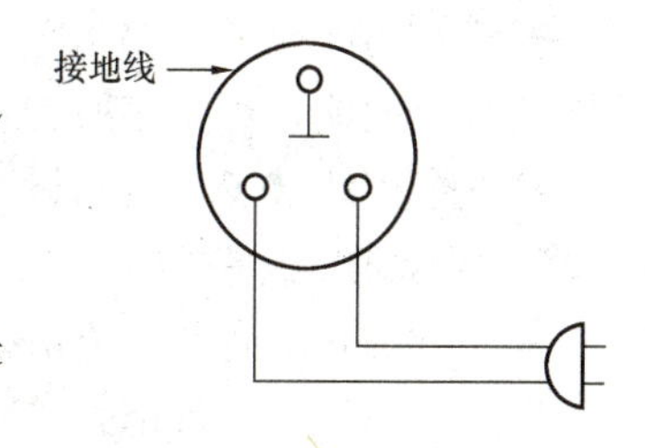

图 2-11 电烙铁内部线圈

3. 焊剂

焊剂能起清除污物和抑制工件表面氧化的作用，它是保证焊接过程顺利进行和获得致密接头的辅助材料。

锡焊时常用下列三种焊剂：

(1) 松香液。松香液是天然松香溶解在酒精中而形成的糊状液体，适用于铜及铜合金焊件。

(2) 焊锡膏。焊锡膏是用氧化锌、树脂和脂肪类材料调和而成的膏剂，适用于对绝缘及防腐要求不高的小焊件。

(3) 氧化锌溶液。氧化锌溶液是把适量的锌放在盐酸中，产生化学反应后得到的液体，适用于薄钢板焊件。

4. 锡焊的方法

焊接前应对母材焊接处进行清洁处理，这是保证焊接质量的重要条件。常用砂布、锉刀和刀片进行这项工作，以清除焊接处的油漆或氧化层。清洁处理后的母材要及时涂上焊剂。

常用焊接方法有：

(1) 电烙铁加焊。电烙铁的操作使用很方便，适用于薄板和铜导线的焊接。焊接时要注意控制焊锡的熔化温度。过高的温度易使焊锡氧化而失去焊接能力，过低的温度会造成虚焊，降低焊接质量。

(2) 沾焊。沾焊时用加热设备（如电炉、煤炉等）将容器中的焊锡熔化。再将涂有焊剂的焊接头浸入熔化的焊锡中实现焊接。这种焊接法生产率很高，焊接质量也较好。

(3) 喷灯加焊。喷灯是一种喷射火焰的加热工具。加焊时先用喷灯将母材加热并不时地涂焊剂，当达到合适温度时，将焊锡接触母材，使之熔化并铺满焊接处。这种方法适合较大尺寸母材的焊接。

5. 锡焊注意事项

在焊接时，要注意下面几点：

(1) 电烙铁在使用中一般用松香作为焊剂，特别是电线焊接、电子元器件的焊接，一定要用松香做焊剂，严禁用盐酸等带有腐蚀性焊锡膏焊接，以免腐蚀印制电路板或短路电气线路。

(2) 电烙铁在焊接金属铁锌等物质时，可用焊锡膏焊接。

(3) 如果在焊接中发现紫铜制的烙铁头氧化不易沾锡时，可将铜头用锉刀锉去氧化层，在酒精内浸泡后再用，切勿浸入酸内浸泡以免腐蚀烙铁头。

(4) 焊接电子元器件时，最好选用低温焊丝，头部涂上一层薄锡后再焊接。焊接场效应晶体管时，应将电烙铁电源线插头拔下，利用余热去焊接，以免损坏晶体管。

2.3.2 导线的封端

安装好的配线最终要与电气设备相连，为了保证导线线头与电气设备接触良好并具有较强的机械性能，对于多股铝线和截面大于 2.5mm 的多股铜线，都必须在导线终端焊接或压接一个接线端子，再与设备相连。这种工艺过程叫做导线的封端。

1. 铜导线的封端

铜导线的封端有两种方法。

(1) 锡焊法。锡焊前，先将导线表面和接线端子孔用砂布擦干净，涂上一层无酸焊锡膏，将线芯搪上一层锡。然后把接线端子放在喷灯火焰上加热，当接线端子烧热后，把焊锡熔化在端子孔内，并将搪好锡的线芯慢慢插入，待焊锡完全渗透到线芯缝隙中后，即可停止加热。

(2) 压接法。将表面清洁且已加工好的线头直接插入内表面已清洁的接线端子线孔，用压接钳压接。

2. 铝导线的封端

铝导线一般用压接法封端。压接前，剥掉导线端部的绝缘层，其长度为接线端子孔的深度加上 5mm，除掉导线表面和端子孔内壁的氧化膜，涂上中性凡士林，再将线芯插入接线端子内，用压接钳进行压接。当铝导线出线端与设备铜端子连接时，由于存在电化腐蚀问题，因此应采用预制好的铜铝过渡接线端子，压接方法同前所述。

3. 导线绝缘层恢复（热缩管）

绝缘导线的绝缘层，因连接需要被剥离后，或遭到意外损伤后，均需恢复绝缘层，而且经恢复的绝缘性能不能低于原有的标准。在低压电路中，常用的恢复材料有聚烯烃材料热缩管、黄蜡布带、聚氯乙烯塑料带和黑胶布等多种。在操作时将两端口充分密封起来，不能让空气流通，这是一道关键的操作步骤。

2.4 常用电测量仪表简介（基本知识、使用方法）

电工仪表在电气线路、用电设备的安装、使用与维修中起着重要的作用。常用的电工仪表有电流表、电压表、万用表、钳形电流表、兆欧表、接地电阻测定仪、功率表、电度表等多种。由于万用表在电工电子测量中起着特殊重要的作用，为保证万用表的安全正确使用，本单元对万用表的工作原理、操作使用方法进行重点介绍。同时，对电流表、电压表、钳形电流表、兆欧表、接地电阻测定仪、功率表、电度表等的测量原理及使用方法逐一分析和介绍。

2.4.1　电工仪表的基本组成和工作原理

电工指示仪表的基本工作原理是将被测电量或非电量变换成指示仪表活动部分的偏转角位移量。一般来说，被测量不能直接加到测量机构上。通常是将被测量转换成测量机构可以测量的过渡量，这个将被测量转换为过渡量的组成部分就是“测量线路”。将过渡量按某一关系转换成偏转角的机构叫“测量机构”。测量机构由活动部分和固定部分组成，它是仪表的核心，其主要作用是产生使仪表的指示器偏转的转动力矩以及使指示器保持平衡和迅速稳定的反作用力矩和阻尼力矩。图 2-12 为电工指示仪表的基本组成框图。

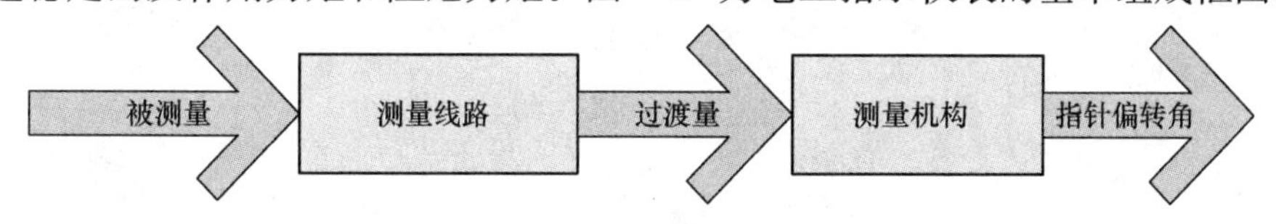

图 2-12　电工指示仪表基本组成框图

电工指示仪表的基本工作原理是：测量线路将被测电量或非电量转换成测量机构能直接测量的电量时，测量机构活动部分在偏转力矩的作用下偏转。同时，测量机构产生反作用力矩的部件所产生的反作用力矩也作用在活动部件上，当转动力矩与反作用力矩相等时，可动部分便停止下来。由于可动部分具有惯性，以至于它在达到平衡时不能迅速停止，仍在平衡位置附近来回摆动。因此，在测量机构中设置阻尼装置，依靠其产生的阻尼力矩使指针迅速停止在平衡位置上，指出被测量的大小。

2.4.2　电工仪表的精确度

电工仪表的精确度等级是指在规定条件下使用时，可能产生的基本误差占满刻度的百分数。它表示了该仪表基本误差的大小。在前述的测量准确度的七个等级中，数字越小者，仪表精确度越高，基本误差越小。0.1 级到 0.5 级的仪表，精确度较高，常用于实验室做校检仪表；1.5 级以下的仪表，精确度较低，通常用做工程上的检测与计量。

2.4.3　电流表与电压表

电流表又称为安培表，用于测量电路中的电流。电压表又称为伏特表，用于测量电路中的电压。按其工作原理的不同，分为磁电式、电磁式、电动式三种类型，其原理与结构分别如图 2-13 (*a*)、(*b*)、(*c*) 所示。

1. 结构与工作原理

(1) 磁电式仪表的结构与工作原理

磁电式仪表主要由永久磁铁、极靴、铁心、活动线圈、游丝、指针等组成。铁心是圆柱形的，它可使极靴与铁心之间产生一个均匀磁场。活动线圈绕在铝框上，两端各连接一个半轴，可以自由转动，指针固定在半轴上。游丝装在活动线圈上，有两个作用：一是产生反作用力矩，二是作为线圈电流的引线。铝框的作用是产生阻力矩，这个力矩的方向总是与线圈转动的方向相反，能够阻止线圈来回摆动，使与其相连的指针迅速静止。当被测电流流过线圈时，线圈受到磁场力的作用产生电磁转矩绕中心轴转动，带动指针偏转，游丝也发生弹性形变。当线圈偏转的电磁力矩与游丝形变的反作用力矩相平衡时，指针便停

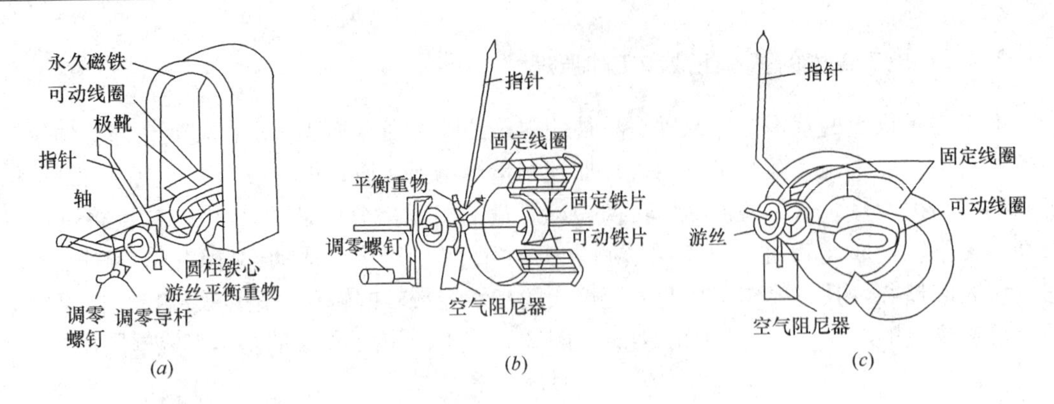

图 2-13 电流表、电压表的原理与结构

(a) 磁电式；(b) 电磁式；(c) 电动式

在相应位置，在面板刻度标尺上指示出被测数据。与其他仪表比较，磁电式仪表具有测量准确度和灵敏度高、消耗功率小、刻度均匀等优点，应用非常广泛。如直流电流表、直流电压表、直流检流计等都属于此类仪表。

(2) 电磁式仪表的结构与工作原理

电磁式仪表的测量机构有吸引型和排斥型，主要由固定部分和可动部分组成。以排斥型结构为例，固定部分包括圆形的固定线圈和固定于线圈内壁的铁片，可动部分包括固定在转轴上的可动铁片、游丝、指针、阻尼片和零位调整装置。当固定线圈中有被测电流通过时，线圈电流的磁场使定铁片和动铁片同时被磁化，且极性相同而互相排斥，产生转动力矩。定铁片推动动铁片运动，动铁片通过传动轴带动指针偏转。被测电流越大，指针偏转角也越大。当电磁偏转力矩与游丝形变的反作用力矩相等时，指针停转，面板上指示值即为所测数值。由于电磁式仪表的被测电流流入固定线圈，不通过游丝，且固定线圈磁场的极性与其中被磁化的可动铁片的极性能够随着电流方向的改变而同时变化，指针的偏转方向与电流方向无关。因此，电磁式仪表具有过载能力强、交直流两用的优点，但其准确度较低、工作频率范围不大、易受外界影响，附加误差较大。

(3) 电动式仪表的结构与工作原理

电动式仪表由固定线圈、可动线圈、指针、游丝和空气阻尼器等组成。固定线圈做成两个，且平行排列，目的是使固定线圈产生的磁场均匀。可动线圈与转轴固定连接，一起放置在固定线圈的两个部分之间。游丝产生反作用力矩，空气阻尼器产生阻尼力矩。当被测电流流过固定线圈时，该电流变化的磁通在可动线圈中产生电磁感应，从而产生感应电流。可动线圈受固定线圈磁场力的作用产生电磁转矩而发生转动，通过转轴带动指针偏转，在刻度板上指出被测数值。被测电流越大，两线圈间电磁感应越强，可动线圈所受电磁转矩越大，指针偏转角也越大。与电磁式仪表相比，由于电动式仪表中没有铁磁物质，不存在磁滞和涡流影响，测量准确度很高，且可交直流两用，测量参数范围广。可以构成多种线路、测量多种参数，如电流、电压和功率等。但由于它的固定线圈较弱，测量易受外磁场影响，且可动线圈的电流游丝导入，过载能力小。

2. 电流的测量

测量线路电流时，电流表必须与被测电路串联。为减小电流表接入对电路工作状态的影响，电流表的内阻越小越好。

（1）交流电流的测量

测量交流电流通常采用电磁式电流表。由于交流电流表的接线端没有极性之分，测量时，只要在测量量程范围内将电流表串入被测电路即可，如图 2-14 所示。当需要测量较大电流时，必须扩大电流表的量程。除了在表头上并联分流电阻，还可加接电流互感器，此法对磁电式、电磁式、电动式电流表均适用，其接法如图 2-15 所示。电气工程上配电流互感器用的交流电流表，量程通常为 5A，不需换算，表盘读数即为被测电流值。

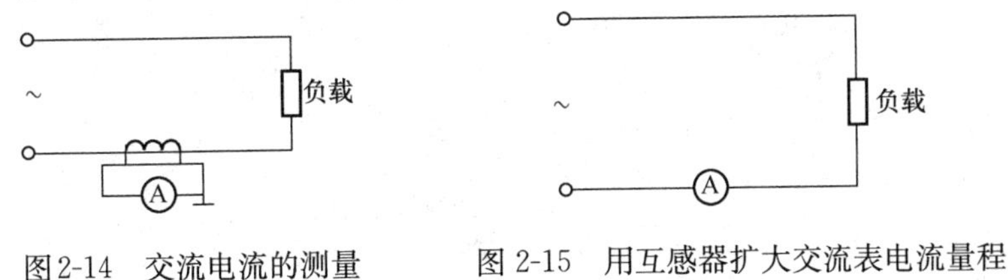

图2-14　交流电流的测量　　图 2-15　用互感器扩大交流表电流量程

（2）直流电流的测量

测量直流电流通常采用磁电式电流表。由于直流电流表有正、负极性，测量时，必须将电流表的正端钮接被测电路的高电位端，负端钮接被测电路的低电位端，如图 2-16 所示。如果被测电流超过电流表允许量程，则要采取措施扩大量程。对磁电式电流表，表头线圈和游丝不可能加粗，不能通过较大电流，只能在表头上并联低阻值电阻制成的分流器，如图 2-17 所示。对电磁式电流表，可通过加大固定线圈线径来扩大量程。还可以将固定线圈接成串、并联形式做成多量程表，如图 2-18 所示。对电动式电流表，也可采用将固定线圈与活动线圈串、并联的方法扩大量程。

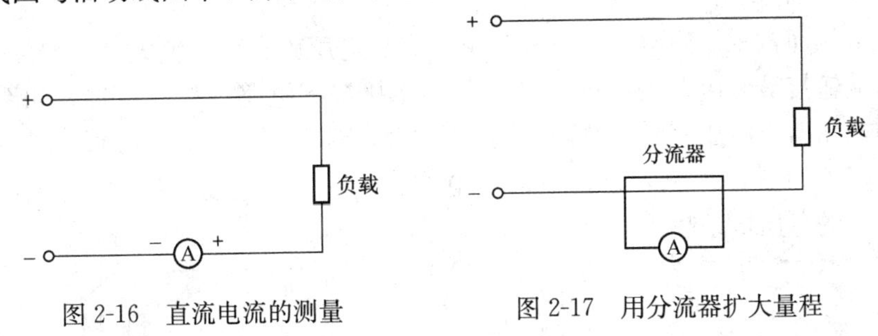

图 2-16　直流电流的测量　　图 2-17　用分流器扩大量程

3. 电压的测量

测量线路电压时，电压表必须与被测电路并联。为了尽量减小电压表接入时对被测电路工作状态的影响，电压表的内阻要大。

（1）交流电压的测量

测量交流电压通常采用电磁式电压表。由于交流电压表的接线端没有极性之分，测量时，只要在测量量程范围内将电压表直接并入被测电路即可，如图 2-19 所示。当需要测量较高电压时，必须扩大交流电压表的量程。电气工程上常用电压互感器来扩大交流电压表的量程，如图 2-20 所示，不论磁电式、电磁式、电动式仪表均适用。按测量电压等级不同，互感器有不同的标准电压比率，如 3000/100V，6000/100V 等，配用互感器的电压表量程一般为 100V。使用时，根据被测电路电压等级和电压表量程进行选择。

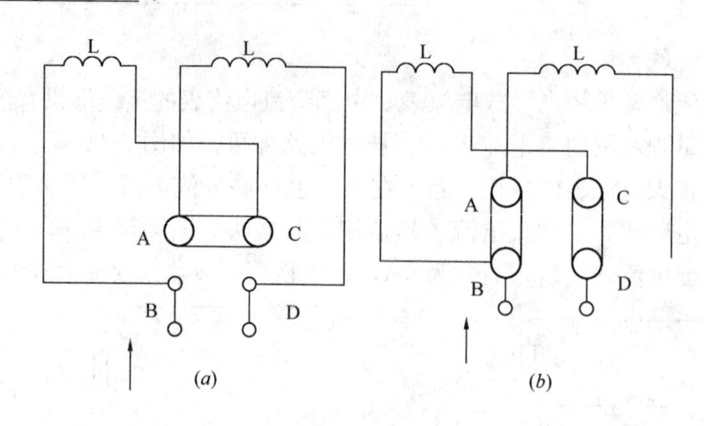

图 2-18 电磁式电流扩大量程

(a) 线圈串联；(b) 线圈并联

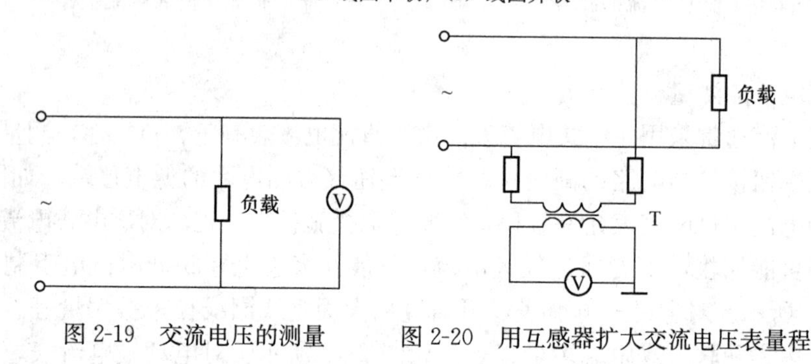

图 2-19 交流电压的测量　　图 2-20 用互感器扩大交流电压表量程

(2) 直流电压的测量

测量直流电压通常采用磁电式电压表。由于直流电压表有正、负极性，测量时，必须将电压表的正端钮接被测电路的高电位端，负端钮接被测电路的低电位端，如图 2-21 所示。如果被测电压高于电压表允许范围，则要采取措施扩大量程，常用的方法是在电压表外串联分压电阻，如图 2-22 所示。此法对磁电式、电磁式、电动式仪表均适用。被测电压越高，所串联的分压电阻越大。

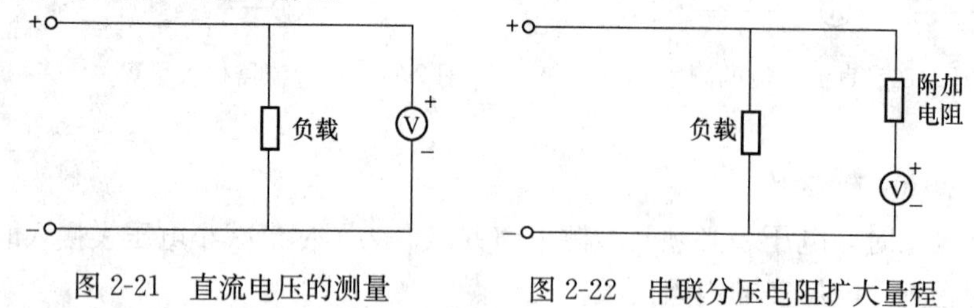

图 2-21 直流电压的测量　　图 2-22 串联分压电阻扩大量程

2.4.4 万用表

万用表又称三用表、复用表，是一种多功能、多量程的测量仪表。一般的万用表可以测量直流电压、直流电流、交流电压、电阻、音频电平等电量，有的还可测量交流电流、电容量、电感量、晶体管共射极直流电流放大系数等电参数。数字式万用表也已经大量使用，甚至还出现了微处理器控制的万用表。

在电工电子实验中，我们已对万用表的原理、结构有了深入的了解。在电工电子技能训练中，万用表是使用最多的电工仪表之一，由于其功能多、操作起来容易出错，本节以MF30型指针式万用表和DT840型数字式万用表为例，了解其结构和性能，学会使用万用表正确测量电压、电流、电阻等基本电量的方法，熟悉有关使用的注意事项。

1. 指针式万用表

（1）指针式万用表的结构

指针式万用表主要由表头、测量线路、转换开关三部分组成。表头用于指示值，测量线路用于将各种被测量转换到适合表头测量的直流微小电流，转换开关实现对不同测量线路的选择，以适用各种测量要求。指针式万用表的刻度盘、转换开关、调零旋钮、接线柱（或表笔插孔）通常集中安装在面板上，外形做成便携式或袖珍式，使用起来十分方便。MF30型万用表的外形结构如图2-23所示。

万用表使用十分频繁，往往因使用不当或疏忽大意造成测量错误或损坏事故。因此，必须学会使用万用表，养成正确操作的良好习惯。使用指针式万用表，通常应注意下面几点：

① 使用前，应认真阅读说明书，充分了解万用表的性能，各部件作用和用法，正确理解表盘上各种符号和字母的含义以及各标度尺的读法。

② 使用前，应观察表头指针是否处于零位。若不在零位，应调整表头下方的机械零位调节器（又称机械调零旋钮），使其指零。否则，测量结果不准确。

③ 测量前，将转换开关拨到合适的位置。选择量程时，应尽量使表头指针偏转到满刻度的2/3左右。如事先无法估计被测量的大小，可在测量中从最大量程挡逐渐减小到合适的挡位。

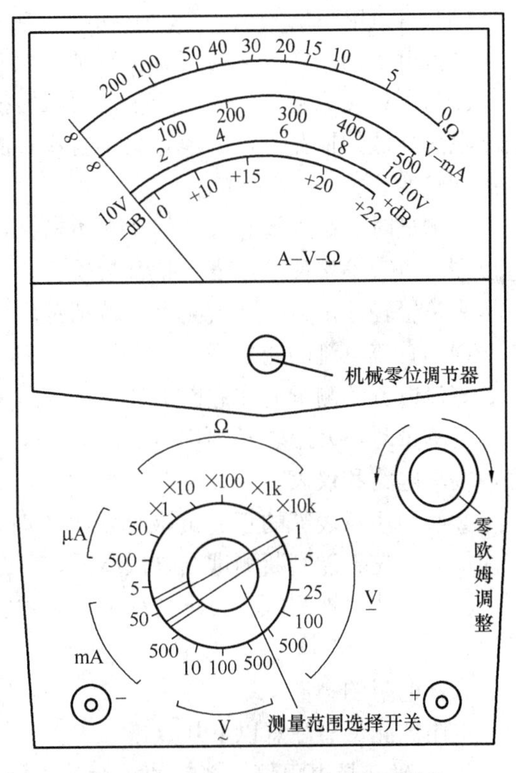

图2-23 MF30型万用表的外形结构

④ 测量时，必须认真核对测量项目与量程。根据选好的测量项目与量程，明确应在哪一条标度尺上读数。读数时，眼睛应位于指针正上方。对有弧形反射镜的表盘，其指针与镜中像重合时读数最准确。

⑤ 测量完毕，应将转换开关拨到最高交流电压挡，以免下次测量时不慎损坏表头。有的万用表（如500型）应将转换开关拨到标有“.”的空挡位置。

⑥ 万用表不用时，应保存在干燥、无振动、无强磁场、温度适宜的环境中。长期不用的万用表，应将表内电池取出，以防电池的电解糊泄漏腐蚀表内零部件。

（2）交流电压的测量

交流电压的测量需注意以下几点：

① 测量前，将转换开关拨到对应的交流电压量程挡。如果事先不知道被测电压大小

量程宜放在最高挡，以免损坏表头。如果误用直流电压挡，表头指针会不动或略微抖动；如果误用直流电流挡或电阻挡，轻则打弯指针，重则烧坏表头。

② 测量时，将表笔并联在被测电路或被测元器件两端。交换量程时，应将表笔与被测电路断开，严禁在测量中拨动转换开关选择量程。

③ 测电压时，要养成单手操作习惯，且注意力要高度集中。即预先将一支表笔固定在被测电路公共接地端，单手拿另一支表笔进行测量，可减少触电的危险。

④ 由于表盘上交流电压刻度是按正弦交流电标定的，如果被测电量不是正弦量，误差会较大。

⑤ 可测交流电压的频率范围一般为 45～1000Hz，如果被测电量频率超过了这个范围，误差会增大。

(3) 直流电压的测量

直流电压的测量方法与交流电压基本相同，但要注意下面两点：

①与测量交流电压一样，测量前要将转换开关拨到直流电压的档位上，在事先不清楚被测电压高低的情况下，量程宜大不宜小；测量时，表笔要与被测电路并联，测量中不允许拨动转换开关。

②测量时，必须注意表笔的正、负极性，红表笔接被测电路的高电位端，黑表笔接低电位端。若表笔接反了，表头指针会反打，容易打弯指针。如果不知道被测点电位高低，可将表笔轻轻地试触一下被测点。若指针反偏，说明表笔极性反了，交换表笔即可。

(4) 直流电流的测量

直流电流的测量需注意以下几点：

①测量时，万用表必须串入被测电路，不能并联。否则，由于其内阻很小，会造短路，烧坏电路和仪表。

②必须注意表笔的正、负极性。测量时，红表笔接电路高电位端，黑表笔接低电位端。如果事先不能判断测试点电位高低，可参照直流电压测量第②项办法处理。

③在不清楚被测电流大小情况下，量程宜大不宜小。严禁在测量中拨动转换开关选择量程。

(5) 电阻的测量

电阻的测量需注意以下几点：

① 正确选择电阻倍率档，使指针尽可能接近标度尺的几何中心，可提高测量数据的准确性。测量前或每次更换倍率档时，都应重新调整欧姆零点。如果表头指针不能调到欧姆零点，说明表内电池的电压太低，应该更换。

② 严禁在被测电路带电的情况下测量电阻。因为如果被测电阻两端电压进入电表，一方面会引起测量误差，另一方面，如果引入电压、电流过大，还会损坏表头。如被测电路中有大容量电解电容器，测量前应将该电容器短接放电，避免电容器通过万用表放电，损坏表头。

③ 测量时，直接将表笔跨接在被测电阻或电路的两端，注意不能用手同时触及电阻两端，以避免人体电阻对读数的影响。被测电阻如果与其他电路存在直流通路，也会影响测量数值。

④ 测量热敏电阻时，应注意电流热效应会改变热敏电阻的阻值。

2. 数字式万用表

(1) 数字式万用表的结构

数字式万用表显示直观、速度快、功能全、测量精度高、可靠性好、小巧轻便、耗电省、便于操作，受到人们的普遍欢迎，已成为电工、电子测量以及电子设备维修等部门的必备仪表。DT840型数字式万用表就是一种用电池驱动的三位半数字万用表，可以进行交、直流电压、电流、电阻、二极管、晶体管hFE、带声响的通断等测试，并具有极性选择、过量程显示及全量程过载保护等特点。

DT840型数字式万用表的面板结构如图2-24所示。

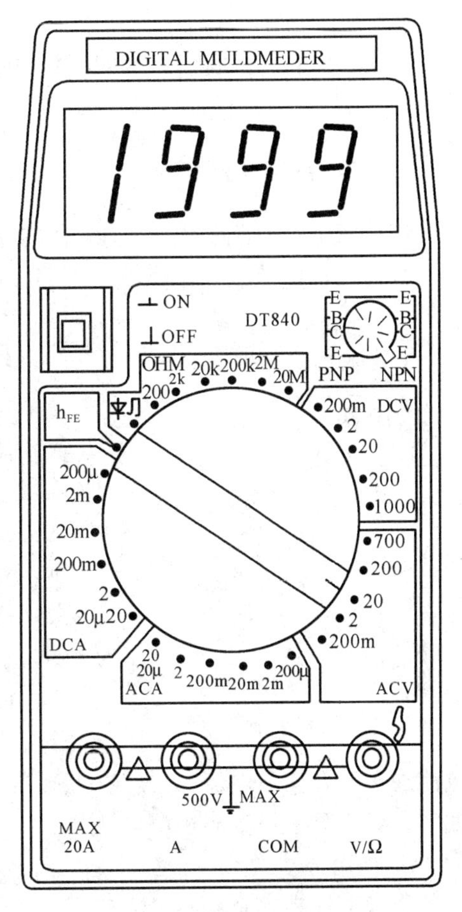

图2-24　DT840型数字式万用表的面板结构

使用数字万用表测试前，应注意如下事项：

① 先将ON—OFF开关置ON位置，检查9V电池电压值。如果电池电压不足，显示器左边将显示“LOBAT”或“BAT”字符。此时，应打开后盖，更换F22型9V层叠电池。如无上述字符显示，则可继续操作。

② 测试笔插孔旁边的正三角中有感叹号的，表示输入电压或电流不应超过指示值。

③ 测试前应将功能开关置于所需的量程上。

(2) 直流电压、交流电压的测量

先将黑表笔插入COM插孔，红表笔插入V/Ω插孔，然后将功能开关置于DCV（直流）或ACV（交流）量程，并将测试表笔连接到被测源两端，显示器将显示被测电压值。在显示直流电压值的同时，将显示红表笔端的极性。如果显示器只显示“1”，表示超量程，应将功能开关置于更高的量程（下同）。

(3) 直流电流、交流电流的测量

先将黑表笔插入COM插孔，红表笔需视被测电流的大小而定。如果被测电流最大为2A，应将红表笔插入A孔；如果被测电流最大为20A，应将红表笔插入20A插孔。再将功能开关置于DCA或ACA量程，将测试表笔串联接入被测电路，显示器即显示被测电流值。在测量直流电流时，显示器会显示红表笔端的极性。

(4) 电阻的测量

先将黑表笔插入COM插孔，红表笔插入V/Ω插孔（注意：红表笔极性此时为“+”，与指针式万用表相反），然后将功能开关置于OHM量程，将两表笔连接到被测电路上，显示器将显示出被测电阻值。

(5) 二极管的测试

先将黑表笔插入COM插孔，红表笔插入V/Ω插孔，然后将功能开关置于二极管挡，将两表笔连接到被测二极管两端，显示器将显示二极管正向压降的 mV 值。当二极管反向时则过载。

根据万用表的显示，可检查二极管的质量及鉴别所测量的管子是硅管还是锗管（注意：数字万用表的红表笔是表内电池的正极，黑表笔是电池的负极）。

① 测量结果若在 1V 以下，红表笔所接为二极管正极，黑表笔为负极；若显示“1”（超量程），则黑表笔所接为正极，红表笔为负极。

② 测量显示若为 550～700mV（即 0.55～0.70V）则为硅管；150～300mV（即 0.15～0.30V）则为锗管。

③ 如果两个方向均显示超量程，则二极管开路；若两个方向均显示“0”V，则二极管击穿、短路。

2.4.5 钳形电流表

用普通电流表测量电流，必须将被测电路断开，把电流表串入被测电路，操作很不方便。采用钳形电流表，不需断开电路，就可直接测量交流电路的电流，使用非常方便。

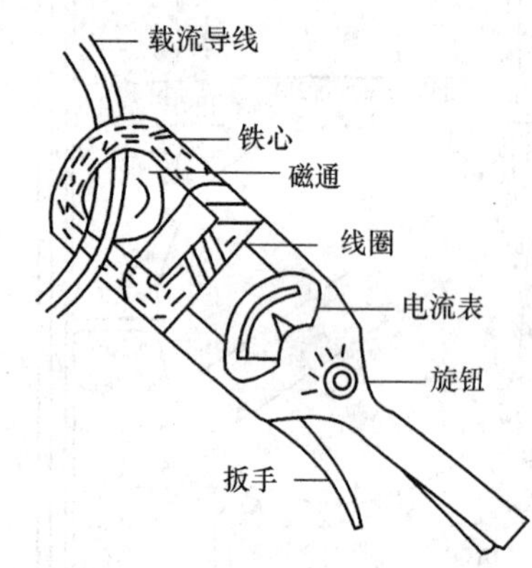

图 2-25 钳形电流表的外形结构

1. 结构和工作原理

钳形电流表简称钳形表，其外形结构如图 2-25 所示。测量部分主要由一只电磁式电流表和穿心式电流互感器组成。穿心式电流互感器铁心做成活动开口，且成钳形，故名钳形电流表。穿心式电流互感器的原边绕组为穿过互感器中心的被测导线，副边绕组则缠绕在铁心上与整流电流表相连。旋钮实际上是一个量程选择开关，扳手用于控制穿心式互感器铁心的开合，以便使其钳入被测导线。

测量时，按动扳手，钳口打开，将被测载流导线置于穿心式电流互感器的中间，当被测载流导线中有交变电流通过时，交流电流的磁通在互感器副绕组中感应出电流，使电磁式电流表的指针发生偏转，在表盘上可读出被测电流值。

2. 使用方法

为保证仪表安全和测量准确，必须掌握钳形电流表的正确使用方法。

（1）测量前，应检查电流表指针是否在零位，否则，应进行机械调零。还应检查钳口的开合情况，要求可动部分开合自，如图 2-25 所示的钳形电流表的钳口结合面接触紧密。钳口上如有油污、杂物、锈斑，均会降低测量精度。

（2）测量时，量程选择旋钮应置于适当位置，以便测量时指针处于刻度盘中间区域，可减小测量误差。如果不能估计出被测电路电流的大小，可先将量程选择旋钮置于高挡位，再根据指针偏转情况将量程调到合适位置。

（3）如果被测电路电流太小，即使放到最低量程挡，指针的偏转都不大，可将被测载流导线在钳口部分的铁心上缠绕几圈再进行测量，然后将读数除以穿入钳口内导线的根数即为实际电流值。

（4）测量时，应将被测导线置于钳口内中心位置，这样可以减小测量误差。

（5）钳形表用完后，应将量程选择旋钮放至最高挡，防止下次使用时操作不慎损坏仪表。

2.4.6 兆欧表及绝缘电阻的测量

1. 兆欧表的工作原理

兆欧表又称为摇表，是一种测量高电阻的仪表。兆欧表经常用来测量电气设备的绝缘电阻，表盘刻度以兆欧（MΩ）为单位。兆欧表的种类很多，工作原理分为用手摇直流发电机的和用晶体管的，下面以手摇直流发电机的这种类型为例，简单说明其工作原理。

兆欧表的外形如图 2-26（*a*）所示，其内部原理电路如图 2-26（*b*）所示，被测绝缘电阻接在“线”和“地”两个端子上。兆欧表的指针读数内电流回路和电压回路共同作用来决定。电流回路由发电机“+”极经被测电阻 R_j、限流电阻 R_c，流回发电机“－”极，流过的电流为 I_1 可见，当发电机端电压 U 不变时，I_c 与 R_j 成反比，其产生一个转动力矩 M_1。电压回路由发电机“+”极经限流电阻 R_c，流回发电机“－”极，其流过电流为 I_2。可见，当发电机的端电压 U 不变时，I_2 与 R_j 无关，其产生一个反作用力矩 M_2。当 $M_1=M_2$ 时，指针处于平衡位置，从而指示被测电阻 R_j 的值。

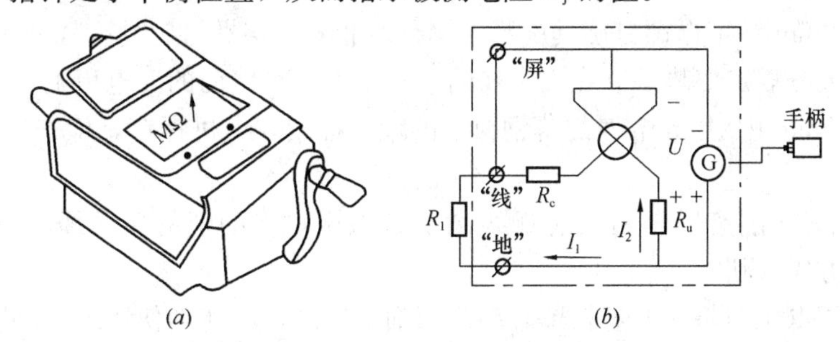

图 2-26 兆欧表外形及工作原理

（*a*）外形图；（*b*）工作原理图

2. 绝绕电阻的测量

绝缘电阻的一般测量方法是将兆欧表平稳放置，然后将被测绝缘电阻的两端接在兆欧表的“线”（“L”）和“地”（“E”）两端钮上，以 120r/min 的转速摇动发电机，当指针稳定后，选取比率夫中的数值，即为被测绝缘电阻的值。

兆欧表使用的注意事项：

（1）使用兆欧表测量电气设备的绝缘电阻之前，需要对兆欧表进行开路及短路试验，以检查兆欧表是否可用。在做开路试验时，由于干燥空气的电阻值是无穷大的，因此，表针应指在“∞”位置；停摇后将测试线路短路，因为测试电阻趋于零，表针在残余电压的作用下，应迅速指向“0”位置。

（2）测量电气设备绝缘电阻时，应按被测电气设备的额定电压选取相应的兆欧表，放置地点应远离大电流的导体及有外磁场的场合，以免影响读数。

（3）当被测绝缘电阻表面不干净或潮湿时，为了测量难确，应将兆欧表的屏蔽端“G”接入电路（一般接在被测绝缘电阻的表面），防止表面泄漏电流对测量产生影响。

（4）为获取准确的测量结果，要求在手摇发电机工作 1min 后进行读数。由于发电机端口电压能达到千伏级，所以测量时要注意安全。

实 训 课 题

1. 练习使用电工工具

（1）实训内容

1）用试电笔进行测试判别：电压的性质、交流电路中的相线与零线。将其结果填入实训记录表中。

步骤：给出5根导线（其中有2根是高低不同的交流电压、1根为直流电压、1根零线和1根空线），每人用试电笔测试测量一遍。填入实训记录表中。

2）用试电笔测试单相交流电路中不带负载时与带负载时的相线与零线，观察其现象并填写实训记录表。

3）使用剥线钳将直径1～2mm的单股导线剖削出线头，并用尖嘴钳弯成直径为4～5mm的圆形的接线鼻子。

方法：每人按指定长度剖削出线头，并限时（10min）、定量（10个）地弯成。

4）使用50mm一字形螺钉旋具旋紧木螺钉，Ⅱ号十字螺钉旋具旋紧再旋松螺钉。

步骤：每人按规定姿势站立在人字梯的三档以上，在墙面的配电板上10min内拧紧5个木螺钉，在5min内对3mm厚的薄钢板上的螺孔拧紧5个机螺钉，检查后5min内再旋松，并取下。

5）用电工刀剖削废旧塑料单芯铜线剖削绝缘层，将剖削的单芯线用钢丝钳折弯成5cm边长的立方体形状。

方法：先用电工刀将废旧塑料单芯铜线剖削绝缘层，不能剖伤线芯，再用钢丝钳折弯成5cm边长的立方体形状。最后用钢丝钳补剪三根线芯，长度为5cm，补齐立方体的12条边，以备焊接实训使用。

（2）实训记录

项 目	对导线测试					单相交流电路测试			
						不带负载		带负载	
导线色别									
试电笔测试									

（3）成绩评定

项目	技术要求	满分	扣分标准	得分
电工工具的使用	正确操作电工工具，使用得当、熟练、迅速、灵活	100	不会用电工工具的握法每件扣10分，使用不当每件扣10，做不到迅速灵活使用扣10分	
安全文明操作			违反安全操作、损坏工具扣20～50分	

2. 技能训练导线连接与工艺焊接

（1）训练目的

1）掌握导线的连接方法；

2）训练焊接工艺；

3）训练常用电工工具的使用。

（2）工具器材

螺钉旋具、电工刀、剥线钳、尖嘴钳、电烙铁等常用电工工具，松香、焊锡、单股铜线、电工胶布等。

（3）训练步骤及内容

1）进行单股和多股铜线的线头绝缘层的剥离训练；

2）进行单股铜芯线的直接连接训练；

3）进行单股铜芯线与多股铜芯线的分支连接训练；

4）进行单股铜芯线的锡焊训练；

5）进行恢复绝缘层的训练。

单元3 技 能 训 练

项目一 视频监控系统训练

视频监控系统 VSCS（video surveillance and control system）：利用视频技术探测、监视设防区域并实时显示、记录现场图像的电子系统或网络——《视频安防监控系统工程设计规范》GB 50395—2007。

1. 视频监控系统的发展历程

（1）模拟时代

视频以模拟方式采用同轴电缆进行传输，并由控制主机进行模拟处理。

（2）半数字时代

视频以模拟方式采用同轴电缆进行传输，由多媒体控制主机或硬盘录像主机（DVR）进行数字处理与存储。

（3）全数字时代

视频从前端图像采集设备输出时即为数字信号，并以网络为传输媒介，基于国际通用的 TCP/IP 协议，采用流媒体技术实现视频在网上的多路复用传输，并通过设在网上的网络虚拟（数字）矩阵控制主机（IPM）来实现对整个监控系统的指挥、调度、存储、授权控制等功能。

2. 监控系统的发展方向

（1）前端一体化；

（2）视频数字化；

（3）监控网络化；

（4）系统集成化。

3. 视频监控系统的组成（如图 3-1 所示）

视频监控系统主要是辅助保安人员对大厦、住宅小区内主要通道、公共场所等的现场实况进行实时监视。通常情况下，多台摄像机监视楼内的公共场所（如大堂、地下停车场等）、重要的出入口（如电梯口、楼层通道）等处的人员活动情况，当保安系统发生报警时，会联动摄像机开启并将该报警点所监视区域的画面切换到主监视器或屏幕墙上，并同时启动录像机记录现场实况。

典型的视频监控系统主要由：前端部分、传输部分、控制部分以及显示和记录部分四大块组成。如图 3-2 所示。

前端部分包括一台或多台摄像机以及与之配套的镜头、云台、防护罩、解码驱动器等；传输部分包括电缆和/或光缆，以及可能的有线/无线信号调制解调设备等；控制部分主要包括视频切换器、云台镜头控制器、操作键盘、种类控制通信接口、电源和与之配套的控制台、监视器柜等；显示记录设备主要包括监视器、录像机、多画面分割器等。

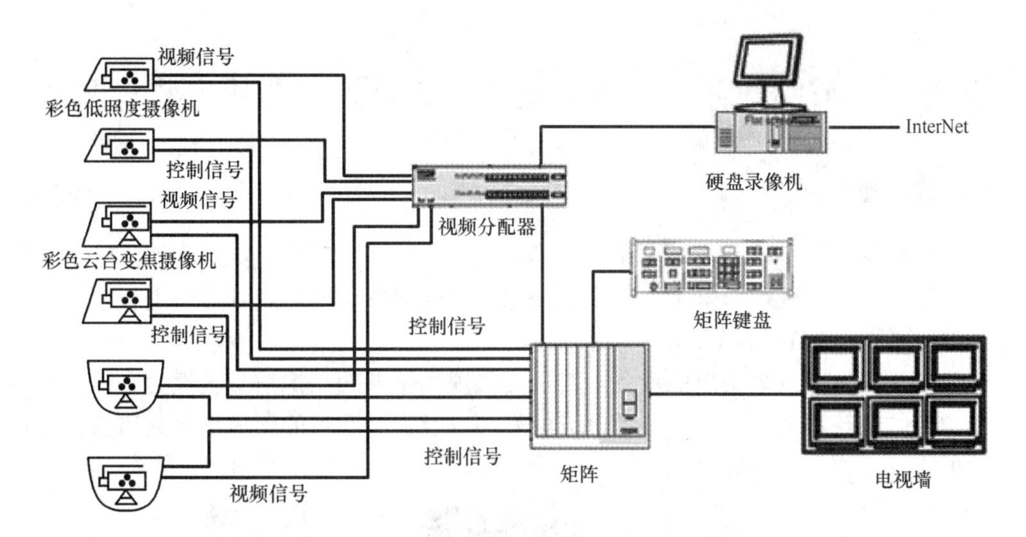

图 3-1 视频监控系统的组成

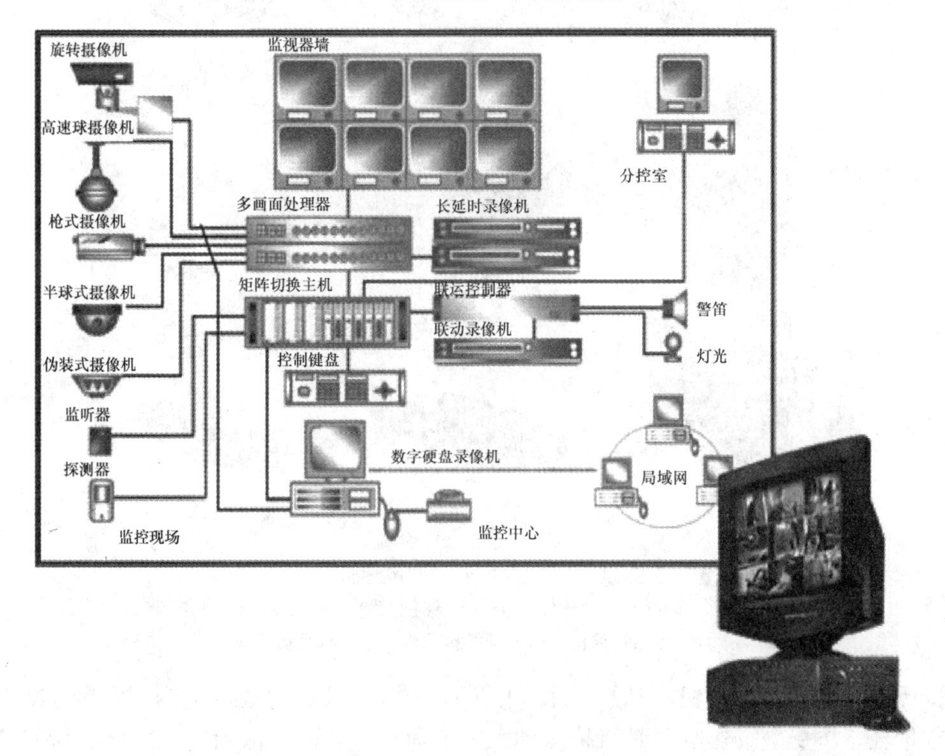

图 3-2 典型视频监控系统

摄像部分——整个系统的“眼睛”，最前端；

传输部分——系统图像信号的通路；

控制部分——“心脏”和“大脑”，是实现整个系统功能的指挥中心；

显示与记录部分——安装在控制室内，主要有监视器、录像机和一些视频处理设备。

根据不同的要求，有的视频监控系统还由防盗报警部分等组成。在每一部分中，又含有更加具体的设备或部件。

任务一 前端部分——摄像机镜头云台解码器的安装与调试

一、基础理论知识

视频监控系统的前端部分由摄像机、镜头、防护罩、安装支架、云台、解码器等组成，主要用于对公共区域、重点区域进行摄像，并将视频信号传送到后端进行处理。

（一）摄像机（如图 3-3 所示）

摄像机是摄像部分最关键的设备，它负责将现场摄取的图像信号转换为电信号并传送到控制中心的监控器上。因此，摄像部分的好坏以及它所产生的图像信号的质量将影响整个系统的质量。

图 3-3 各种类型的摄像机

（*a*）枪式摄像机；（*b*）红外摄像机；（*c*）一体化摄像机；（*d*）快速球摄像机；（*e*）半球摄像机；（*f*）网络摄像机；（*g*）针孔摄像机

摄像机的发展速度很快，从摄像管到 CCD 元件，以其构成的 CCD 摄像机具有体积小、重量轻、不受磁场影响、具有抗振动和撞击等特点，同时清晰度、照度、可靠性等指标大大提高而被广泛应用。

注意：在视频监控系统中，摄像机又称摄像头或CCD（Charge Coupled Device）即电荷耦合器件。严格来说，摄像机是摄像头和镜头的总称。实际上，摄像头和镜头大部分是分开购买的。用户根据目标物体的大小和摄像头与物体的距离通过计算得到镜头的焦距，所以每个用户需要的镜头都是依据实际情况而定的，不要以为摄像机（头）就已经有镜头了。

CCD 是电荷耦合器件（ charge coupled device ）的简称，它能够将光线变为电荷并将电荷存储及转移，也可将存储的电荷取出使电压发生变化，因此是理想的摄像机元件。

摄像头的主要传感部件是CCD，它具有灵敏度高、畸变小、寿命长、抗振动、抗磁场、体积小、无残影等特点。

CCD芯片就像人的视网膜，是摄像头的核心。

1. 摄像机的技术参数

(1) CCD尺寸

亦即摄像机靶面尺寸。常有以下几种尺寸：(4：3：5)。

目前，1/3in摄像机占据主导地位，1/4in摄像机也迅速上升。此外还出现了1/5in和1/6in的摄像机，1/5in也已经商品化，1/2in摄像机所占比例则急剧下降。成像尺寸小的摄像机能降低成本，且体积也可以做得更小一些。见表3-1。

CCD 尺 寸 **表3-1**

CCD尺寸	水平 (mm)	垂直 (mm)	对角线 (mm)
1英寸	12.7	9.6	16
2/3英寸	8.8	6.6	11
1/2英寸	6.4	4.8	8
1/3英寸	4.8	3.6	6
1/4英寸	3.2	2.4	4

(2) CCD像素

像素是CCD的主要性能指标，它决定了显示图像的清晰程度。像素越多，则分辨率越高，图像越清晰。现在市场上大多以25万和38万像素为划界，38万像素以上者为高清晰度摄像机。

(3) 水平分辨率

分辨率是衡量图像清晰度的标准，通常用电视线数TVL来表示。彩色摄像机的典型分辨率是在320～500电视线之间，低分辨率在420线以下，高分辨率多在460线以上。黑白摄像机的分辨率在400～1000线之间。

目前选用黑白摄像机的水平清晰度一般应要求大于500线，彩色摄像机的水平清晰度一般应要求大于400线。

(4) 最低照度

这也称为灵敏度。是CCD对环境光线的敏感程度，或者说是CCD正常成像时所需要的最暗光线。照度的单位是勒克斯 (lx)，数值越小，表示需要的光线越少，摄像头也越灵敏。月光级和星光级等高增感度摄像机可工作在很暗条件。

1～3lx属一般照度

月光型：正常工作所需照度0.1lx左右。

星光型：正常工作所需照度0.01lx以下。

红外型：采用红外灯照明，在没有光线的情况下也可以成像 (黑白)。

《视频安防监控系统工程设计规范》GB 50395—2007中规定：监视目标的最低环境照度不应低于摄像机靶面最低照度的50倍。

(5) 信噪比

典型值为46dB，若为50dB，则图像有少量噪声，但图像质量良好；若为60dB，则图像质量优良，不出现噪声。

(6) 扫描制式

有PAL制和NTSC制之分。中国采用隔行扫描（PAL）制式（黑白为CCIR），标准为625行，50场，只有医疗或其他专业领域才用到一些非标准制式。另外，日本为NTSC制式，525行，60场（黑白为EIA）。

(7) 摄像机电源

直流：12V或9V（微型摄像机多属此类）；

交流：220VAC（PAL）、110VAC（NTSC）、24VAC。

随着摄像机的微型化，采用直流供电的将越来越多，也有不少摄像机能以24VAC/12VDC供电。

(8) 视频输出

多为1Vp-p、75Ω复合视频信号，均采用BNC接头。

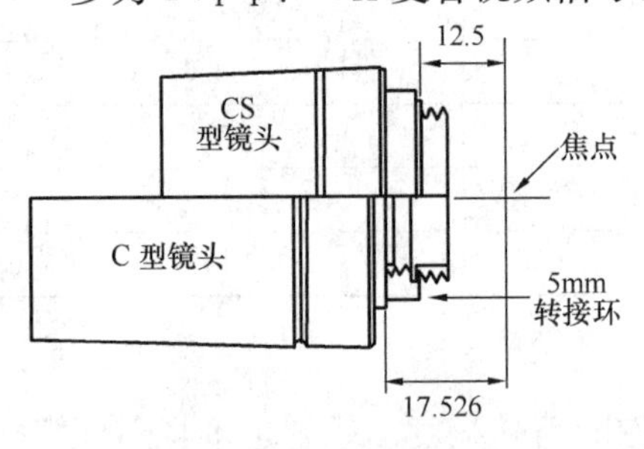

图3-4 镜头安装方式

(9) 镜头安装方式

有C和CS方式，二者间不同之处在于感光距离不同。

C与CS接口的区别在于镜头与摄像机接触面至镜头焦平面（摄像机CCD光电感应器应处的位置）的距离不同，C型接口此距离为17.5mm，CS型接口此距离为12.5mm。C型镜头与C型摄像机，CS型镜头与CS型摄像机可以配合使用。C型镜头与CS型摄像机之间增加一个5mm的C/CS转接环可以配合使用。CS型镜头与C型摄像机无法配合使用。

2. 摄像机的智能化功能指标

(1) 同步方式

①对单台摄像机而言，主要的同步方式有下列三种：

内同步——利用摄像机内部的晶体振荡电路产生同步信号来完成操作。

外同步——利用一个外同步信号发生器产生的同步信号送到摄像机的外同步输入端来实现同步。

电源同步——也称之为线性锁定或行锁定，是利用摄像机的交流电源来完成垂直推动同步，即摄像机和电源零线同步。

②对于多摄像机系统，希望所有的视频输入信号是垂直同步的，这样在变换摄像机输出时，不会造成画面失真，但是由于多摄像机系统中的各台摄像机供电可能取自三相电源中的不同相位，甚至整个系统与交流电源不同步，此时可采取的措施有：

A. 均采用同一个外同步信号发生器产生的同步信号送入各台摄像机的外同步输入端来调节同步。

B. 调节各台摄像机的“相位调节”电位器，因摄像机在出厂时，其垂直同步是与交流电的上升沿正过零点同相的，故使用相位延迟电路可使每台摄像机有不同的相移，从而获得合适的垂直同步，相位调整范围0°～360°。

(2) 自动增益控制AGC（Automatic Gain Control）

所有摄像机都有一个将来自CCD的信号放大到可以使用水准的视频放大器，其放大量即增益，等效于有较高的灵敏度，可使其在微光下灵敏，然而在亮光照的环境中放大器将过载，使视频信号畸变。为此，需利用摄像机的自动增益控制（AGC）电路去探测视频信号的电平，适时地开关AGC，从而使摄像机能够在较大的光照范围内工作，此即动态范围，即在低照度时自动增加摄像机的灵敏度，从而提高图像信号的强度来获得清晰的图像。

（3）背景光补偿BLC（Back Light Compensation）

通常，摄像机的AGC工作点是通过对整个视场的内容作平均来确定的，但如果视场中包含一个很亮的背景区域和一个很暗的前景目标，则此时确定AGC工作点有可能对于前景目标是不够合适的，背景光补偿有可能改善前景目标显示状况。

当背景光补偿为开启时，摄像机仅对整个视场的一个子区域求平均来确定其AGC工作点，此时如果前景目标位于该子区域内时，则前景目标的可视性有望改善。

（4）可变电子快门AES（Automatic Electronic Shutter）

在CCD摄像机内，是用光学电控影像表面的电荷积累时间来操纵快门。以电子的方式控制摄像机CCD的累计时间故称为电子快门。

（5）白平衡WB（White Balance）

物体颜色会因投射光线颜色产生改变，在不同光线的场合下拍摄出的图像会有不同的色温。一般来说，CCD没有办法像人眼一样自动修正光线的改变。所以，通过白平衡修正，它会按目前画像中的图像特质，立即调整整个图像红绿蓝三色的强度，以修正外部光线所造成的误差。有些摄像机除了设计自动白平衡或特定色温白平衡功能外，也提供手动白平衡调整。

（6）超级HAD图像传感器

进入20世纪90年代后期以来，CCD的单位面积也越来越小，1989年开发的微小镜片技术，已经无法再提升感亮度，如果将CCD组件内部放大器的放大倍率提升，将会使杂讯也被提高，画质会受到明显的影响。索尼在CCD技术的研发上又更进一步，将以前使用微小镜片的技术改良，提升光利用率，开发将镜片的形状最优化技术，即索尼SUPER HAD CCD技术。基本上是以提升光利用效率来提升感亮度的设计，这也为目前的CCD基本技术奠定了基础。

SUPER HAD CCD中文就是超级HAD CCD传感器。

（二）镜头

镜头与CCD摄像机配合，可以将远距离目标成像在摄像机的CCD靶面上。目前，视频监视系统中常用的镜头种类有手动/自动光圈定焦镜头和自动光圈变焦镜头，如图3-5所示。

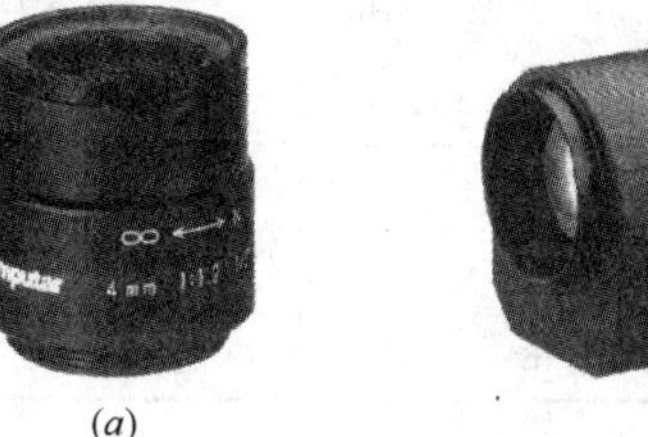

(a) (b)

图3-5 常用的镜头

（a）1/3in手动变焦镜头；（b）1/3in电动变焦镜头

1. 镜头的基本参数

镜头的特性参数很多，主要有焦距、光圈、视场角、镜头安装接口、景深等。

所有的镜头都是按照焦距和光圈来确定的。这两项参数不仅决定了镜头的聚光能力和放大倍数，而且决定了它的外形尺寸。

（1）镜头成像尺寸

应与摄像机CCD靶面尺寸一致。1、2/3、1/2、1/3、1/4英寸等。

摄像机镜头规格应视摄像机的CCD尺寸而定，两者应相对应。

（2）镜头的分辨率：描述镜头成像质量

$$镜头分辨率\ N=\frac{180}{画幅格式的高度}$$

由于摄像机CCD靶面大小已经标准化，如1/2英寸摄像机，其靶面为宽6.4mm×高4.8mm，1/3英寸摄像机为宽4.8mm×高3.6mm。因此对1/2英寸格式的CCD靶面，镜头的最低分辨率应为38对线/mm，对1/3英寸格式摄像机，镜头的分辨率应大于50对线，摄像机的靶面越小，对镜头的分辨率越高。

（3）镜头焦距

焦距是指从镜头中心到主焦距的距离。单位：mm。常见的如2.8mm、3.5 mm、4 mm、4.8 mm、6 mm、8 mm、3.5～8mm。

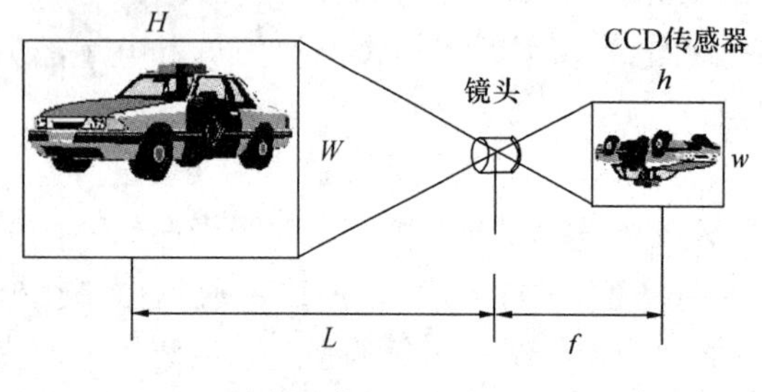

图3-6 被摄物体、物距与焦距的关系

被摄物体的大小、距离与焦距成特定的关系。如图3-6所示。

其中：

设被摄物体的高度和宽度分别为H、W；

被摄物体与镜头的距离为L；

镜头焦距为f；

靶面成像的高度和宽度分别为h、w。

$$f_{\mathrm{h}}=h\times\frac{L}{H}$$

则：

$$f_{\mathrm{w}}=w\times\frac{L}{W}$$

已知镜头尺寸h（或w），根据被摄物体的高度H（或宽度W）及物体与镜头的距离L，可以计算出焦距f。

（4）视场

在成像面的尺寸一定的条件下，固定焦距的镜头就有一个固定的视野，通常用视场角来描述视野大小。见表3-2。

摄像机焦距、视角表 **表3-2**

焦距、视角 / 靶面尺寸	短焦距镜头		标准镜头		长焦距镜头	
	焦距	视角	焦距	视角	焦距	视角
CCD⅓″in	<4mm	69°	8	33°	>12mm	23°
CCD½″in	<6mm	67°	12	30°	>18mm	20°
CCD⅔″in	<8mm	65°	16	28°	>25mm	18°

广角镜头：视角90°以上，焦距可小于几毫米，可提供较宽广的视景。

远摄镜头：视角20°以内，焦距可达几米甚至几十米，此镜头可在远距离情况下将拍摄的物体影响放大，但使观察范围变小。

变焦镜头（vari-focus lens）：它介于标准镜头与广角镜头之间，焦距连续可变，即可将远距离物体放大，同时又可提供一个宽广视景，使监视范围增加。变焦镜头可通过设置自动聚焦于最小焦距和最大焦距两个位置，但是从最小焦距到最大焦距之间的聚焦，则需通过手动聚焦实现。

针孔镜头：镜头直径几毫米，可隐蔽安装。

(5) 相对孔径和光圈系数

为了控制通过镜头的光通量大小，在镜头的后部均设置了光阑（俗称光圈）。假定光缆的有效孔径为 d，由于光线折射的关系，镜头实际的有效孔径为 D（$D>d$），D 与焦距 f 之比定义为相对孔径 A，即 $A=D/f$。如图 3-7 所示。

镜头的相对孔径决定于被摄像的照度，像的照度 E 与镜头的相对孔径平方成正比。

在实际摄像中，镜头进光量的大小是通过摄像机镜头上标出的光圈指数 F（又称光圈系数）的数值来加以控制的。光圈指数 F 是相对孔径的倒数，即光圈指数：

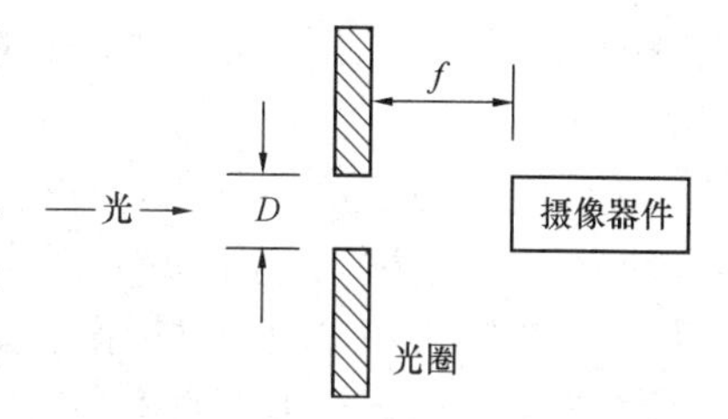

图 3-7 相对孔径

$$F=1/A=f/D$$

F 一般标注在光圈调节环上，其标值为 1.4、2、2.8、4、5.6、8、11、16、22 等序列值，每两个相邻数值中，后一个数值是前一个数值的倍。由于像面照度与光圈的平方成正比，所以光圈每变化一档，像面亮度就变化一倍。

F 值越小，光圈越大，到达摄像机靶面的光通量就越大。所以，在焦距 f 相同的情况下，F 值越小，表示镜头越好。

镜头有手动光圈（manual iris）和自动光圈（auto iris）之分，配合摄像机使用。

手动光圈：人为手工调节光圈的，称为手动光圈。

自动光圈：镜头自带微型电动机自动调整光圈的，称为自动光圈。

手动光圈镜头适合于亮度不变的应用场合，自动光圈镜头因亮度变更时其光圈亦作自动调整，故适用亮度变化的场合。

(6) 摄像机镜头安装接口

C 型镜头和 CS 型镜头。

2. 镜头的自动控制

镜头的自动控制：光圈的自动控制、焦距的自动控制和聚焦的自动控制。

(1) 光圈的自动控制

①自动光补偿 ALC

随着环境照度的变化，自动改变镜头的光圈以取得稳定的成像画面成为自动光补偿，简称 ALC（Automatic Light Compensation）。

很多自动光圈镜头的光圈范围 $F=1.4\sim360$，因为照度与光圈的平方成反比，所以自动光补偿的动态范围为 $360^2/1.4^2=66122$，即在被摄物体亮度变化 6 万多倍的情况下仍能保持电视图像的亮度稳定。

②自动光圈镜头有两种驱动方式：

一类为视频输入型 Video driver（with Amp），它将一个视频信号及电源从摄像机输送到透镜来控制镜头上的光圈，这种视频输入型镜头内包含有放大器电路，用以将摄像机传来的视频信号转换成对光圈马达的控制。

另一类称为 DC 输入型（DC driverno Amp），它利用摄像机上的直流电压来直接控制光圈，这种镜头内只包含电流计式光圈马达，摄像机内没有放大器电路。

两种驱动方式产品不具可互换性，但现已有通用型自动光圈镜头推出。

（2）焦距的自动控制

镜头焦距分为：定焦距和变焦距 。

①定焦距：焦距固定不变，可分为有光圈和无光圈两种。

有光圈：镜头光圈的大小可以调节。根据环境光照的变化，应相应调节光圈的大小。光圈的大小可以通过手动的称为手动光圈定焦镜头；光圈可自动调节的镜头称为自动光圈定焦镜头。

无光圈：即定光圈，其通光量是固定不变的。主要用光源恒定或摄像机自带电子快门的情况。通常也称之为固定光圈定焦镜头。

②变焦镜头：焦距可以根据需要进行调整，使被摄物体的图像放大或缩小。

人为可手动调节焦距的镜头，称为手动变焦镜头；镜头自带微型电动机自动调整焦距与聚焦的，称为自动变焦与聚焦。常见的自动变焦镜头又可分为：二可变镜头、三可变镜头和单可变镜头。

二可变镜头：可调焦距、调聚焦、自动光圈。

三可变镜头：可调焦距、调聚焦、调光圈（电动光圈）。

单可变镜头：可调焦距，自动聚焦、自动光圈。

变焦的倍率：指变焦镜头的最长焦距与最短焦距之比。常用的变焦镜头为六倍、十倍变焦。

六倍变焦镜头市面上常见的有：6～36mm、7～42mm、8～48mm 和 8.5～51mm 等多种不同厂家的不同品种。其中，8.5～51mm 镜头的远视特性显然比 6～36mm 镜头的远视特性好，但它的近视（广角）特性却不如 6～36mm 的镜头好。

（三）云台、支架和防护罩

1. 云台

云台是承载摄像机并可进行水平和垂直两个方向转动的装置。（如图 3-8 所示）云台内装有两个电动机。这两个电动机一个负责水平方向的转动，另一个负责垂直方向的转动。水平转动的角度一般为 350°，垂直转动则有±45°、±35°、±75°等。水平及垂直转动的角度大小可通过限位开关进行调整。

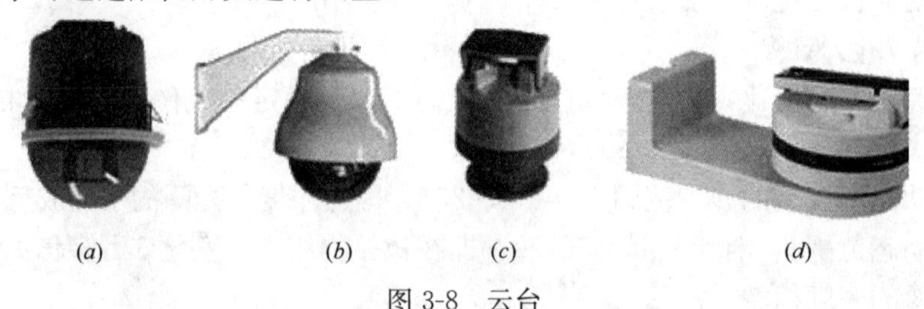

(*a*)　(*b*)　(*c*)　(*d*)

图 3-8　云台

(*a*) 室内半球云台；(*b*) 室内全球云台；(*c*) 室外全方位云台 (*d*) 水平云台

（1）云台的分类

①按使用环境分类

云台按使用环境分为室内型和室外型，主要区别是室外型密封性能好，防水、防尘，负载大，有些高档的室外云台除有防雨装置外，还有防冻加温装置。

②按安装方式分类

按安装方式分为侧装和吊装，即云台是安装在天花板上还是安装在墙壁上。

③按外形分类

按外形分为普通型和球型，球型云台是把云台安置在一个半球形、球形防护罩中，除了防止灰尘干扰图像外，还隐蔽、美观、快速。

（2）云台的选用

在选用云台时除了要考虑安装环境、安装方式、工作电压、负载大小、性能价格比和外型是否美观外，还应注意以下几个方面。

①承重

为适应不同摄像机及防护罩的安装，云台的承重应是不同的。应根据选用的摄像机及防护罩的总重量来选用合适承重的云台。室内用云台的承重量较小，云台的体积和自重也较小。室外用云台因为肯定要在它的上面安装带用防护罩的摄像机，所以承重量都较大，它的体积和自重也较大。

目前出厂的室内用云台承重量为1.5～7kg，室外用云台承重量为7～50kg。还有些云台是微型云台，比如与摄像机一起安装在半球型防护罩内或全天候防护罩内的云台。

②控制方式

一般的云台均属于有线控制的电动云台。控制线的输入端有5个，其中1个为电源的公共端，另外4个分别为上、下、左、右控制端。如果将电源的一端接在公共端，电源的另一端接在“上”时，则云台带动摄像机头向上转动，其余类推。如图3-9所示。

图3-9 电动云台结构图

还有的云台内装有继电器等控制电路，这样的云台往往有6个控制输入端。1个是电源的公共端，另4个是上、下、左、右端，还有1个则是自动转动端。当电源的一端接到公共端，电源的另一端接在“自动”端时，云台将带动摄像机镜头按一定的转动速度进行上、下、左、右的自动转动。

在电源供电电压方面，目前常见的有交流24V和220V两种。云台的耗电功率，一般是承重量小的功耗小，承重量大的功耗大。在选用云台时，最好选用在云台固定不动的位置上安装有控制输入端及视频输入、输出端接口的云台，并且在固定部位与转动部位之间（即摄像机之间）有用软螺旋线形成的摄像机及镜头的控制输入线和视频输出线的连线。这样的云台安装不会因长期使用导致转动部分的连线损坏，特别是室外用的云台更应如此。

2. 支架

普通支架有短的、长的、直的、弯的，根据不同的要求选择不同的型号。室外支架主要考虑负载能力是否合乎要求，再有就是安装位置，因为从实践中发现，很多室外摄像机安装位置特殊，有的安装在电线杆上，有的立于塔吊上，有的安装在铁架上。如图 3-10 所示。

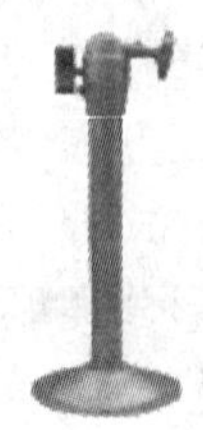

图 3-10 摄像机支架

3. 防护罩

防护罩是使摄像机在有灰尘、雨水、高低温等情况下正常使用的防护装置。一般分为两类，一类是室内防护罩，另一类是室外防护罩。如图 3-11 所示。

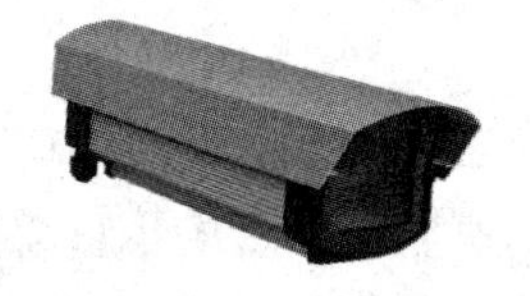

图 3-11 摄像机防护罩

室内用防护罩结构简单，价格便宜，其主要功能是防止摄像机落尘并有一定的安全防护作用，如防盗、防破坏等。

室外用防护罩一般为全天候防护罩，即无论刮风、下雨、下雪、高温、低温等恶劣情况，都能使安装在防护罩内的摄像机正常工作。这种防护罩具有降温、加温、防雨、防雪等功能。为了在雨雪天气仍能使摄像机正常摄取图像，一般在全天候防护罩的玻璃窗前安装有可控制的雨刷。

（四）解码器

解码器，也称为接收器/驱动器（Receiver/Driver）或遥控设备（Telemetry），是为带有云台、变焦镜头等可控设备提供驱动电源并与控制设备（如矩阵）进行通信的前端设备。如图 3-12 所示。通常，解码器可以控制云台的上、下、左、右旋转，变焦镜头的变焦、聚焦、光圈以及对防护罩雨刷器、摄像机电源、灯光等设备的控制，还可以提供若干个辅助功能开关，以满足不同用户的实际需要。高档次的解码器还带有预置位和巡游功能。

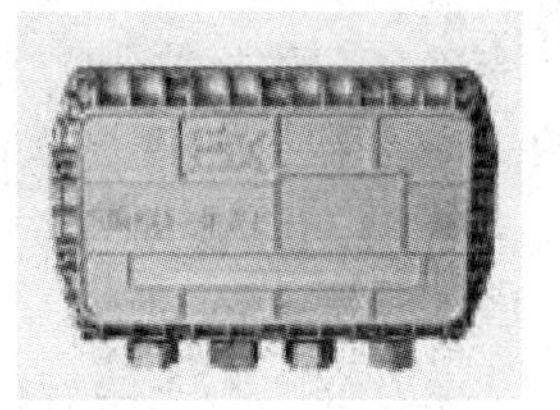

图 3-12 解码器

1. 解码器的分类

①按照云台供电电压分为交流解码器和直流解码器。交流解码器为交流云台提供交流 230V 或 24V 电压驱动云台转动；直流云台为直流云台提供直流 12V 或 24V 电源，如果云台是变速控制的还要要求直流解码器为云台提供 0～33V 或 36V 直流电压信号，来控制直流云台的变速转动。

②按照通讯方式分为单向通信解码器和双向通讯解码器。单向通讯解码器只接收来自控制器的通讯信号并将其翻译为对应动作的电压/电流信号驱动前端设备；双向通讯的解

码器除了具有单向通信解码器的性能外还向控制器发送通讯信号，因此可以实时将解码器的工作状态传送给控制器进行分析，另外可以将报警探测器等前端设备信号直接输入到解码器中由双向通信来传送现场的报警探测信号，减少线缆的使用。

③按照通信信号的传输方式可分为同轴传输和双绞线传输。一般的解码器都支持双绞线传输的通信信号，而有些解码器还支持或者同时支持同轴电缆传输方式，也就是将通信信号经过调制与视频信号以不同的频率共同传输在同一条视频电缆上。

2. 解码器的作用和功能

解码器的主要作用是接收控制中心的系统主机送来的编码控制信号，并进行解码，成为控制动作的命令信号，再去控制摄像机及其辅助设备的各种动作（如镜头的变倍、云台的转动等）。

解码器不能单独使用，而必须与矩阵控制系统配合使用。如图 3-13 所示。

图 3-13 外置解码器

同一个系统中可能有多台解码器，所以每一台解码器上都有一个拨码开头，它决定了该解码器在该系统中的编号（即 ID 号）。在使用解码器时，首先必须对拨码开关进行设置。在设置时，必须与系统中的摄像机编号一致。

解码器具有自检功能，即不需要远端主机的控制，直接在解码器上操作拨码开关，通过测试云台和电动镜头的工作是否正常来判断连线是否正确，同时镜头电压可在 6V、8V、10V、12V 之间进行选择，以适应不同的镜头电源。

解码器在通信正确时，通信指示灯闪亮，这样，就很容易判断此解码器与系统主机的连线是否正确。

解码器还具有回传数据信号的功能，因而在实际应用中可以将各类报警探头等前端设备直接接于监控现场的解码器上。报警探头发出的报警信号可在前端解码器内编码后经由 RS-485 通信总线回传到中心控制端的系统主机，这样在实际工程施工中即可省去从前端监控现场到中心控制端的报警连线，从而大大减小施工难度，也减少了工程线缆的用量及成本。

二、视频监控系统前端设备实训操作

（一）摄像机、镜头、支架、防护罩的安装与调试

1. 实训任务目的要求

（1）认识镜头的分类和各项技术指标。

（2）掌握摄像机镜头安装和调试技巧。

（3）掌握常用摄像机（彩色枪型摄像机、红外夜视摄像机、彩色半球摄像机等）的安装与调试。

（4）掌握摄像机附件（防护罩、支架）的安装。

2. 实训设备、材料及工具准备

设备及材料：各类镜头若干、彩色枪型摄像机一台、红外夜视摄像机一台、彩色半球摄像机一台、直流电源一个、监视器一台、支架、枪机防护罩一套、安装网孔板一块、视

频线若干、摄像机电源线若干、固定用的螺丝若干等。

工具：螺钉旋具、斜口钳、剥线钳、电烙铁、焊锡等。

3. 实训任务步骤

请阅读各视频监控系统设备说明书后完成下列实训任务。

(1) 镜头的安装及调试

①根据被监视目标的要求及现有枪机的规格，选择合适尺寸、合适焦距及安装方式的定焦镜头。

②去掉枪机和镜头保护盖，将镜头轻轻旋入摄像机的镜头接口并使之到位。注意：红外夜视摄像机、彩色半球摄像机及一体化球机不需要安装镜头。

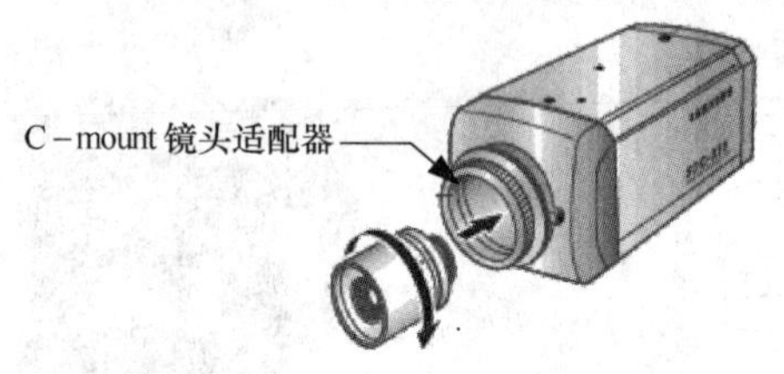

图 3-14 C-mount 镜头的安装

摄像机上用于安装镜头的接口，主要有 CS 型和 C 型；一般的摄像机多是 CS 型，不过也都配备了 C 型转换口（C 型接圈），以便在选用了 C 型接口镜头时使用。

安装 C-mount 镜头：在取下镜头保护盖后，安装 C-mount 镜头适配器，再沿顺时针方向把镜头连接到摄像机上。如图 3-14 所示。

安装 CS-Mount 镜头：

A. 取下镜头保护盖和 C-mount 适配器。如图 3-15（*a*）所示。

B. 沿顺时针方向将镜头安装在摄像机上。如图 3-15（*b*）所示。

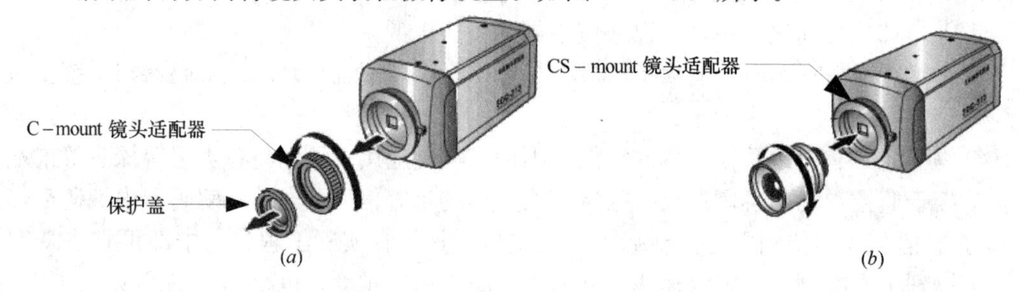

图 3-15 CS-mount 镜头的安装

（*a*）取下 C-mount 镜头适配器和保护盖；（*b*）安装 CS-mount 镜头

③将镜头插头连接到摄像机后部或侧面的自动光圈连接器上。

④根据镜头的驱动类型设置 DC/VIDEO 选择开关来选择 DC 驱动方式或 VIDEO 驱动方式。如图 3-16 所示。

⑤注意不要用手碰镜头和 CCD，确认固定牢固后，连接 DC12V 电源线和视频线连接到摄像机上。其中，视频线的另一端直接连接到监视器上。

⑥连接摄像机监视器。将摄像机 VIDEO OUT 插孔与监视器的 VIDEO IN 插孔连接。注意：请在电源关闭后连接线缆。如图 3-17 所示。

⑦连接电源。将电源线连接到 DC12V 电源上。注意电源线的正负极性。

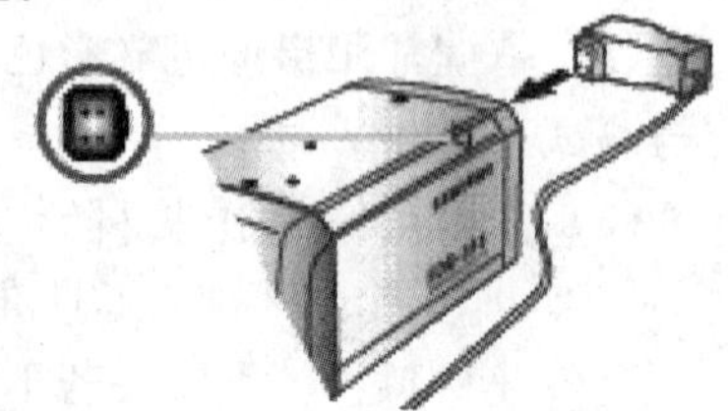
图 3-16 摄像机镜头驱动

⑧接通电源。旋转焦距调节螺丝调整焦距，观察监

视器内的图像，直到图像效果最清楚。

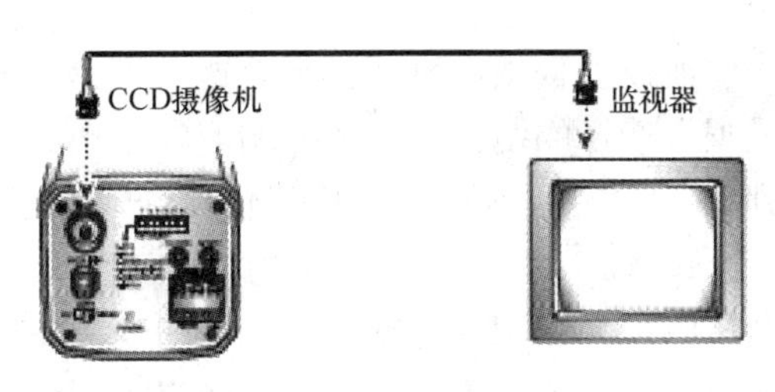

图 3-17 摄像机与监视器的连接

若图像可以调得清晰则说明焦距已调整到位，此时只要固定镜头的聚焦旋钮即可；但当镜头焦距太长或太短时只调镜头往往不能实现聚焦清楚，这时可以通过调节安装镜头的接圈的前后位置来进一步实现聚焦清晰，这一步骤即称为后焦调节，后焦调节螺丝即是为调整后焦而设置的，当然，不同的摄像机的后焦调节方式往往不一样。

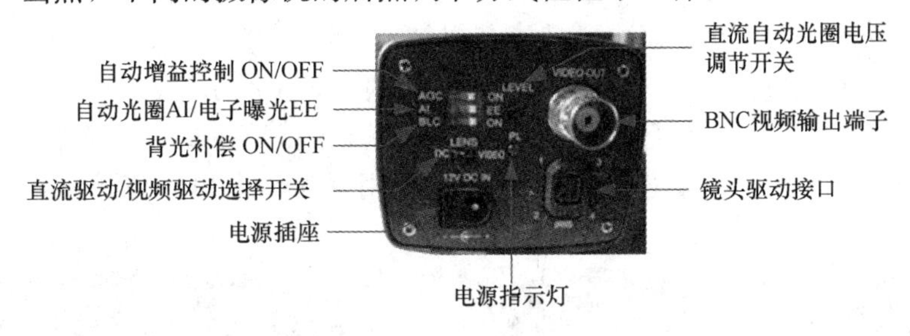

图 3-18 彩色枪机尾板

⑨调节枪机尾板上的功能开关及旋钮，设置相应的功能。如图 3-18 所示。

A. AGC：是 Auto Gain Control（自动增益控制）的简称，该功能使摄像机可以自动对视频信号进行亮度提升，以便在光线较暗的时候仍能看到物体，但提升亮度的同时干扰信号也被放大，因此图像会显得雪花点较多，所以要根据需要选择 AGC ON（开）或 OFF（关）；

B. AES：是 Auto Electronic Shutter（自动电子快门）的简称，电子快门的速度可以影响摄像机成像的亮度和抓拍移动物体图片时的清晰度；对于普通摄像机来讲因不具备手动调节快门速度的功能所以后者无法实现，这里介绍快门对亮度的影响。AES ON 时电子快门的变化范围通常在 1/50～1/100000s 之间，自动变化的依据是光线的强弱，光强则快门快、光弱则快门慢使得摄像机可以获得亮度适中的图像；AES OFF 时电子快门的速度固定在 1/50s；因此在选择时要考虑镜头的使用，一般选择自动光圈镜头时为充分发挥镜头的光通量调节功能应将 AES 设置为 OFF（关），选择手动光圈镜头或固定光圈镜头时应将 AES 设置为 ON（开），从而启动摄像机的光线自调节功能；

C. BLC：是 Back Light Composition（背光补偿）的简称，当光源在被摄物体的背后时，被摄物体的前部往往会比较黑暗甚至无法辨认，为了看清前部必须对前部黑暗处进行光线补偿，摄像机内部的这一功能就叫背光补偿；因此当安装位置如上所述时就应选择 BLC ON（开），反之就应选择 BLC OFF（关）；

D. AWB：是 Auto White Balance（自动白平衡）的简称，自动白平衡是指自动追踪色彩平衡的功能，黑白摄像机没有此功能；普通彩色摄像机因不具有手动调节白平衡的功能，往往将白平衡设置为自动或根本不设计此选择开关；

E. VIDEO LENS/DC LENS：是视频驱动光圈或直流驱动光圈镜头的选择开关，自动光圈镜头的光圈是可以随光线变化而自动变化的，但变化是需要由摄像机提供驱动信号的；自动光圈镜头的驱动方式有视频驱动和直流驱动两种，不同的镜头有不同的驱动方式，所以多数摄像机同时具有这两种驱动方式，两种驱动自然有两套驱动电路；该开关即是根据选择的镜头类别选择相应的驱动方式而设置的，用直流驱动自动光圈镜头时开关拨到 DC LENS 的位置，用视频驱动自动光圈镜头时开关拨到 VIDEO LENS 的位置；

F. LEVEL：摄像机上的 LEVEL 旋钮是在选用了直流驱动自动光圈镜头时调节驱动电压时用的，调大时则镜头光圈的变化速度和变化范围将增大、调小时则镜头光圈的变化速度和变化范围将减小；当选择视频驱动自动光圈镜头时上述调节无效，须要调节视频驱动自动光圈镜头上相应的旋钮时才有类似效果。

(2) 摄像机支架防护罩的安装

如果在室外或室内灰尘较多，需要安装摄像机护罩。

①在网孔板上选择合适的位置，装好支架。如图 3-19 所示。

②拿出摄像机和镜头，按照事先确定的摄像机镜头型号和规格，仔细装上镜头（红外摄像机和一体式摄像机不需安装镜头），注意不要用手碰镜头和 CCD，确认固定牢固。如图 3-20 所示。

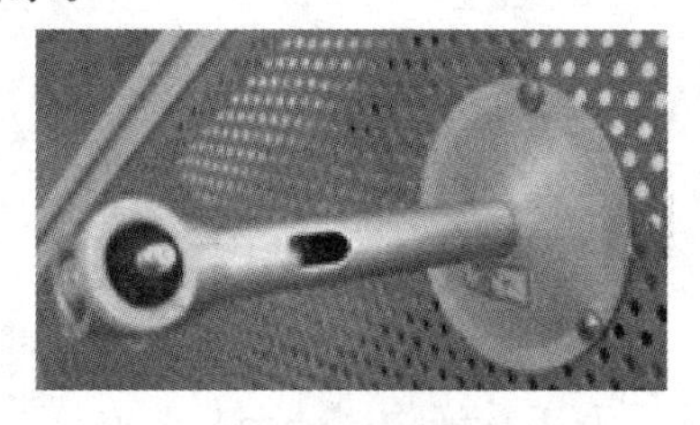

图 3-19 安装支架

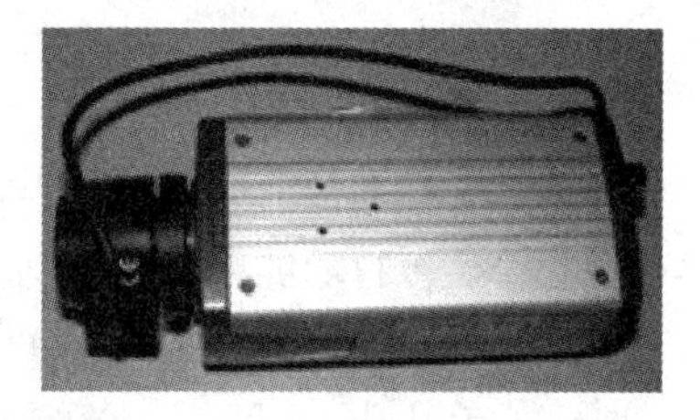

图 3-20 安装好镜头

③安装防护罩。打开护罩上盖板和后挡板，抽出固定金属片，将摄像机固定好，把电源线、视频线连接摄像机上，确定固定牢固，接触良好。复位上盖板和后挡板，理顺电缆，固定好，装到支架上。如图 3-21 所示。

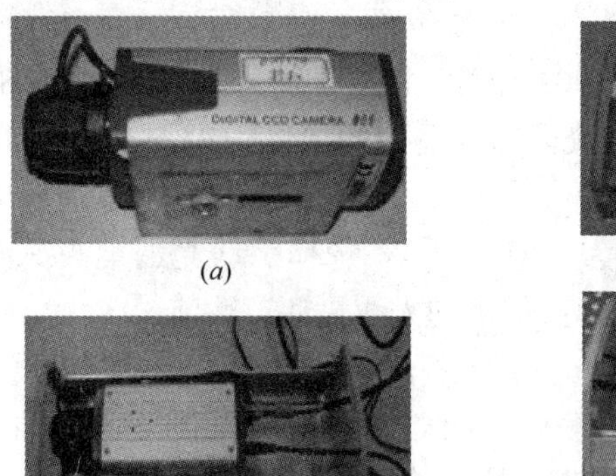

(a)

(b)

(c)

(d)

图 3-21 安装防护罩

④连接视频电缆。将已经连接到摄像机上的视频电缆的另一端接入控制主机或监视器的视频输入端口，确定固定牢固，接触良好。

⑤连接电源线。将摄像机电源线连接到 DC12V 电源上。注意电源线的正负极性。

⑥接通监控主机和摄像机电源，通过监视器调整摄像机角度到预定范围，并调整摄像

机镜头的焦距和清晰度，直到画面效果最清晰，进入录像设备和其他控制设备调整工序。如图 3-22 所示。

⑦关闭电源，将防护罩的盖板安装到防护罩上。如图 3-23 所示。

图 3-22 调整镜头直至画面清晰

图 3-23 安装好防护罩盖板

4. 实训任务内容

（1）请列出本次实训所需设备名称、型号、数量。

序号	名称	型号	数量

（2）列出本次实训所需的工具。

序号	名称	型号	数量

（3）请写出小组成员分工情况。

（4）分小组进行任务的实施。要求正确使用相关设备及工具，安全文明操作，现场工具设备摆放整齐，请记录下具体的实训过程。

（5）如发现问题，自己先分析查找故障原因，并进行记录。

5. 实训评价

序号	评价项目及标准	自评	互评	教师评分
1	设备材料清单罗列清楚 5 分			
2	工具清单罗列清楚 5 分			

续表

序号	评价项目及标准	自评	互评	教师评分
3	操作步骤正确 15 分			
4	镜头安装、驱动方式选择正确 10 分			
5	镜头调整合适，图像清晰 5 分			
6	摄像机视频线/电源线接线正确 4 分			
7	彩色枪型摄像机功能开关设置合理 6 分			
8	支架固定牢固 5 分			
9	防护罩安装正确，并固定牢固 5 分			
10	布线美观，接线牢固，无裸露导线，线头按要求镀锡 5 分			
11	能否正确进行故障判断 10 分			
12	现场工具摆放整齐 5 分			
13	工作态度 10 分			
14	安全文明操作 5 分			
15	场地整理 5 分			
16	合计 100 分			

6. 实训展示

将实训结果进行展示。能用专业的语言对整个实训过程进行描述。

（二）一体化摄像机、云台、解码器的安装与调试

1. 实训任务目的要求

（1）掌握一体化摄像机的安装接线及使用。

（2）掌握云台、解码器的安装、接线与调试。

2. 实训设备、材料及工具准备

设备及材料：一体化摄像机一台、全方位云台一个、外置解码器一个、监视器一台、安装网孔板一块、视频线若干、RVVP6×0.5 控制线一根、RVSP2×0.5 屏蔽双绞线一根，固定用的螺丝若干等。

工具：螺钉旋具、钟表螺钉旋具、斜口钳、剥线钳、电烙铁、焊锡等。

3. 实训任务步骤

请阅读各视频监控系统设备说明书后完成下列实训任务。

（1）设备连接示意图（如图 3-24 所示）

智能解码器采用 RS485 总线控制通讯方式，DATA＋、DATA－为信号端，G（GND）为屏蔽地。

标准 RS485 设备至智能解码器之间采用二芯屏蔽双绞线连接，连接电缆的最远累加距离不超过 15000m。多个解码器连接应在最远一个解码器的 DATA＋、DATA－两端之间并接一个 120Ω 的匹配电阻。

架设通信线时，应尽可能地避开高压线路或其他可能的干扰源。如图 3-25 和图 3-26 所示。

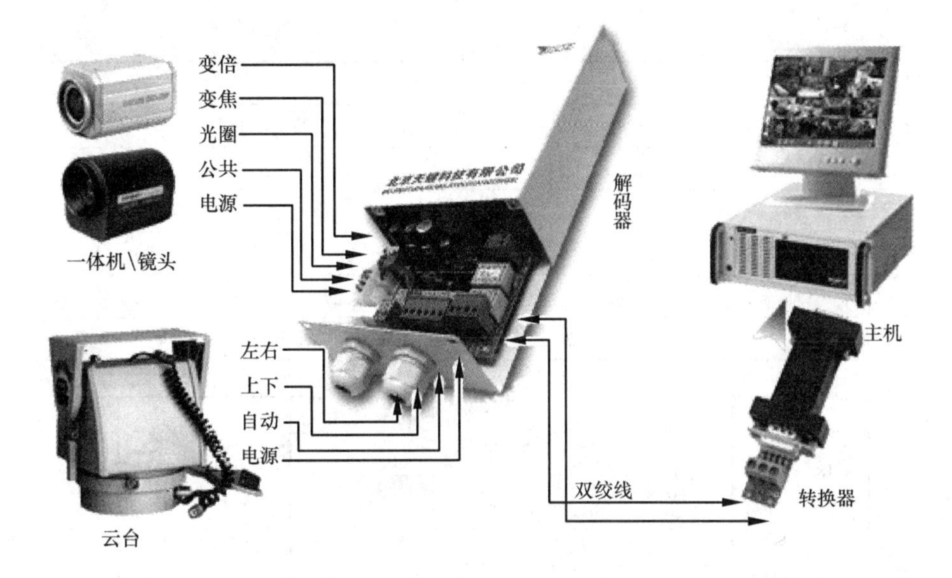

图 3-24　解码器设备连接示意图

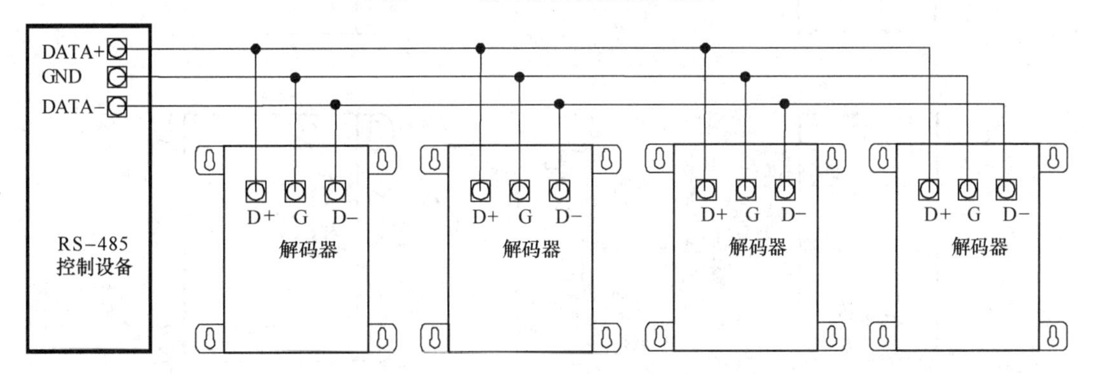

图 3-25　设备连接示意图

解 码 器 说 明　　表 3-3

序号	名　　称	说　　明
1	CODE/POWER	通信/电源指示灯
2	RS-485	通信 RS485 端口
3	ID	八位地址开关（解码器号码）设置
4	FUNCT	功能选择开关
5	UP/DOWN/LEFT/RIGHT	云台上/云台下/云台左/云台右
6	AUTO	云台自动扫描
7	P/T−COM	云台公共端
8	P/T VOLTAGE	云台电压选择
9	ZOOM/FOCUS/IRIS	镜头焦距/镜头变焦/镜头光圈
10	LENS COM	镜头公共端
11	DC12V/GND	直流 12V 电源输出，容量为 600mA
12	LIGHT IN/OUT	无源控制常开应急灯开关

续表

序号	名　　称	说　　明
13	WIPER IN/OUT	无源控制常开雨刷开关
14	AUX IN/OUT	无源控制常开辅助开关
15	ALARM IN / GND	报警探头输入端
16	AC24V	交流24V电源输出，容量为800mA
17	POWER ON/OFF	工作电源开关
18	LENS-SPEED	镜头控制电压调节

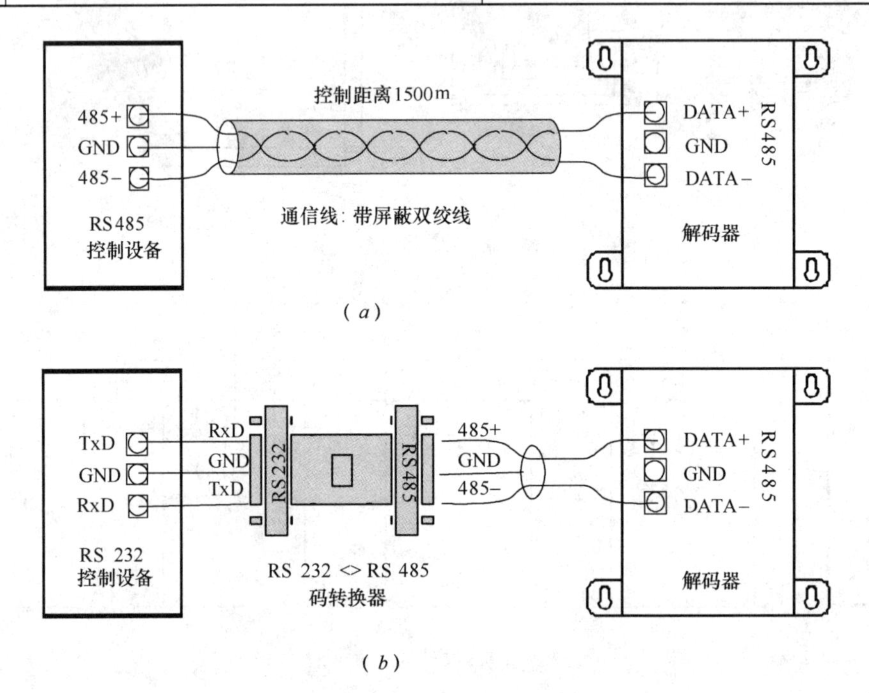

图 3-26　典型应用连接示意图

(a) 通信 RS485 方式连接图

矩阵主机、嵌入式硬盘录像机等 RS485 设备通讯端口的 D+(DATA+)、D-(DATA-)、G(GND)与智能解码器 DATA+、DATA-、GND 端子对应连接。

(b)通信 RS232 方式连接图

PC 式数字硬盘录像机经过 RS232 转 RS485 后，通讯端口的 D+(DATA+)、D-(DATA-)、G(GND)与智能解码器 DATA+、DATA-、GND 端子对应连接。

(2) 摄像机、云台、解码器的安装与调试步骤

①将解码器牢固的固定在合适的安装位置。如图 3-27 和表 3-3 所示。

②依据摄像机编号，设置好本解码器的地址拨码。

③依据控制要求，选择好本解码器的通信协议和通信波特率。

地址码、通信协议和通信波特率的设置请参见解码器说明书。一般常用的通信协议有：PELCO-D、PELCO-P、KALATEL、KRE-301、Mainvan 等。常用的通信波特率有：2400、4800、9600。

④按接线说明，依次接好用户需连接的接线（云台控制线、镜头控制线、摄像机电源

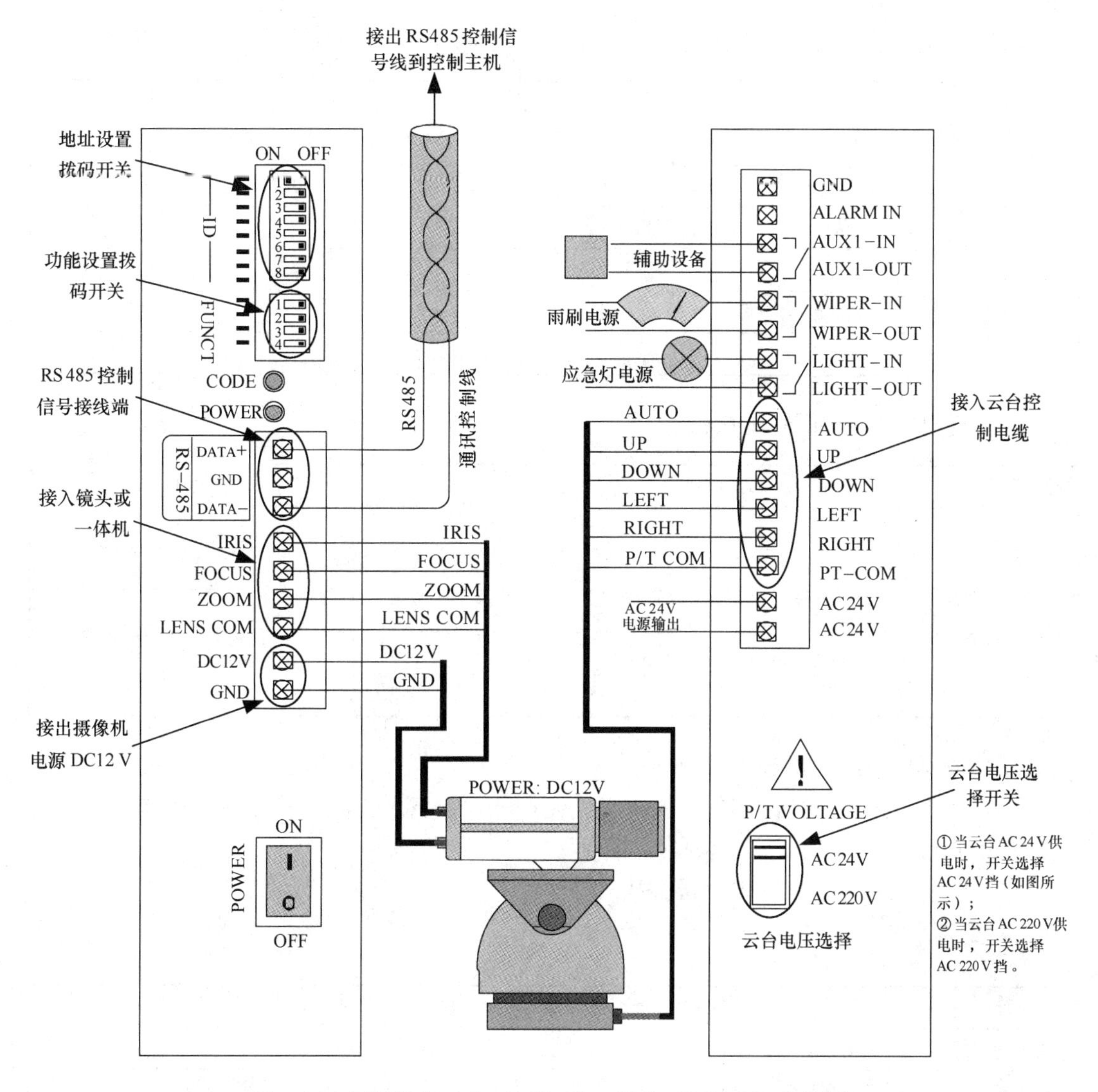

图3-27　解码器与云台（AC24V）、镜头（DC12V）连接图

线、RS485通信线及其他连线)，调整好云台的电源（P/T VOLTAGE)，并确认连接无误。

注意：线头根据接线端子的尺寸做到芯线与接线柱接触良好、牢固，芯线不外露。做好在安装前先把变倍镜头或一体机、云台检测后再实际安装。

⑤查验设置、接线无误后，接通解码器电源，对解码器进行自检。

将摄像机的视频输出直接接入监视器，再次确认接线无误，接通解码器电源，将地址、功能拨码开关设置为自检功能（详见解码器说明书)，对云台、镜头和辅助功能进行自检控制。自检将依次测试解码器对云台的控制以及解码器对镜头的控制。如果连线正常，可以在监视器上看到解码器所连摄像机的变化情况。

⑥操作控制主机（如矩阵、硬盘录像机)，解码器收到正确指令时，指示灯CODE会快速闪烁。

4. 实训任务内容

（1）请列出本次实训所需设备名称、型号、数量。

序号	名称	型号	数量

（2）列出本次实训所需的工具。

序号	名称	型号	数量

（3）请写出小组成员分工情况。

（4）分小组进行任务的实施。要求正确使用相关设备及工具，安全文明操作，现场工具设备摆放整齐，请记录下具体的实训过程。

（5）如发现问题，自己先分析查找故障原因，并进行记录。

5. 实训评价

序号	评价项目及标准	自评	互评	教师评分
1	设备材料清单罗列清楚 5 分			
2	工具清单罗列清楚 5 分			
3	操作步骤正确 15 分			
4	解码器安装牢固 5 分			
5	一体机、云台与解码器接线正确 15 分			
6	解码器拨码开关设置正确（地址、通信协议、波特率）10 分			
7	彩色枪型摄像机功能开关设置合理 6 分			
8	布线美观，接线牢固，无裸露导线，线头按要求镀锡 5 分			
9	能否正确进行故障判断 10 分			
10	现场工具摆放整齐 5 分			
11	工作态度 10 分			
12	安全文明操作 5 分			
13	场地整理 5 分			
14	合计 100 分			

6. 实训展示

将实训结果进行展示。能用专业的语言对整个实训过程进行描述。

任务二　传输部分——BNC接头视频线的制作

一、基础理论知识

在视频监控系统中，监控图像的传输是整个系统的一个至关重要的环节，选择何种介质和设备传送图像和其他控制信号将直接关系到监控系统的质量和可靠性。系统的设计人员和安装人员必须根据实际需要选择合适的传输方式、高质量的传输线缆和设备并按专业标准进行安装，才能达到理想的传输效果。

传输系统包括：视频信号传输、控制信号的传输和电源的传输。

承担传输的媒体可归结为两类：有线和无线。用于安防系统的视频监控系统一般采用有线传输方式。基于有线传输方式的传输系统见表3-4。

视频监控传输系统　　**表3-4**

传输系统类型	传输介质	所用的传输设备
同轴电缆传输系统	同轴电缆	视频放大器
光纤传输系统	光纤	光端机
对称电缆传输系统	双绞线	双绞线传输设备

传输部分的作用：

①一方面将摄像机输出的视频信号馈送到中心机房或其他监视点；

②另一方面将控制中心的控制信号传送到现场。

（一）视频信号的传输

1. 同轴电缆传输系统

（1）同轴电缆的主要参数

①特性阻抗——75Ω、50Ω。

②衰减常数——随频率的增高而增大。

视频图像信号采用：75Ω的同轴电缆传输；常用电缆型号SYV-75-3，SYV-75-5等。

（2）信号在同轴电缆中的传输方式

①基带传输方式

信号不经调制而直接传送的方式。如图3-28所示。这种传输方式简单、成本低。一般在中、短距离的监控系统中，均采用这种传输方式。基带图像信号的频带宽度约6MHz。

当视频传输距离比较远时，最好采用线径较粗的视频线，同时可以在线路内增加视频放大器增强信号强度达到远距离传输目的。视频放大器可以增强视频的亮度、色度和同步信号，但线路内干扰信号也会被放大，另外，回路中不能串接太多视频放大器，否则会出现饱和现象，导致图像失真。

②调制传输方式

采用调幅、调频等方式将信号调制到高频载波上，通过同轴电缆传输到接收端，再经过解调将信号还原。如图 3-29 所示。这种方式的优点是利用一根电缆同时传送多路视音频信号，但调试麻烦，稳定性差。

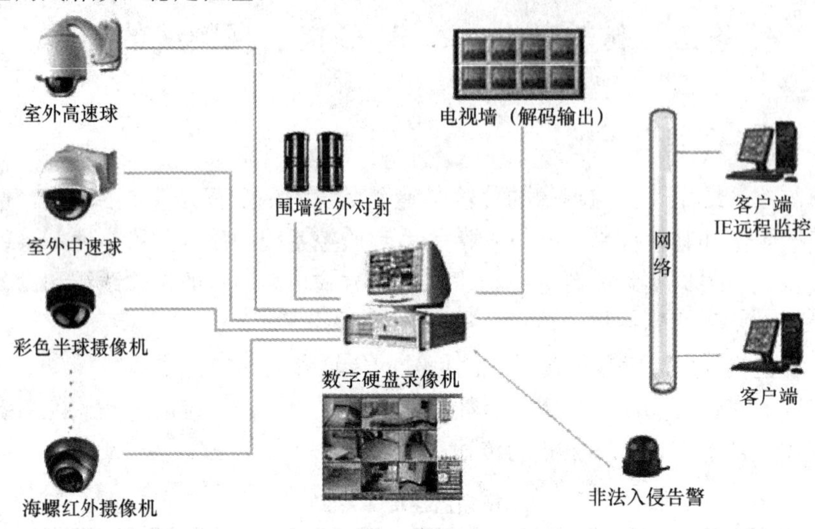

图 3-28 视频信号的基带传输——直接传输

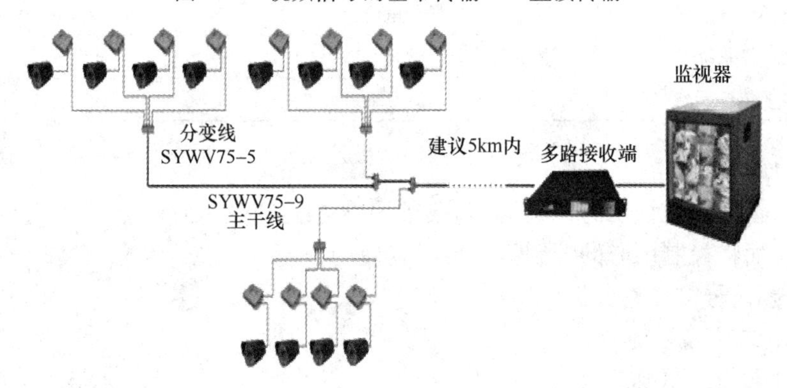

图 3-29 视频信号的调制传输——射频传输

2. 光纤传输系统

(1) 光纤传输系统构成

光纤传输就是：以光导纤维为传输媒介，以光波为载波进行信息传输的方式。如图 3-30 和图 3-31 所示。

光纤传输系统是有三部分组成：激光发送、光接收和光传输。

(2) 光纤的主要优点

传输容量大、传输损耗小、抗干扰能力强。

3. 对称电缆传输系统（如图 3-32 所示）

对称电缆传输系统也称平衡线传输系统，如电话线、网络线、控制信号传输线等。随着数字技术的发展，综合智能布线系统得到了充分的应用，各种信号源经过采用适当的适配器均可在同一的对称的布线平台上传输。对称电缆传输系统是应用发展值得关注的技术。

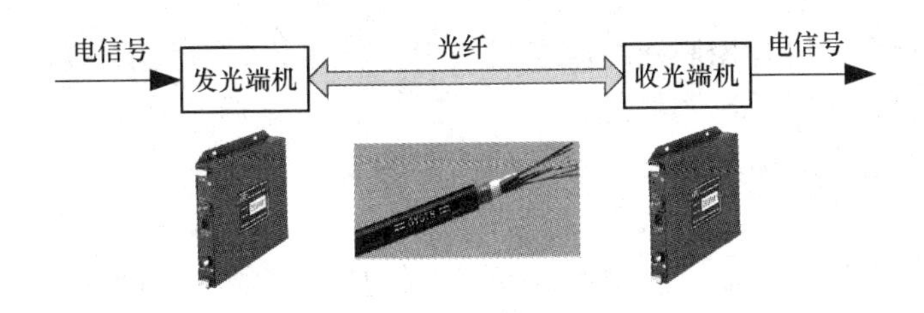

图 3-30 光纤系统的组成

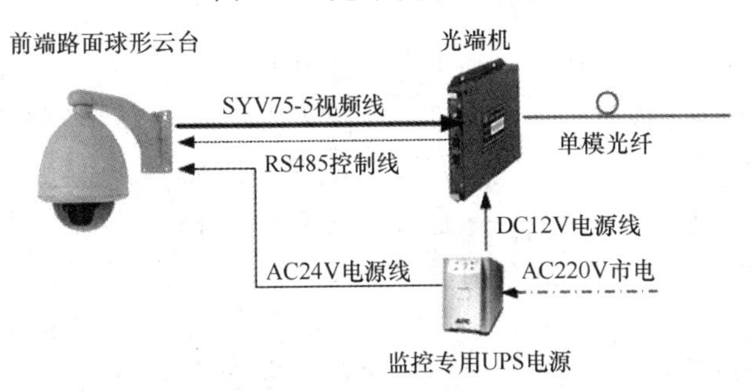

图 3-31 光纤传输系统的应用

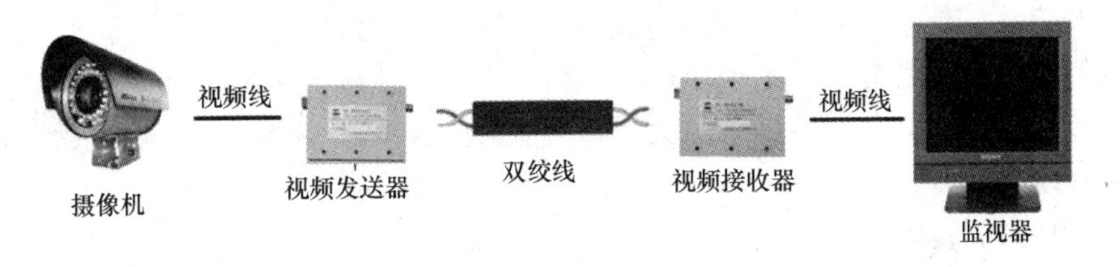

图 3-32 对称电缆传输系统

4. 无线传输系统（如图 3-33 所示）

在不易施工布线的近距离场合，采用无线方式来传输视频图像是最合适的。无线视频传输由发射机和接收机组成，每对发射机和接收机有相同的频率，除传输图像外，还可传输声音。

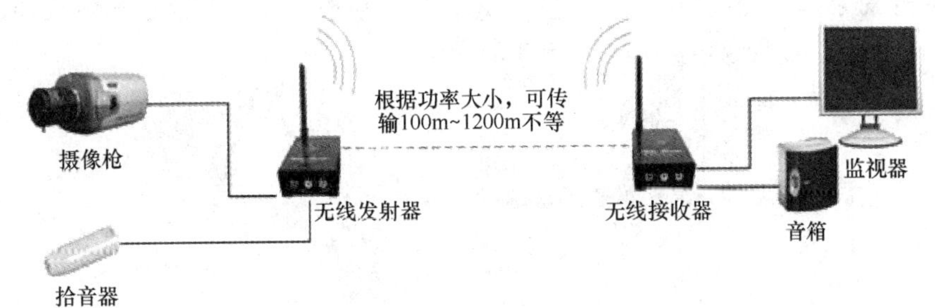

图 3-33 无线传输系统

（二）控制信号的传输

视频监控系统控制信号的传输，主要采用以下三种方式。

1. 串行编码间接控制（总线控制）

适用于规模较大的视频监控系统，用单根线路可以传送多路控制信号，通讯距离在 1km 以上，若加处理更可传送 10km 以上。用屏蔽双绞线 RVVP 2×1.5，作为室外云台摄像机的控制信号线，所有控制线都应在线槽内。其参数为最大 DC 环路阻抗 110Ω/km、20℃最大导体电阻 13.3Ω/km，低烟、无卤、阻燃。解码器与视频矩阵切换主机之间连线，采用 2 芯屏蔽通讯线缆 RVVP，每芯截面积为 0.3～0.5mm^2。

安装在非木结构上的铜缆可采用 RVV 3×0.75，但在防火等安全因素方面要求较高；在木结构上使用的铜缆，则需采用阻燃线缆 ZRVVP 3×0.75，并将铜缆最大布设长度限制在 100m 以内，而且铜缆全程加套金属护管。

2. 同轴视控

同轴视控传输技术是当今监控系统设备的发展主流，它只需一根同轴电缆便可同时传输来自摄像机的视频信号以及对云台、镜头、预置功能等所有的控制信号，这种传输方式是以微处理器为核心，节省材料和成本，施工方便，维修简单，在系统扩展和改造时更具灵活性。同轴视控实现方法有两类，一是采用频率分割方式，即把控制信号调制在与视频信号不同的频率范围内，然后同视频信号复合在一起传送，再在现场作解调以将二者区分开；二是利用视频信号场消隐期间，来传送控制信号，类似于电视的逆向图文传送。同轴视控传输除采用同轴电缆外，现也在发展同轴视控的光纤传输设备。

3. 特殊协议传输

由于安防系统越来越复杂，为了简化操作，三洋公司提出了三洋安防 SSP 协议，即为被控制的每一个设备分配一个地址，通过线缆连接，使得一台控制器，能控制多达 255 台设备，包括摄像机、分割器、录像机等，线缆最大长度达 1200m，即使设备关机，SSP 信号仍可在线缆上传输。

（三）电源的传输

因摄像机由监控机房集中供电，交流供电电压多为 24V，固定式摄像机功率最大 4W，可选择电源线 RVV 2×0.75；球型摄像机的功率为 24W，选择电源线为 RVV 2×1.0。其参数为 20℃最大导体电阻是 26/19.5 Ω/km，低烟、无卤、阻燃。未来，更多的摄像机会以直流 12V 供电或者采用 DC-12V/AC-24V 供电制式。

在传统的视频监控系统中，为了减少地电位、相电位的干扰，对摄像机往往采用集中供电方式，这对于远离控制中心的摄像机，用低压电供电就会有线路的传输损耗。

（四）同轴电缆的型号和含义（如图 3-34 所示）

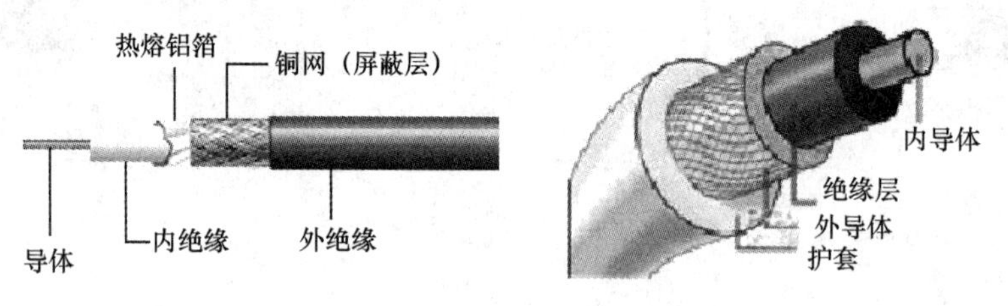

图 3-34 同轴电缆

同轴电缆的命名通常由四部分组成：

电缆型号标准 — 特性阻抗 — 芯线绝缘外径 — 结构序号

- 第一部分用英文字母，分别代表电缆的代号、芯线绝缘材料、护套材料和派生特性。见表 3-5。

● 第二、三、四部分均用数字表示，分别代表电缆的特性阻抗（Ω）、芯线绝缘外径（mm）和结构序号。

国产同轴电缆的同一型号和含义　　表 3-5

分类代号		绝缘材料		护套材料		派生特征	
符号	含义	符号	含义	符号	含义	符号	含义
S	同轴射频电缆	Y	聚乙烯	V	聚氯乙烯	P	屏蔽
SE	对称射频电缆	W	稳定聚乙烯	Y	聚乙烯	Z	综合
SJ	强力射频电缆	F	氟塑料	F	氟塑料		
SG	高压射频电缆	X	橡皮	B	玻璃丝编制 侵硅有机漆		
ST	特性射频电缆	I	聚乙烯空气绝缘	H	橡皮		
SS	电视电缆	D	稳定聚乙烯空气绝缘	M	棉纱编织		

例如：

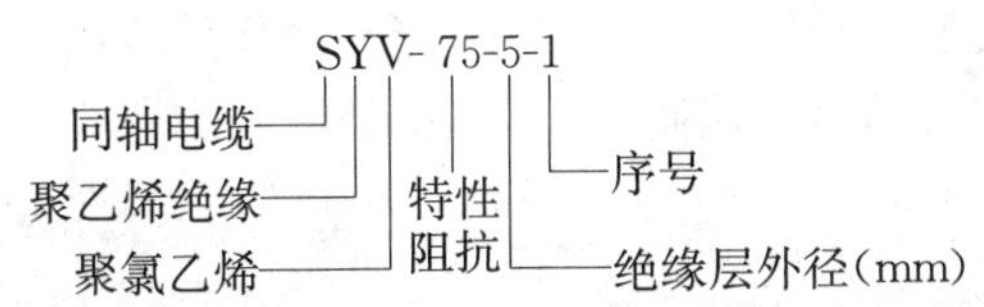

“SYV-75-5-1”的含义是：该电缆为同轴射频电缆，芯线绝缘材料为聚乙烯，护套材料为聚氯乙烯，电缆的特性阻抗为75Ω，芯线绝缘外径为7mm，结构序号为1。

二、视频线的制作实训操作

BNC接头是一种用于同轴电缆的连接器，在监控工程中用于摄像设备输出时导线和摄像机的连接。BNC电缆连接器由一根中心针、一个外套和卡座组成。如图3-35所示。

图 3-35　BNC接头

1. 实训任务目的要求。

掌握BNC头视频连接线的制作。

2. 实训设备、材料及工具准备

设备及材料：BNC接头若干，视频线。

工具：螺钉旋具、剥线钳、电烙铁、焊锡等。

3. 实训任务步骤

（1）剥线（如图3-36所示）

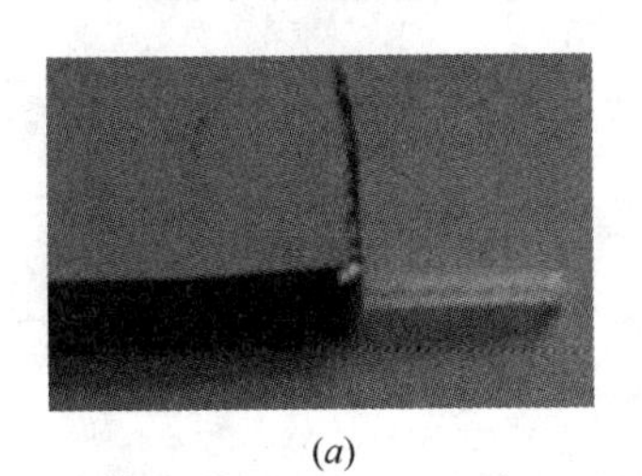

(*a*)

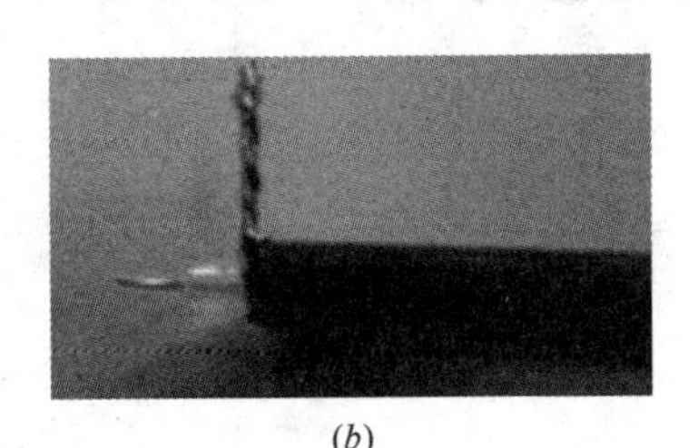

(*b*)

图 3-36　剥线

剥线用小刀将同轴电缆外层保护胶皮剥去 1.5cm，小心不要割伤金属屏蔽线，将屏蔽网在线缆一侧理顺，再将芯线外的乳白色透明绝缘层剥去 0.6cm，使芯线裸露。

（2）连接芯线（如图 3-37 所示）

将屏蔽金属套筒和尾巴穿入同轴电缆中，将拧成一股的同轴电缆金属屏蔽网线穿过 BNC 本体固定块上的小孔，并使同轴电缆的芯线插入芯线插针尾部的小孔中，同时用电烙铁焊接芯线与芯线插针，焊接金属屏蔽网线与 BNC 本体固定块。

(a)

(b)

图 3-37　连接芯线

（3）压线（如图 3-38 所示）

使用电工钳将固定块卡紧同轴电缆，将屏蔽金属套筒旋紧 BNC 本体。

重复上述方法在同轴电缆另一端制作 BNC 接头即制作完成一根视频线。

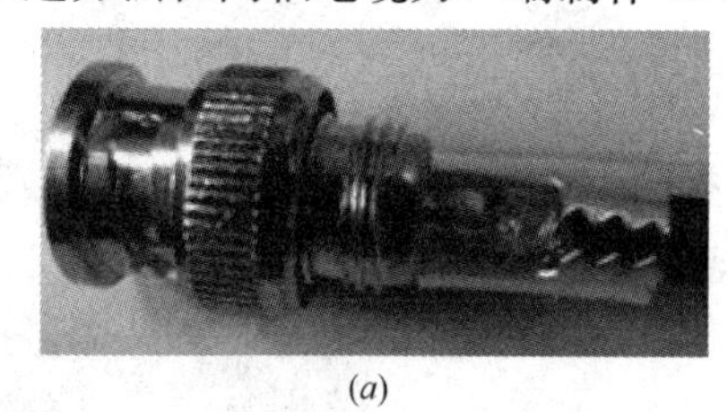
(a)

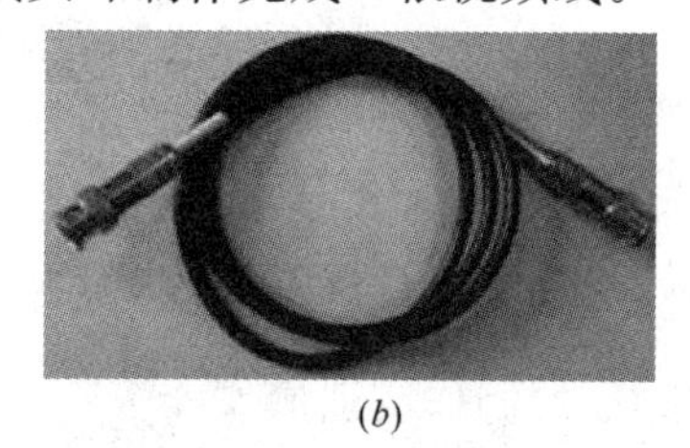
(b)

图 3-38　压线

（4）测试

使用万用表检查视频电缆两端 BNC 接头的屏蔽金属套筒与屏蔽金属套筒之间是否导通，芯线插针与芯线插针之间是否导通，若其中有一项不导通，则视频电缆断路，需重新制作。

使用万用表检查视频电缆两端 BNC 接头的屏蔽金属套筒与芯线插针之间是否导通，若导通，则视频电缆短路，需重新制作。

4. 实训任务内容

制作 BNC 接头的视频连接线。

（1）请列出本次实训所需设备名称、型号、数量。

序号	名　称	型　号	数　量

（2）列出本次实训所需的工具。

序号	名　称	型　号	数　量

（3）请写出小组成员分工情况。

（4）分小组进行任务的实施。要求正确使用相关设备及工具，安全文明操作，现场工具设备摆放整齐，请记录下具体的实训过程。

（5）如发现问题，自己先分析查找故障原因，并进行记录。

5. 实训评价

序号	评 价 项 目 及 标 准	自评	互评	教师评分
1	设备材料清单罗列清楚 5 分			
2	工具清单罗列清楚 5 分			
3	操作步骤正确 5 分			
4	BNC 接头焊接美观，牢固 30 分			
5	BNC 接头视频线经测试，制作合格 30 分			
6	现场工具摆放整齐 5 分			
7	工作态度 10 分			
8	安全文明操作 5 分			
9	场地整理 5 分			
10	合计 100 分			

6. 实训展示

将实训结果进行展示。能用专业的语言对整个实训过程进行描述。

任务三　控制部分——视频矩阵的安装与调试

一、基础理论知识

控制部分是实现整个系统功能的指挥中心。控制部分主要有总控制台（有些系统还设有副控制台）组成。

控制部分的作用：负责所有设备的控制与图像信号的处理。

控制部分的类型：如图 3-39 所示。

控制部分的主要设备：视频矩阵切换器（如图 3-40 所示）、视频信号分配器、多画面处理器等。

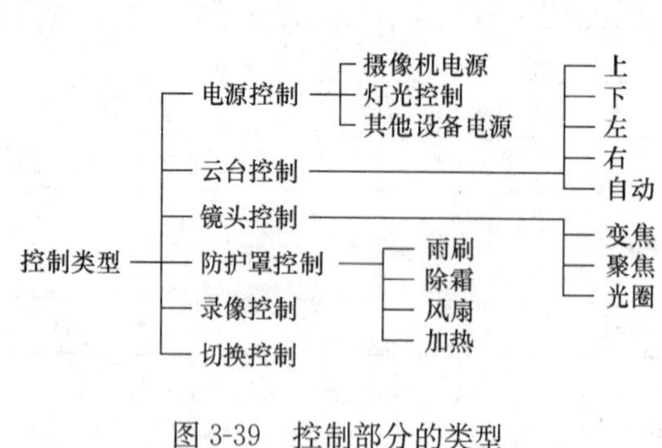

图 3-39 控制部分的类型

图 3-40 视频矩阵主机

（一）视频矩阵切换器（简称矩阵机）

在多路摄像机组成的电视监控系统中，一般没有必要用同摄像机数量一样的监视器，来一一对应显示各路摄像机的图像信号。如果那样，则成本高，操作不方便，容易造成混乱，所以一般都是按一定的比例用一台监视器轮流切换显示几台摄像机的图像信号。

（1）视频矩阵的基本功能和要求

矩阵功能就是实现对输入视频图像的切换输出。将视频图像从任意一个输入通道切换到任意一个输出通道显示。M×N 矩阵：表示同时支持 M 路图像输入和 N 路图像输出。

（2）视频矩阵的分类

按视频切换方式的不同，分为模拟矩阵和数字矩阵。

模拟矩阵：视频切换在模拟视频层完成。信号切换主要是采用单片机或更复杂的芯片控制模拟开关实现。

数字矩阵：视频矩阵和 DVR 合二为一，视频切换在数字视频层完成，这个过程可以是同步的也可以是异步的。数字矩阵的核心是对数字视频的处理，需要在视频输入端增加 AD 转换，将模拟信号变为数字信号，在视频输出端增加 DA 转换，将数字信号转换为模拟信号输出。视频切换的核心部分由模拟矩阵的模拟开关，变成了对数字视频的处理和传输。

矩阵主要功能是实现多路信号进，多路信号输出，可以将任意一个输出口进行信号切换，来输出任意一个输入信号。VGA 矩阵实现的是多路 VGA 信号输入，多路信号输出。RGB 矩阵是将 VGA 信号转换成 RGB 信号来实现矩阵功能。实际工程中可以看成同一种设备来使用，只需要接上 RGB 转 VGA 头就可以了。

按照输入、输出通道的不同，常见的视频矩阵一般有 16×4、16×8、16×16 等。常规的理解是乘号前面的数字代表输入通道的多少，乘号后面的数字代表输出通道的多少。不论矩阵的输入输出通道多少，它们的控制方法都大致相同：前面板按键控制、分离式键盘控制、第三方控制（RS-232/422/485 等）。

（二）视频信号分配器（如图 3-41 所示）

经过视频矩阵切换器输出的视频信号，可能要送往监视器、硬盘录像机、传输装置等终端设备，完成成像的显示与记录功能，在此，经常会遇到同一个视频信号需要同时送往几个不同之处的要求，在个数为 2 时，利用转接插头或者某些终端装置上配有的二路输出器来完成；但在个数较多时，因为并联视频信号衰减较大，送给多个输出设备后由于阻抗不匹配等原因，图像会严重失真，线路也不稳定。则需要使用视频分配器，实现一路视频输入、多路视频输出的功能，使之可在无扭曲或无清晰度损失情况下观察视频输出。通常视频分配器除提供多路独立视频输出外，兼具视频信号放大功能，故也成为视频分配放大器。

视频分配放大器以独立和隔离的互补晶体管或由独立的视频放大器集成电路提供4～6路独立的 75Ω 负载能力，包括具备彩色兼容性和一个较宽的频率响应范围（10Hz～7MHz），视频输入和输出均为 BNC 端子。

（三）多画面分割器（如图 3-42 所示）

在有多个摄像机组成的电视监控系统中，通常采用视频切换器使多路图像在一台监视器上轮流显示。但有时为了让监控人员能同时看到所有监控点的情况，往往采用多画面分割器使得多路图像同时显示在一台监视器上。当采用几台多画面分割器时，就有可能用与多画面分割器相同数量的监视器将所有摄像机传送来的多个画面同时显示。这样，既减少了监视器的数量，又能使监控人员一目了然地监视各个部位的情况。常用的画面分割器为四画面、九画面和十六画面。

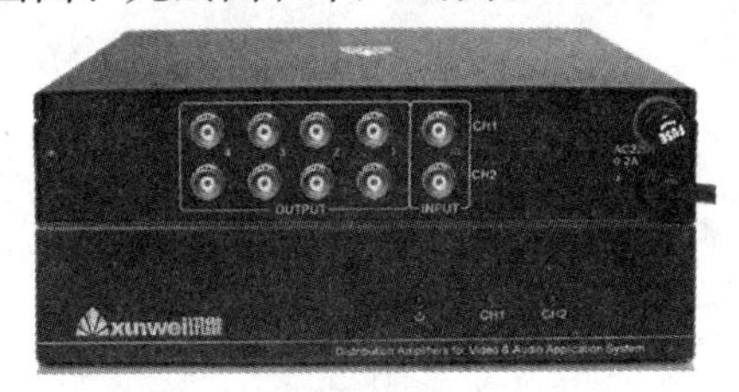

图 3-41 视频信号分配器

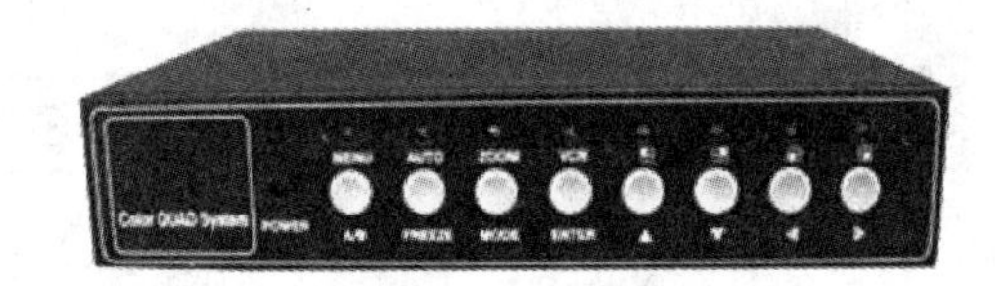

图 3-42 多画面分割器

多画面分割器：是使我们能在一台监视器上同时观看多路摄像机信号的设备。

1. 多画面分割器的作用

◇ 能够把多路视频信号合成一幅图像。有四画面、九画面和十六画面分割器。

◇ 能用一台录像机同时录制多路视频信号。

◇ 能选择同时录下的多路视频信号的任意一路在监视器上播放。

2. 多画面分割器的选择

系统应有报警控制器联网接口的视频切换控制器，应具有与报警控制器联网的接口，当报警发生时，切入显示相应部位的摄像机图像并记录，还能重放，以分析所发生的事故。

切换器能手动和自动编程，将所有视频信号在指定的监视器上进行固定或时序显示，也可以进行图像混合、画面分割、字幕叠加等处理。

二、视频矩阵的安装与调试

1. 实训任务目的要求

（1）安装视频矩阵并完成相应的接线。

（2）掌握矩阵安装和调试技巧。

2. 实训设备、材料及工具准备

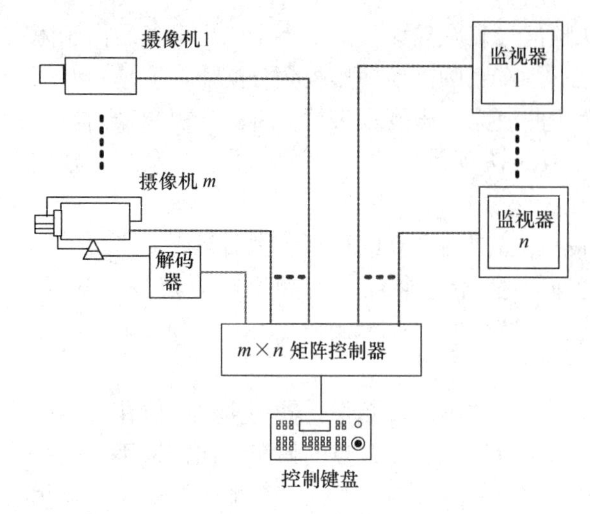

图 3-43 视频矩阵控制系统系统图

设备及材料：一体化摄像机一台、云台一个、解码器一个、红外夜视摄像机一台、彩色枪机一台、智能高速球一台、监视器两台、视频矩阵主机一台、安装网孔板一块、线材若干、固定用的螺丝若干等。

工具：螺钉旋具、钟表螺钉旋具、斜口钳、剥线钳、电烙铁、焊锡等。

3. 实训任务步骤

请阅读各视频监控系统设备说明书后完成下列实训任务。系统图如图 4-43 所示。

（1）矩阵控制主机设备安装

小型矩阵（S 型）机箱一般要求安装在标准的 19 英寸机架中，机架高度为 1.8″，或宽度为一个机架单元和高度为一倍机架的机箱。机箱之间空隙必须大于 1.75″。

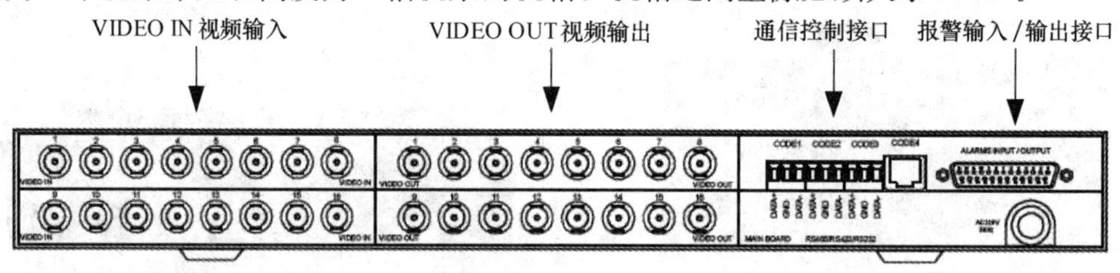

图 3-44 某 16×16 小型矩阵控制主机后面板端子接口图

中型矩阵（M 型）机箱一般要求安装在标准的 19 英寸机架中，机架高度为 3.5″，或宽度为一个机架单元和高度为二倍机架的机箱。机箱之间空隙必须大于 1.75″。

大型矩阵（L 型）机箱一般要求安装在标准的 19 英寸机架中，机架高度为 7″，或宽度为一个机架单元和高度为四倍机架的机箱。机箱之间空隙必须大于 1.75″。

对于多机箱系统，应在安装前仔细辨别不同的机箱号。视频输入设备应置于机架顶部附近。

（2）矩阵控制系统的连接及设置

所有的系统连接应在矩阵主机机箱后面板进行。机箱后面板端子接口如图 3-44 所示。所有切换设置必须在连接前完成，供电前检查连接是否正确。

为了便于维护，请在所有输入与输入电缆上作标记。

①视频连接（如图 3-45 所示）

所有的视频输入（如摄像机），应接到视频输入模块（VIM）的 BNC 上；所有的视频输出（如监视器），应接到视频输出模块（VOM）的 BNC 上。

所有视频连接应使用带 BNC 插头高质量 75Ω 视

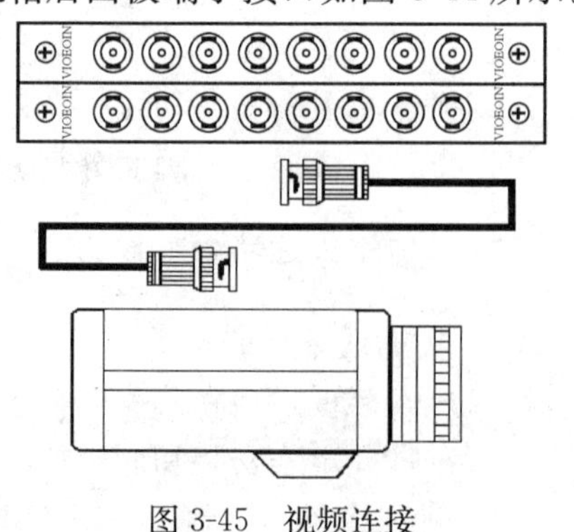

图 3-45 视频连接

频电缆。所有的视频输出必须在连接中最后一个单元接 75Ω 终端负载。中间单元必须设置为高阻。如果不接负载，图像会过亮。相反，如果接了两倍负载，图像会过暗。

安装摄像机，将摄像机的视频输出接入矩阵控制主机的 VIDEO IN 视频输入端口。

将矩阵控制的 VIDEO OUT 视频输出端口和监视器进行连接。

②控制数据线的连接

矩阵系统后面板（如图 3-46 所示）提供多个不同的连接键盘、数字解码器、报警主机和相似单元的控制和通信端口。

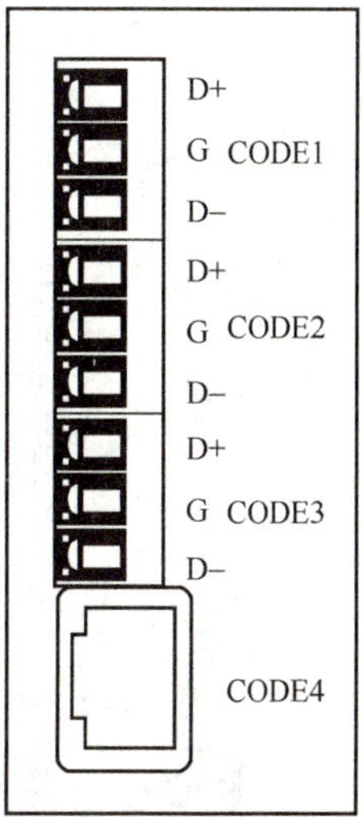

控制数据线从矩阵系统后面板通信端口输出，它发送切换和控制信号到其他机箱，数据线在输入和输出机箱之间环形连接。数据线还向摄像机提供云台、镜头、辅助开关和预置点的控制信号。矩阵系统端口终端说明：

CODE1：主要用于连接键盘、报警主机、多媒体控制器等设备；

CODE2：主要用于连接解码器、智能高速球、码分配器、码转换器等设备；

CODE3：主要用于连接网络矩阵主机；

CODE4：主要用于连接计算机、DVR 等设备。

D+
G CODE1
D–
D+
G CODE2
D–
D+
G CODE3
D–
CODE4

图 3-46　通信控制接口

在矩阵控制系统中，控制信号的传输一般采用 RS-485 通讯方式。RS-485 采用平衡发送和差分接收，因此具有抑制共模干扰的能力。加上总线收发器具有高灵敏度，能检测低至 200mV 的电压，故传输信号能在千米以外得到恢复。RS-485 采用半双工工作方式，任何时候只能有一点处于发送状态，因此，发送电路须由使能信号加以控制。RS-485 用于多点互连时非常方便，可以省掉许多信号线。应用 RS-485 可以联网构成分布式系统，其允许最多并联 32 台驱动器和 32 台接收器。

控制主机与键盘之间用带屏蔽双绞线（距离最长 1200m），经接线盒相连接。距离最长 1200m。直流 12V 电源线：白—DC12V；黑—GND。

键盘的地址开关要进行正确的设置，才能进行键盘的正常操作。键盘开关的设置，见“（3）键盘的设置及按键功能说明”。

控制主机与解码器、智能高速球机间也用带屏蔽双绞线相连接。如图 3-47 和图 3-48 所示。

解码器、智能高速球机上的地址开关要进行正确的设置，才能正常地被矩阵控制。（解码器、智能高速球机地址开关的设置请详见各自的设备说明书。在同一个系统中，解码器的地址设置是各不一样的，但每台机的波特率和协议拨码设置是相同的！解码器与云台、一体机化摄像机之间的连接请参见任务一中的实训“一体化摄像机、云台、解码器的安装与调试”。）

每一路 RS485 控制线上，最多可接 128 台解码器或高速球机，每台解码器、高速球机控制端口极性要一致。

（3）键盘的设置及按键功能说明（如图 3-49 所示）

键盘有两种工作模式可以设置：键盘矩阵工作模式和键盘系统工作模式。可通过键盘后部的八位二进制拨码开关的 8 号端子进行设置。ID 中的 8 号端子为“OFF”，此时键盘

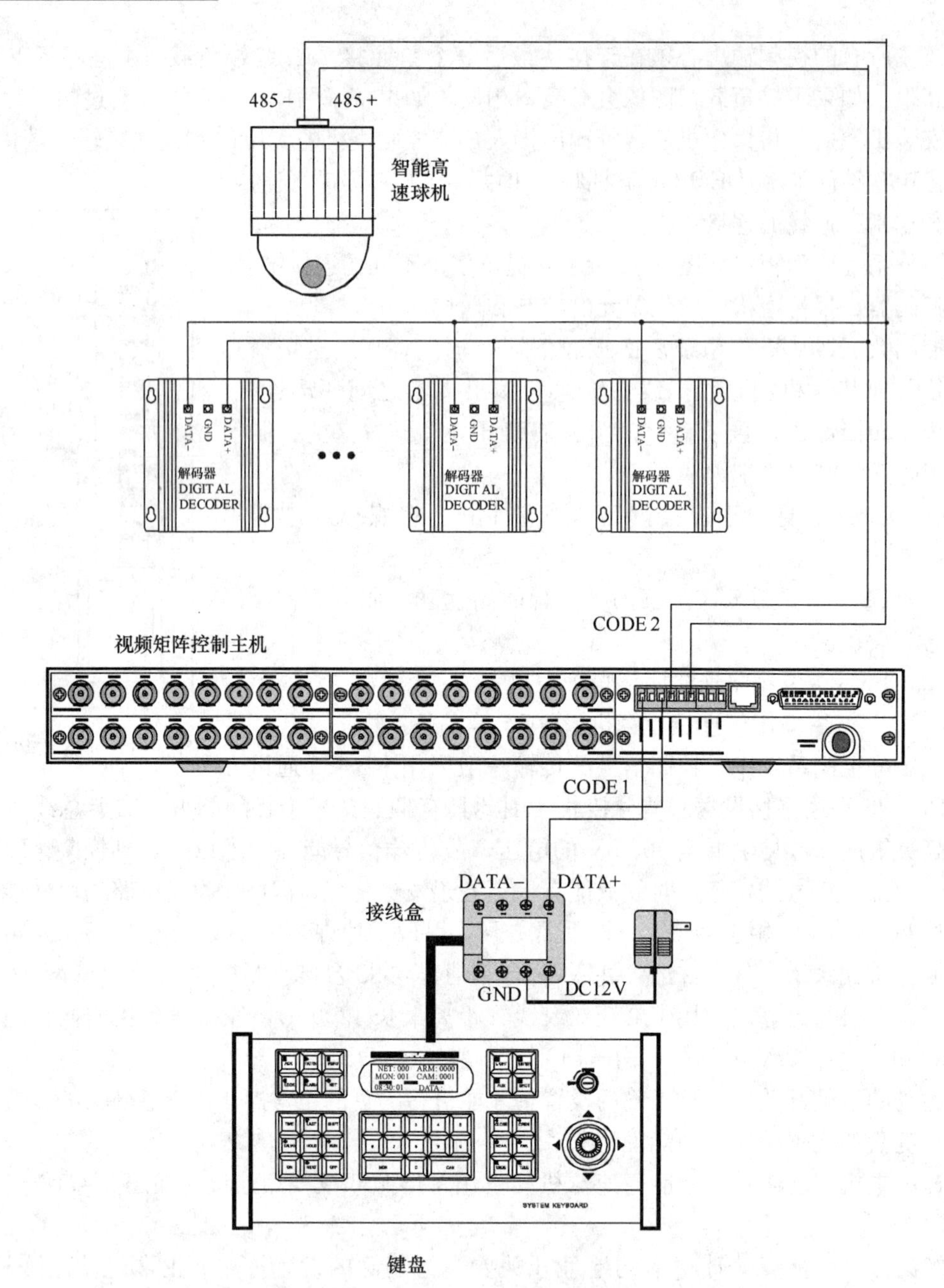

图 3-47 矩阵主机与键盘、解码器、智能高速球之间控制数据线连接示意图

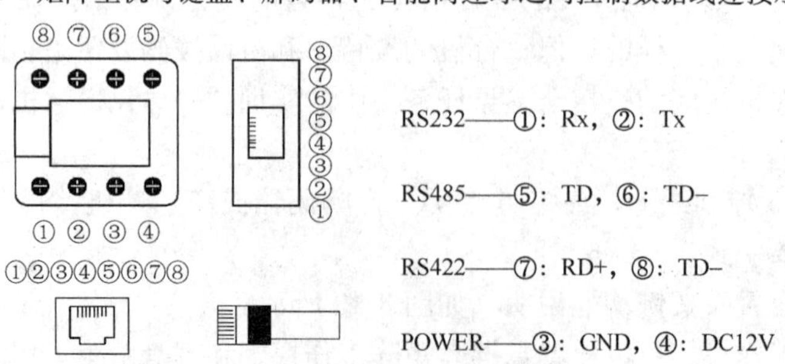

图 3-48 矩阵系统常用连接件接线方式定义

设置为矩阵工作模式；ID 中的 8 号端子为“ON”，键盘设置为键盘系统工作模式。二进制拨码往上拨为 1（ON），往下拨为 0（OFF）。

由于本系统中采用了矩阵控制主机，因此键盘应设置为“键盘矩阵工作模式”，在此仅介绍此种模式。键盘系统工作模式主要在直接控制解码器、智能高速球中应用，在此不做介绍，如有需要，请详见设备说明书。

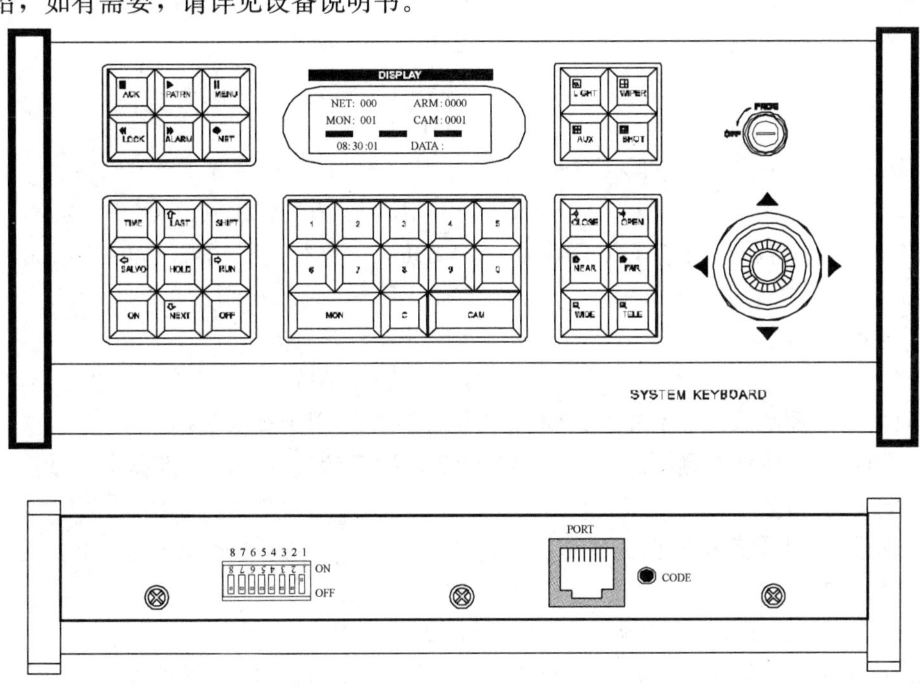

图 3-49 键盘

①键盘矩阵工作模式设置

键盘此种工作模式主要在矩阵主机系统中应用。要进入此种工作模式，改变 ID 中的 8 号端子为“OFF”；ID 中的 1、2、3、4 号端子为键盘代号设置开关。见表 3-6。

键盘代号和拨码对照表 **表 3-6**

键盘代号	拨码位置				键盘代号	拨码位置			
	1	2	3	4		1	2	3	4
00	0	0	0	0	08	0	0	0	1
01	1	0	0	0	09	1	0	0	1
02	0	1	0	0	10	0	1	0	1
03	1	1	0	0	11	1	1	0	1
04	0	0	1	0	12	0	0	1	1
05	1	0	1	0	13	1	0	1	1
06	0	1	1	0	14	0	1	1	1
07	1	1	1	0	15	1	1	1	1

注：每一键盘代号不能相同，否则会使键盘操作失误。

②键盘按键功能说明

MON——选定一个监视器　　CAM——选定一个摄像机
LAST——自动切换逆运行方向　　NEXT——自动切换正运行方向
RUN—— 运行自动切换　　TIME——切换停留时间
SALVO——运行同步切换　　HOLD——图像保存
ON——启动功能　　OFF—— 关闭功能
AUX——辅助功能　　SHOT——调用预置点
ALARM——设防报警触点　　NET——选择网络矩阵
ACK——功能确认　　SHIFT——上档键
CLOSE——关闭镜头光圈（IRIS-）　　OPEN——打开镜头光圈（IRIS+）
FAR——调整聚焦（FOCUS-）　　NEAR——调整聚焦（FOCUS+）
TELE——获得特写图像（ZOOM-）　　WIDE——获得全景图像（ZOOM+）
LIGHT——灯光控制　　WIPER——雨刷控制
PATRN——图像巡视　　LOCK——软锁
MENU——菜单编程　　C——数字清除键
万向区——控制云台上下左右方向　　数字区——用于输入数据

注：稍长时间按住⓪键不放，可将数字清零。数字超过4位时，键盘会自动清零，并重新显示输入的新数字。

（4）矩阵控制系统的操作

①视频切换控制

A. 手动切换：在某一监视器上显示某摄像机的画面。

操作：按“n”（监视器号）—“MON”—“n”（摄像机号）—“CAM”。

B. 自由切换：在某一监视器上显示一组摄像机画面。

设置自由切换队列：

操作：按“n”（监视器号）—“MON”—“n”（停留时间）—“TIME”—“n”（起点摄像机号）—“ON”—“n”（终点摄像机号）—“OFF”。

设置自由切换时间：

操作：按“n”（停留时间）—“TIME”，在运行自由切换的监视器上，可随时更改自由切换队列中的摄像机的停留时间。停留时间间隔为2～240s。

运行自由切换队列：

操作：按“n”（监视器号）—“MON”—“0”—“RUN”，开始自动切换，此时监视器状态区上显示“RUN”。

在运行中的自由切换队列中删除一个摄像机：

操作：按“n”（摄像机号）—“ACK”—“OFF”。

在运行中的自由切换队列中增加一个摄像机：

操作：按“n”（摄像机号）—“ACK”—“ON”。

改变自由切换运行方向：

操作：按“NEXT”，则切换方向变为正向的方式运行。

操作：按“LAST”，则切换方向变为反向的方式运行。

停止运行自由切换队列：

操作：按“HOLD”，使图像停留在正在切换的摄像机图像上；

或按“n”（摄像机号）—“CAM”，使图像停留在选定的图像上。

C. 程序切换：指通过菜单编程，能在监视器上自动的按序显示一列指定的视频输入，每个视频输入显示一段设定的停留时间。

设置程序切换队列：

见矩阵操作说明书的菜单功 SWITCH（切换设置）下的 TOURS（程序切换项设置）。

运行程序切换队列：

操作：按“n”（监视器号）—“MON”—“n”（欲调用的系统程序切换的序号 1～16）—“RUN”，开始程序切换，此时监视器状态区上显示“T－xx”。

停止运行自由切换队列：

操作：按“HOLD”，使图像停留在正在切换的摄像机图像上；

或按“n”（摄像机号）—“CAM”，使图像停留在选定的图像上。

注：其他切换设置详见矩阵操作说明书。

②云台控制

方向操作：键盘通过解码器可控制云台的上、下、左、右及左上、左下、右上、右下的运行。

例如：当主机要控制云台的“上”。

操作：按“n”（摄像机号）—“CAM”—移动摇杆向上。

③镜头控制

A. 光圈：打开（OPEN）或关闭（CLOSE）变焦镜头的光圈，来调整摄像机的进光量。

操作：按“n”（摄像机号）—“CAM”—“OPEN 或 CLOSE”。

B. 焦距：调整变焦镜头中的焦距长（TELE）或短（WIDE），使监视器上显示的摄像画面为焦距良好清晰的画面。

操作：按“n”（摄像机号）－“CAM”－“WIDE 或 TELE”。

C. 变焦：调整变焦镜头的变倍远（FAR）近（NEAR），使监视器显示摄像机画面的全景或特写。

操作：按“n”（摄像机号）—“CAM”—“FAR 或 NEAR”。

④高速智能球控制

高速智能球是一种集变速云台、摄像机、变焦镜头和数字解码器于一体的视频监控设备。要控制高速智能球时，需要设定高速智能球的控制协议。高速智能球设置详见矩阵菜单“系统设置”中的“高速智能球设置”项，选择的通信协议和波特率必须和高速智能球上拨码开关设置协议和波特率一致。否则，将无法控制智能高速球。

A. 智能高速球的方向、镜头控制：同云台和镜头控制，只是变速云台移动的速度正比于操纵杆偏离的程度，即操作杆偏离中心位置越大，变速云台（图像）移动的速度越快。

B. 调预置点：预置点是在连接有可设定预置的解码器接收后，由键盘预先编程设置好的监视场景。预置是一种定位，也就是使摄像机指向设定的位置。

操作：按“n” （智能高速球机号）—“CAM”—“n” （预置点号1～64）—“SHOT”—“ACK”。

C. 设置预置点：“SHOT”键用于预置（也称预定位）摄像点或场景。通过预置摄像机位置，并将这些位置存储在解码器的存储器内，可随时由键盘调用。

操作：首先将转动锁开关到PROG位置；其次调整云台、镜头获得所看的场景；接着按“n”（该预置点的设定序号）—“SHOT”—“ON”；最后将转动锁开关到OFF位置。

已编好的预置点任何时候可通过键盘命令调用。注意：如果调入的预置点号码没有设定过，摄像机将没有动作执行，摄像机仍然保持原先的场景。

D. 清除预置点：

操作：首先将转动锁开关到PROG位置；接着按“n”（该预置点的序号）—“SHOT”—“OFF”；最后将转动锁开关到OFF位置。

注：矩阵、键盘、解码器、智能高速球间的其他连接方法及操作请详见设备说明书进行。不同的设备连接及操作可能不同，请根据具体的设备说明书进行以上操作。

4. 实训任务内容

（1）请列出本次实训所需设备名称、型号、数量。

序号	名　称	型　号	数　量

（2）列出本次实训所需的工具。

序号	名　称	型　号	数　量

（3）请写出小组成员分工情况。

（4）分小组进行任务的实施。要求正确使用相关设备及工具，安全文明操作，现场工具设备摆放整齐，请记录下具体的实训过程。

（5）如发现问题，自己先分析查找故障原因，并进行记录。

5. 实训评价

序号	评价项目及标准	自评	互评	教师评分
1	设备材料清单罗列清楚 5 分			
2	工具清单罗列清楚 5 分			
3	矩阵安装牢固、位置合理 5 分			
4	矩阵与摄像机、键盘、解码器等接线正确 30 分			
5	键盘、解码器、智能高速球拨码开关设置正确 10 分			
6	功能调试 15 分			
7	布线美观，接线牢固，无裸露导线，线头按要求镀锡 5 分			
8	能否正确进行故障判断 5 分			
9	现场工具摆放整齐 5 分			
10	工作态度 5 分			
11	安全文明操作 5 分			
12	场地整理 5 分			
13	合计 100 分			

6. 实训展示

将实训结果进行展示。能用专业的语言对整个实训过程进行描述。

任务四　显示与记录部分——硬盘录像机的安装与调试

一、基础理论知识

显示与记录部分的作用：把从现场传来的电信号转换成在监视设备上显示的图像，如果必要，同时用录像机予以记录。

显示设备为监视器。目前使用的记录设备主要为硬盘录像机。

(一) 监视器（如图 3-50 所示）

监视器是视频监控系统的显示部分，是监控系统的标准输出，有了监视器的显示我们才能观看前端送过来的图像。作为监控设备不可缺的终端设备，充当着监控人员的“眼睛”，同时也为事后调查起到关键性作用。最小系统中可以仅有单台监视器，而在大系统

(a)

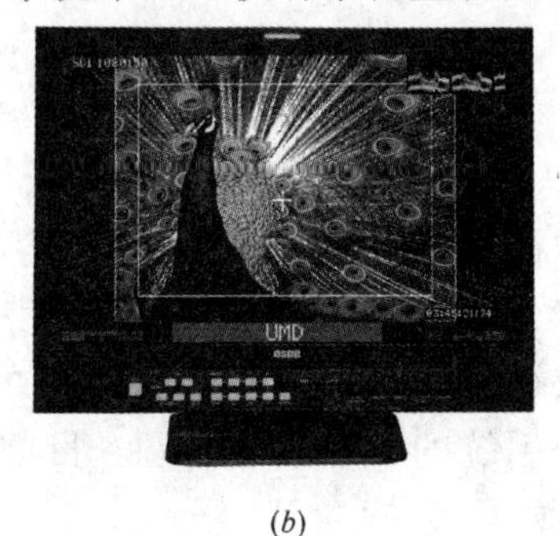

(b)

图 3-50　监视器

(a) CRT 监视器；(b) LCD 监视器

中则可能是由数十台监视器组成的电视墙。

监视器的分类：

按尺寸分：15/17/19/20/22/26/32/37/40/42/46/52/57/65/70/82 寸监视器等。

按色彩分：彩色，黑白监视器。

按材质分：CRT，LED，DLP，LCD 等。

按扫描方式分：纯平，逐行扫描等。

按屏幕分：纯平，普屏，球面等。

按照用途分：安防监视器，监控监视器，电视台监视器，工业监视器，电脑监视器等。

监视器的分辨率：

监视器也有分辨率，同摄像机一样用线数表示。黑白监视器的中心分辨率通常可达800 线以上，彩色监视器的分辨率一般为 300 线以上。实际使用时一般要求监视器线数要与摄像机匹配 。

（二）硬盘录像机（如图 3-51 所示）

硬盘录像机（Digital Video Recorder，DVR），即数字视频录像机，相对于传统的模拟视频录像机，采用硬盘录像，故常常被称为硬盘录像机，也被称为 DVR。它是一套进行图像存储处理的计算机系统，具有对图像/语音进行长时间录像、录音、远程监视和控制的功能，DVR 集合了录像机、画面分割器、云台镜头控制、报警控制、网络传输等五种功能于一身，用一台设备就能取代模拟监控系统一大堆设备的功能，而且在价格上也逐渐占有优势。DVR 采用的是数字记录技术，在图像处理、图像储存、检索、备份以及网络传递、远程控制等方面也远远优于模拟监控设备，DVR 代表了电视监控系统的发展方向，是目前市面上视频监控系统的首选产品。

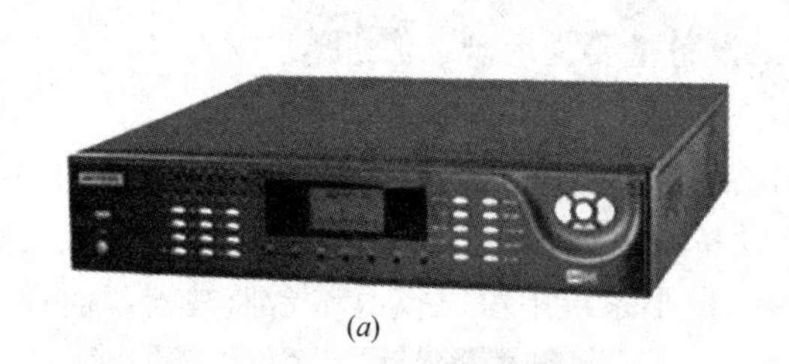

(*a*)

(*b*)

图 3-51 硬盘录像机

（*a*）嵌入式硬盘录像机；（*b*）PC 式硬盘录像机

硬盘录像机的主要功能包括：监视功能、录像功能、回放功能、报警功能、控制功能、网络功能、密码授权功能和工作时间表功能等。

监视：监视功能是硬盘录像机最主要的功能之一，能否实时、清晰的监视摄像机的画面，这是监控系统的一个核心问题，目前大部分硬盘录像机都可以做到实时、清晰的监视。

录像：录像效果是数字主机的核心和生命力所在，在监视器上看去实时和清晰的图像，录下来回放效果不一定好，而取证效果最主要的还是要看录像效果，一般情况下录像效果比监视效果更重要。大部分 DVR 的录像都可以做到实时 25 帧/秒录像，有部分录像机总资源小于 5 帧/秒，通常情况下分辨率都是 CIF 或者 4CIF，1 路摄像机录像 1h 大约需要 180MB～1GB 的硬盘空间。

报警功能：主要指探测器的输入报警和图像视频帧测的报警，报警后系统会自动开启录像功能，并通过报警输出功能开启相应射灯，警号和联网输出信号。图像移动侦测是 DVR 的主要报警功能。

控制功能：主要指通过主机对于全方位摄像机云台，镜头进行控制，这一般要通过专用解码器和键盘完成。

网络功能：通过局域网或者广域网经过简单身份识别可以对主机进行各种监视录像控制的操作，相当于本地操作。

密码授权功能：为减少系统的故障率和非法进入，对于停止录像，布撤防系统及进入编程等程序需设密码口令，使未授权者不得操作，一般分为多级密码授权系统。

工作时间表：可对某一摄像机的某一时间段进行工作时间编程，这也是数字主机独有的功能，它可以把节假日，作息时间表的变化全部预排到程序中，可以在一定意义上实现无人值守。

二、硬盘录像机的安装与调试

1. 实训任务目的要求

(1) 安装硬盘录像机并完成相应的接线。

(2) 掌握硬盘录像机安装和调试技巧。

2. 实训设备、材料及工具准备

设备及材料：红外夜视摄像机一台、彩色枪机一台、半球一台、智能高速球一台、监视一台、硬盘录像机一台、安装网孔板一块、线材若干、固定用的螺丝若干等。

工具：螺钉旋具、斜口钳、剥线钳、电烙铁、焊锡等。

3. 实训任务步骤

请阅读各视频监控系统设备说明书后完成下列实训任务。

(1) 硬盘录像机的安装及接线（如图 3-52 所示）

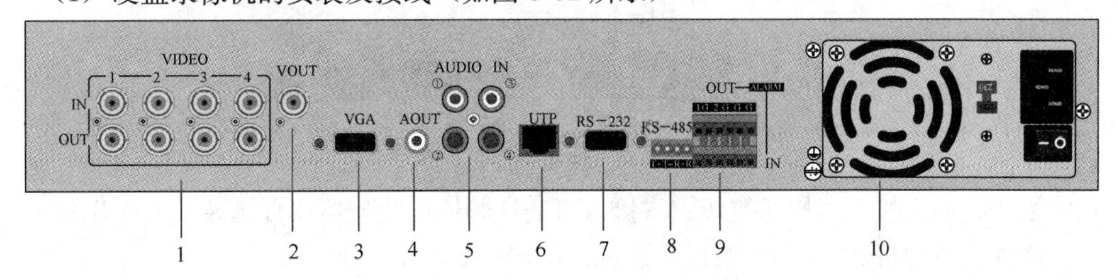

图 3-52　DS-7004H 硬盘录像机后面板

端　口　说　明　　**表 3-7**

序号	物理接口	连　接　说　明
1	视频输入(VIDEO IN)	连接(模拟)视频输入设备，标准 BNC 接口
	视频环通输出(OUT)	连接视频矩阵、监视器等，标准 BNC 接口

续表

序号	物理接口	连接说明
2	视频(VOUT)	视频(VOUT)：连接监视器，本地视频信号及菜单输出，标准BNC接口
3	VGA接口	连接VGA设备，如电脑VGA显示器等
4	音频(AOUT)输出	音频(AOUT)：连接音频设备，本地音频信号输出，标准RCA接口
5	音频输入(AUDIO IN)	连接有源音频输入设备，如拾音器，标准RCA接口
6	UTP网络接口	连接以太网络设备，如以太网交换机、以太网集线器(HUB)等
7	RS-232接口	连接RS-232设备，如调制解调器、电脑等。设备配件盒内提供了连接线
8	RS-485接口	连接RS-485设备，如解码器等，可使用RJ-45接口的1、2线连接解码器
9	报警输入(IN)	接报警输入(4路开关)
	报警输出(OUT)	接报警输出(2路开关量)
10	电源	通过开关可以选择输入的交流电压为220V或110V

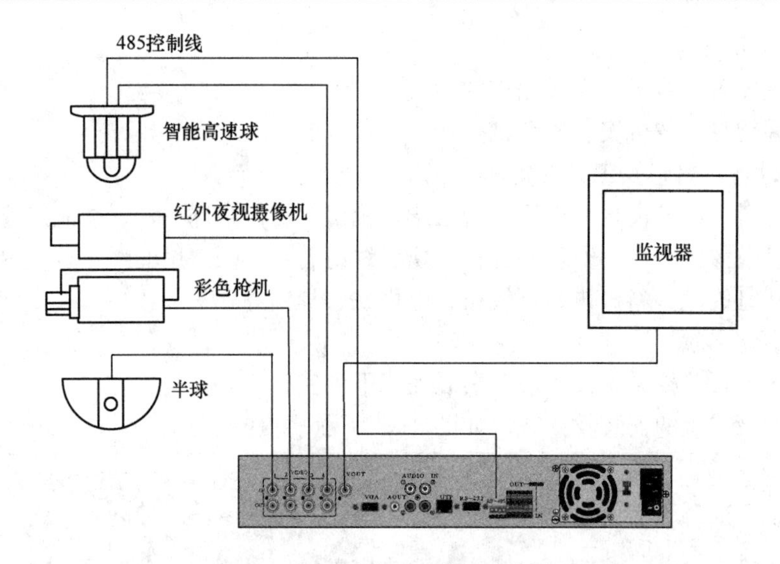

图3-53 硬盘录像机系统示意接线图

①视频线的连接：请按照接线图将摄像机的视频输出线连接硬盘录像机的VIDEO IN端口，将硬盘录像机的VOUT端口与监视器相连。如图3-53所示。

②控制线的连接：将智能高速球的485控制线连接到硬盘录像机的RS-485控制端口，注意正负极性。如图3-53所示。

通过智能高速球机上的拨码开关，设定高速球机的地址、通信协议及波特率。

③电源的连接：将半球摄像机、红外夜视摄像机、彩色枪机的电源线接至DC12V电源上；将智能高速球机的电源接至AC24V电源上。(此处智能高速球采用AC24V供电，若智能球机的供电为其他，请选择相应的电源。)

系统连接好后，上电调试。

(2)硬盘录像机的调试

查看设备说明书，完成下列操作。

① 硬盘录像机视频切换，实现单画面的切换和四画面的切换。

② 硬盘录像机手动录像，实现手动录像及录像查询。

③ 硬盘录像机的定时录像，实现定时录像及录像查询。

④ 硬盘录像机的移动侦测，实现移动目标侦测报警及指定通道同步录像，并进行录像查询。

⑤ 硬盘录像机的遮挡报警，实现遮挡报警及其处理。

⑥ 硬盘录像机对智能高速球的控制，实现对高速球云台、镜头的控制，预置点设置，点间巡航等操作。

操作步骤，详见硬盘录像机设备说明书。

4. 实训任务内容

(1)请列出本次实训所需设备名称、型号、数量。

序号	名称	型号	数量

(2)列出本次实训所需的工具。

序号	名称	型号	数量

(3)请写出小组成员分工情况。

(4)分小组进行任务的实施。要求正确使用相关设备及工具，安全文明操作，现场工具设备摆放整齐，请记录下具体的实训过程。

(5)如发现问题，自己先分析查找故障原因，并进行记录。

5. 实训评价

序号	评价项目及标准	自评	互评	教师评分
1	设备材料清单罗列清楚 5 分			
2	工具清单罗列清楚 5 分			
3	硬盘录像机与摄像机、监视器接线正确 10 分			

续表

序号	评价项目及标准	自评	互评	教师评分
4	高速球地址编码设置正确 5 分			
5	单画面与四画面切换 5 分			
6	手动录像机及其查询 5 分			
7	定时录像机及其查询 5 分			
8	移动侦测报警及录像 10 分			
9	智能高速球机的控制 20 分			
10	布线美观，接线牢固，无裸露导线，线头按要求镀锡 5 分			
11	能否正确进行故障判断 5 分			
12	现场工具摆放整齐 5 分			
13	工作态度 5 分			
14	安全文明操作 5 分			
15	场地整理 5 分			
16	合计 100 分			

6. 实训展示

将实训结果进行展示。能用专业的语言对整个实训过程进行描述。

项目二　入侵报警系统训练

入侵报警系统（IAS：Intruder alarm system）：利用传感器技术和电子信息技术探测并试图非法进入设防区域（包括主观判断面临被劫持或遭抢劫或其他危急情况时，故意触发紧急报警装置）的行为、处理报警信息、发出报警信息的电子系统或网络——《入侵报警系统工程设计规范》GB 50394—2007。

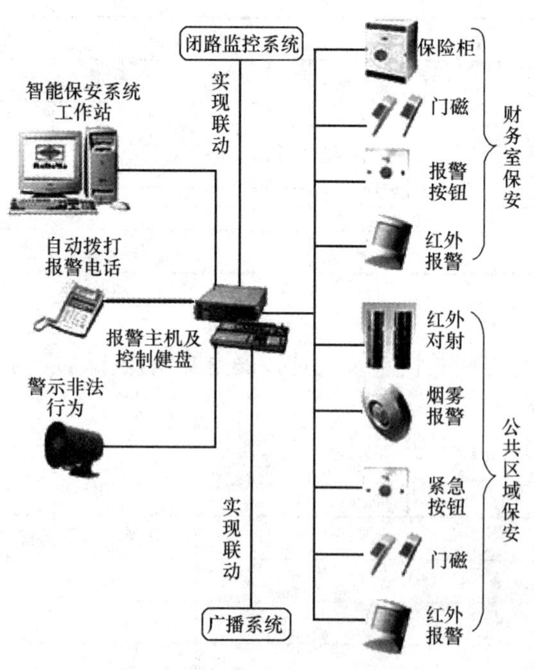

图 3-54　入侵报警系统示意图

入侵报警系统也称防盗报警系统，是指当非法侵入防范区域时，引起报警的装置。如图 3-54 所示。它是用来发出出现危险情况信号的。入侵报警系统就是用探测器对建筑物内外重要地点和区域进行布防。它可以及时探测非法入侵，并且在探测到有非法入侵时，及时向有关人员报警。譬如门磁开关、玻璃破碎报警器等可有效探测外来的入侵，红外探测器可感知人员在楼内的活动等。一旦发生入侵行为，能及时记录入侵的时间、地点，同时通过报警设备发出报警信号。

一、入侵报警系统的组成

防盗报警系统通常由前端设备（包括探测器和紧急报警装置）、传输设备、处理/控制/管理设备和显示/记录设备四个部分构成。

前端设备包括一个或多个探测器；传输设备包括电缆或数据采集和处理器（或地址编解码器/发射接收装置）；控制设备包括控制器或中央控制台，控制器/中央控制台应包含控制主板、电源、声光指示、编程、记录装置以及信号通信接口等。如图 3-55 所示。

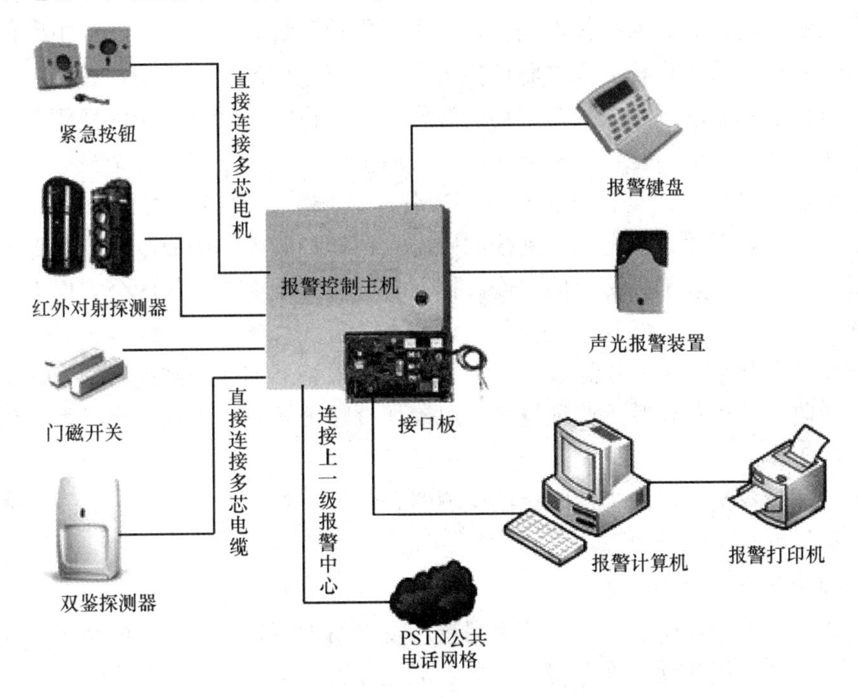

图 3-55 入侵报警系统的结构

系统组成：通常由报警探测器、报警系统控制主机（简称报警主机）、报警输出执行设备以及传输线缆等部分组成。

二、入侵报警系统的工作原理

报警探测器利用红外或微波等技术自动检测发生在布防监测区域内的入侵行为，将相应信号传输至报警监控中心的报警主机，主机根据预先设定的报警策略驱动相应输出设备执行相关动作，如自动启动监控系统录像，拨打 110 等。

三、入侵报警系统的主要设备

1. 探测器

报警探测器，俗称探头，一般安装在监测区域现场，主要用于探测入侵者移动或其他不正常信号，从而产生报警信号源的由电子或机械部件所组成的装置，其核心器件是传感器。常见的报警探测器有门磁、紧急按钮、被动红外探测器、红外对射探测器、玻璃破碎探测器、声音探测器等。

2. 信道

信道是探测电信号传送的通道。信道的种类较多，通常分有线信道和无线信道。有线信道是指探测电信号通过双绞线、电话线、电缆或光缆向控制器或控制中心传输。无线信道则是对探测电信号先调制到专用的无线电频道由发送天线发出；控制器或控制中心的无线接收机将空中的无线电波接收下来后，解调还原出控制报警信号。信道是传输探测电信号的通道，也即媒介。

3. 报警控制器

报警控制主机，又称为报警控制器，其主要作用是接收各种探测器的报警信号，判断有无警情，然后按预先设置的程序驱动相关设备执行相应的警报处理，如：发出声光报警信号，与监控系统实现联动，控制现场的灯光，记录报警事件和相应的视频图像等。

为了实现区域性的防范，通常把几个需要防范的小区，联网到一个报警中心；一旦出现危险情况，可以集中力量打击犯罪分子。各个区域的报警控制器的电信号，通过电话线、电缆、光缆，或用无线电波传到控制中心，同样控制中心的命令或指令也能回送给各区域的报警值班室，以加强防范的力度。控制中心通常设在市、区的公安保卫部门。

4. 验证设备

验证设备及其系统，即声、像验证系统，由于报警器不能做到绝对的不误报，所以往往附加电视监控和声音监听等验证设备，以确切判断现场发生的真实情况，避免警卫人员因误报而疲于奔波。

电视验证设备又发展成为视频运动探测器，使报警与监视功能合二为一，减轻了监视人员的劳动强度。

5. 其他配套部分

警卫力量根据监控中心（即报警控制器）发出的报警信号，迅速前往出事地点，抓获入侵者，中断其入侵活动。没有警卫力量，不能算做一个完整的报警系统。

四、入侵报警系统的组建模式

根据信号传输方式的不同，入侵报警系统组建模式宜分为以下模式：

1. 分线制：探测器、紧急报警装置通过多芯电缆与报警控制主机之间采用一对一专线相连。如图 3-56 所示。

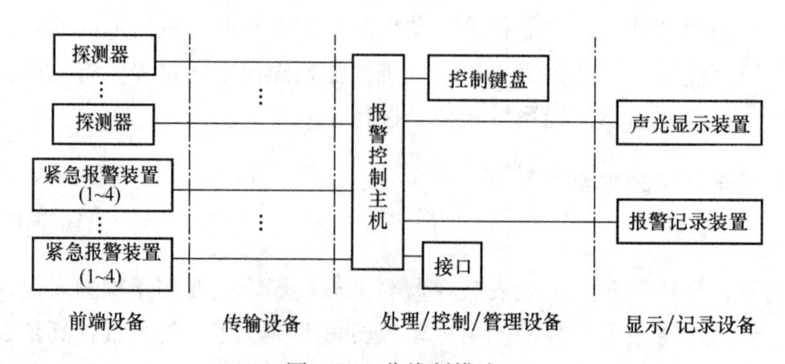

图 3-56　分线制模式

2. 总线制：探测器、紧急报警装置通过其相应的编址模块与报警控制主机之间采用报警总线（专线）相连。如图 3-57 所示。

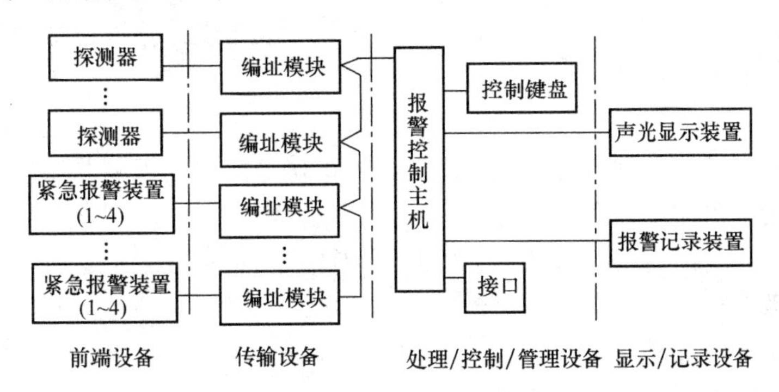

图 3-57 总线制模式

3. 无线制：探测器、紧急报警装置通过其相应的无线设备与报警控制主机通讯，其中一个防区内的紧急报警装置不得大于 4 个。如图 3-58 所示。

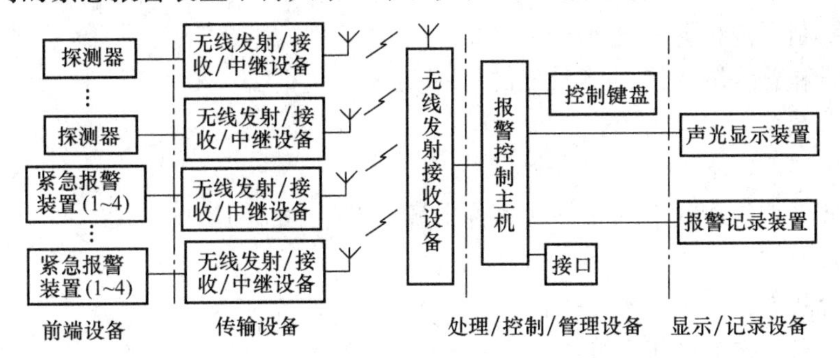

图 3-58 无线制模式

4. 公共网络：探测器、紧急报警装置通过现场报警控制设备和/或网络传输接入设备与报警控制主机之间采用公共网络相连。公共网络可以是有线网络，也可以是有线——无线——有线网络。如图 3-59 所示。

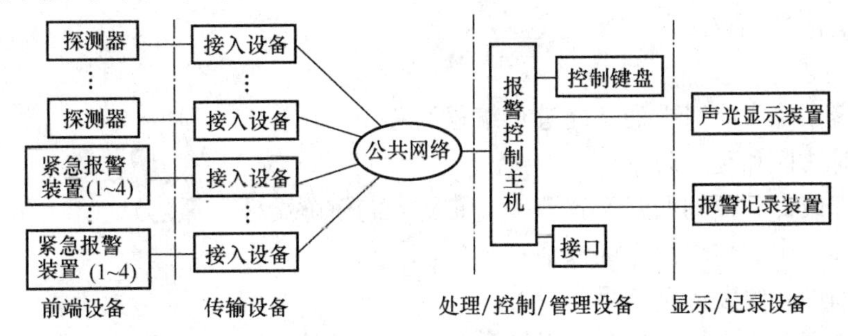

图 3-59 公共网络模式

注：以上四种模式可以单独使用，也可以组合使用；可单级使用，也可多级使用。

五、入侵报警系统的功能

入侵报警系统是利用探测器对建筑物内外重要地点和区域进行布防。它可以及时探测非法入侵，并且在探测到有非法入侵时，及时向有关人员报警。譬如门磁开关、玻璃破碎报警器等可有效探测外来的入侵，红外探测器可感知人员在楼内的活动等。一旦发生入侵行为，能及时记录入侵的时间、地点，同时通过报警设备发出报警信号。

系统基本功能如下：

1. 探测

入侵报警系统应对下列可能的入侵行为进行准确、实时的探测并产生报警状态：

(1) 打开门、窗、空调百叶窗等；

(2) 用暴力通过门、窗、天花板、墙及其他建筑结构；

(3) 破碎玻璃；

(4) 在建筑物内部移动；

(5) 接触或接近保险柜或重要物品；

(6) 紧急报警装置的触发。

2. 响应

当一个或多个设防区域产生报警时，入侵报警系统的响应时间应符合下列要求：

(1) 分线制入侵报警系统：不大于2s；

(2) 无线和总线制入侵报警系统的任一防区首次报警：不大于3s；其他防区后续报警：不大于20s。

3. 指示

入侵报警系统应能对下列状态的事件来源和发生的时间给出指示：

(1) 正常状态；

(2) 试验状态；

(3) 入侵行为产生的报警状态；

(4) 防拆报警状态；

(5) 故障状态；

(6) 主电源掉电，备用电源欠压；

(7) 设置警戒（布防）/解除警戒（撤防）状态；

(8) 传输信息失败。

4. 控制

入侵报警系统应能对下列功能进行编程设置：

(1) 瞬时防区和延时防区；

(2) 全部或部分探测回路设置警戒（布防）与解除警戒（撤防）；

(3) 向远程中心传输信息或取消；

(4) 向辅助装置发激励信号；

(5) 系统试验应在系统的正常运转受到最小中断的情况下进行。

5. 记录和查询

入侵报警系统应能对下列事件记录和事后查询：

(1) 3. 指示中所列事件、4. 控制所列编程设置；

(2) 操作人员的姓名、开关机时间；

(3) 警情的处理；

（4）维修。

6. 传输

（1）报警信号的传输可采用有线和/或无线传输方式；

（2）报警传输系统应具有自检、巡检功能；

（3）入侵报警系统应有与远程中心进行有线和/或无线通信的接口，并能对通信线路的故障进行监控；

（4）报警信号传输系统的技术要求应符合 IEC 60839—5；

（5）报警传输系统串行数据接口的信息格式和协议，应符合 IEC 60839—7 的要求。

六、常用术语

1. 报警状态（alarm condition）：系统因探测到风险而作出响应并发出报警的状态。

2. 故障状态（fault condition）：系统不能按照设计要求进行正常工作的状态。

3. 防拆报警（tamper alarm）：因触发防拆探测装置而导致的报警。

4. 防拆装置（tamper device）：用来探测拆卸或打开报警系统的部件、组件或其部分的装置。

5. 设防（set condition）：使系统的部分或全部防区处于警戒状态的操作。

6. 撤防（unset condition）：使系统的部分或全部防区处于解除警戒状态的操作。

7. 防区（defence area）：利用探测器（包括紧急报警装置）对防护对象实施防护，并在控制设备上能明确显示报警部位的区域。

8. 周界（perimeter）：需要进行实体防护或/和电子防护的某区域的边界。

9. 监视（surveillance area）：实体周界防护系统或/和电子周界防护系统所组成的周界警戒线与防护区边界之间的区域。

10. 防护区（protection area）：允许公众出入的、防护目标所在的区域或部位。

11. 禁区（restricted area）：不允许未授权人员出入（或窥视）的防护区域或部位。

12. 盲区（blind zone）：在警戒范围内，安全防范手段未能覆盖的区域。

13. 漏报警（leakage alarm）：入侵行为已经发生，而系统未能做出报警响应或指示。

14. 误报警（false alarm）：由于意外触动手动装置、自动装置对未设计的报警状态做出响应、部件的错误动作或损坏、操作人员失误等而发出的报警信号。

15. 报警复核（check to alarm）：利用声音和/或图像信息对现场报警的真实性进行核实的手段。

16. 紧急报警（emergency alarm）：用户主观判断面临被劫持或遭抢劫或其他危急情况时，故意触发的报警。

17. 紧急报警装置（emergency alarm switch）：用于紧急情况下，由人工故意触发报警信号的开关装置。

18. 探测器（detector）：对入侵或企图入侵行为进行探测做出响应并产生报警状态的装置。

19. 报警控制设备（controller）：在入侵报警系统中，实施设防、撤防、测试、判断、传送报警信息，并对探测器的信号进行处理以断定是否应该产生报警状态以及完成某些显示、控制、记录和通信功能的装置。

20. 报警响应时间（response time）：从探测器（包括紧急报警装置）探测到目标后产生报警状态信息到控制设备接收到该信息并发出报警信号所需的时间。

任务一 入侵探测器的安装与调试

一、基础理论知识

入侵探测器是用来探测入侵者的移动或其他动作的电子及机械部件所组成的装置。包括主动红外入侵探测器、被动红外入侵探测器、微波入侵探测器、微波和被动 红外复合入侵探测器、超声波入侵探测器、振动入侵探测器、音响入侵探测器、磁开关入侵探测器、超声和被动红外复合入侵探测器等。

每一种入侵探测器都具有在保安区域内探测出人员存在的一定手段，装置中执行这种任务的部件称为探测器或传感器。

理想的入侵探测器仅仅响应人员的存在，而不响应如狗、猫及老鼠等动物的活动，也不响应室内环境的变化，如温度、湿度的变化及风、雨声音和振动等。要做到这一点很不容易，大多数装置不但响应了人的存在，而且对一些无关因素的影响也产生响应。对报警器的选择和安装也要考虑使它对无关因素不作响应，同时信号的重复性要好。

由于家庭、商店、团体和企业等部门各自的情况不同，使用的入侵探测器也不尽相同。为了获得最佳保安效果，通常需要根据用户的实际情况对报警系统进行裁剪，这样才能使探测器更好地发挥作用。

（一）入侵探测器的分类

1. 按探测器的探测原理不同或应用的传感器不同来分

可分为雷达式微波探测器、微波墙式探测器、主动式红外探测器、被动式红外探测器、开关式探测器、超声波探测器、声控探测器、振动探测器、玻璃破碎探测器、电场感应式探测器、电容变化探测器、视频探测器、微波—被动红外双技术探测器、超声波—被动红外双技术探测器等等。

2. 按探测器的工作方式来分

可分为主动式探测器与被动式探测器。

主动式报警探测器在工作时，探测器本身要向警戒现场发射某种能量，在接收传感器上形成一个稳定信号。当出现危险情况时，稳定信号被破坏，形成携有报警信息的探测信号。此类报警探测器有超声波式，主动红外式，激光式，微波式，光纤式，电场式等。

被动式报警探测器在工作时，探测器不需要向警戒现场发射能量信号，而是接收自然界本身存在的能量，在接收传感器上形成一个稳定的信号。当出现危险情况时，稳定信号被破坏，形成携有报警信息的探测信号。例如，被动红外报警探测器。还有震动式，可闻声探测式，次声探测式，视频运动式等报警探测器。

3. 按探测电信号传输信道分类

按探测电信号传输信道划分，报警探测器可分为有线报警探测器和无线报警探测器。

有线报警器是探测电信号由传输线（无论专用线或借用线）传输的报警器，这是目前大量采用的方式。

无线报警器是探测电信号由空间电磁波传输的报警器。在某些防范现场很分散或不便架设传输线的情况下，无线报警器有独特作用。

需要指出的是，有线报警探测器和无线报警探测器，仅仅是按传输信道（或传输方式）的分类，任何探测器都可与之组成有线或无线报警系统。

4. 按探测器的警戒范围来分

可分为点控制型探测器、线控制型探测器、面控制型探测器及空间控制型探测器。见表 3-8。

按探测器的警戒范围分类　　**表 3-8**

警戒范围	探　测　器　种　类
点控制型	开关式探测器
线控制型	主动式红外探测器、激光式探测器、光纤式周界探测器
面控制型	振动探测器、声控-振动型双技术玻璃破碎探测器
空间控制型	雷达式微波探测器、微波墙式探测器、被动红外探测器、超声波探测器、声控探测器、视频探测器、微波-被动红外双技术探测器、超声波-被动红外双技术探测器、声控型单技术玻璃破碎探测器、次声波-玻璃破碎高频声响双技术玻璃破碎探测器、泄漏电缆探测器、振动电缆探测器、电场感应式探测器、电容变化式探测器

点控制报警探测器是指警戒范围仅是一个点的报警探测器。当这个警戒点的警戒状态被破坏时，即发出报警信号，如磁控开关及各种机电开关报警探测器。如图 3-60 所示。

线控制报警探测器是指警戒范围是一条线束的报警探测器。当这条警戒线上任意处的警戒状态被破坏时，即发出报警信号。如激光、主动红外、被动红外、微波（对射型）及双技术报警探测器，都可构成一种看不见摸不着的无形的警戒线；还有一些看得见摸得着的封锁线，如电场周界传感器，电磁振动周界电缆传感器，压力平衡周界传感器，高压短路周界传感器等。如图 3-61 所示。

紧急按钮

微动开关

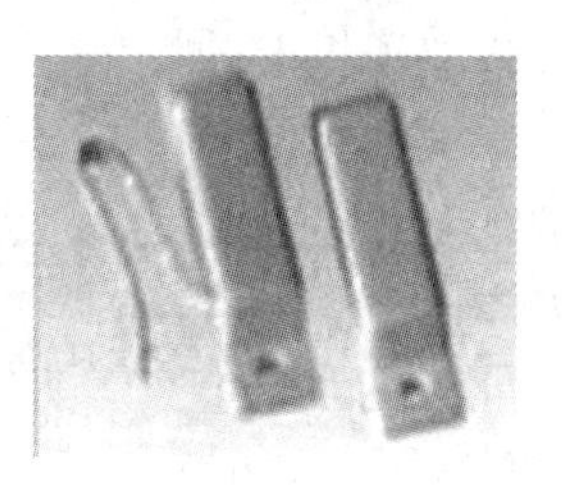

门磁开关

图 3-60　点控制型探测器

图 3-61　线控制型探测器——红外对射

面控制报警探测器是指警戒范围是一个面的报警探测器。当警戒面上任意处的警戒状态被破坏时，即发出报警信号。如图 3-62 所示。

空间控制报警探测器是指警戒范围为一个空间的报警探测器。当警戒空间内任意处的警戒状态被破坏时，即发出报警信号，例如双技术报警探测器，超声波报警探测器，微波报警探测器，被动红外报警探测器，电场式报警探测器，视频运动报警探测器等。在这些报警探测器所警戒的空间内，入侵者无论从门窗，天花板，或从地下等任意处进入警戒空间时，都会产生报警探测信号。如图3-63所示。

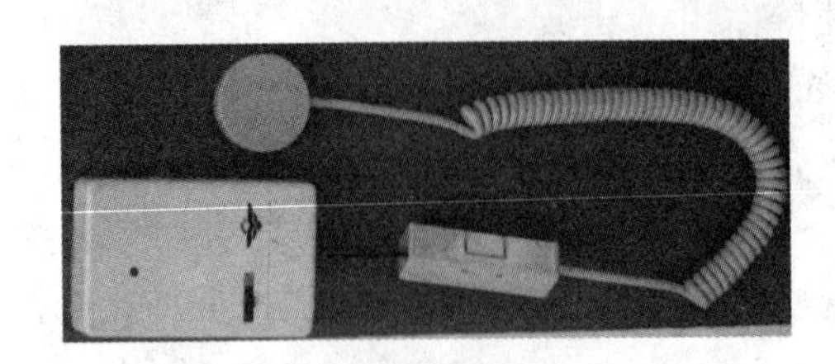

图3-62 面控制型探测器
——玻璃破碎探测器

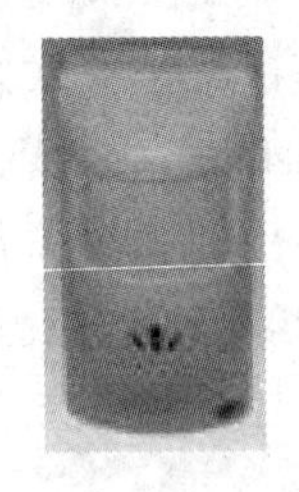

图3-63 空间控制型探测器
——红外/微波探测器

5. 按探测器输出的开关信号不同来分

可分为常开型探测器和常闭型探测器以及常开/常闭型探测器。如图3-64所示。

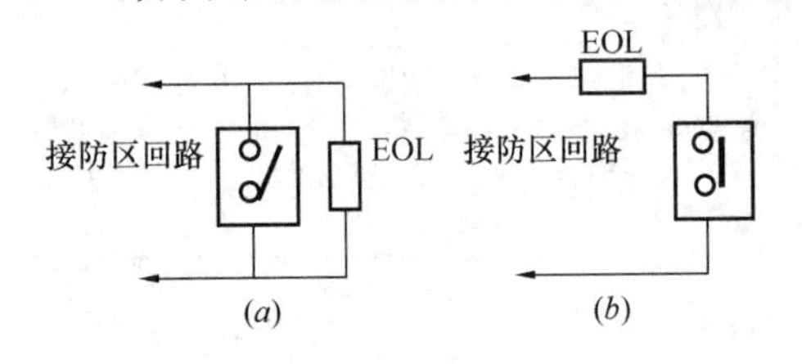

图3-64 常开型探测器与常闭型探测器
(a) 常开型探测器；(b) 常闭型探测器

当需要将几个探测器同时接在一个防区时，可采用图3-65的方式连接。只要其中有一个探测器发出短路或开路报警信号，报警控制器就可发出声光报警信号。

6. 按探测器与报警控制器各防区的连接方式不同来分

基本上可分为三种方式：四线制、两线制和无线制。

(1) 四线制（如图3-66所示）

一般常规需要供电的探测器，如红外探测器、双鉴探测器、玻璃破碎探测器等均采用的是四线制。

如某种被动红外器的接线端子板上的标注如图3-67所示。

又如某种微波——被动红外双鉴探测器的接线端子板上的标注如图3-68所示。

图3-67与图3-68的不同点在于多了防拆开关的两个接线端子。

又如某种玻璃破碎探测器的接线端子板上的标注如图3-69所示。

图3-69与图3-67的不同点在于不仅多了防拆开关的两个接线端子，而且该种探测器还属于常开/常闭型探测器，既有常闭（NC）输出端，又有常开（NO）输出端。使用时可根据需要将NC和C端或NO和C端接至报警控制器的某一防区输入。

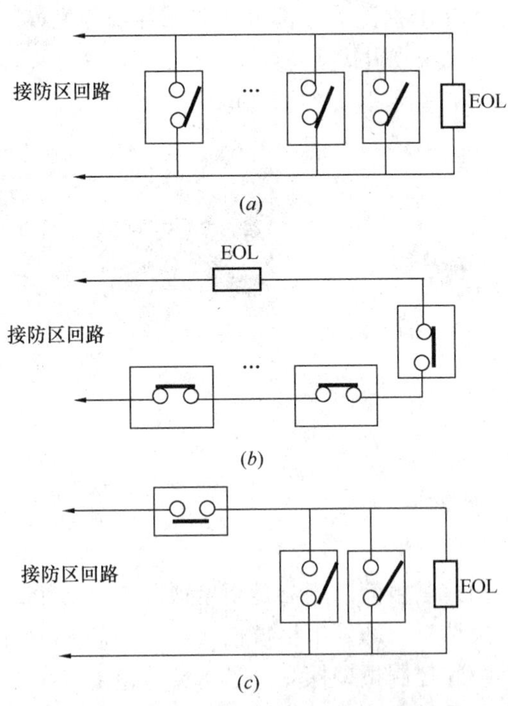

图3-65 几个探测器同时接在一个防区的情况
(a) 常开型探测器并联，接在同一防区；
(b) 常闭型探测器串联，接在同一防区；
(c) 常开型探测器与常闭型探测器接在同一防区

(2) 两线制

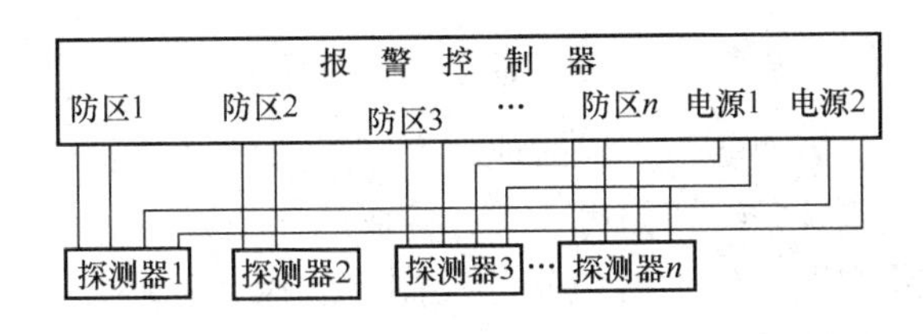

图 3-66　四线制

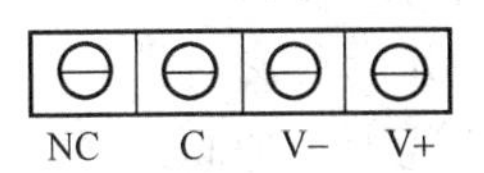

图 3-67　某种被动红外探测器的接线端子板

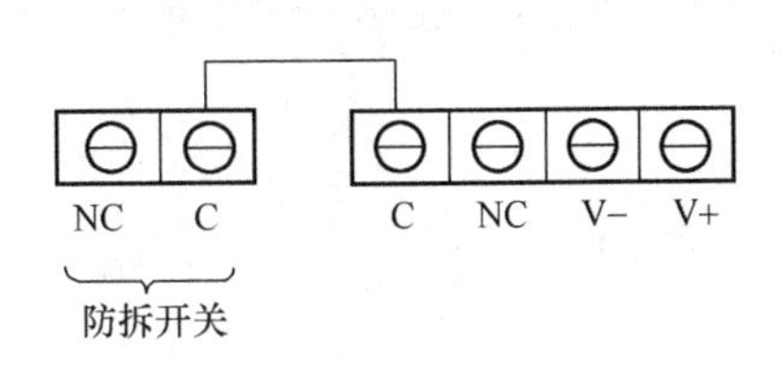

图 3-68　某种微波——被动红外双鉴探测器的接线端子板

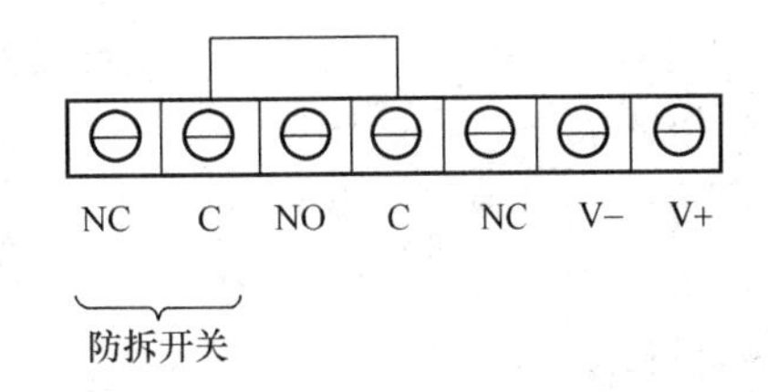

图 3-69　某种玻璃破碎探测器的接线端子板

可分为三种情况。

①探测器本身不需要供电——两根信号线。

如某种紧急报警按钮的接线端子板上的标注如图 3-70 所示。

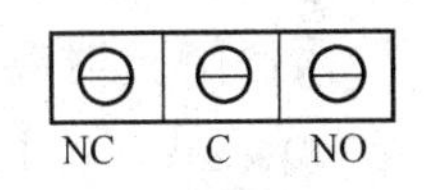

图 3-70　某种紧急报警按钮的接线端子板

使用时可根据需要将 NC 和 C 端或 NO 和 C 端接至报警控制器的某一防区输入即可。

②探测器需要供电——电源和信号共用。

③两总线制。如图 3-71 所示。

(3) 无线制

无线制系统需要采用专用的无线探测器和无线报警接收机。参如图 3-72 所示。

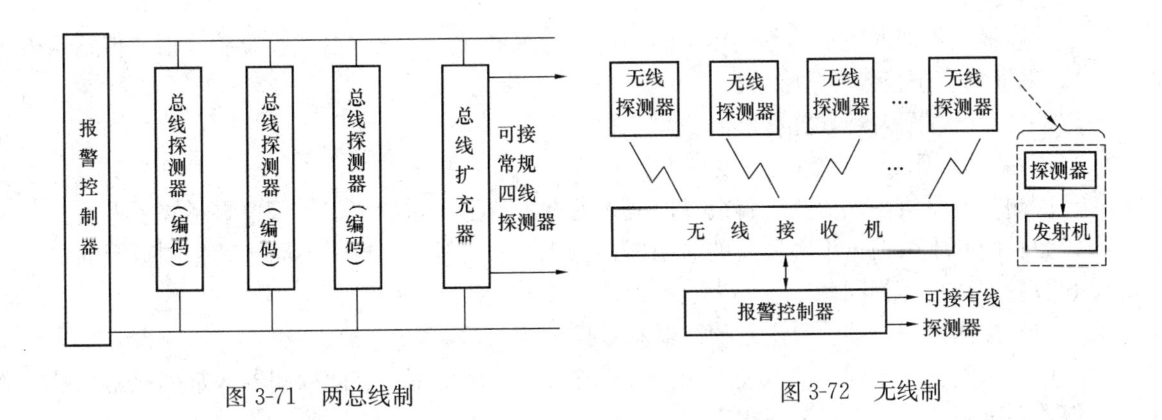

图 3-71　两总线制

图 3-72　无线制

7. 按应用场合分类

按应用场合分类，分为室内与室外报警探测器，或可分为周界报警探测器，建筑物外层报警探测器，室内空间报警探测器及具体目标监视用报警探测器。

（二）入侵报警探测器的功能

入侵探测器用来探测入侵者的入侵行为。需要防范入侵的地方很多，它可以是某些特定的点，如门、窗、柜台和展览厅的展柜；或是条线，如边防线、警戒线和边界线；有时要求防范范围是个面，如仓库、农场的周界围网（铁丝网或其他控制导线组成的网）；有时又要求防范的是个空间，如档案室、资料室和武器库等，它不允许入侵者进入其空间的任何地方。因此设计、安装人员就应该根据防范场所的不同地理特征、外部环境及警戒要求，选用适当的探测器，达到安全防范的目的。

入侵报警系统应对下列可能的入侵行为进行准确、实时的探测并产生报警状态：

◆ 进入警戒或设防区域；
◆ 打开门、窗、空调百叶窗等；
◆ 用暴力通过门、窗、天花板、墙及其他建筑结构；
◆ 破碎玻璃；
◆ 在建筑物内部移动；
◆ 接触或接近保险柜或重要物品；
◆ 紧急报警装置的触发。

入侵探测器应有防拆保护、防破坏保护。当入侵探测器受到破坏，拆开外壳或信号传输线短路、断路及并接其他负载时，探测器应能发出报警信号。

入侵探测器应有抗小动物干扰的能力。在探测范围内，如有直径30mm，长度为150mm的具有与小动物类似的红外辐射特性的圆筒大小物体，探测器不应产生报警。

入侵探测器应有抗外界干扰的能力，探测器对与射束轴线成15°或更大一些的任何外界光源的辐射干扰信号，应不产生误报。

探测器应有承受常温气流和电磁波的干扰，不产生误报。

探测器应能承受电火花的干扰。

探测器宜在下列条件下工作：室内，－10～55℃，相对湿度≤95％；室外，－20～75℃，相对湿度≤95％。

一般根据不同的防范场所选用不同的信号传感器（如气压、温度、振动、幅度传感器等），来探测和预报各种危险情况。

（三）入侵报警探测器的性能指标

1. 探测范围

探测范围是指一只探测器警戒（监视）的有效范围。它是确定入侵报警系统中采用探测器数量的基本依据。不同种类的探测器，由于对入侵探测的方式不同，其探测范围的单位和数量方法也不相同，一般分为以下两类：

（1）探测面积：即一只入侵探测器有效探测的面积，单位m^2。

（2）探测空间：即一只入侵探测器有效探测的空间范围。空间探测器通常用视角和最大探测距离两个量来确定其保护空间。

例如，某一被动红外探测器的探测范围为一立体扇形空间区域。表示成：探测距离≥15m；水平视场角120°；垂直视场角43°；某一微波探测器的探测面积≥$100m^2$；某一主动红外探测器的探测距离为150m。

2. 可靠性

可靠性是入侵探测器最重要的性能指标。

(1) 漏报：入侵报警探测器的漏报是指保护范围内发生入侵而入侵报警系统不报警的情况，这是入侵报警系统及其产品不允许的，应严格禁止。

(2) 误报：没有入侵行为时发出的报警叫做误报。入侵探测器误报可能由于元件故障或受环境因素的影响而引起。误报所产生的后果是严重的，它大大降低报警器的可信度，增加无效的现场介入。

(3) 探测：指在保护范围内发生入侵，入侵报警探测器探测到警情，报警系统报警的情况。

在《入侵报警系统工程设计规范》GB 50394—2007 中明确规定：所选用的探测器应能避免各种可能的干扰，减少误报，杜绝漏报。

3. 探测灵敏度

灵敏度是指入侵探测器响应入侵事件产生的物理量（压力、温度、辐射光、红外线等）的敏感程度。

4. 报警传送方式和最大传输距离

传送方式是指有线或无线传送方式。最大传输距离是指在探测器发挥正常警戒功能的条件下，从探测器到报警控制器之间的最大有线或无线的传输距离。

5. 电气指标

如功耗、工作电压、工作电流、工作时间等。

6. 寿命

入侵探测器耐受各种环境条件的能力，其中包括耐受各种规定气候条件的能力、耐受各种机械干扰条件的能力和耐受各种电磁干扰的能力。

（四）入侵报警探测器的工作原理及应用场合

在各种入侵报警系统中，主要差别在于探测器的应用，而探测器的选用主要根据是：

(1) 保护对象的重要程度。例如对于保护对象特别重要的应加多重保护等。

(2) 保护范围的大小。例如，小范围可采用感应式报警装置或反射式红外线报警装置；要防止人从窗门进入，可采用电磁式探测报警装置；大范围可采用遮断式红外报警器等。

(3) 防预对象的特点和性质。例如，主要是防止人进入某区域的活动，则可采用移动探测防入侵装置，可考虑微波防入侵报警装置或被动式红外线报警装置，或者同时采用两者作用兼有的混合式探测防入侵报警装置（常称双鉴或三鉴器）等。

没有入侵行为时发出的报警叫做误报。入侵探测器误报可能由丁元件故障或受环境因素的影响而引起。误报所产生的后果是严重的，它大大降低报警器的可信度，增加无效的现场介入。所以，对于风险等级和防护级别较高的场合，报警系统必须采用多种不同探测技术组成入侵探测系统来克服或减小由于某些意外的情况或受环境因素的影响而发生误报警，同时加装音频和视频复核装置。当系统报警时，启动音频和视频复核装置工作，对报警防区进行声音和视频图像的复核。

根据所要防范的场所和区域，选择不同的报警探测器。一般来说，门窗可以安装门磁开关，卧室、客厅安装红外微波探测器和紧急按钮，窗户安装玻璃破碎传感器，厨房安装烟雾报警器，报警控制主机安装在房间隐蔽的地方以便布防和撤防。报警主机可以进行编程，对报警单元的常开、常闭输出信号进行判别，确认相应区域是否有报警发生。

入侵报警探测器用来探测入侵者的入侵行为，并产生相应的电信号送往报警控制器，输出报警信号。入侵报警探测器可分为以下几种类型。

1. 点型报警探测器

点型报警探测器是所有报警装置中最简单，发展最早的一种报警装置。由于它简单，也许有人怀疑它的效果。事实上，这种装置与其他形式的装置具有同样的效果，且因简单，所以它就更可靠。这种入侵探测器的报警范围仅是一个点，例如门、窗、柜台、保险柜等。当这些警戒部位的状态被破坏时，即能发出报警信号，其原理相当于闭合（或断开）一个无源触点开关。紧急按钮、微动开关、门磁开关等是常见的典型探测器（如图3-73所示）。

(a)

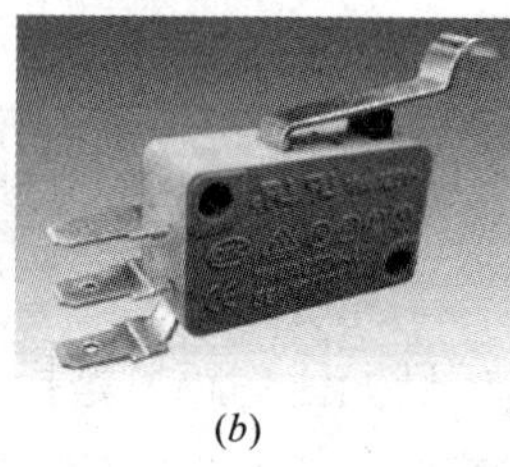
(b)

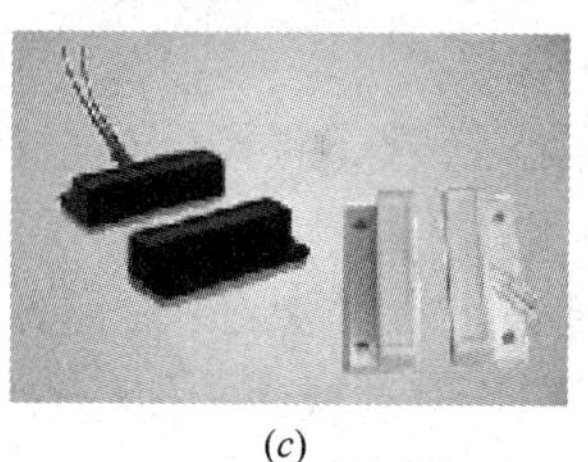
(c)

图 3-73　点型报警探测器

(a) 紧急按钮；(b) 微动开关；(c) 门磁开关

(1) 紧急按钮

紧急按钮是金融柜台常用的在紧急情况下报警的装置。它们安装在柜台隐蔽处，当出现异常情况时，由柜台操作人员人工报警。紧急按钮有常闭式和常开式两种，一般为无源开关。有的开关带有按下锁紧装置，当开关被按下后，只有用专用钥匙才能使其复位。

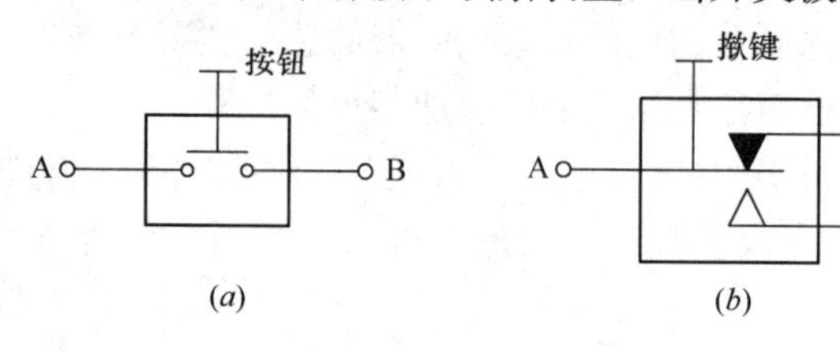

图 3-74　微动开关

(a) 两个接点；(b) 三个接点

(2) 微动开关

微动开关与报警电路接在一起，在压力作用下开关接通，无压力作用时，开关为断开状态，从而发出（或不发出）报警信号。如图3-74所示。此类开关通常用在某些点入侵探测器中，以监视门、窗、柜台等特殊部位。把微动开关或金属弹簧片组成的接触开关分别安在窗框上和门窗扇上，当门窗关闭时，开关被压下，触点接上，报警器不发出报警信号；当门窗被打开时，开关弹簧弹开，触点被断开，报警器发出报警信号。

(3) 门磁开关

门磁开关主要利用磁簧开关、霍尔开关等磁性探测器件作为探测体。在磁场范围内，门磁开关保持吸合状态，当离开磁场时则断开，从而触发报警输出。门磁开关是一种广泛使用，成本低，安装方便，而且不需要调整和维修的探测器。门磁开关分为可移动部件——永久磁铁和输出部件——干簧管。如图3-75，图3-76所示。

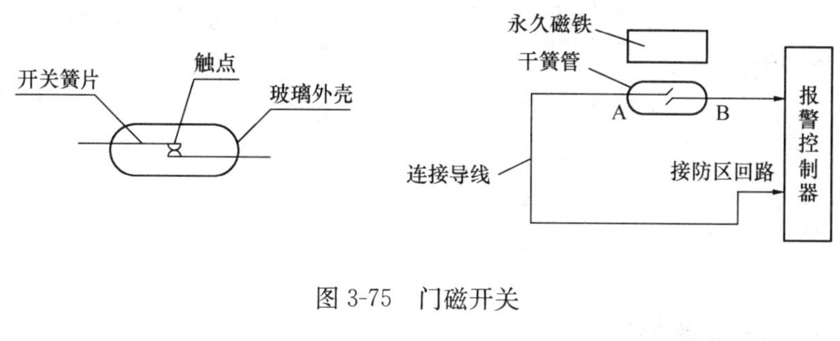

图 3-75　门磁开关

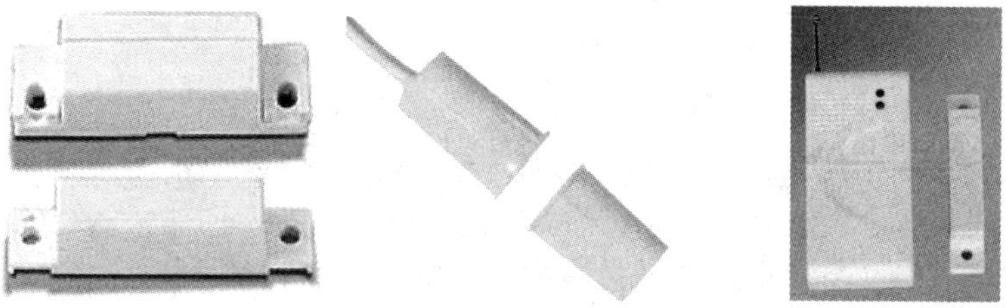

(*a*)　　(*b*)　　(*c*)

图 3-76　常见磁开关

(*a*) 明装门磁；(*b*) 暗装门磁；(*c*) 无线门磁

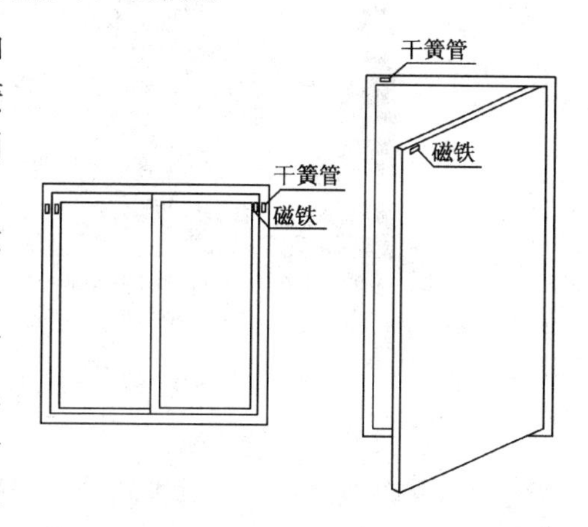

图 3-77　磁开关安装示意图

使用时通常把磁铁安装在被防范物体（如门、窗等）的活动部位（门扇、窗扇），干簧管安装在固定部位（门框、窗框）上。如图3-77所示。两者宜安装在产生位移最大的位置，其间距应满足产品安装要求。一般安装距离不超过10mm。

门磁开关可分为常开式和常闭式两种。常开式门磁开关正常时处于开路状态，当有情况（如门、窗被推开）时，开关就闭合，使电路导通启动报警。这种方式平时开关不耗电，但如果电线被剪断或接触不良，将使其失效。常闭式门磁开关则相反，正常时开关处于闭合状态，情况异常时断开，使电路断路而报警。这种方式与常开式相比，在线路被剪断或线路有故障时会启动报警，但如果罪犯在断开回路之前，先选用导线将其短路也会使其失效。一般在门磁探测器中，大多数采用磁簧开关，用常闭方式。

其他的一些点型探测器有：拉线开关、活销开关、张力开关、压力开关、水银开关、磁控开关、霍尔效应开关等，这些探测器运用在报警的各种场合，其应用的形式有时要与一些电子线路相配合，总之它只是用来控制一个点的报警，与常见的触点开关类似。

除以上所谈的几种常见的开关之外，根据实际情况需要，还可以设计出一些触点开关，例如，快动作的簧片开关、按钮开关、脚踢开关、微动开关等。在不经组合的情况下，它们的控制范围只是一个点，当这个点的警戒状态被破坏时，它就产生报警信号。例如，装在门或窗上的磁控开关，当有人推开门（或窗）时，它就产生报警信号。当然在集中控制的系统中使用时，此信号就传输到集中控制器中而被显示出来。

2. 直线型报警探测器

直线型入侵探测器也称周界入侵探测器。直线型报警探测器的警戒范围是一条线、两条线或更多条线，都是线状的控制形式。当在这条警戒线上的警戒状态被破坏时，发出报警信号。最常用的直线型入侵探测器为对射型微波入侵探测器，主动红外入侵探测器，激光入侵探测器，双技术周界入侵探测器，电场感应周界入侵探测器等。常见的线型探测器是主动式红外入侵探测器。

对一些常见的线型报警探测器简单介绍如下：

（1）对射型微波入侵探测器

此种探测器主要用于室外周界防护，采用场干扰原理。如图3-78所示。安装时，发射机与接收机是分开相对而立的，其间形成一个稳定的微波场，用来警戒所要防范的场所。一旦有人闯入这个微波建立起来的警戒区，微波场就受到干扰，微波接收机就会探测到一种异常信息。当这个异常信息超过事先设置的阀值时，便会触发报警。

以色列CROW科隆牌室外微波对射探测器
CR-CSB200D

图3-78 线型探测器——对射型微波入侵探测器

（2）主动式红外入侵探测器

主动式红外探测器由发射机和接收器两部分组成。如图3-79所示。常用于室外围墙

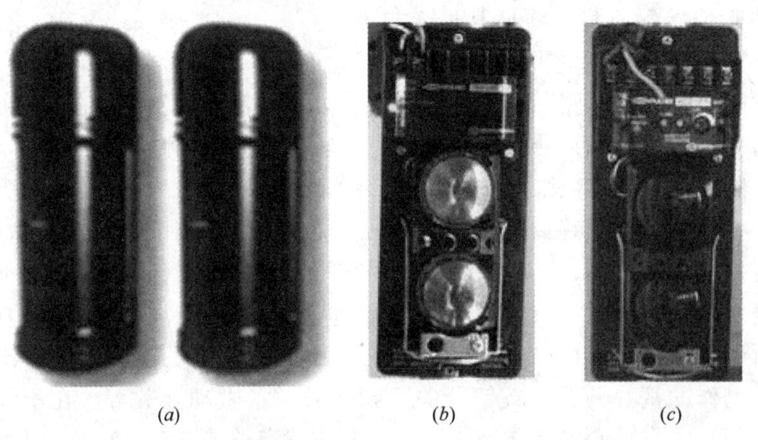

(a) (b) (c)

图3-79 线型探测器——主动式红外入侵探测器

（a）主动式红外探测器外观；（b）拆去外壳后的发射机；（c）拆去外壳后的接收机

报警，它总是成对使用：一个发射，一个接收。发射机发射出一束不可见的红外线，由被安装在防护区另一端的接收器所接收，这样就形成一道红外警戒线。当被探测目标入侵警戒线时，红外光束被部分或全部遮挡，接收机接收信号发生变化，经放大处理后发出报警信号，即触发红外探测器产生报警输出。

为提高发送的红外线束的抗干扰能力，一般采用信号调制的方式，如脉冲调制和双射束发射，这样可以避免太阳光、小鸟、落叶和小动物等产生的干扰。双射束采用不同的调制频率，可以进一步提高可靠性。此外，红外对射探头还要选择合适的最短遮光时间，时间太短容易引起不必要的干扰，太长又会发生漏报。通常以 10m/s 的速度来确定最短遮光时间。一般人体的厚度为 20cm，则 20cm/(10m/s)＝20ms，遮光时间超过 20ms 则系统报警，少于 20ms 不报警。主动式红外报警探测器有较远的传输距离，因红外线属于非可见光源，入侵者难以发觉与躲避，防御界线明确，简单可靠，尤其适用于在室内防范。

主动红外探测器由于体积小，重量轻，便于隐蔽，采用双光路的主动红外探测器可大大提高其抗噪声误报的能力；而且主动红外探测器寿命长、价格低、易调整，因此，被广泛使用在安全技术防范工程中。

（3）激光入侵探测器

激光探测器和主动式红外探测器一样，都是由发射机和接收机组成的，都属于距离遮挡型探测器。如图 3-80 所示。发射机发射一束近红外激光光束，由接收机接收，在收发机之间构成一条看不见的激光光束警戒线。当有目标入侵警戒线时，激光光束被遮挡，接收机接收到的光信号发生突变。光电传感器提取这一变化信号，经放大并作适当处理后，发出报警信号。激光探测器采用半导体激光器的波长，属于红外线波长，处于不可见范围，便于隐蔽，不易被犯罪分子所发现。激光探测器采用脉冲调制，抗干扰能力较强，稳定性好，一般不会因机器本身的问题产生误报警。如果采用双光路系统，可靠性会更高。

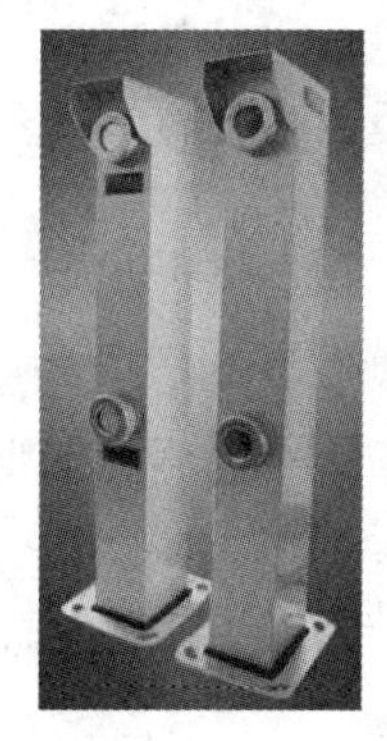

图 3-80　线型探测器——激光入侵探测器

激光具有亮度高、方向性强的特点，所以激光探测器十分适合于远距离的线控报警检测。由于能量集中，可以在光路上加反射镜。通过反射镜光，围成光墙，从而用一套激光探测器封锁一个场地的周围，或封锁几个主要通道路口。

（4）电场感应周界入侵探测器

电场感应周界探测器并不是带高电压的钢丝网或围栏。周界金属线上带的是很低的安全电压，因此，人碰触时不会遭受电击和受伤，但人接近时却会触发报警。如图 3-81（*a*）所示。

（5）泄漏电缆入侵探测器

泄漏电缆原来主要应用于坑道通信，近年来泄漏电缆在周界入侵探测方面的应用逐渐增加。泄漏电缆是掩埋在地下使用的，因而它不受外界影响，基本上可以说是全天候的。如图 3-81（*a*）所示。尽管它的价格较贵，仍然适合用户的需要。

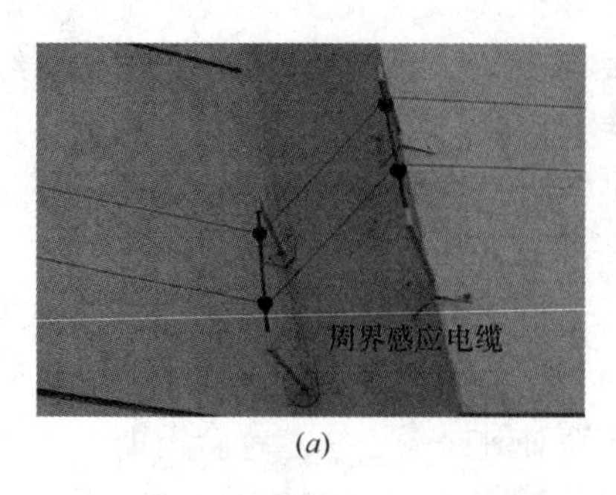

(*a*)

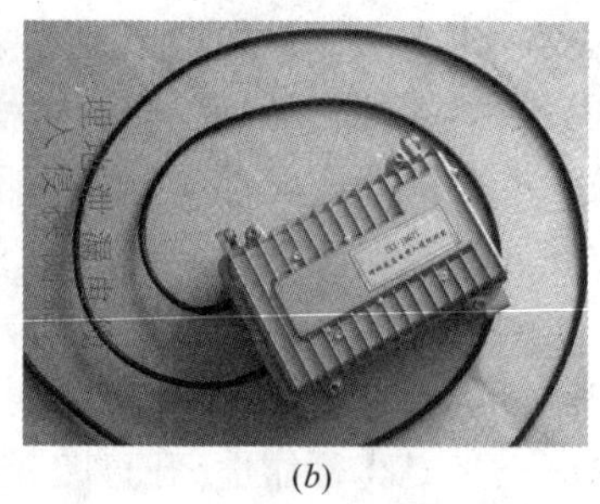

(*b*)

图 3-81　线型探测器——电场感应周界入侵探测器和泄漏电缆入侵探测器

(*a*) 电场感应周界入侵探测器；(*b*) 泄漏电缆入侵探测器

实际应用中，泄漏电缆周界报警系统有两线组成的，也有三线组成的。双线组成时，一根电缆发射能量，另一根电缆接收能量，两者之间形成一个电场。当有人进入此电场时，干扰了这个耦合场，此时在感应电缆里便产生电量的变化，此变化的电量达到预定值时，便触发报警。三线组成时，中间的一根电缆发射的能量，两边的两根电缆接收能量，中间的一根和其两边的两根电缆之间都各自形成一个稳定的电场；当有人进入此场时，就会产生干扰信号，在其中的一根或两根感应电缆中产生变化的电量；此量达到预定值时，便触发报警。

3. 面型报警探测器

面型报警探测器的警戒范围是一个面。当警戒面上出现入侵时，发出报警信号。面型入侵探测器常用的有平行线电场畸变探测器和带孔同轴电缆电场畸变探测器两种。

(1) 平行线电场畸变探测器

平行线电场畸变探测器由传感器、支撑杆、中间支柱、跨接件和传感器电子线路组成。如图 3-82 所示。

传感器电子线互相平行，一般有 10 条线左右，其线间距大约为 25cm。

支撑杆的介质是不锈钢棍，在外面再套上绝缘管。传感器电子线路组件安装在中间支柱上，给传感器线传输正弦交变电流。

平行线电场畸变探测器适用于户外周界报警，具有高安全性能和超低误报率。

(2) 带孔同轴电缆电场畸变探测器

带孔同轴电缆电场畸变探测器由两根平行的带孔同轴电缆和电子装置组成，如图 3-83 所示。其中 Tx 为发射电缆，Rx 为接收电缆，D 为探测区。

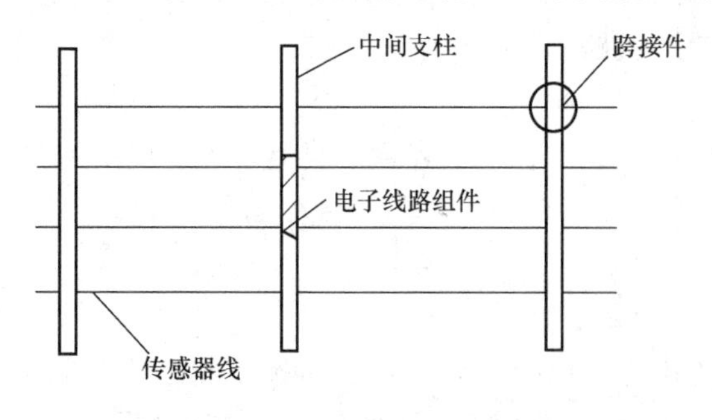

图 3-82　平行线电场畸变探测器

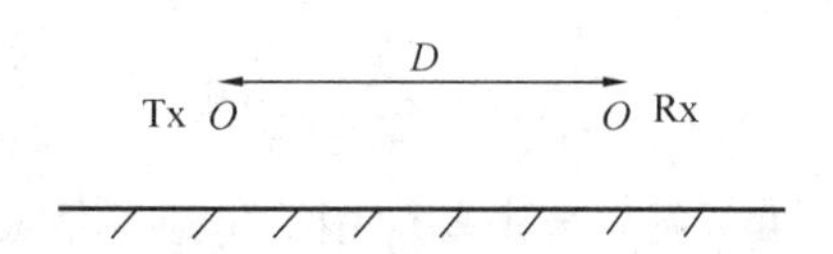

图 3-83　带孔同轴电缆电场畸变探测器

发射机通过 Tx 向外发送探测信号，这些信号通过漏孔向外传播，在两根电缆之间形成稳定交变电场。部分能量传入 Rx 接收电缆，经放大处理后，存入接收机存储器。当有人进入探测区时，对电场产生干扰，Rx 接收到变化的电场，与原存储信号进行比较，发生差异时发出报警信号。

带孔同轴电缆探测器探测率高，抗干扰能力强。入侵者无论采用什么方式，移动速度快或慢，都能被探测到，不会漏报或误报。

4. 空间型报警探测器

空间型报警探测器的警戒范围是一个空间，当被探测目标侵入所防范的空间时，即发出报警信号。

常见的空间型报警探测器有被动式红外探测器，如图 3-84 所示。

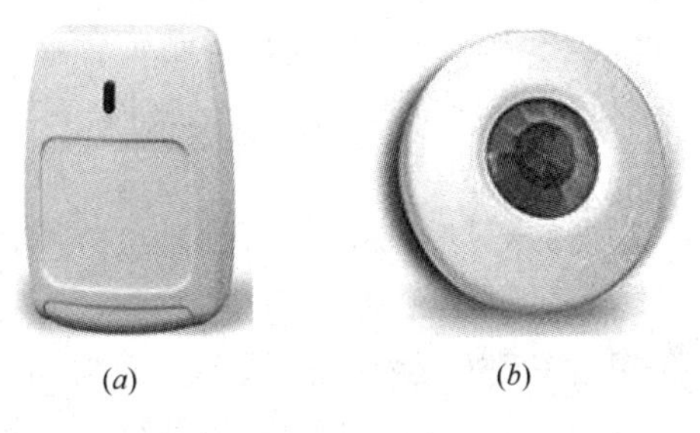

图 3-84 被动式红外探测器
(a) 壁装；(b) 顶装

被动式红外探测器的基本工作原理是：人体表面温度与周围环境温度存在差别，因而人体的红外辐射强度和环境的红外辐射强度也存在着差异。在人体穿越所设防区时，红外敏感元件检测到一系列的信号变化从而触发报警。

被动式红外探测器安装环境中的所有物体都会产生红外线和热辐射，但在正常情况下，它们产生的辐射一般比较稳定。空气的流动和温度的变化等也能产生红外线辐射的微小变化，但一般情况下较人体移动产生的红外线辐射变化要小。为了防止这些变化影响被动式红外探测器的可靠性，现在的被动式红外探测器采用了多种抗干扰技术。

被动式红外探测器有其独特的特点：

由于它是被动的，不主动发射红外线，因此其功耗极小，尤其适用于要求低功耗的场合。

与微波探测器相比，红外波长不能穿越砖头水泥等一般建筑物，在室内使用时不必担心由于室外的运动目标而造成误报。

在较大面积的室内安装多个被动红外报警探测器时，因为它是被动的，所以不会产生系统互扰问题。

工作不受噪声的影响，声音不会使它产生误报。

实际应用中，把探测器放在所要防范的区域内。当背景辐射发生微小信号变化，被探测器接收后转换成背景信号，这些信号是噪声。噪声不发生报警信号。只有当稳定不变的热辐射被破坏，产生一个变化的新的热辐射时才发出报警信号。

其他有声控入侵探测器、声发射探测器、次声波探测器、超声波探测器、微波多普勒空间探测器、视频报警器、双技术与双功能探测器。总而言之，这些探测器能够探测在一个空间中产生的报警信号，监测整个防范空间。

5. 震动型报警探测器

当入侵者进入设防区域，引起地面、门窗的震动，或入侵者撞击门、窗、保险柜面引起震动，发出报警信号的探测器称为震动入侵探测器。

震动型探测器用于点控、面控和线控（周界）。用于周界防范时需经一定的组合，方能生效，因而主要是用于面控。

震动型探测器常用的有电动式震动型探测器和压电式震动型探测器两种。

常见的玻璃破碎探测器如图3-85所示，玻璃破碎探测器是探测敲击玻璃时的振动和玻璃破裂时发出的声音的探测装置，主要用于防护玻璃门、玻璃窗、玻璃展柜等使用玻璃的保护场所。玻璃破碎探测器一般采用压电材料作为传感器件，当玻璃破碎时，对其产生的特有的高频声波和低频振动进行分析、判断，产生报警输出。玻璃破碎探测器采用的分析技术和传感器件不一样，它的安装探测要求也不相同。使用中应按说明书的要求进行安装，这样才能达到较好的探测效果。

6. 双技术与双功能探测器

双技术探测器和双功能探测器一样，是将两种不同探测原理的技术组装在一起的探测器。

常见的双技术探测器有被动红外/微波探测器（如图3-86所示），被动红外/微波探测器又称为双鉴探测器，只有检测到红外与微波都产生触发信号时才产生报警信号输出。微波探测器主要对运动物体敏感，而被动红外探测器主要对具有一定温度的物体敏感。对于一个既运动又有热辐射的人体目标，这种双鉴探测器能很好地把人体活动目标区分出来，而对树木、灌木丛的扰动有很大的抑制，使误报的可能性大大减小，有效地提高了抗干扰能力，即具有"双重鉴别"能力。

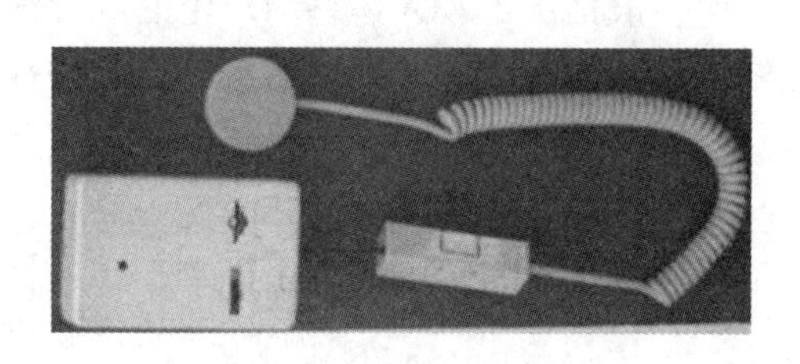

图3-85 玻璃破碎探测器

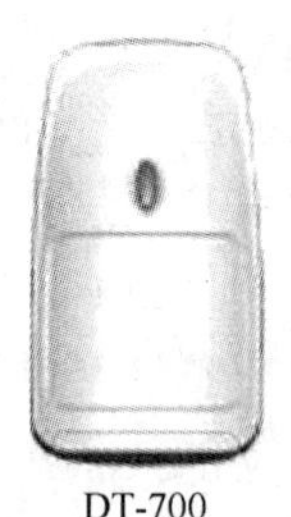

DT-700

图3-86 被动红外/微波探测器

双功能探测器与双技术探测器不同之点，是其中的两种技术执行着各自的任务，即监视着各自的目标；不像双技术探测器中的两种技术同时监视着同一个目标。例如有一款双功能探测器，它采用吸顶式，其内部装有感知移动人体辐射红外线的传感元件和感知敲击玻璃或打碎玻璃时发出的低高频声音的传感元件。当有人进入防范区活动时，它就作为被动红外探测器进行探测；当有人在防范区打碎玻璃时，它就作为玻璃破碎探测器进行探测。就相当于两个探测器装在一个机壳里一样。

双功能探测器很有使用价值，买一个探测器两用，既经济又实惠。同时对安装施工也带来许多方便，可以节省一个探测器所用的传输线路和安装费用。这种探测器非常适用于装有大玻璃的建筑物内，例如商店、展厅、饭店、办公楼等场合。

因为双功能探测器是实际应用中很实用的产品，随着技术防范的设计和实践更好地相互结合，在不久的未来，双功、三功或更多功能的探测器将会充实市场，可以预示，多功能探测器是今后研究和生产探测器的一个方向。

7. 视频移动探测器

视频移动探测器的工作原理非常简单，如果在摄像机视野范围内有物体运动，必然会引起视频信号对比度的改变，探测器利用类比数字转换器，把对比度的变化转换成数字信号存在存储器中，然后对有一定时间间隔的两个图像进行比较，如果有很大的差异，则说明有物体移动，从而检测出在这段时间内是否有警情发生。

（1）外置式视频移动探测原理

外置式视频移动探测器实际上由贴于监视器屏幕上的光敏元件硫化镉来检测视频图像的变化。值得一提的是，此种移动检测方式并非直接对视频信号进行检测，而是对视频信号形成的图像（亮度）进行检测，因而从某种意义上来说，该装置最终是实现了视频移动检测器的功能。

（2）内置式视频移动探测原理

内置式视频移动探测器直接对视频信号进行取样并与常态数据进行比较，当比较结果出现异常时自动启动报警装置。

二、入侵报警探测器的安装与调试实训操作

1. 实训任务目的要求

（1）认识探测器的分类、工作原理、技术指标，能选用合适的探测器。

（2）磁开关探测器、紧急按钮、被动红外探测器、红外对射探测器的接线和使用。

注：本实训单元重点为探测器与小型报警主机间的分线制连接。小型报警主机的安装接线请参照任务二中的实训操作指导。

2. 实训设备、材料及工具准备

设备及材料：

（1）磁开关 1 个、紧急按钮 1 个、被动红外探测器 1 个。

（2）BOSCH 公司独立 6 防区键盘报警主机（DS6MX）1 个。

（3）10kΩ 电阻若干。

（4）导线 RV0.5（红、黑）、RV0.3（黄、蓝）若干。

（5）直流 12V 电源 1 个。

（6）网孔板、固定用螺丝、号码管、热缩管等。

工具：螺钉旋具、斜口钳、剥线钳、电烙铁、焊锡等。

3. 实训任务步骤

请阅读各探测器及 DS6MX 设备说明书后完成下列实训任务。

（1）磁开关探测器的接线及使用

门磁开关可分为常开式和常闭式两种。常开式门磁开关正常时处于开路状态，当有情况（如门、窗被推开）时，开关就闭合，使电路导通启动报警。这种方式平时开关不耗电，但如果电线被剪断或接触不良，将使其失效。常闭式门磁开关则相反，正常时开关处于闭合状态，情况异常时断开，使电路断路而报警。这种方式与常开式相比，在线路被剪断或线路有故障时会启动报警，但如果罪犯在断开回路之前，先选用导线将其短路也会使其失效。

一般在门磁探测器中，大多数采用磁簧开关，采用常闭方式。因此，与报警主机连接时，线尾电阻与之串联。在布防状态时，通过磁感应使开关吸合，当磁铁移开后，开关断

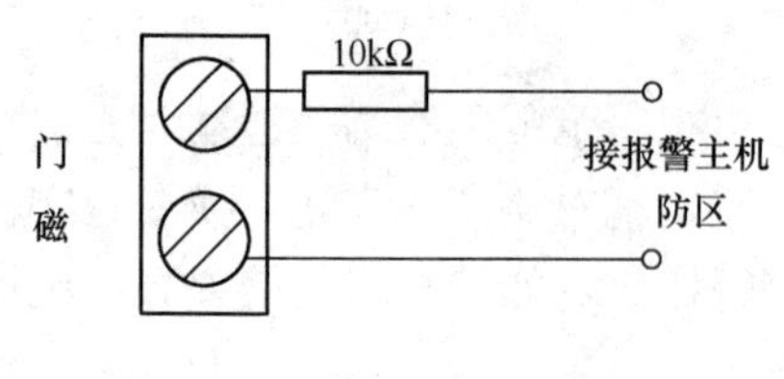

图 3-87 门磁接线图

开，防区回路开路，该防区报警。如图 3-87 所示。

磁开关安装注意事项

①磁开关有明装式（表面安装式）和暗装式（隐蔽安装式），应根据防范部位的特点和要求选择。

②干簧管一般装在固定门框或窗框上，永久磁铁装在活动的门窗上。

③注意磁开关的吸合距离，一般不超过 10mm。

④一般的磁开关不宜在钢、铁物体上直接安装。这样会使磁性削弱，从而缩短磁铁的使用寿命。

⑤定期检查干簧管触点和永久磁铁的磁性。磁性减弱，会导致开关失灵。

（2）紧急按钮的接线及使用

紧急按钮是在紧急情况下报警的装置。当出现异常情况时，由人工进行报警，有常闭式和常开式两种，一般为无源开关。如图 3-88 所示。

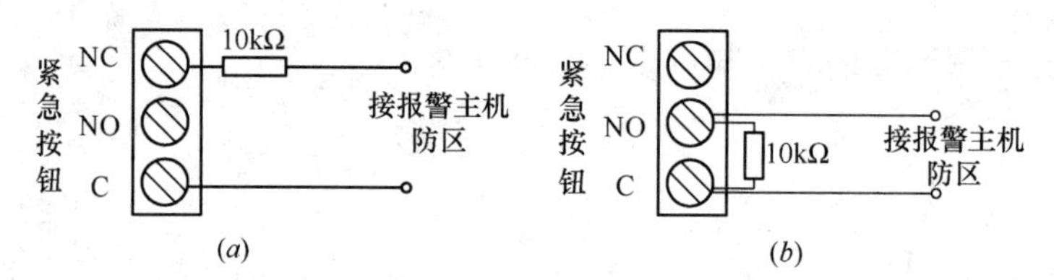

图 3-88 紧急按钮接线图

（a）采用常闭触点；（b）采用常开触点

在这里请大家注意，线尾电阻要放在探测器内。特别是当采用常开接法时，必须这样做，否则线路的防剪功能和探测器的防拆功能就不起作用了。为了尽可能避免这种情况发生，因此在探测器接线中，通常采用常闭方式，将线尾电阻串接在回路中。

注：以上探测器均采用常闭方式进行接线，常开方式请参照紧急按钮接线要求。

（3）红外对射探测器的接线及使用

红外对射安装注意事项：图 3-89 的三种情况要避免。

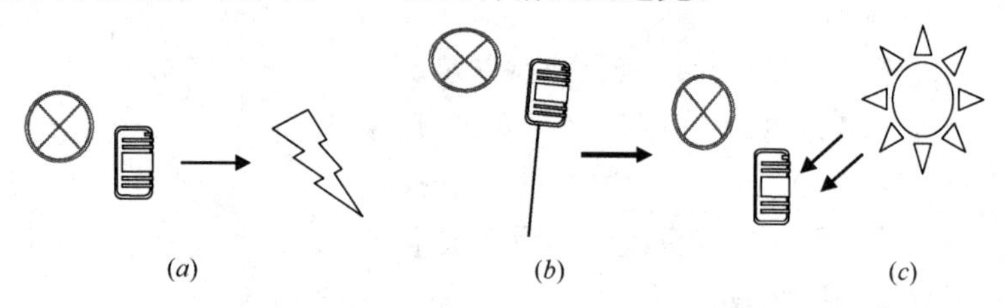

图 3-89 红外对射安装注意事项

（a）设置时中间有障碍物；（b）设置基础不稳定；（c）阳光灯光等直射

长距离警戒时可使用多组探测器，请按图 3-90（b）安装，以避免互相干扰。

红外对射探测器的安装方式：

① 支柱式安装：比较流行的支柱有圆形和方形两种，早期比较流行的是圆形截面支柱，现在的情况正好反过来了，方形支柱在工程界越来越流行。主要是探测器安装在方形支柱上没有转动、不易移动。除此以外，有广泛的不锈钢、合金、铝合金型材可供选择也

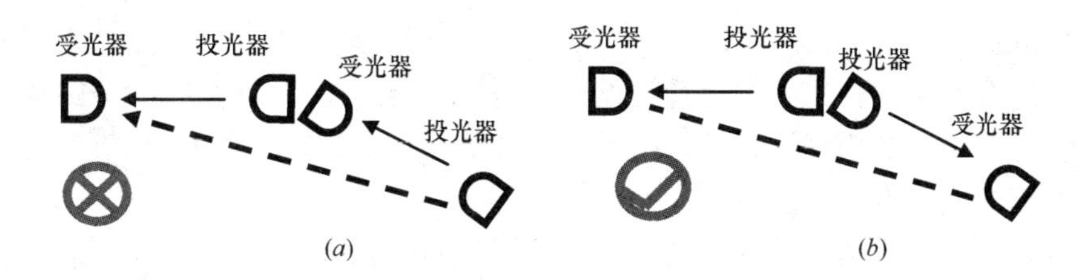

图 3-90 多组红外对射安装示意图

(a) 头—尾相接；(b) 头—头相接

是它的优势之一。在工种上的另外一种做法是选用角钢作为支柱，如果不能保证走线有效地穿管暗敷，让线路裸露在空中，这种方法是不能取的。

支柱的形状可以是“L”字形、“Z”字形或者弯曲的，由建筑物的特点及防盗要求而定，关键点在于支柱的固定必须坚固牢实，没有移位或摇晃，以利于安装和设防、减少误报。

② 墙壁式安装：现在防盗市场上处于技术前沿的主动红外线探测器制造商，能够提供水平 180°全方位转角，仰俯 20°以上转角的红外线探测器，如 ALEPH 主动红外线探测器 HA、ABT、ABF 系列产品，可以支持探头在建筑物外壁或围墙、栅栏上直接安装。

红外对射探测器接线方法：

《入侵报警系统工程设计规范》GB 50394—2007 中明确规定：入侵报警系统的设备保护再严密，系统如不具备检测传输线路断路、短路和故障的报警功能，系统将是摆设。探测器、传输设备箱（包括分线箱）、报警控制设备或控制箱如不具备防拆报警功能，将导致探测器、传输、控制设备起不到应有的探测、传输、控制作用。在很多工程中，经常出现设备的防拆开关不连接，或入侵探测器的报警信号与防拆报警信号连接到一个防区，在撤防状态下，系统对探测器的防拆信号不响应，这种设计或安装是不符合探测器防拆保护要求的。

因此，为保证系统使用的有效性，对于可设防/撤防防区设备的防拆装置，即探测器、传输设备箱（包括分线箱）、报警控制设备或控制箱等的防拆报警要设为独立防区，且 24h 设防。

由于红外对射探测器主要用于周界围墙的防盗报警，平时应 24h 设防，因此可采用如图 3-91 所示的方法进行接线。

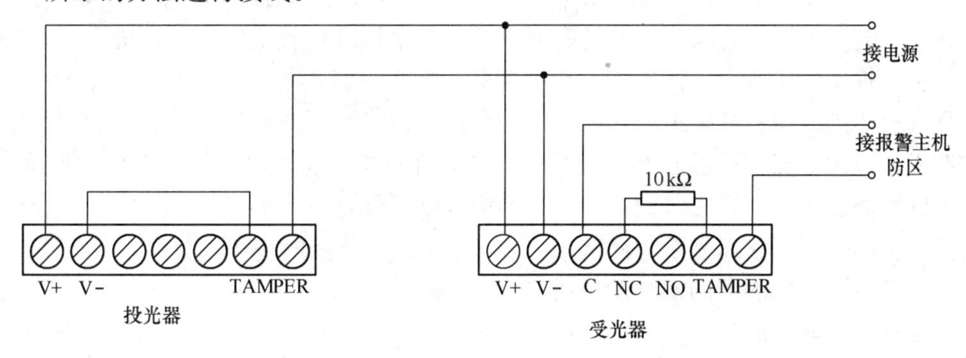

图 3-91 红外对射探测器的放拆接线图

特别提醒：

①线路绝对不能明敷，必须穿管暗设，这是探测器工作安全性的最起码的要求。

②安装在围墙上的探测器，其射线距墙沿的最远水平距离不能大于30m，这一点在围墙以弧形拐弯的地方需特别注意。

③配线接好后，请用万用表的电阻挡测试探头的电源端①、②端子，确定没有短路故障后方可接通电源进行调试。

红外对射探测器的调试：

①投光器光轴调整

打开探头的外罩，把眼睛对准瞄准器，观察瞄准器内影响的情况，探头的光学镜片可以直接用手在180°范围内左右调整，用螺钉旋具调节镜片下方的上下调整螺丝，镜片系统有上下12°的调整范围，反复调整使瞄准器中对方探测器的影响落入中央位置。

在调整过程中注意不要遮住了光轴，以免影响调整工作。

投光器光轴的调整对防区的感度性能影响很大，请一定要按照正确步骤仔细反复调整。

②受光器光轴调整

第一步：按照“投光器光轴调整”一样的方法对受光器的光轴进行初步调整。此时受光器上红色警戒指示灯熄灭，绿色指示灯长亮，而且无闪烁现象，表示套头光轴重合正常，投光器、受光器功能正常。

第二步：受光器上有两个小孔，上面分别标有“+”和“−”，用于测试受光器所感受的红外线强度，其值用电压来表示，称为感光电压。将万用表的测试表笔（红“+”、黑“−”）插入测量受光器的感光电压。反复调整镜片系统使感光电压值达到最大值。这样探头的工作状态达到了最佳状态。

注意事项：四光束探测器有两组光学系统，需要分别遮住受光器的上、下镜片，调整至上、下感光电压值一致为止。较古老的四光束探测器两组光学系统是分开调节，由于涉及发射器和接收器两个探头共四个光学系统的相对应关系，调节起来相当困难，需要特别仔细调节，处理不当就会出现误报或者防护死区。ABF四光束探测器已把两个部分整合为一体调节，工程施工容易多了。

③遮光时间调整

在受光器上设有遮光时间调节钮，一般探头的遮光时间在50m/s～500m/s间可调，探头在出厂时，工厂里将探头的遮光时间调节到一个标准位置上，在通常情况下，这个位置是一种比较适中的状态，都考虑了环境情况和探头自身的特点，所以没有特殊的原因，也无须调节遮光时间。如果因设防的原因需要调节遮光时间，以适应环境的变化。一般而言，遮光时间短，探头敏感性就快，但对于像飘落的树叶、飞过的小鸟等的敏感度也强，误报警的可能性增多。遮光时间长，探头的敏感性降低，漏报的可能性增多。工程师应根据设防的实际需要调整遮光的时间。

（4）被动红外探测器的接线及使用

被动红外探测器的安装注意事项：

由于被动红外探测器是属于一种微弱信号检测设备，在安装对必须注意一些细节方面的问题，如高度，灵敏度等。正确安装一个被动红外探测器，必须掌握以下几个方面的信息：首先是对探测器的性能特点必须了解，其次要合理确定安装的位置，最后必须要仔细调试。不能说探测器能报警就说明安装好了，那么如何确定一个被动红外探测器的安装位置呢?

①根据说明书确定正常的安装高度：安装高度不是随意的，会影响探测器的灵敏度和防小宠物的效果。试想一下，一个探测器装在2m高度的位置和2.5m高度的位置，那么移动物体从地面移动时，切割明区和暗区的频率是不一样的。

安装高度决定了被动红外探测器的探测性能以及探测范围，如果探测器安装过高，那将会增加盲区，探测器的灵敏度下降。如果探测器安装过低，那将会达不到探测范围要求。因此必须按照探测器标定的安装高度进行安装才能符合要求。

移动探测器应都标明合适的安装高度，只有探测器固定在相应的高度内，才能保证探测器拥有最佳的探测性能以及最有效地避免盲区。

②不宜面对玻璃门窗：被动红外探测器正对玻璃门窗，会有两个问题：一是白光干扰，显然PIR对白光具有很强的抑制功能，但毕竟不是100%的抑制。因此避免正对玻璃门窗，可以避免强光的干扰。二是避免门窗外复杂的环境干扰，比如人群流动、车辆等。

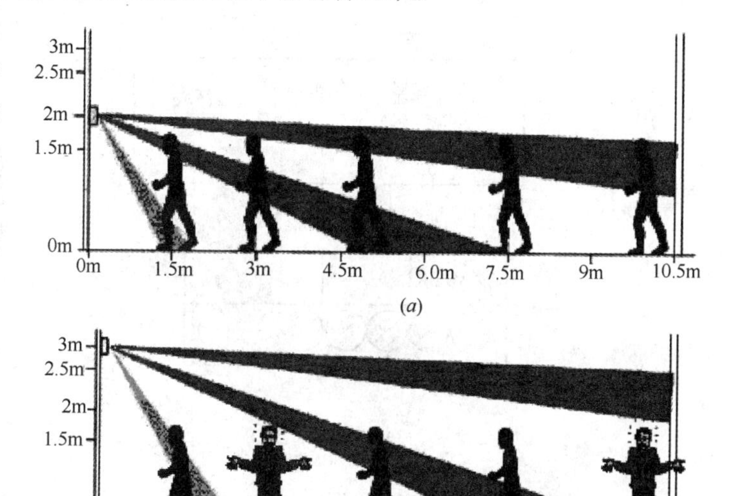

图3-92 探测器安装高度与探测性能及探测范围的关系
(a) 探测器安装高度符合要求；(b) 探测器安装过高

③不宜正对冷热通风口或冷热源：被动红外探测器感应作用是与温度的变化具有密切的关系。冷热通风口和冷热源均有可能引起探测器的误报，对有些低性能的探测器，有时通过门窗的空气对流也会造成误报。

④不宜正对易摆动的物体：易摆动的物体将会使微波探测器起作用，因此同样可能造成误报。故注意非法入侵路线安装探测器的目的是防止犯罪分子的非法入侵，在确定安装位置之前，必须要考虑建筑物主要出入口。实际上我们防止了出入口，截断非法入侵线路，也就达到了我们的目的。

⑤合理的选型：被动红外探测器具有多种型号。比如美安科技生产的DFM-235R、DT-55R、DT-7380R等等，从单红外到三技术，从壁挂式到吸顶式的都有，那么所要安装的探测器必须要考虑防范空间的大小，周边的环境，出入口的特性等实际状况。有时要考虑更换菲涅尔透镜来满足要求。

选择合适的安装位置是使移动入侵探测器发挥最佳效能的关键点，而往往这一点最容易被初次涉及防盗报警系统安装的技术人员所忽略或者误解。如图3-93所示。

所有的被动红外入侵探测器其探测范围从俯视图看都是一个扇形，要使探测器有最佳

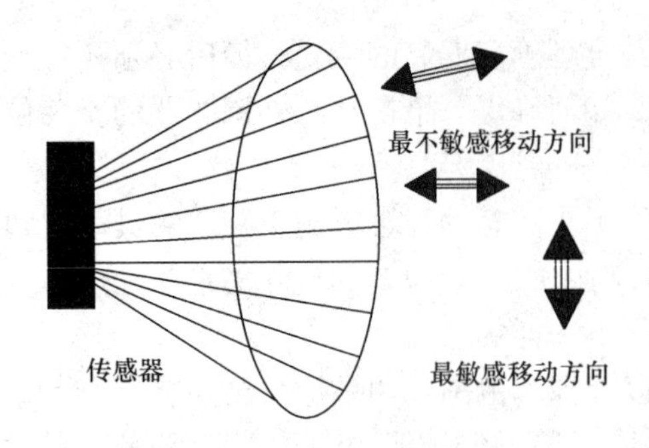

图 3-93 被动红外探测器灵敏度的测试

的捕捉信号能力，最简单的方法就是必须使入侵的路径横切该扇形的半径，这个往往是初次接触报警系统的安装人员最容易忽略的，而且有很多安装人员往往以为将被动红外探测器正对侵入路径犹如摄像机对着出入口是理所当然的安装方式，这是最大的误解，这样安装的探测器其效能是最差的。

被动红外探测器的接线：

如图 3-94 所示。

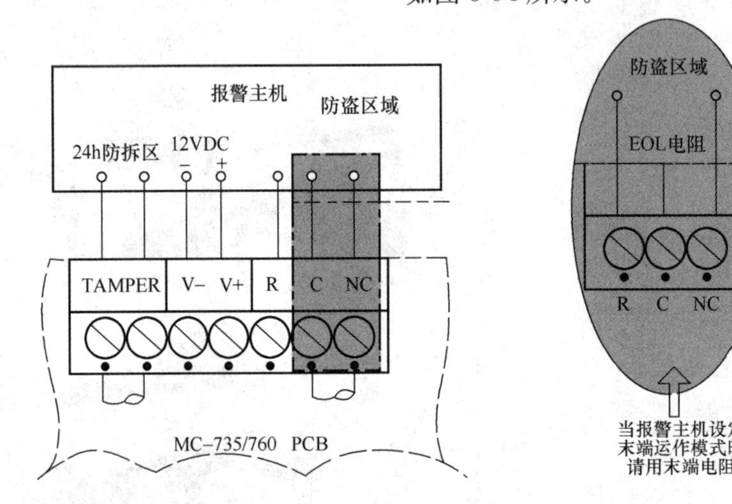

图 3-94 某一款被动红外探测器接线示意图

被动红外探测器的步行测试：

被动红外探测器安装接线结束后，必须进行步行测试，以便确定探测的范围。具体测试方法请详见各设备说明书。

注：小型报警主机（DS6MX）的接线及使用请参见下一任务。

4. 实训任务内容

（1）请列出本次实训所需设备名称、型号、数量。

序号	名 称	型 号	数 量

（2）列出本次实训所需的工具。

序号	名　称	型　号	数　量

（3）请写出小组成员分工情况。

（4）分小组进行任务的实施。要求正确使用相关设备及工具，安全文明操作，现场工具设备摆放整齐，请记录下具体的实训过程。

（5）如发现问题，自己先分析查找故障原因，并进行记录。

5. 实训评价

序号	评价项目及标准		自　评	互　评	教师评分
1	设备材料清单罗列清楚 5 分				
2	工具清单罗列清楚 5 分				
3	操作步骤正确 10 分				
4	门磁	安装正确，并固定牢固 2 分			
5		接线正确 3 分			
6	紧急按钮	安装正确，并固定牢固 2 分			
7		接线正确 3 分			
8	红外对射	安装正确，并固定牢固 5 分			
9		接线正确 8 分			
10		正确调试 5 分			
11	被动红外	安装正确，并固定牢固 2 分			
12		接线正确 5 分			
13		能正确进行步行测试 5 分			
14	布线美观，接线牢固，无裸露导线，线头按要求镀锡 5 分				
15	能否正确进行故障判断 10 分				
16	现场工具摆放整齐 5 分				
17	工作态度 10 分				
18	安全文明操作 5 分				
19	场地整理 5 分				
20	合计 100 分				

6. 实训展示

将实训结果进行展示。能用专业的语言对整个实训过程进行描述。

任务二 入侵报警控制器的安装与调试

《入侵报警系统工程设计规范》GB 50394—2007 中报警控制设备（controller）的定义是：在入侵报警系统中，实施设防、撤防、测试、判断、传送报警信息，并对探测器的信号进行处理以断定是否应该产生报警状态以及完成某些显示、控制、记录和通信功能的装置。

入侵报警控制器是实现接收与报警处理的系统装置，也称为防盗控制主机。它是报警探头的中枢，负责接受报警信号，控制延迟时间，驱动报警输出等工作。它将某区域内的所有防盗防入侵传感器组合在一起，形成一个防盗管区，一旦发生报警，则在防盗主机上可以一目了然地反映出报警所在地。

一、基础理论知识

（一）入侵报警控制设备的作用与功能

1. 入侵报警控制设备的作用

（1）入侵报警控制器是入侵防盗报警控制系统的核心；

（2）入侵报警控制器是对探测器传来的信号进行分析、判断和处理；

（3）入侵报警控制器可以通过电子地图显示非法入侵的部位，可自动关闭和封锁相应通道，以便紧急处理；

（4）入侵报警控制器可以通过报警联动，启动电视监控系统中相关部位的摄像机对入侵现场监视并进行录像，以便事后备查与分析。

2. 入侵报警控制设备的一般功能

（1）入侵报警控制器应具有自检与检查的功能，即能对控制的系统进行自检和检查系统各个部分的工作状态是否处于正常。

（2）入侵报警控制器具有在接到报警电信号时，及时识别报警类型，发出声光报警并指示入侵发生的地点、时间的功能。

（3）声光报警信号应能保持到手动复位，复位后如果再有入侵报警信号输入时，应能重新发出声光报警信号。

（4）入侵报警控制器具有系统故障检测和防破坏功能。

（5）入侵报警控制器在接到系统故障电信号时，应能及时发出与报警电信号不同的声光信号；当连接入侵探测器和报警控制器的传输线发生断路、短路或并接其他负载时，应能发出显示系统故障的声光报警信号；报警信号应能保持到引起报警原因排除后，才能实现复位；而在该报警信号存在期间，如有其他入侵报警的输入，仍能发出相应的报警信号。

（6）入侵报警控制器具有系统供电保证的功能，即能向该主机接口的全部探测器提供直流工作电压。

（7）入侵报警控制器应有较宽的电源适应范围，当主电源电压变化±15%时，不需要调整仍可正常工作；入侵报警控制器还应配有备用电源，备用电源必须满足系统供电的要求，容量应保证在最大负载条件下连续工作24h以上；当主电源断电时，能自动转换到备用金电源上，而当主电源恢复后，又能自动转换到主电源上，转换时报警控制器仍能正常工作，不产生误报。

（8）入侵报警控制器具有较高的稳定性功能。

（9）入侵报警控制器在正常大气条件下连续工作 7d，不出现误报和漏报；在额定电压和额定电流下进行警戒、报警、复位，循环 6000 次，而不允许出现电的或机械的故障，也不应有器件的损坏和触点粘连。

（10）入侵报警控制器的机壳应有门锁或锁控装置（两路以下例外），机壳上除密码按键及灯光指示外，所有影响功能的操作机构均应放在箱体内。

3. 入侵报警控制器通常可接受的几种性能的报警输入

瞬时报警：为入侵报警控制器提供瞬时入侵报警。

紧急报警：接入紧急按钮可提供 24h 的紧急呼救，不受布/撤防操作影响，不受电源开关影响，能保证昼夜 24h 工作。

防拆报警：提供 24h 防拆保护，不受电源开关影响，能保证昼夜工作。

延时报警：实现 0～40s 可调进入延时和 100s 固定外出延时。

4. 入侵报警控制器平均无故障工作时间可分三个等级

A 级：5000h；

B 级：20000h；

C 级：60000h。

（二）入侵报警控制设备的分类

1. 小型报警控制器

对于一般的小用户，其防护的部位少，如银行的储蓄所，学校的财务室、档案室，较小的仓库等，可采用小型报警控制器。

这种小型的控制器一般功能为：

（1）能提供 4～8 路报警信号、4～8 路声控复核信号、2～4 路电视复核信号，功能扩展后，能从接收天线接收无线传输的报警信号。

（2）能在任何一路信号报警时，发出声光报警信号，并能显示报警部位和时间。

（3）有自动/手动声音复核和电视、录像复核。

（4）对系统有自查能力。

（5）市电正常供电时能对备用电源充电，断电时能自动切换到备用电源上，以保证系统正常工作。另外还有欠压报警功能。

（6）具有延迟报警功能。

（7）能向区域报警中心发出报警信号。

（8）能存入 2～4 个紧急报警电话号码，发生报警情况时，能自动依次向紧急报警电话发出报警信号。

小型报警控制器多由微处理器系统构成。如图 3-95 所示。

2. 区域报警控制器

对于一些相对较大的工程系统，要求防范的区域较大，防范的点也较多，如高层写字楼、高级的住宅小区、大型的仓库、货场等。此时可选用区域性的入侵报警控制器。

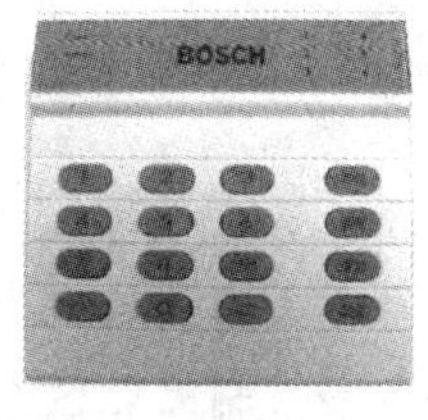

图 3-95 DS6MX-CHI 6 防区键盘控制主机

区域入侵报警控制器具有小型控制器的所有功能，而且有更多的输入端，如有16路、24路及32路或更多的报警输入，通讯能力更强。区域报警控制器与入侵探测器的接口一般采用总线制，即控制器采用串行通讯方式访问每个探测器，所有的入侵探测器均根据安置的地点实行统一编址，控制器不停地巡检各探测器的状态。

每路输入总线上可挂接多个探测器，而且每路总线上有短路保护，当某路电路发生故障时，控制中心能自动判断故障部位，而不影响其他各路的工作状态。当任何部位发出报警信号后，能直接送到控制中心的CPU，在报警显示板上，电发光二极管或液晶显示报警部位；同时驱动声光报警电路，同时可以启动硬盘录像机记录下图像。与此同时，还可以及时把报警信号送到外设通信接口，向更高一级的报警中心或有关主管单位报警。

3. 集中报警控制器（如图3-96和图3-97所示）

(a)　　(b)

图3-96　大型报警主机

(a) Honewell 大型报警主机 VISTA-120；(b) 博世 DS7400XI 大型智能报警控制主机

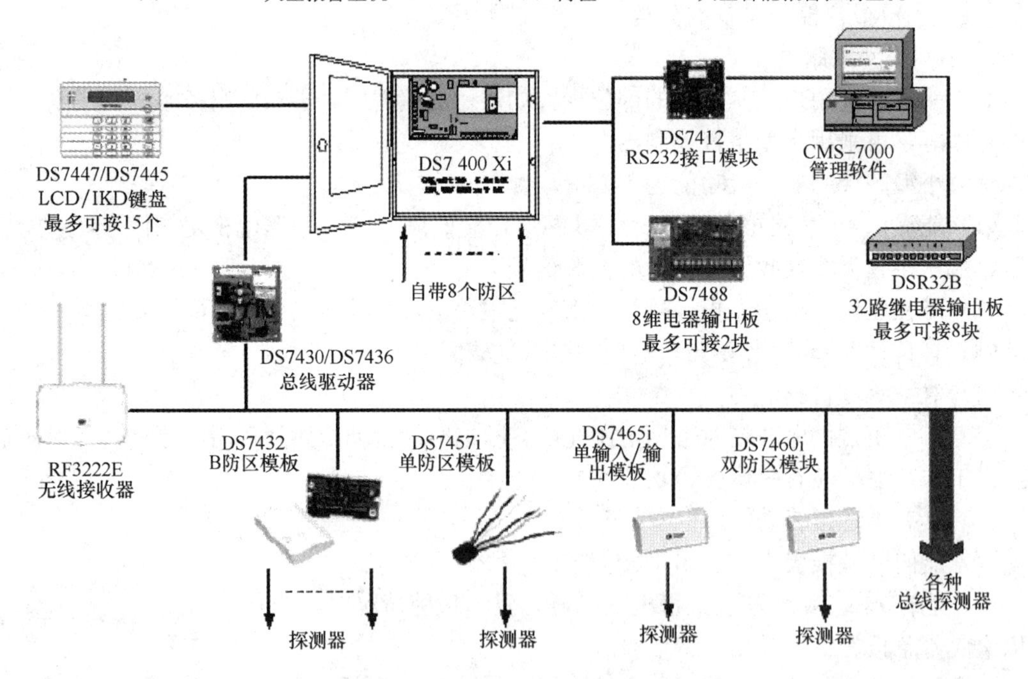

图3-97　博世 DS7400XI 报警系统图

在大型和特大型的报警系统中，由集中入侵控制器把多个区域控制器联系在一起。集中入侵控制器能接收各个区域控制器送来的信息，同时也能向各区域控制器发送控制指令，直接监控各区域控制器的防范区域。集中入侵控制器可以直接切换出任何一个区域控制器送来的声音和图像信号，并根据需要用录像机记录下来。还由于集中入侵控制器能和多台区域控制器联网，因此具有更大的存储容量和先进的联网功能。

二、报警控制器实训操作

1. 实训任务目的要求

掌握独立 6 防区键盘主机 DS6MX 的安装接线及使用。

2. 实训设备、材料及工具准备

设备及材料：

（1）各类探测器 3～4 个。

（2）BOSCH 公司 6 防区小型报警主机（DS6MX）1 个。

（3）10kΩ 电阻若干。

（4）导线 RV0.5（红、黑）、RV0.3（黄、蓝）若干。

（5）直流 12V 电源 1 个。

（6）网孔板、固定用螺丝、号码管、热缩管等。

工具：螺钉旋具、钟表螺钉旋具、斜口钳、剥线钳、电烙铁、焊锡等。

3. 实训任务步骤

请阅读入侵报警系统各设备说明书后完成下列实训任务。

DS6MX 是一个六防区的键盘。可以独立工作或连接到 DS7400XI 的总线线路上，可传送布撤防信号以及每个防区的警情，适用于小区或大型保安系统中的独立用户。

DS6MX 有 6 个报警输入防区，1 个报警继电器输出，2 个固态输出和 1 个钥匙开关；支持 6 组不同权限的密码；同时也支持无线功能，可接无线接收器，进行无线无线遥控布/撤防。

DS6MX 具有快速布撤防及旁路，弹性旁路等功能，内置蜂鸣器和防拆开关。

（1）DS6MX 的安装

DS6MX 能够安装在适当平滑墙面、半嵌入墙面上或电气开关盒上。如图 3-98 所示。

① 用平口螺丝刀在外罩底部的槽口位置向下按，使前面外盖与后面底板分开；

② 将底盖固定在适当的墙面或电气开关盒上；

A. 墙面安装时，选择用螺钉在底板中“S”处将其固定；

B. 电气开关盒安装时，请选择用螺钉在底板中“B”或“BT”处将其固定。

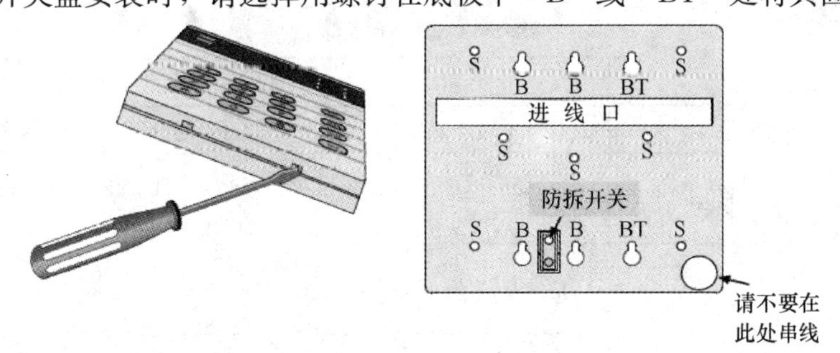

图 3-98　DS6MX 安装示意图

说明：如果需要使用放拆功能，DS6MX 必须是平面安装；另外如使用电工盒安装，DS6MX 安装位置使用“BT”位置固定，在“Temper Screw”放拆螺钉位置上在墙面固定一个螺钉。

(2) DS6MX 的接线（如图 3-99 所示）。

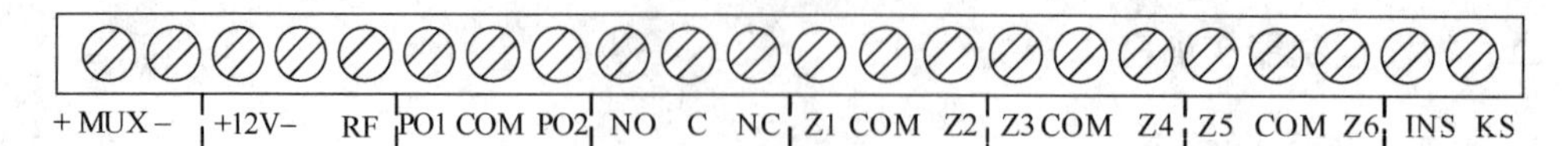

图 3-99 DS6MX 的接线示意图

- MUX(+/–)：总线接口。
- 12V(+/–)：电源接口。
- RF：无线接收器接口。
- PO1 / COM / PO2：2 个固态电压输出能够被用来连接每个最大为 250mA 的设备，工作电压不能超过 15VDC。
- NO / C / NC ：3A@28VDC 的 C 型继电器输出接口。
- Zx / COM / Zy ：防区 1～6。
- INS：通过短接 INS 和 COM 端可将进入/退出延时防区改为立即防区。
- KS：外部布/撤防开关接口。

防区接线为常开 NO 或常闭 NC 接点，每个防区必须接一个 10K 的电阻，如图 3-100 所示。输出口可根据需要接声光报警器、电锁等设备。输出编程地址 26 和 27。如图 3-101 所示。

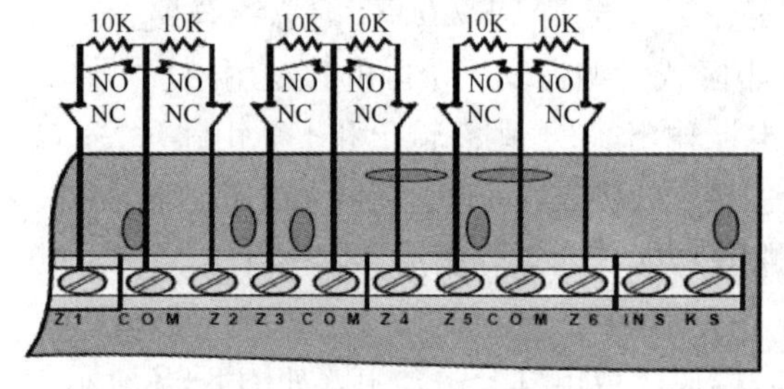

图 3-100 防区接线示意图

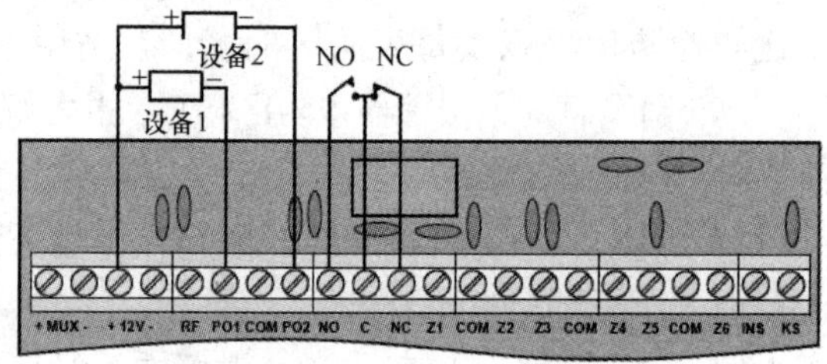

图 3-101 输出口接线示意图

注：其他连接设备连接方式请参加设备说明书。

(3)DS6MX 的编程(见表 3-9 和表 3-10)

DS6MX 的操作步骤 **表 3-9**

步骤	操作	提示
1	输入主码[x][x][x][x]	只有主码才具有编程模式，其他三个用户码不能用于编程
2	按住[*]键 3s，即可进入编程模式	主机蜂鸣器将鸣音 1s，6 个防区指示灯将快闪，表示你已进入了编程模式
3	进入编程地址：[x]或[x][x]+[*]	地址 0～9 输入 1 位数，地址 10～45 输入 2 位数
4	编程值：从[x]到[x][x][x][x][x][x][x][x][x]	参考地址编程参数，编程值可由 1 位数到 9 位数不等。若设置正确，主机将鸣音 2s 进行确认；设置错误，可按[#]消除，返回到步骤 3
5	重复步骤 3 和 4，编程其他地址	
6	按住[*]键 3s 退出编程模式	主机蜂鸣器将鸣音 1s，6 个防区灯将熄灭，表示已经退出编程模式

注意：

主码的出厂设置为[1][2][3][4]，如果忘记了主码，则可按照以下步骤恢复主码出厂设置：

①关闭 DS6MX-CHI 的电源；

②接通跳线 J1；

③打开 DS6MX-CHI 的电源；

④跳开跳线 J1。

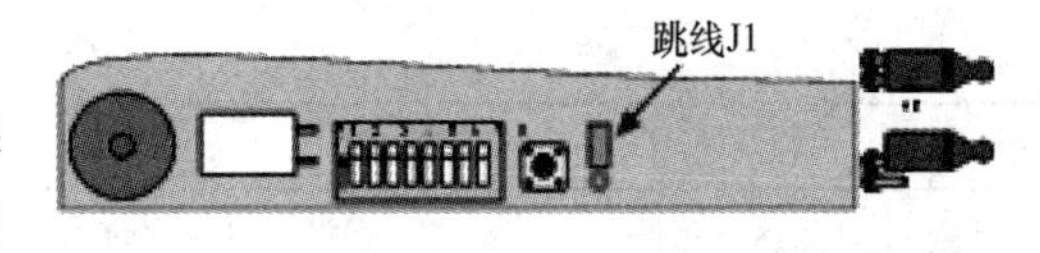

图 3-102 DS6MX-CHI 跳线示意图

DS6MX 的编程表 **表 3-10**

地址	说明	预置值	编程值选项范围
0	主码	1234	0001—9999(0000=不允许)
1	用户码 1	1000	0001—9999(0000=禁止使用该用户)
2	用户码 2	0000	0001—9999(0000=禁止使用该用户)
3	用户码 3	0000	0001—9999(0000=禁止使用该用户)
4	报警输出时间	180	000—999(0—999s)
5	退出延时时间	090	000—999(0—999s)
6	进入延时时间	090	000—999(0—999s)
7	防区 1 类型	2	1=即时；2=延时；3=24h；4=跟随；5=静音防区；6=周界防区；7=周界延时防区
8	防区 1 旁路	2	1=允许旁路；2=不允许旁路
9	防区 1 弹性旁路	2	1=允许弹性旁路；2=不允许弹性旁路
10	防区 2 类型	4	1=即时；2=延时；3=24h；4=跟随；5=静音防区；6=周界防区；7=周界延时防区
11	防区 2 旁路	2	1=允许旁路；2=不允许旁路
12	防区 2 弹性旁路	2	1=允许弹性旁路；2=不允许弹性旁路
13	防区 3 类型	1	1=即时；2=延时；3=24h；4=跟随；5=静音防区；6=周界防区；7=周界延时防区
14	防区 3 旁路	2	1=允许旁路；2=不允许旁路
15	防区 3 弹性旁路	2	1=允许弹性旁路；2=不允许弹性旁路
16	防区 4 类型	1	1=即时；2=延时；3=24h；4=跟随；5=静音防区；6=周界防区；7=周界延时防区
17	防区 4 旁路	2	1=允许旁路；2=不允许旁路
18	防区 4 弹性旁路	2	1=允许弹性旁路；2=不允许弹性旁路
19	防区 5 类型	1	1=即时；2=延时；3=24h；4=跟随；5=静音防区；6=周界防区；7=周界延时防区
20	防区 5 旁路	2	1=允许旁路；2=不允许旁路
21	防区 5 弹性旁路	2	1=允许弹性旁路；2=不允许弹性旁路
22	防区 6 类型	3	1=即时；2=延时；3=24h；4=跟随；5=静音防区；6=周界防区；7=周界延时防区

续表

地址	说　明	预置值	编程值选项范围
23	防区6旁路	2	1=允许旁路；2=不允许旁路
24	防区6弹性旁路	2	1=允许弹性旁路；2=不允许弹性旁路
25	键盘蜂鸣器	1	0=关闭；1=打开
26	固态输出口1	1	1=跟随布/撤防状态；2=跟随报警输出
27	固态输出口2	1	1=跟随火警复位；2=跟随报警输出；3=跟随开门密码
28	快速布防	2	1=允许快速布防；2=不允许快速布防
29	外部布/撤防	1	1=只能布防；2=可布/撤防
30	紧急键功能	0	0=不使用；1=使用
31	继电器输出	0	0=跟随报警输出；1=跟随开门密码
32	劫持码	0	0000－9999(0000=禁止使用)
33	开门密码	0	0000－9999(0000=禁止使用)
34	开门时间	0	000－999(0－999s)；000=禁止使用
35	无线遥控	0	0=不使用；1=使用无线遥控(最多6个)
36	监控无线故障	1	1=12h监察故障报告；2=24h监察故障报告
61	单防区布/撤防	0	0=不使用单防区布/撤防和报告，占2个总线地址码； 1=使用单防区布/撤防和报告，占4个总线地址码
99	恢复到出厂值	18	当输入这个数值，DS6MX-CHI的所有设置参数(主码除外)会恢复到出厂值。此功能是仅仅为了安装和维护

防区类型：

● 即时防区：布防后，触发了即时防区，会立即报警。

● 静音防区：布防后，触发了防区的报警为静音报警，键盘和报警输出无声/无输出，只通过数据总线将报警信号传到中心。

● 周界防区：当周界布防后，触发了周界防区，都会立即报警。

● 周界延时防区：当周界布防后，所设定的延时防区在进入/退出延时时间结束之后触发才报警。

● 延时防区：布防后，所设定的延时防区在进入/退出延时时间结束之后触发才报警。

● 跟随防区：布防后，此防区被触发，如果没有延时防区被触发，则立即报警；若有延时防区被触发，必须等到延时防区报警后方可报警。

● 24h防区：一直处于激活状态，不论撤布防与否，只要一触发就立即报警。

● 要求退出(REX)：只有在撤防状态下，一触发该输入，所设置的开锁输出就将跟随开门定时器设置。

● 旁路防区：若某防区允许旁路，则在布防时，输入[用户密码]+[旁路]+[防区编号]+[ON] 将旁路该防区。撤防时所旁路的防区将被清除(24h防区不可旁路)。

● 弹性旁路防区：若某防区设置成弹性旁路防区。在布防期间，若某一防区第一次被触发报警，以后该防区再被触发则无效，直到被撤防。

(4)DS6MX的用户操作

①系统布防：[密码]+[布防]

②周界布防：[密码]+[♯]+[布防]

③系统撤防：[密码]+[撤防]

④单防区布防：[密码]+[♯]+[防区编号]+[布防]

⑤单防区撤防：[密码] +[♯] + [防区编号] +[撤防]

⑥快速布防：按[布防]键3s

⑦紧急键：[*]+[♯]

⑧清除报警：按[♯]键3s

⑨清除历史报警：[密码]+[撤防]

⑩旁路防区：[密码]+[旁路]+[防区编号]+[布防]

注意：

- [密码] 指主码或用户密码。
- 24h防区不可单防区布撤防。
- 24h防区不可以旁路。

4. 实训任务内容

(1) 请列出本次实训所需设备名称、型号、数量。

序号	名 称	型 号	数 量

(2) 列出本次实训所需的工具。

序号	名 称	型 号	数 量

(3) 请写出小组成员分工情况。

(4) 请画出独立6防区键盘主机DS6MX与探测器的安装接线图。

(5) 根据探测器的用途，写出探测器所在的防区应设置为何种的防区类型（即时防区、延时防区、24h防区等），并进行编程设置。注意：为了操作的准确性，请在编程设置前，先恢复出厂设置。

（6）编程设置结束后，请进行以下操作，并触发相应的探测器，观察系统中各设备的状态。

①布防；

②撤防；

③留守布防：请将某防区旁路后布防；

④对某探测器进行单防区布/撤防；

⑤快速布防。

（7）分小组进行任务的实施。要求正确使用相关设备及工具，安全文明操作，现场工具设备摆放整齐，请记录下具体的实训过程。

（8）如发现问题，自己先分析查找故障原因，并进行记录。

5. 实训评价

<table>
<tr><th>序号</th><th colspan="2">评价项目及标准</th><th>自　评</th><th>互　评</th><th>教师评分</th></tr>
<tr><td>1</td><td colspan="2">设备材料清单罗列清楚 5 分</td><td></td><td></td><td></td></tr>
<tr><td>2</td><td colspan="2">工具清单罗列清楚 5 分</td><td></td><td></td><td></td></tr>
<tr><td>3</td><td colspan="2">设备安装正确牢固 5 分</td><td></td><td></td><td></td></tr>
<tr><td>4</td><td rowspan="5">编程设置</td><td>编程步骤正确 10 分</td><td></td><td></td><td></td></tr>
<tr><td>5</td><td>门磁防区类型设置正确 3 分</td><td></td><td></td><td></td></tr>
<tr><td>6</td><td>紧急按钮防区类型设置正确 3 分</td><td></td><td></td><td></td></tr>
<tr><td>7</td><td>红外对射防区类型设置正确 3 分</td><td></td><td></td><td></td></tr>
<tr><td>8</td><td>被动红外防区类型设置正确 3 分</td><td></td><td></td><td></td></tr>
<tr><td>9</td><td rowspan="5">使用操作</td><td>布防操作正确 5 分</td><td></td><td></td><td></td></tr>
<tr><td>10</td><td>撤防操作正确 5 分</td><td></td><td></td><td></td></tr>
<tr><td>11</td><td>留守布防操作正确 6 分</td><td></td><td></td><td></td></tr>
<tr><td>12</td><td>单防区布防/撤防操作正确 6 分</td><td></td><td></td><td></td></tr>
<tr><td>13</td><td>快速布防操作正确 6 分</td><td></td><td></td><td></td></tr>
<tr><td>14</td><td colspan="2">布线美观，接线牢固，无裸露导线，线头按要求镀锡 5 分</td><td></td><td></td><td></td></tr>
<tr><td>15</td><td colspan="2">能否正确进行故障判断 10 分</td><td></td><td></td><td></td></tr>
<tr><td>16</td><td colspan="2">现场工具摆放整齐 5 分</td><td></td><td></td><td></td></tr>
<tr><td>17</td><td colspan="2">工作态度 10 分</td><td></td><td></td><td></td></tr>
<tr><td>18</td><td colspan="2">安全文明操作 5 分</td><td></td><td></td><td></td></tr>
<tr><td>19</td><td colspan="2">场地整理 5 分</td><td></td><td></td><td></td></tr>
<tr><td>20</td><td colspan="2">合计 100 分</td><td></td><td></td><td></td></tr>
</table>

6. 实训展示

将实训结果进行展示。能用专业的语言对整个实训过程进行描述。

任务三 周界防范系统的安装与调试

一、基础理论知识

为了对大型建筑或某些场地的周界进行安全防范，一般可以建立围墙、栅栏，或采用值班人员守护的方法。现代人们追求环境的美化，希望居住在一个田园式的环保小区而不是生活在一个铁丝网与高墙之中，为此许多小区采用通透式栅栏配合绿化来改善外貌与形象。但是这种方式却带来了保卫安全的难度，围墙、栅栏有可能受到破坏或非法翻越，而值班人员也有出现工作疏忽或暂时离开岗位的可能。对于保安要求一旦有非法者入侵，必须能立即有所反应。现代科学技术的发展和应用解决了这个矛盾，采用红外线探测并配合相应的联动设备可以有效地防止外来入侵，并能立即发出声光多种报警，从而有效地起到了保卫的作用。

周界防范系统即在防护区域的边界利用微波、红外、电子围栏等技术形成一道或可见的、或不可见的"防护墙"，若当有人通过或欲通过时，相应的探测器即会发出报警信号送至安保值班室或控制中心的报警控制主机，同时发出声光报警、显示报警位置，有的报警系统还会联动周界模拟电子屏，甚至联动摄像监控系统、门禁系统、强电照明系统。而近年来，无论从防范区域还是防范手段，周界防范已成为基本而重要的安全防范手段。

周界防范系统可应用于建筑的外围边界围墙区域防范或内部建筑物外墙区域防范。但不同的探测器作用上是有差异的，主动红外、微波类探测器是在入侵时报警，即当发生报警时入侵行为已经发生了。而电子围栏类探测器，类似于实物防护，其除了入侵报警作用外，主要是起到阻吓作用。但是无论哪种探测器，都能在第一时间发出警示，并能及时告知安保人员赶往案发地点进行处理，从而使入侵者未真正实施不法行为前就终止犯罪，将损失降低到最小。主动红外、微波类探测器的周界防范系统具备外形美观、安装隐蔽、警戒范围广泛、投入成本低等优势，缺点是误报率稍高、威慑力稍差，并且是事后报警。而电子围栏类探测器的周界防范系统误报率低、威慑阻吓力强，即犯罪分子还未越墙闯入就报警，缺点是投入成本较高。

主动红外、微波类探测器和电子围栏类探测器它们的共同点是作为前端探测设备都能方便地与报警控制系统在硬件上整合在一起，安装都比较简单，防范作用明显，所以已得到不少用户的青睐。

周界防范产品经过多年的发展，已应用得相当普遍，如在军工厂、军队、机场、港口、政府机关等高端领域都可见其"踪影"，并在这些领域保持着相当高的应用增长速度，如红外对射、震动电缆、埋地感应电缆、脉冲式电子围栏等都被大量使用。如图 3-103 和图 3-104 所示。

二、周界防范系统实训操作（如图 3-105 所示）

1. 实训任务目的要求

(1) 掌握周界防范系统的结构。

(2) 掌握 DS7400 报警主机、DS7430 总线驱动器、DX4010 串口模块的安装接线及

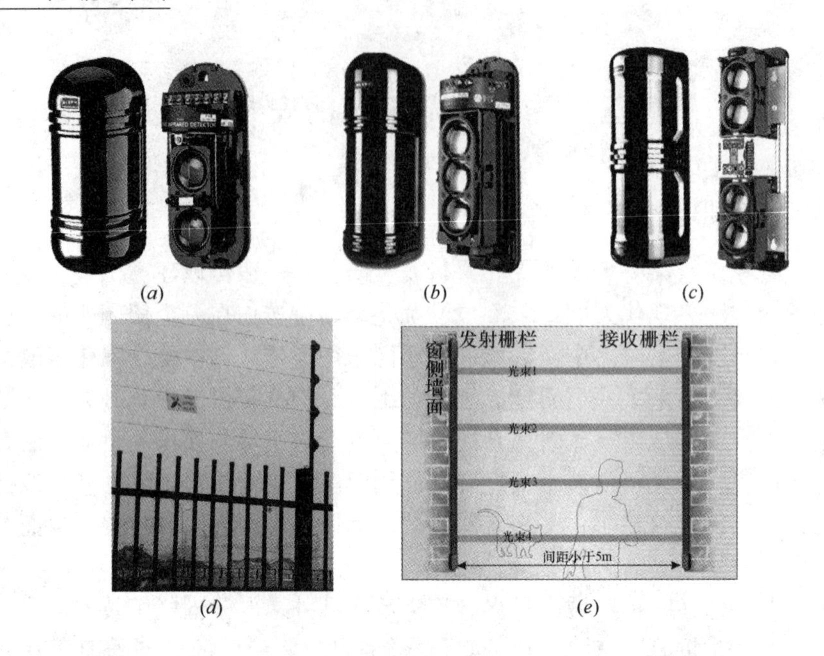

图 3-103 周界防范系统中常见探测器

(*a*) 双光束红外对射；(*b*) 三光束红外对射；(*c*) 四光束红外对射；
(*d*) 电子围栏；(*e*) 红外栅栏

调试。

(3) 掌握红外对射探测器与 DS7457 单防区模块的接线。

(4) 掌握周界防范系统的调试。

2. 实训设备、材料及工具准备

设备及材料：

(1) DS7400 报警主机 1 台。

(2) DS7430 总线驱动器 1 个。

(3) DS7447 键盘 1 个。

(4) DS7457I 单防区模块 2 个。

(5) 双光束红外对射 2 对。

(6) 直流 12V 电源 1 个。

(7) 导线 RVV2×0.5 若干。

(8) 网孔板、固定用螺丝、号码管、热缩管等。

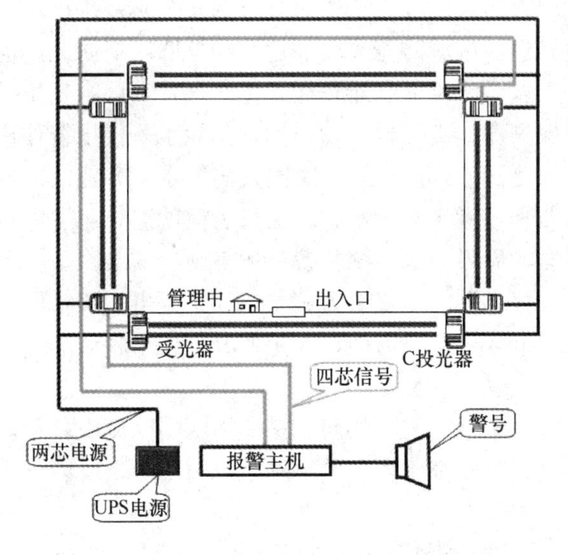

图 3-104 红外对射周界防范系统示意图

工具：螺钉旋具、钟表螺钉旋具、斜口钳、剥线钳、电烙铁、焊锡等。

3. 实训任务步骤

(1) DS7400XI 报警主机

本系统的报警主机采用 BOSCH 公司的 DS7400XI 总线报警主机。如图 3-106 所示。

DS7400XI 是一种大防区的报警控制主机，具有功能全，质量稳定的特点，被广泛地应用于小区、大楼、工厂等场合的报警系统。

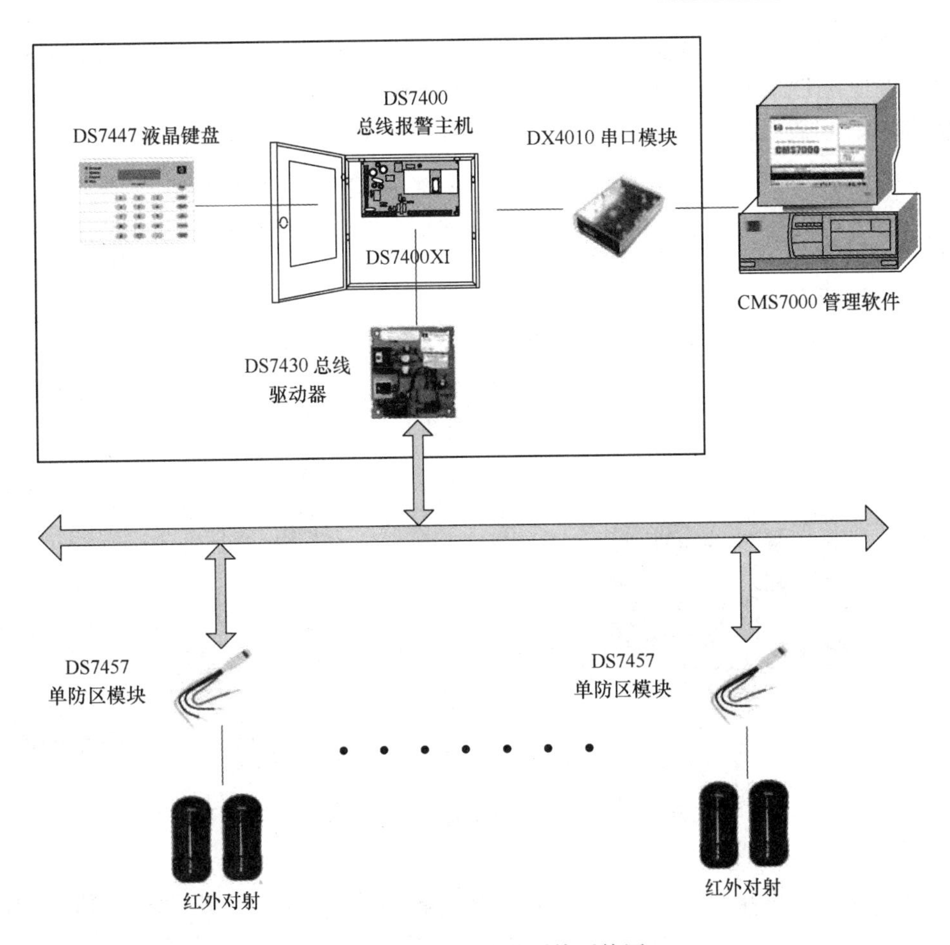

图 3-105 周界防范系统系统图

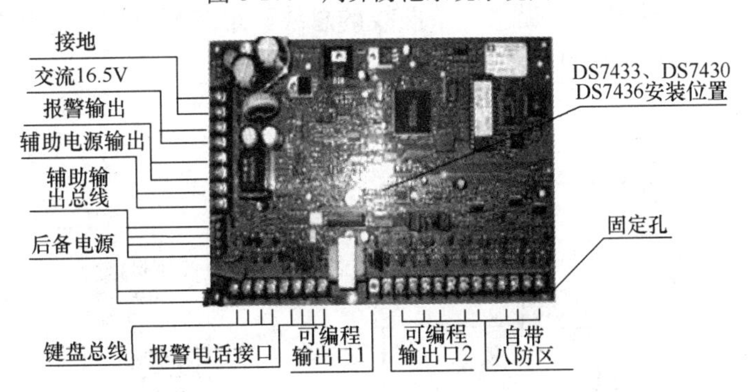

图 3-106 主机接口说明

注 DS7400 自带防区的线尾电阻为 2.2kΩ，而扩充模块的线尾电阻为 47kΩ。

主要功能如下：

- 自带 8 个防区，以两芯总线方式（不包括探测器电源线）可扩展 240 个防区，共 248 个防区。
- 总线长度达 1.6km（Φ1.0mm^2）。可接总线放大器以延长总线长度。
- 可接 15 个键盘，分为 8 个独立分区，可分别独立布防/撤防。
- 有 200 组个人操作密码；30 种可编程防区功能。

● 可选择多种防区扩展模块；有8防区扩展模块DS7432、单防区扩展模块DS7457I、双防区扩展模块DS7460I、带输出的单防区扩展模块DS7465I及带地址码的探测器。

● 辅助输出总线接口可接DS7488、DS7412、DSR-32B继电器输出模块等外围设备。可实现防区报警与输出一对一，多对一，一对多等多种报警/输出关系。

● 通过DS7412可实现与计算机的直接连接，或通过接口的设备与LAN连接。

● 可通过PSTN与报警中心连接，支持4+2、ContactID等多种通讯格式。

(2) DS7447液晶键盘

用于系统编程、操作和维护用，可直观显示系统运行状况，双行液晶显示，显示亮度可调，键盘蜂鸣声可调。一台DS7400XI主机可接15个键盘。有复位键用于火警等防区。通过插针跳线组合实现地址码。如图3-107和图3-108所示。

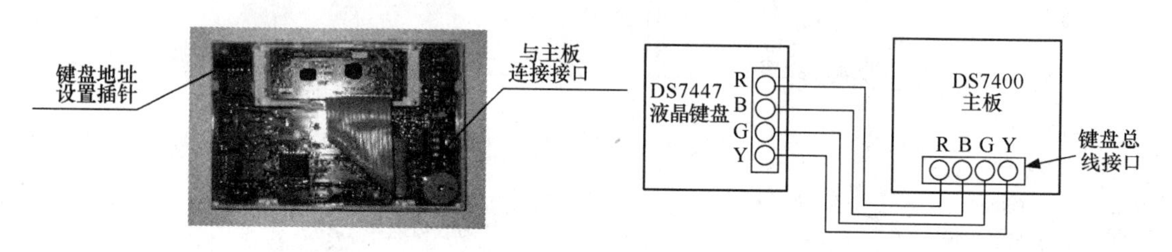

图3-107 键盘背面接线端口示意图

图3-108 键盘与主板接线示意图

请参见说明书，正确设置键盘电路板上的跳线，将键盘设置为1号键盘。

(3) DS7430单总线驱动器

DS7430是一个单路总线驱动器，用于连接DS7400XI-CHI控制/通讯主机。如图3-109所示。

它直接安装在主机板上，并提供一条两线的总线，最多可以连接总数多达120个总线探测器和界面模块（120个地址码）。如图3-110所示。

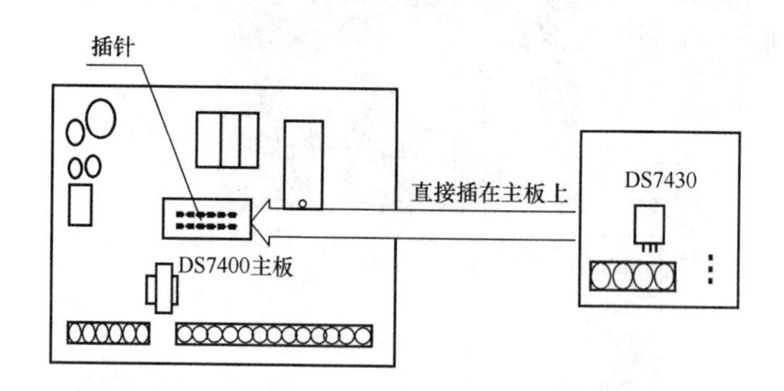

图3-109 DS7430与DS7400主板连接示意图

(4) DS7457单防区扩展模块

DS7457是一种拨码式单地址码发生模块。它具有性能稳定，使用灵活的特点。在安装前，由其自带的拨码开关来设定它的防区号，被广泛应用于周界报警系统。DS7457不需要另外供电，可直接接入总线，静态耗电350μA。如图3-111和图3-112所示。

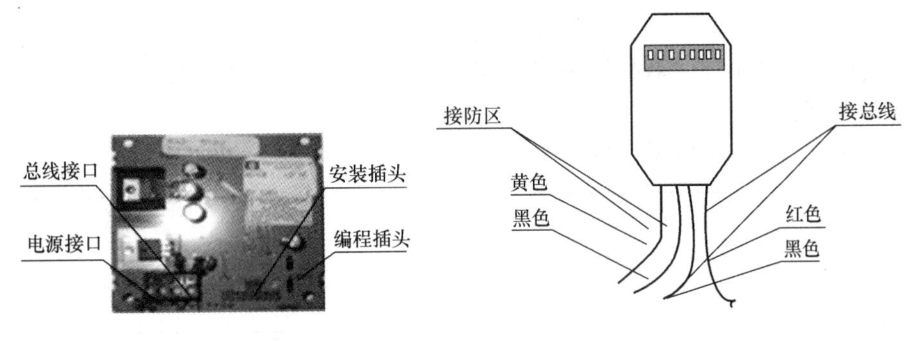

图 3-110 DS7430 端口定义　　图 3-111 DS7457 端口定义

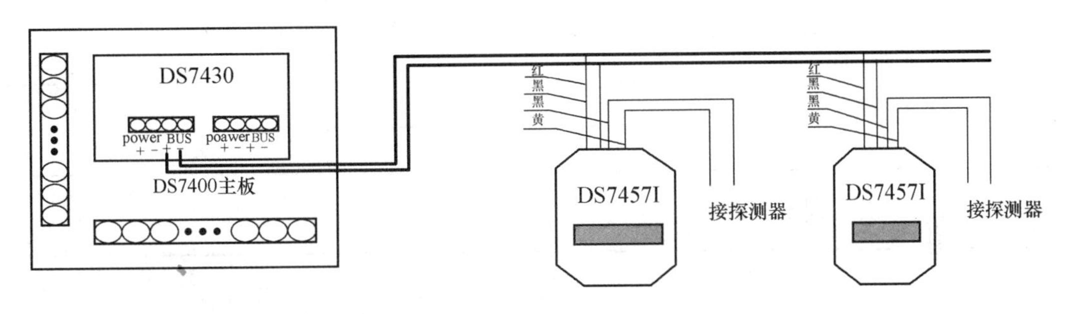

图 3-112 DS7457 与主板连接示意图

注：

- 扩充几个防区，使用几个 DS7457 应在 DS7400 系统编程时预先进行正确设置。
- 在安装前，应对 DS7457 属于哪个防区进行编程设置，并做好标记，然后在连线安装。
- 此处，线尾电阻为 47kΩ，应接在探测器端常闭触点 C、NC 回路里。

DS7457 上有八组手动拨码开关，用来设置 DS7457 的防区号。方法是将八组开关分别对应的数字相加，所得出的数就是防区号。并把需要相加的数对应的开关拨到 ON 的位置。如图 3-113 所示的开关位置表示 33 防区。

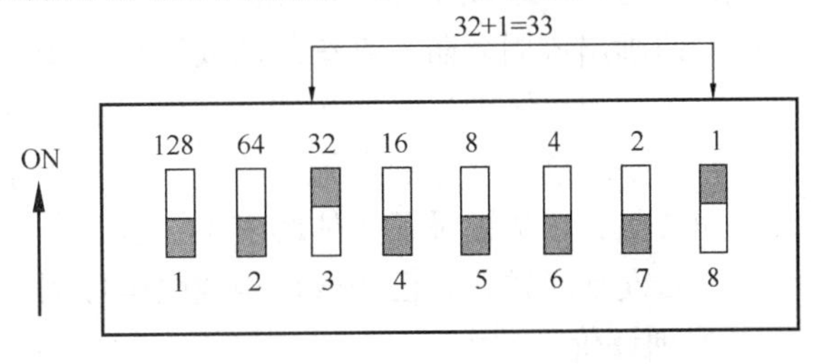

图 3-113 DS7457 地址码的设置方法

（5）红外对射

红外对射探测器的安装接线及调试请参见任务一。

请注意，此处所接线尾电阻为 47kΩ，而非 10kΩ。报警信号输出线接 DS7457 单防区扩展模块的黄、黑线。

（6）系统编程及调试

对 DS7400 报警系统编程前请认真阅读说明书，正确的接好连线。（正确接好连线是编好程序的前提）。如果是第一次使用 DX7400 主机，在编程完成前，建议不要将探测器接入主机，只需要将线尾电阻和扩展模块接在主机上就可以，将主机调试好后，在将探测器接入防区，这样如果系统有故障，有利于工程技术人员判断是主机系统故障还是探测器故障。

具体编程方法及步骤，请参加DS7400XI安装使用手册。

4. 实训任务内容

(1) 请列出本次实训所需设备名称、型号、数量。

序号	名　称	型　号	数　量

(2) 列出本次实训所需的工具。

序号	名　称	型　号	数　量

(3) 请写出小组成员分工情况。

(4) 请画出该周界防范系统的的安装接线图。

(5) 请写出系统编程设置步骤，并做出必要的说明。

(6) 分小组进行任务的实施。要求正确使用相关设备及工具，安全文明操作，现场工具设备摆放整齐，请记录下具体的实训过程。

(7) 如发现问题，自己先分析查找故障原因，并进行记录。

5. 实训评价

序号	评价项目及标准	自　评	互　评	教师评分
1	设备材料清单罗列清楚5分			
2	工具清单罗列清楚5分			
3	设备安装正确牢固10分			
4	设备接线正确10分			
5	所接线尾电阻阻值正确（包括DS7400自带防区及DS7457单防区扩展模块所接线尾电阻）5分			
6	DS7457扩展模块防区地址拨码设置正确5分			

续表

序号	评价项目及标准		自　评	互　评	教师评分
7	红外对射所在防区编程设置	编程操作步骤正确 5 分			
8		红外对射所在防区功能设置正确 5 分			
9		防区特性设置正确 5 分			
10	布防/撤防操作正确 5 分				
11	布线美观，接线牢固，无裸露导线，线头按要求镀锡 5 分				
12	能否正确进行故障判断 10 分				
13	现场工具摆放整齐 5 分				
14	工作态度 10 分				
15	安全文明操作 5 分				
16	场地整理 5 分				
17	合计 100 分				

6. 实训展示

将实训结果进行展示。能用专业的语言对整个实训过程进行描述。

项目三　出入口控制系统

出入口控制系统 access control system（ACS）：利用自定义符识别或/和模式识别技术对出入口目标进行识别并控制出入口执行机构启闭的电子系统或网络——《出人口控制系统工程设计规范》GB 50396—2007。

出入口控制系统，是指采取现代电子技术、计算机技术和通信技术，在建筑物内外的出入口，对有关人员（或车辆）的进、出进行识别及通道门自动控制，实施放行、拒绝、记录和报警等操作的一种电子自动化控制系统。因为采用门禁控制方式提供安全保障，故又称为门禁管理系统，属于公共安全管理系统范畴。

在建筑物内的主要管理区、出入口、门厅、电梯门厅、中心机房、贵重物品库、车辆进出口等通道口，安装门磁开关、电控门锁以及读卡器、生物识别系统等控制装置，由中心控制室监控，出入口控制采用计算机多重任务的处理，既可控制人员（或车辆）的出入，又可控制人员在楼内或相关区域的行动，起到了保安、门锁和围墙的作用。

一、出入口控制系统工作原理

出入口控制就是对出入口的管理，该系统控制各类人员的出入以及他们在相关区域的行动，通常也被称作出入口控制系统。其控制的原理是：按照人的活动范围，预先制作出各种层次的卡，或预定密码。在相关的大门出入口、金库门、档案室门、电梯门等处安装识别设备，用户持有效卡或密码方能通过或进入。由识别设备接收人员信息，经解码后送控制器判断，如果符合，门锁被开启，否则报警。如图 3-114 所示。

出入口控制是一个系统概念，整个出入口控制系统由卡片、读卡器、控制器、锁具（磁力锁、电插锁、阴极锁等）、按钮、电源、线缆、控制软件及门磁开关等设备组成。在

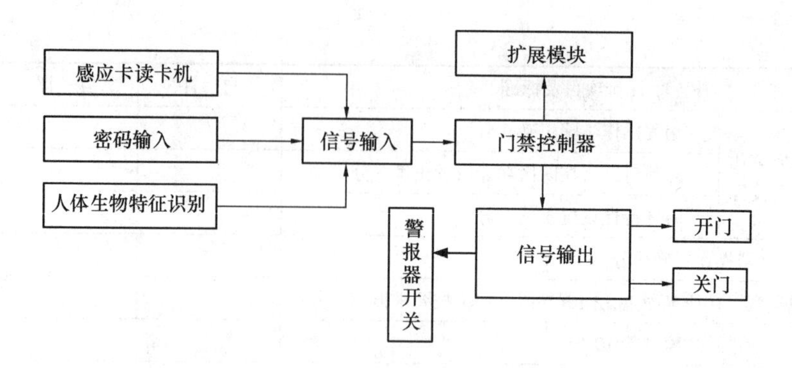

图 3-114 出入口控制系统工作原理

出入口控制系统的硬件中，读卡器和控制器是关键设备。针对不同的设备，按不同的依据选择。

出入口控制系统包括三个层次的设备。底层是直接与人员打交道的设备：有识别设备、电子门锁、出口按钮、闭门器、报警传感器和报警喇叭等；控制器接收底层设备发来的有关人员的信息，通过通信网络同计算机连接起来就组成了整个建筑的出入口系统；计算机装有出入口系统的管理软件，向它们发送控制命令，对它们进行设置，接受其发来的信息，完成系统中所有信息的分析与处理。如图 3-115 所示。

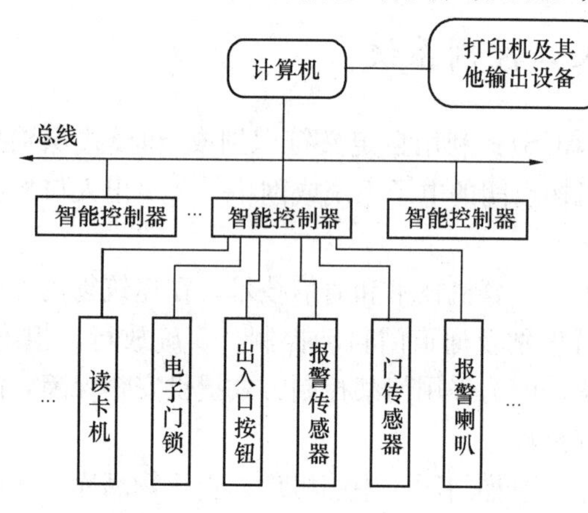

图 3-115 出入口控制系统结构图

出入口控制的主要目的是对重要的通行口、出门口通道、电梯进行出入监视和控制。该系统可以控制人员的出入，还能控制人员在楼内及其相关区域的行动。每个用户持有一个独立的卡或密码。对已授权的人员，凭有效的卡片、代码或生物特征，允许其进入；对未授权人员将拒绝其入内。

可以用程序预先设置任何一个人进入的优先权。对某时间段内人员的出入状况，某人的出入情况，在场人员名单等资料实时统计、查询和打印输出。系统所有的活动都可以用打印机或计算机记录下来。

二、出入口控制系统功能

出入口控制系统实现的基本功能：

1. 对通道进出权限的管理

进出通道的权限：就是对每个通道设置哪些人可以进出，哪些人不能进出。

进出通道的方式：就是对可以进出该通道的人进行进出方式的授权，进出方式通常有密码、读卡（生物识别）、读卡（生物识别）＋密码三种方式。

进出通道的时段：就是设置可以该通道的人在什么时间范围内可以进出。

2. 实时监控功能

系统管理人员可以通过微机实时查看每个门区人员的进出情况（同时有照片显示）、每个门区的状态（包括门的开关，各种非正常状态报警等）；也可以在紧急状态打开或关闭所有的门区。

3. 出入记录查询功能

系统可储存所有的进出记录、状态记录，可按不同的查询条件查询，配备相应考勤软件可实现考勤、门禁一卡通。

4. 异常报警功能

在异常情况下可以实现微机报警或报警器报警，如：非法侵入、门超时未关等。

根据系统的不同门禁系统还可以实现以下一些特殊功能：

(1) 反潜回功能：就是持卡人必须依照预先设定好的路线进出，否则下一通道刷卡无效。本功能是防止持卡人尾随别人进入。

(2) 防尾随功能：就是持卡人必须关上刚进入的门才能打开下一个门。本功能与反潜回实现的功能一样，只是方式不同。

(3) 消防报警监控联动功能：在出现火警时门禁系统可以自动打开所有电子锁让里面的人随时逃生。与监控联动通常是指监控系统自动将有人刷卡时（有效/无效）录下当时的情况，同时也将门禁系统出现警报时的情况录下来。

(4) 网络设置管理监控功能：大多数门禁系统只能用一台微机管理，而技术先进的系统则可以在网络上任何一个授权的位置对整个系统进行设置监控查询管理，也可以通过INTERNET 网上进行异地设置管理监控查询。

(5) 逻辑开门功能：简单地说就是同一个门需要几个人同时刷卡（或其他方式）才能打开电控门锁。

三、出入口控制系统的组成

出入口控制系统主要由识读部分、传输部分、管理/控制部分和执行部分以及相应的系统软件组成。如图 3-116 所示。

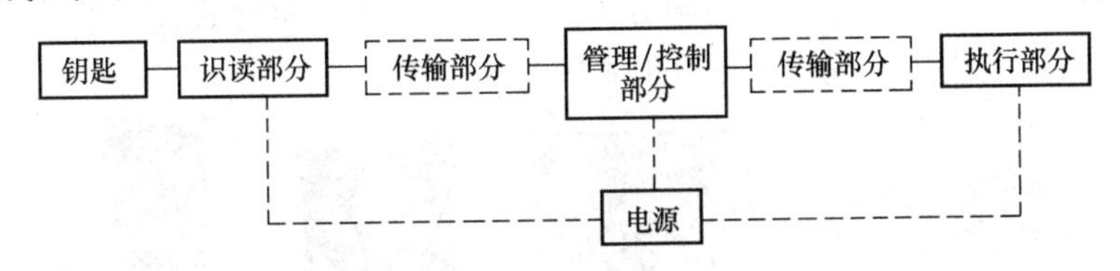

图 3-116 出入口控制系统组成

门禁管理系统在实际应用中根据联网与否分为独立型门禁和联网型门禁；如图 3-117 所示。按系统构成分则包括硬件和软件两部分，其硬件上由门禁控制器、门禁读卡器、卡片、电控锁、传输线路、通讯转换器、电源和其他相关设备组成，而软件则用来实现系统管理员与系统的交互，实现发卡、信息查询、报表等功能。

1. 识读部分

识读部分，是通过提取出入目标身份等信息，将其转换为一定的数据格式传递给管理与控制部分，管理与控制部分再与所载有的资料对比，确认同一性，核实目标的身份，以便进行各种控制处理。

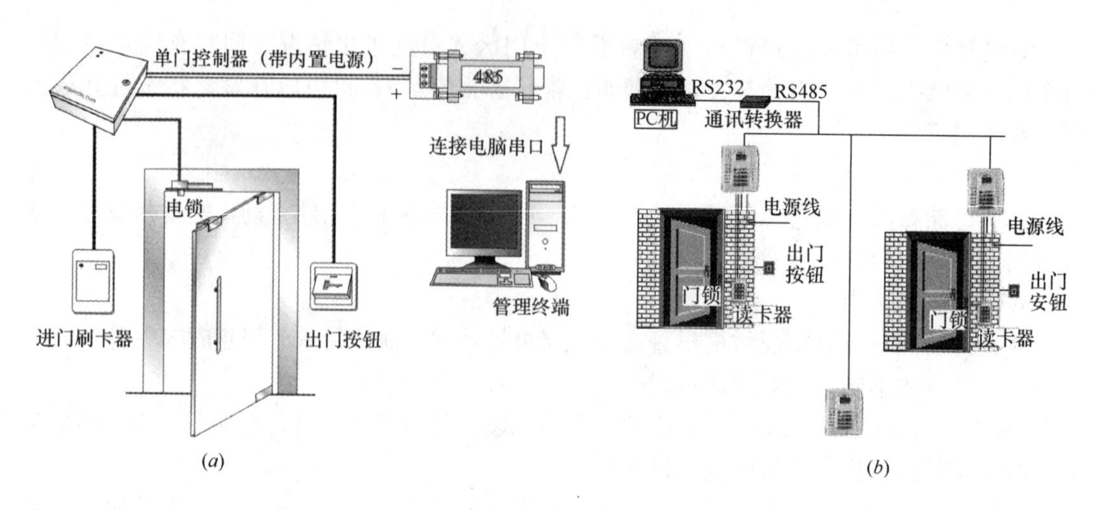

图 3-117　门禁管理系统示意图
(a) 独立型门禁管理；(b) 联网型门禁管理

出入口控制系统中常用的识别技术有：生物特征识别和人员编码识别。

生物特征识别是采用生物测定（统计）学方法，通过拾取目标人员的某种身体或行为特征，提取信息。常见的生物特征识别系统主要有：指纹识别、掌型识别、眼底纹识别、面部识别、语音特征识别、签字识别等。

人员编码识别是通过编码识别装置，将目标人员的个人编码信息直接提取。常见的人员编码识别系统有：普通编码键盘、乱序编码键盘、条码卡识别、磁条卡识别、接触式IC卡识别、非接触式IC卡识别等。

普通的智能楼宇门禁通常使用读卡器、卡片、出门按钮作为识别设备。

(1) 读卡器

门禁读卡器是门禁管理系统信号输入的关键设备，用于读取卡片中的数据或其相关的生物特征信息。

门禁读卡器依据读取信息方式不同分为两大类，一类为接触式读卡器，一类为非接触式的读卡器，后者应用较广泛。如图3-118所示。

图 3-118　门禁读卡器

(2) 卡片

卡片相当于钥匙的角色，同时也是进出人员的证明。从工作方式来分可分为：接触卡和感应式非接触卡。如图3-119和图3-120所示。

接触卡是早期门禁产品采用的产品。

非接触ID卡和非接触IC卡又称为射频卡（RF卡，Radio Frequency），由于使用寿命长、保密性强而得到广泛应用，用得最多的卡片类型和格式分别有：EM（ID只读）

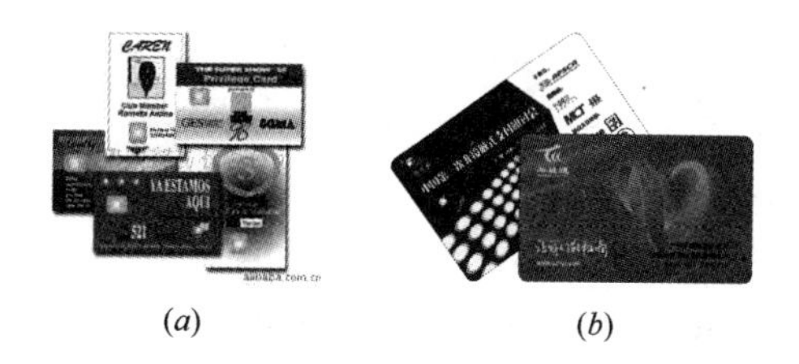

(a)　　(b)

图 3-119　接触式卡片和非接触式卡片

（a）接触卡；（b）非接触卡

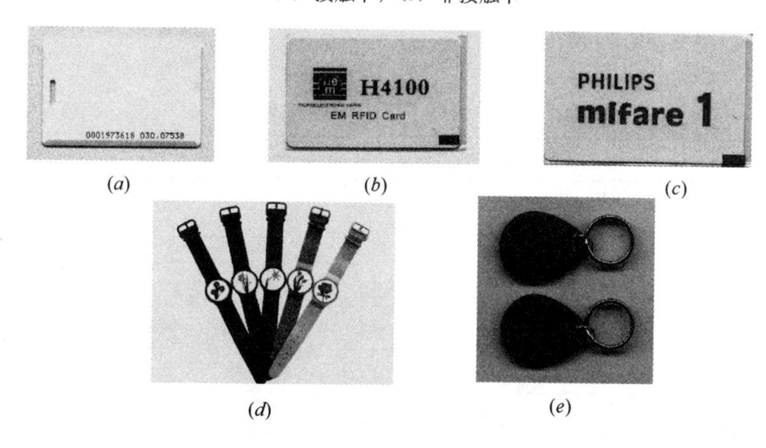

(a)　　(b)　　(c)

(d)　　(e)

图 3-120　各类非接触式卡

（a）EM ID 厚卡；（b）EM ID 薄卡；（c）PHILIPS MIFARE 1 卡

（d）手表卡；（e）钥匙扣卡

卡，Mifare one（简称 M1 可读可写）卡、logic 卡、TM 卡等。其中 M1 卡和 EM 卡几乎占据了非接触卡 90%以上的市场份额，其通用性和兼容性都较优秀，但它们又有所区别：EM 卡性能较强，市场占有率最高，读卡距离长，缺点是只读，适合门禁、考勤、停车场等系统，不适合非定额消费系统，并且安全性较差，很多工厂甚至可以根据你的要求随意定制卡号，不能确保卡的唯一性，复制卡较容易，这样就会造成外面有多张卡能够打开你的门禁，给安全造成威胁；M1 卡可读可写，但价格稍贵，感应距离短，适合非定额消费系统、停车场系统、门禁考勤系统、一卡通等。

（3）出门按钮

“出门按钮”或“开门按钮”主要应用于单向刷卡门禁管理系统中。出门按钮的原理与门铃按钮的原理相同，按下按钮时，内部两个触点导通，松手时按钮弹回，触点断开。所以在有的门禁管理系统中直接采用门铃按钮来做出门按钮，此时门铃按钮通常会印刷一个“铃铛”的图案在上面。

开门按钮按材质来分有塑料按钮和金属按钮两种。如图 3-121 所示。塑料按钮便宜，耐用，外观无金属按钮高档；金属按钮外观高档，但使用寿命相对较短。按大小来分有 86 底盒按钮和小型按钮两种。

(a)

(b)

图 3-121　出门按钮

（a）塑料按钮；（b）金属按钮

2. 传输部分

在联网式门禁管理系统中，通常要实现实时现场通信。由于门禁控制器本身存储容量和数据处理能力都比较低，所以一般情况下要通过通信手段使它与上位机（图 3-117（*a*）独立型门禁管理系统的管理终端）相连，把采集到的数据传输到上位机进行数据处理。同样，上位机也要向控制器下传控制信息，以实现实时显示和监视事件的发生。

传输部分就是实现上位机与控制器之间的信息交换，一般来讲现在的信息传输方式种类繁多，在计算机控制系统中使用较多的有：并行通信、串行通信、无线通信等等，在门禁管理系统中主要使用的传输形式：串行 RS232、RS485、CAN 总线及 TCP/IP 等。见表 3-11。

RS232、RS485、CAN 电气参数对比 **表 3-11**

规定	RS232	RS485	CAN 总线
成本	较低	较低	较低
节点数	1 收、1 发	1 收、32 发	1 收、多发
最大传输电缆长度	50ft	400ft	49212ft
最大传输速率	20kb/s	10Mb/s	1 Mb/s
总线利用率	低	低	高
通讯失败率	高	高	低
节点错误的影响	影响整个网络	影响整个网络	无任务影响
网络调试	较难	较难	容易
开发难度	大	大	小
后期维护成本	高	高	低

注：ft 为 feet 缩写中文为英尺，1 英寸 =2.5400 cm，1 英尺 =12 英寸=0.3048m

传统的门禁管理系统工程中多采用 RS485 标准作为信息传输的形式。但伴随着以太网技术的出现及迅速发展，如今以太网的应用十分广泛，在公司、工厂、学校、写字楼我们都见其身影，因其巨大的网络基础、完善的通信线路，所以门禁管理系统工程在控制门数多、范围较广的情况下，多采用以太网传输线路来实现门禁控制信息的传输，一般我们把以以太网为基础并采用 TCP/IP 通讯方式的联网型门禁管理系统简称为 TCP/IP 网络型门禁。图 3-122 为典型的 TCP/IP 网络型门禁管理系统拓扑结构，用于单门控制，在此基础上进行扩展比较简单、方便，只需增加交换机、门禁控制器及相应的组件并与传输线路相连即可。

在传统门禁管理系统信号传输过程中，需要采用通讯转换器实现 RS232 和 RS485 通讯方式的转换。如图 3-123 所示。

通讯转换器一般主要应用于工业控制、智能仪器仪表、食堂售饭系统、门禁管理系统、电力、交通、银行等应用 RS-232、RS-485、RS-422 现场总线通讯的场合，用于实现三种不同串行传输方式之间的转换。

3. 控制执行部分

此部分主要由门禁控制器和电锁构成，实现读卡信号的接受处理和开/关锁信号的发送执行。

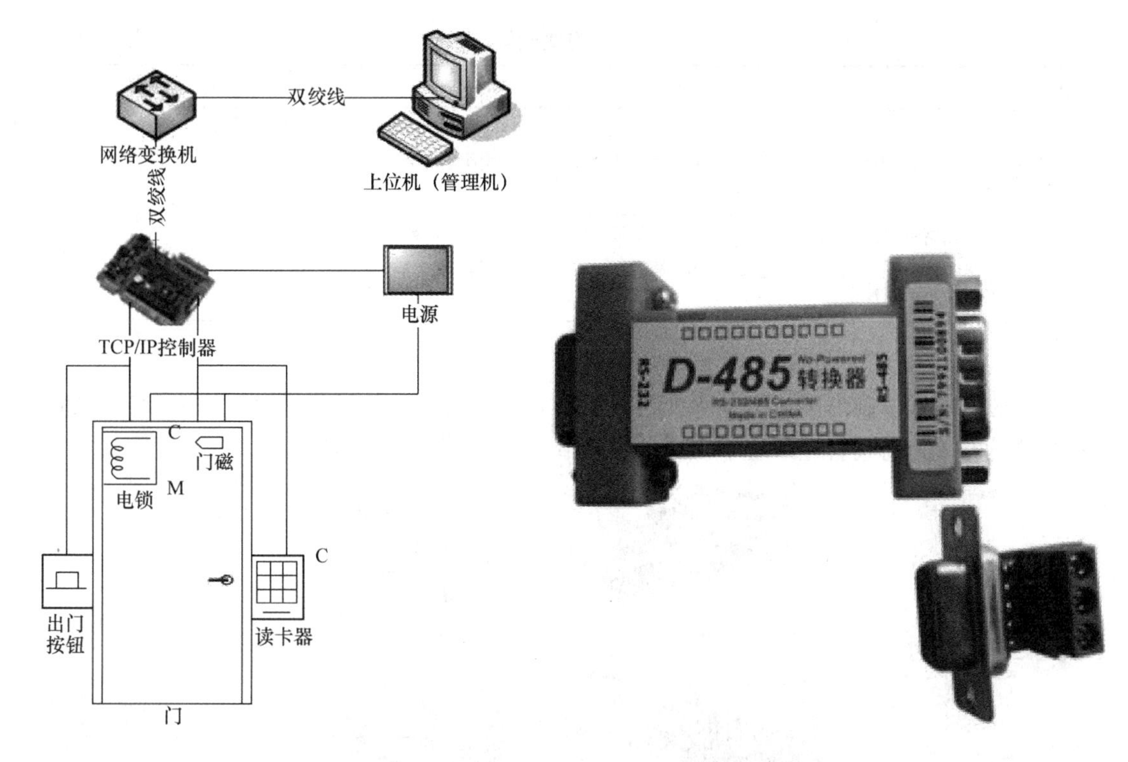

图 3-122 TCP/IP 网络型门禁管理系统结构图　　图 3-123 通讯转换器

（1）门禁控制器

门禁控制器是门禁管理系统的核心部分，它负责整个系统的输入、输出信息的处理和储存、控制等。它验证门禁读卡器输入信息的可靠性，并根据出入规则判断其有效性，如若有效则对执行部件发出动作信号。如图 3-124 所示。

①按控制门数分类：可分为单门、双门、四门等不同类型的门禁控制器。

单门控制器：只控制一个门区，不能区分是进还是出。

单门双向控制器：控制一个门区，可以区别是开门还是关门。

双门单向控制器：可以控制两个门区，但是不能区分是进门还是出门。

双门双向控制器：控制两个门区，并且可以区分是进门还是出门。

四门单向控制器：顾名思义，就是一个控制器可以控制四个门区。

图 3-124 门禁控制器

四门双向控制器：比四门单向控制器多出一个功能，区别是进门还是出门。

多功能控制器：可以根据具体要求在单门双向和双门单向这两个功能间转换。比较灵活。

②按通信方式分类（见表 3-12）

通信方式分类 表 3-12

通信方式	优点	缺点
RS485	成本比较低廉，单独组网，不会受到其他设备的共用网络的干扰	1. 组网数量有限 2. 组网范围有限 3. 通讯速度比较慢
以太网	组网数量无限制，组网范围广，可以跨地区，甚至跨国界。通讯速度快，适合过万人，过百门的门禁系统。可扩展性好，如无线、网络供电等	成本会稍高于 RS485 控制器

（2）电锁

门禁控制器控制门开、闭的主要执行机构是各类电锁，包括电插锁、磁力锁、电锁口和电控锁等，是门禁管理系统中锁门的执行部件。如图 3-125 所示。

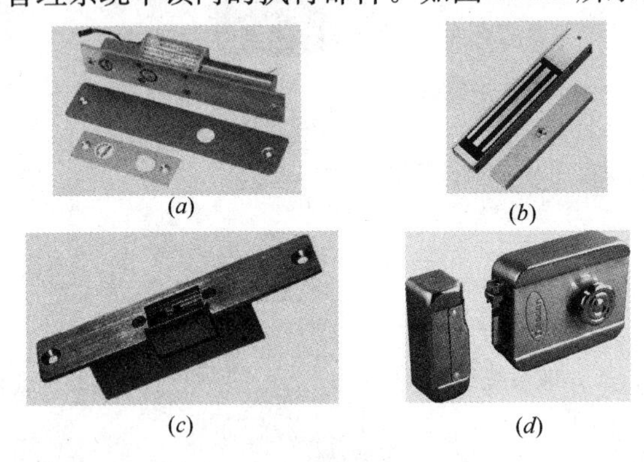

图 3-125 电锁

(*a*) 电插锁；(*b*) 电磁锁；(*c*) 电锁口；(*d*) 电控锁

① 电插锁

电插锁属常开型，断电开门符合消防要求是门禁管理系统中主要采用的锁体，适用于办公室木门、玻璃门，属于“阳极锁”的一种。

② 磁力锁

磁力锁与电插锁比较类似，属常开型，是一种依靠电磁铁和铁块之间产生吸力来闭合门的电锁，一般情况下断电开门，适用于通道性质的玻璃门或铁门，单元门、办公区通道门等大多采用磁力锁，完全符合通道门体消防规范，即一旦发生火灾，门锁断电打开，避免发生人员无法及时离开的情况。

③ 电锁口

电锁口属于阴极锁的一种，适用于办公室木门、家用防盗铁门，特别适用于带有阳极机械锁，且又不希望拆除的门体，当然电锁口也可以选配相匹配的阳极机械锁，一般安装在门的侧面，必须配合机械锁使用。

优点：价格便宜。有停电开和停电关两种。

缺点：冲击电流比较大，对系统稳定性影响大，由于是安装在门的侧面，布线很不方便，因为侧门框中间有隔断，线不能方便地从门的顶部通过门框放下来，同时锁体要挖空埋入，安装较吃力，使用该类型电锁的门禁管理系统用户不刷卡，也可通过球形机械锁开门，降低了电子门禁管理系统的安全性和可查询性，且能承受的破坏力有限，可借助外力强行开启，安全性较差。

④ 电控锁

电控锁适用于家用防盗铁门、单元通道铁门，也可用于金库、档案库铁门。可选配机械钥匙，通过门内锁上的旋钮或者钥匙打开，大多属于常闭型。

缺点：冲击电流较大，对系统稳定性冲击大，开门时噪音较大且安装不方便，经常需要专业的焊接设备，点焊到铁门上。

针对电控锁噪音大的缺点，现市面上已有新型的“静音电控锁”，它不再是利用电磁铁原理，而是驱动一个小马达来伸缩锁头，减少噪音。

4. 系统软件

门禁软件是门禁管理系统的集中管理平台，并为管理人员提供直观的、图形化的界面，方面操作，安装于管理中心计算机（监控机）上实现门禁管理系统的监控、管理、查询等功能。

为合理管理联网门禁控制器的日常运行，各硬件生产厂家一般都为其控制器开发专用的管理软件，方便管理者对门禁管理系统进行有效管理。门禁管理软件一般包括服务器、客户端和数据库三部分，门禁控制器的管理软件主要有以下功能：系统器管理功能、卡片管理功能、记录管理功能、门禁管理功能等。

一般来讲门禁管理软件都是和相应的门禁控制器配套使用的，因为各门禁控制器生产商控制信号格式、通信协议都是私有，没有统一的标准，所以只有相应的硬件产商才能开发出与其相配套的管理软件。现在在市场上也出现一种通用的门禁管理软件，其主要是通过硬件接口和一个中间层实现对不同门禁硬件的管理，此类管理软件价格较高。

任务一　门禁设备安装实训

一、基础理论知识

1. 系统设备安装流程

在进行设备安装时应仔细阅读相应产品说明书，结合实际情况进行安装，系统施工要标准化、规范化，门禁管理系统方案标准施工流程包括有管路预埋、控制器安装、线缆敷设、终端设备安装、设备接线调试五个部分，如图 3-126 所示。

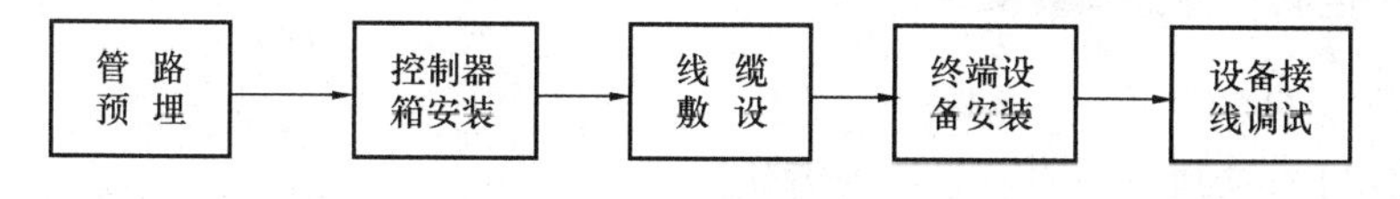

图 3-126　系统施工流程

在本书中管路预埋、线缆敷设部分不做详细阐述。

2. 系统布线及注意事项

（1）综合布线系统

综合布线系统属于任何智能系统的物理层，由于价格和意识上的原因，综合布线系统长期以来大量被用于电话和计算机网络系统，随着综合布线系统的技术日益得到普及，许多智能系统逐步开始使用综合布线系统作为其传输线路。

在门禁管理系统中有两种传输线路：电源线和信号线。电源主要用于给控制器和电锁供电，一般来讲门禁管理系统都配有 UPS（不间断电源），以免在现场突发性断电时造成开门的误动作。电源线通常会处于 220V 交流传递的方式，目的是减少电源线上的压降。在控制器旁，配备有稳压电源，将交流 220V 电源变换成直流 12V 电源，分别供给控制器和电锁。门禁管理系统用的电锁绝大多数属于 12V 直流供电方式。在电锁开断的瞬间，由于电锁中线包（电磁铁线圈）的作用，会在电源线上产生很强的电流，它容易引起电源波动，而这一电源波动对控制器的稳定工作极其不利，所以在可靠性要求比较高的门禁管理系统中，控制器与电锁分别使用不同的电源模块，即 220V 交流供电到控制器时，使用两个 12V 直流的电源模块各自整流/稳压后，分别供给电锁和控制器，并配选标准的电源线。

信号线主要用于门禁管理系统中各设备之间的信号传输，如门禁控制器与读卡器、电锁、出门按钮之间的信号传输，门禁控制器与上位机之间的信号传输。一般而言控制器中有三组信号线分别连接到读卡器（4～9 芯）、电锁中的锁状态传感器（2 芯）和出门按钮（2 芯）。这三路信号线可以使用综合布线中的双绞线替代。为了避免空间的电磁干扰，读卡器信号线应采用屏蔽线，另两种信号线则可以采用屏蔽线，也可以采用非屏蔽线。控制器与上位机间大多 RS485 传输协议，在近距离时则可直接采用 RS232，在要求传输速率快的时候，则采用 TCP/IP 协议，使用以太网传输。这三种传输方式在综合布线中都可以使用双绞线，只是在 RS485 或 RS232 传输时，为了避免电磁干扰，应采用屏蔽双绞线，往往在综合布线智能大楼工程中会产生短于 20m 的双绞线工程废线，这些废线可正好用于出门按钮信号线、读卡器信号线和锁状态信号线。

（2）布线注意事项

门禁管理系统中应用综合布线系统时应该注意以下因素：

① 接线方法应完全按照各种门禁设备上的接线规则，并保留详细的接线图，以便以后的维护。

② 屏蔽双绞线的屏蔽层应根据读卡器、控制器的安装手册完成接地。

③ 当使用 TCP/IP 协议时，最好不要与其他智能系统（包括办公自动化系统等软件系统）共用网络交换机，即为门禁管理系统单独配备网络交换机，以免因协议冲突发生传输上的意外。

二、门禁控制设备的安装实训操作

1. 实训任务目的要求

（1）掌握门禁控制器的安装与接线方法。

（2）掌握读卡器的安装与接线。

（3）掌握电锁的安装与接线。

（4）掌握门禁控制器与开门按钮的接线。

2. 实训设备、材料及工具准备

设备及材料：

（1）门禁控制器 1 个（双门双向）。

（2）非接触式读卡器 1 个。

(3) 电插锁或电磁锁1个（断电开）。

(4) 出门按钮1个。

(5) 通讯转换器1个。

(6) 电源、导线若干。

工具：螺钉旋具、斜口钳、剥线钳、电烙铁、焊锡、接线端子、钻头、绝缘胶布等。

3. 实训任务步骤

请阅读门禁控制系统设备说明书后完成下列实训任务。

(1) 安装前准备

①设备定位

A. 控制器的安装位置

设计控制器的安装位置需要考虑两个因素：

第一，便于施工和操作；

第二，安全（此区域不能随意进入）。

弱电井是比较合适的安装地点。如果没有弱电井可用，可将控制器安装在室内墙壁上；只有一个控制器的系统，要注意控制器与安装门禁软件的电脑之间布线不能超过15m，控制器与两个被控制的门最好在20m以内，这样可保证门锁的电源电压不会太低。

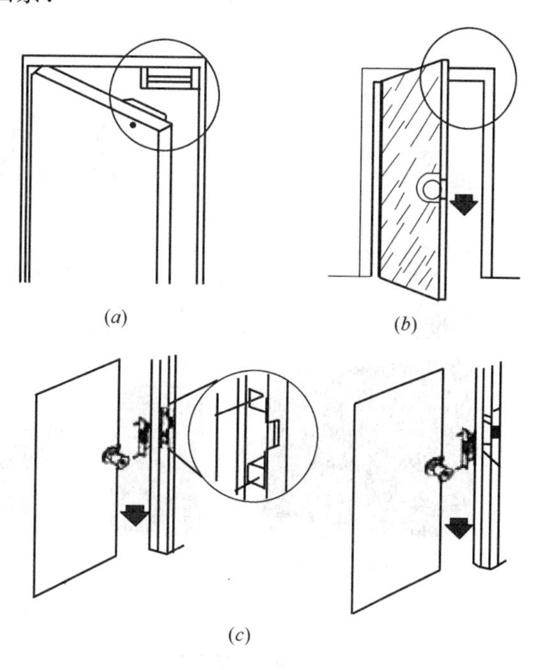

图3-127 电锁的安装位置

(*a*) 电磁锁；(*b*) 电插锁；(*c*) 阴极锁

B. 电锁的安装位置

用阴极锁控制的门，还需额外安装门磁，门磁有线的一端安装在门框上（阴极锁上端），无线的一端装在门侧板的边缘（门把手的上端）。如图3-127 (*c*) 中右图所示。

C. 读卡器的安装位置

读卡器安装在门外侧，用于进门读卡。安装高度通常在1.0～1.4m之间，一般装于门拉开的一侧。

D. 开门按钮的安装位置

开门按钮安装在门内侧，用于出门。安装高度通常在1.0～1.4m之间，一般装于门打开的一侧。

②布线（如图3-128所示）

门禁控制系统所用线材一览表 **表3-13**

名称	序号	规格及型号	备注
RS485通信网络线	B	两芯屏蔽双绞线 2×（0.5mm^2～0.8mm^2）	不能超过1200m
读卡器线	C	5类8芯屏蔽双绞线	不能超过150m
按钮线	F	两芯线（2×0.5mm^2）	

续表

名称	序号	规格及型号	备注
门磁线	D	两芯线（2×0.5mm^2）	
电锁控制线	E	两芯线（2×0.5mm^2）	不能超过30m
电源线	A	三芯电源线（3×1.5mm^2）	设备自配

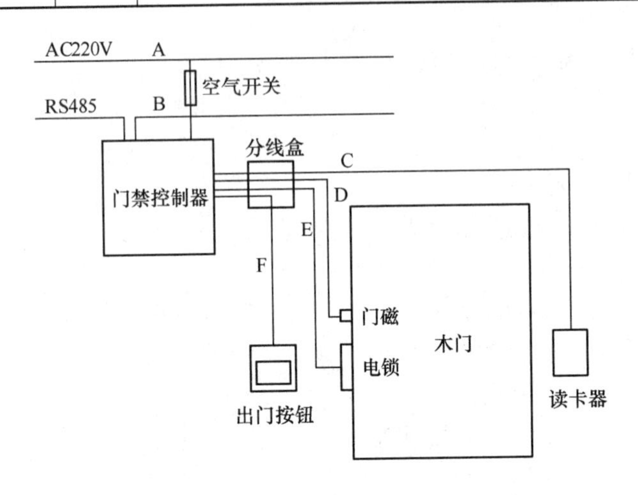

图 3-128 布线

（2）设备安装

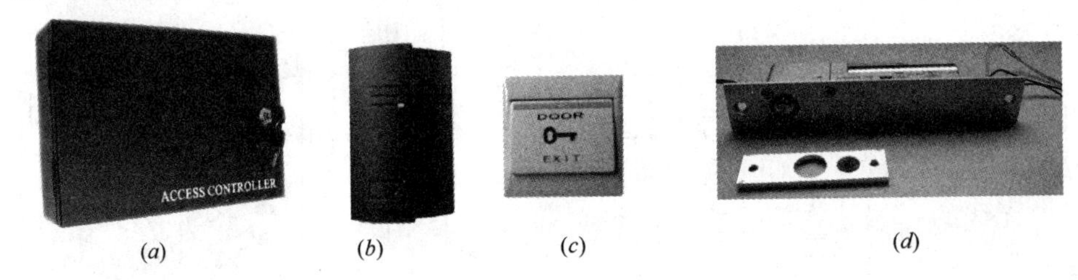

图 3-129 控制器安装

（*a*）门禁控制器；（*b*）读卡器；（*c*）开门按钮；（*d*）电插锁

① 控制器安装

第一步：根据控制器机箱底板上的固定孔位，在墙壁上的适当位置打孔，打入膨胀螺栓。

第二步：用螺钉，拧入孔内。

第三步：将控制器挂在螺钉上，固定在墙壁上。

第四步：参照控制器接线图进行接线。

② 电锁安装

A. 电磁锁

外开门的表面安装方法：

第一步：用螺丝刀打开盖板，再用六角扳手打开边板，准备安装。如图 3-130（*a*）所示。

第二步：拿出安装纸板，将纸板沿虚线折叠，按图 3-130（*b*）所示方法把纸板放到所需装锁的位置，然后再需要打孔的地方做上记号后打孔。

第三步：

a. 继铁板的固定（参见图 3-130（*c*））将内六角螺丝插入继铁板中，把橡胶华司置于两片金属华司之间，然后套在内六角螺丝上。将继铁板插入门上打的三个孔中，同时把香菇头从门的另一面插入，利用六角扳手将继铁板锁在门上。

b. 边板的固定（参见图 3-130（*c*））把边板用两个半圆头螺丝固定在先前打孔的门框上（固定在边板的长形孔中）。注意：不要将边板锁紧，让其能前后移动以利于安装位置的修正。

c. 修正边板的位置使边板与继铁板的位置合适，目的使锁主体能与继铁板紧密的接触。

d. 固定锁主体与边板锁紧边板的半圆头螺丝后，再锁上所有的沉头螺丝，然后再卸下半圆头螺丝，在适当的位置钻孔以便接线。最后用六角扳手把锁主体锁在边板上。（参见图 3-130（*d*））

第四步：按照说明书的指示接线。如图 3-130（*e*）所示。

第五步：盖上盖板，把小铝柱体塞进锁主体（参见图 3-130（*e*））的螺丝孔中。如图 3-130（*f*）所示。

图 3-130（*g*）与图 3-130（*h*）所示为典型的外开门外置式的安装式样。

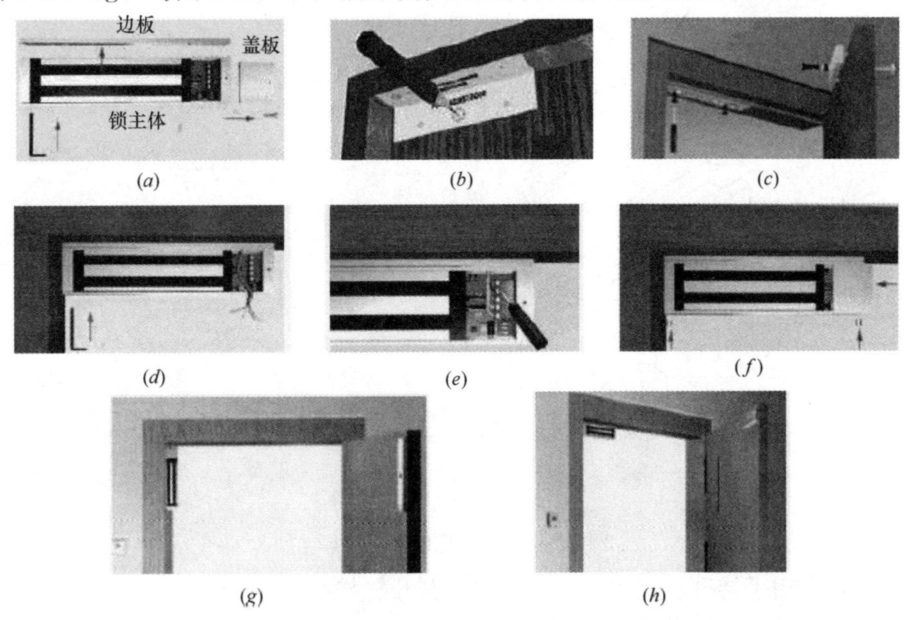

图 3-130　电磁锁外开门的表面安装示意图

安装注意事项：在安装继铁板时，不要把它锁死，让其能轻微摆以利于和锁主体自然的结合。

B. 电插锁

第一步：先将门关上，确定门与门框的中心线，再将电锁包装盒内的贴纸与中心点对齐贴上。如图 3-131 所示。

第二步：按贴纸上所示的孔位在门框上开孔。如图 3-132 所示。

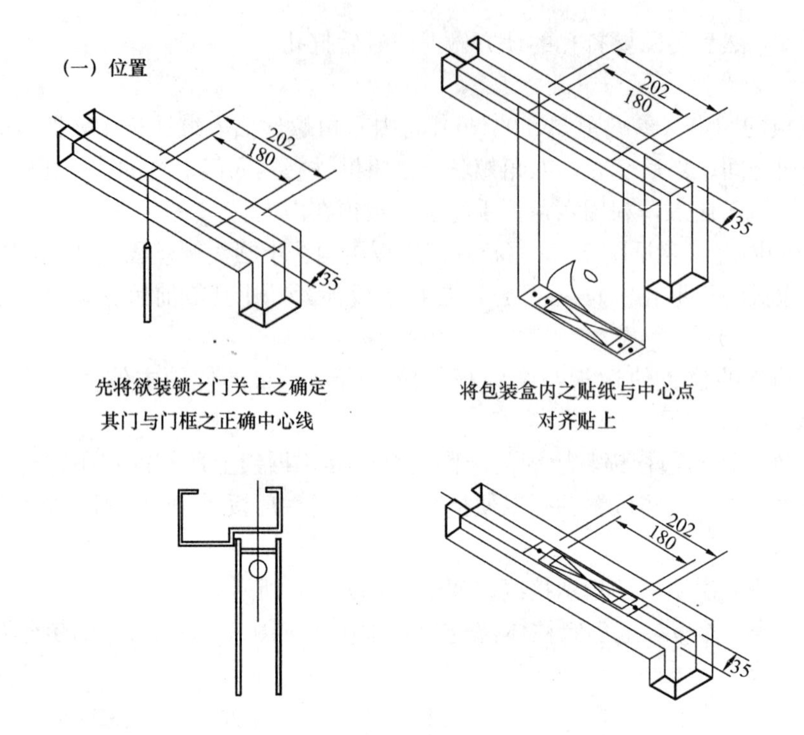

图 3-131 电插锁的安装（一）

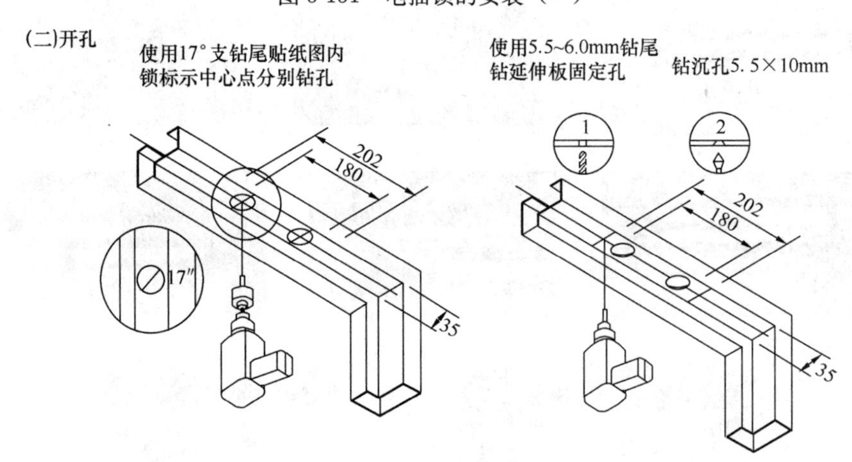

图 3-132 电插锁的安装（二）

第三步：使用手持砂轮机将锁钻的孔间切割开。如图 3-133 所示。

第四步：在门框上安装锁体，上好挡板，并用螺丝固定。在门上安装好锁扣。如图 3-134 所示。

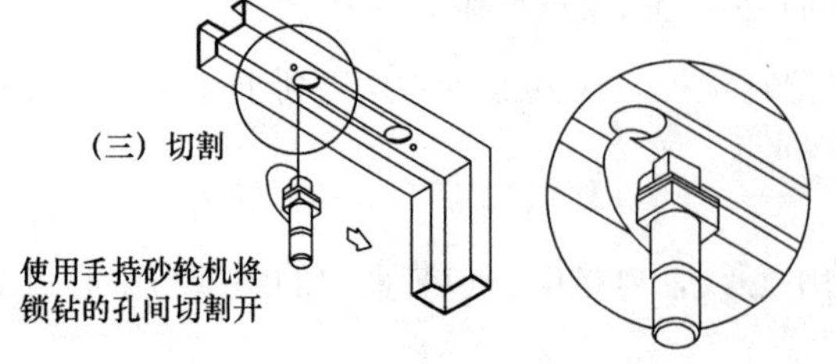

图 3-133 电插锁的安装（三）

注意：

● 锁舌与锁扣位置要对准，安装要妥当、牢固。安装不当会造成锁舌不到位、锁体发热，锁的寿命会急剧减少。

● 锁的延时可调至 2.5s，等门关好，

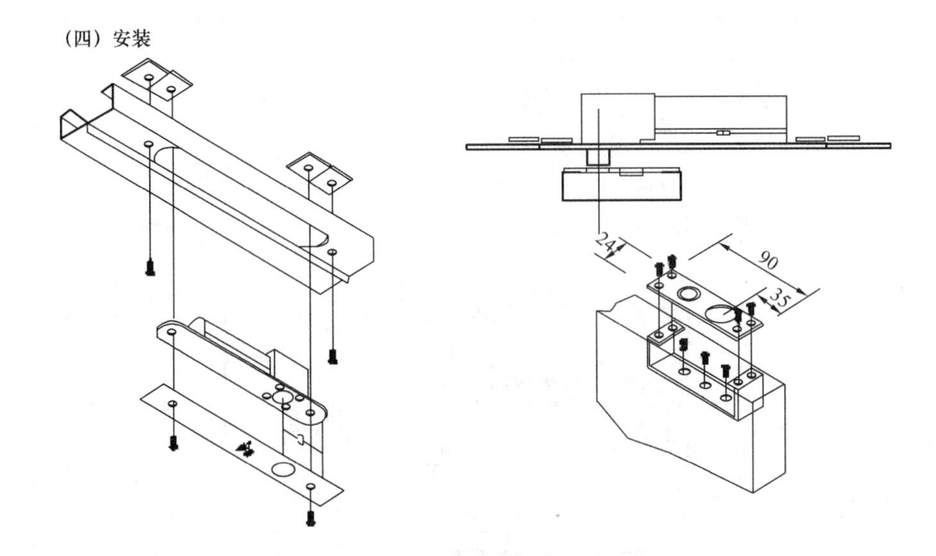

图 3-134　电插锁的安装（四）

不再晃动后再上锁。

③读卡器的安装

第一步：将读卡器盒内的贴纸贴在欲安装读卡器的位置上，按标示位置开两个定位孔及一个中间的出线孔。（注：若安装在墙上的话，暗装需预埋安装盒）

第二步：将读卡器的线穿过线孔，按说明书接好线后，将读卡器用螺丝固定好。

④开门按钮安装

预埋安装盒，将开门按钮的两个端子接好线后，把开门按钮固定在安装盒上。

（3）设备接线

①接线总揽

在接线前，确保把电源关断，在通电状态下接线可能会对设备造成严重的损坏。控制器接线示意图如图 3-135 所示。提示：控制器上所有接线端子排都是可拔下来的，拔下后接线较方便，接好后插回。

②电源线连接

电源线连接到控制器 J13 端子上。（注：控制器电源已安装到位。在所有安装完成后才能给控制器加电。）

③读卡器接线

本实训项目中的门禁控制器是双门双向控制器，一共可以接 4 个读卡器，分别负责 1 号门的进和出、2 号门的进和出。

控制器 J2 是 1 号门进门读卡器的接口，对应的颜色见表 3-14。

J2 端子　　**表 3-14**

J2 各端子	读卡器连线颜色	信号名称
J2-1	棕色或蓝色	LED 控制
J2-2	绿色	D0
J2-3	白色或黄色	D1
J2-4	黑色	GND
J2-5	红色	+12V

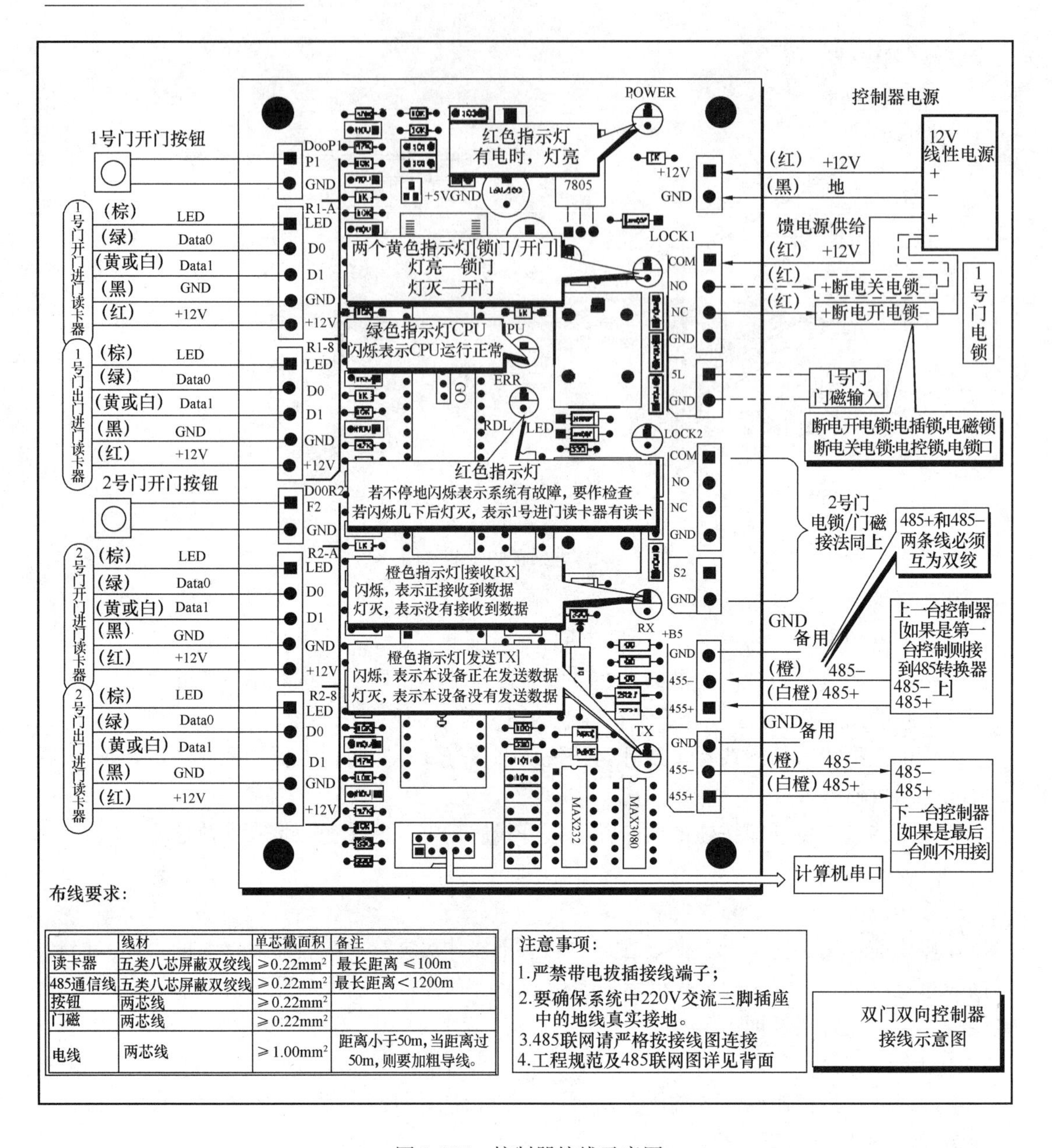

	线材	单芯截面积	备注
读卡器	五类八芯屏蔽双绞线	≥0.22mm²	最长距离 ≤100m
485通信线	五类八芯屏蔽双绞线	≥0.22mm²	最长距离 <1200m
按钮	两芯线	≥0.22mm²	
门磁	两芯线	≥0.22mm²	
电线	两芯线	≥1.00mm²	距离小于50m，当距离过50m，则要加粗导线。

图 3-135 控制器接线示意图

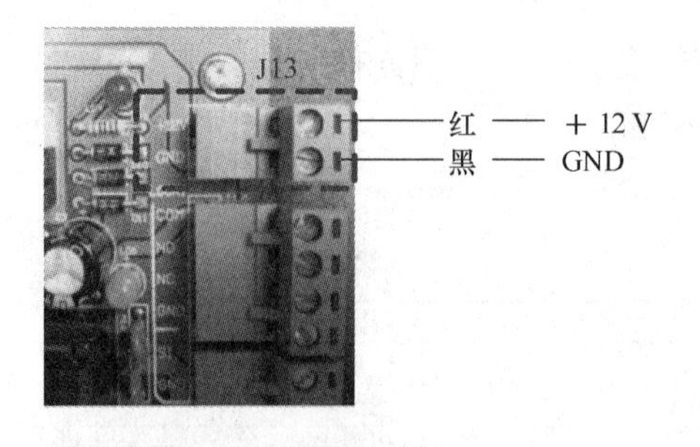

图 3-136 电源接线示意图

J4 是 1 号门出门读卡器的接口，接法同 J2 一致。接线示意图如图 3-137 所示。

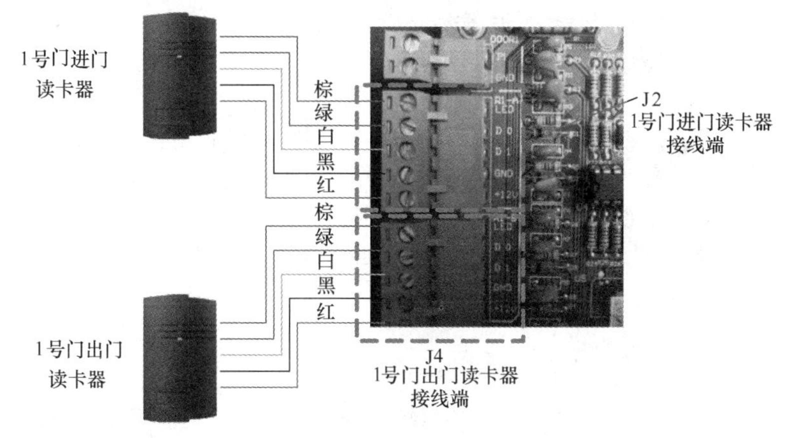

图 3-137 1 号门读卡器接线示意图

注：

- 读卡器的黑/红两条线是电源线，一定不能接错端子！
- 2 号门的进、出读卡器接线同 1 号门接法一致，在此不再介绍。

④开门按钮接线

控制器 J1 接线端为 1 号门出门按钮接线端子。1 号门出门按钮接线如图 3-138 所示。

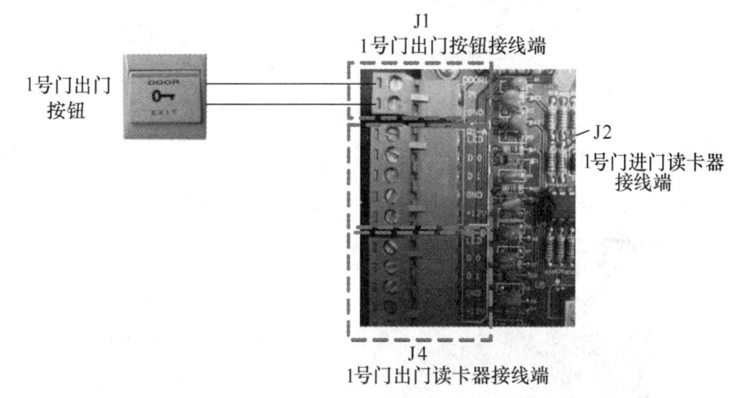

图 3-138 1 号门出门按钮接线示意图

⑤电锁接线

以 1 号门所接电插锁为例：控制器 1 号门电锁接线端子为 J14，J14 的 COM 端接电锁电源＋12V。当接断电开型电锁时，电锁正极接 J14 的 NC 端，电锁负极接电源 GND 端；当接断电关型电锁时，电锁正极接 J14 的 NO 端，电锁负极接电源 GND 端。如图 3-139 所示。

注：电锁电源的极性不能接反。

⑥门磁接线

1 号门门磁接线如图 3-140 所示。

注：当所用电锁（如电插锁、电磁锁）上已有门磁信号输出，就不需要再单独安装门磁。控制器上相应的门磁输入端子接电锁上的门磁信号常闭输出和公共端。

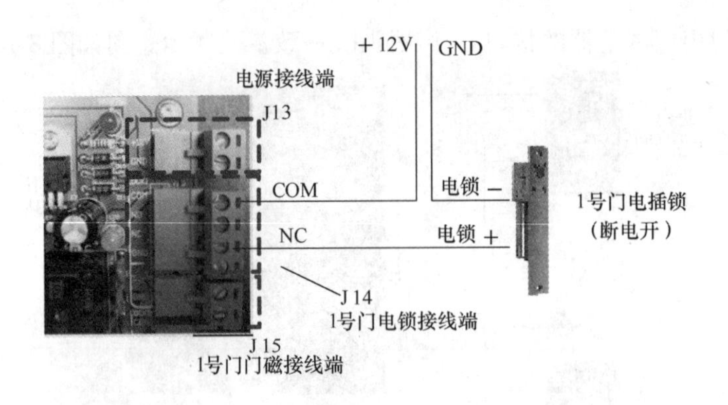

图 3-139　1 号门电插锁（断电开）接线示意图

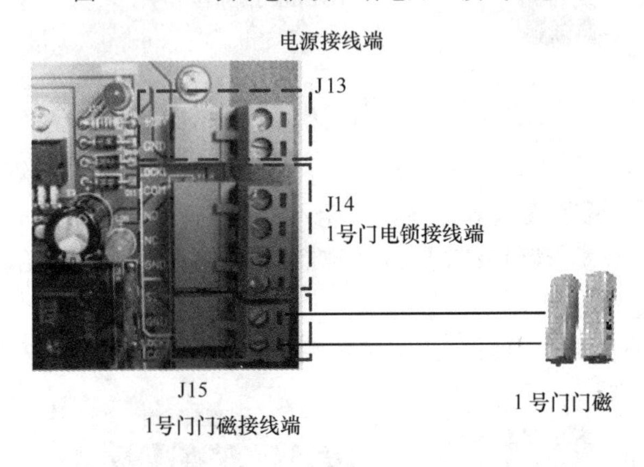

图 3-140　1 号门门磁接线示意图

⑦RS485 接线

当系统有多个控制器时，控制器与电脑通过 RS485 方式连接。如图 3-141 所示。

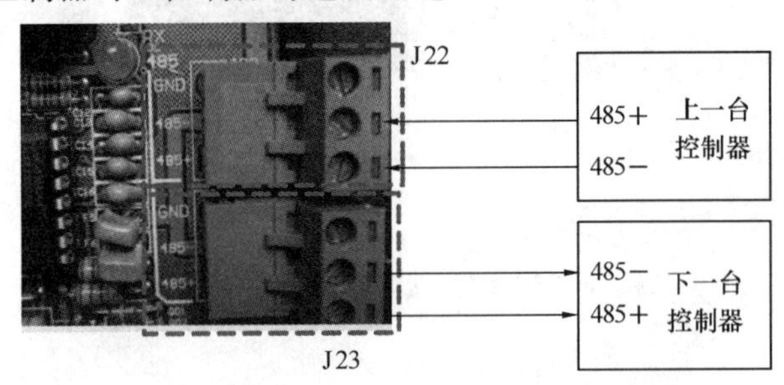

图 3-141　RS485 通讯端子接线示意图

如果是第一台控制器，则 J22 的 485＋和 485－接线端直接接在 485 通讯转换器上；如果是最后一台控制器，则 J23 的 485＋和 485－接线端可不接。如图 3-142 和图 3-143 所示。

（4）系统初调

系统各设备安装、接线完毕后，对设备进行初调，测试各设备是否能正确工作，测试步骤如下：

①用卡感应读卡器，测试读卡器能否识别信号以及执行何种动作；

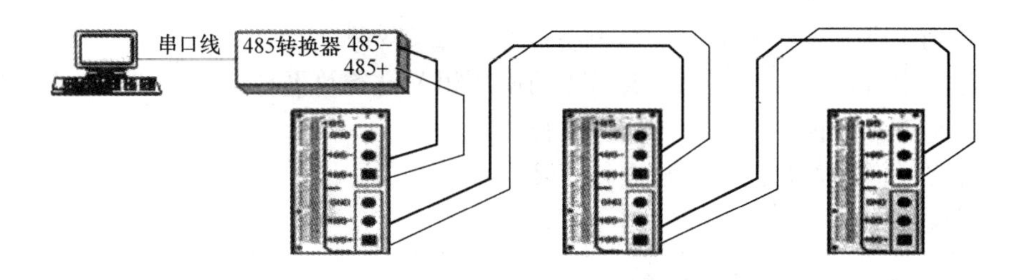

图 3-142　门禁控制系统 485 通讯接线示意图

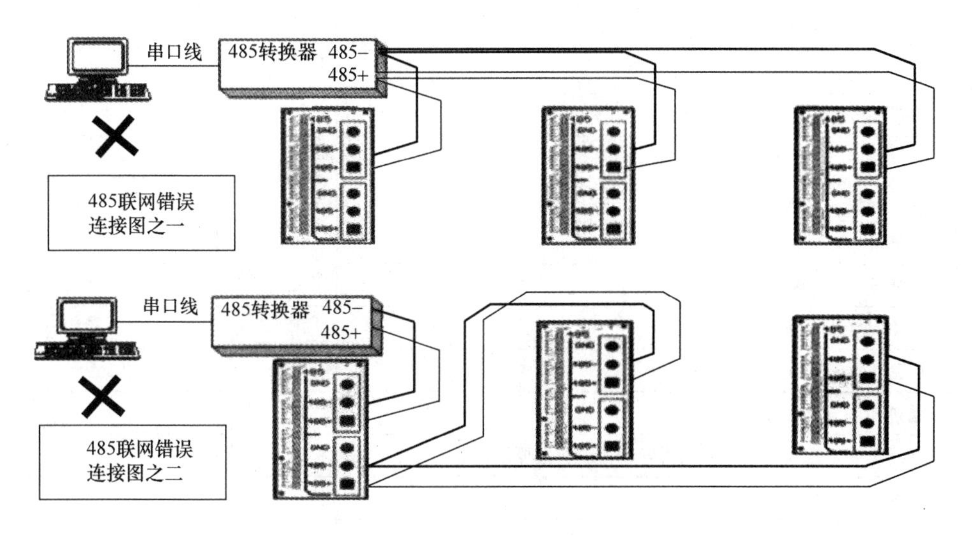

图 3-143　485 联网错误接线示意图

②门禁控制器发出开/闭锁信号，测试电插锁能否执行相应动作；

③按下出门按钮，测试电插锁能否执行开锁动作。

4. 实训任务内容

(1) 请列出本次实训所需设备名称、型号、数量。

序号	名称	型号	数量

(2) 列出本次实训所需的工具。

序号	名称	型号	数量

(3) 请写出小组成员分工情况。

（4）请画出本实训任务中门禁控制器与各设备接线图。

（5）分小组进行任务的实施。要求正确使用相关设备及工具，安全文明操作，现场工具设备摆放整齐，请记录下具体的实训过程。

（6）如发现问题，自己先分析查找故障原因，并进行记录。

5. 实训评价

序号	评价项目及标准	自评	互评	教师评分
1	设备材料清单罗列清楚5分			
2	工具清单罗列清楚5分			
3	操作步骤正确5分			
4	各设备安装牢固，安装位置合理10分			
5	门禁控制器电源接线正确5分			
6	读卡器接线正确5分			
7	开门按钮接线正确5分			
8	电插锁（或电磁锁）接线正确5分			
9	RS485接线正确5分			
10	门磁接线正确5分			
11	系统初调通过5分			
12	布线美观，接线牢固，无裸露导线，线头按要求镀锡5分			
13	能否正确进行故障判断10分			
14	现场工具摆放整齐5分			
15	工作态度10分			
16	安全文明操作5分			
17	场地整理5分			
18	合计100分			

6. 实训展示

将实训结果进行展示。能用专业的语言对整个实训过程进行描述。

任务二　门禁管理软件的安装与使用

一、基础理论知识

1. 门禁管理系统软件介绍

门禁管理软件通常配合分体式门禁系统使用，是其集中管理平台，并为管理人员提供直观的、图形化的界面，方便操作。为合理管理联网门禁控制器的日常运行，生产厂家一般都为控制器开发了专用的管理软件，方便管理者对门禁系统进行有效管理。门禁管理软件一般包括服务器、客户端和数据库三部分，门禁管理系统软件主要有以下功能：

（1）系统器管理功能：包括设置电脑通信参数，用户使用资料输入，数据库的建立、备份、清除，权限设置等部分，主要用来管理软件系统。

（2）片管理功能：包括发卡、退卡、挂失、解挂等功能，用于对卡片进行在线操作。

（3）记录管理功能：用于给管理者查询操作记录，并包括各种记录的检索、查找、打印、排序、删除等功能。

（4）门禁管理功能：用于操作者下载门禁的运行参数、用户数据、检测门禁状态操作。

一般来讲门禁管理软件都是和相应的门禁控制器配套使用的，因为各门禁控制器生产商控制信号格式、通信协议都是私有，没有统一的标准，所以只有相应的硬件产商才能开发出与其相配套的管理软件。现在在市场上也出现一种通用的门禁管理软件，其主要是通过硬件接口和一个中间层实现对不同门禁硬件的管理，此类管理软件价格较高。

为实现上述功能，门禁管理系统一般包含以下几个功能模块：系统管理、极限管理、持卡人信息管理、开门记录信息管理、实时监控管理（安防联动需求）、系统日志管理、数据库备份与恢复等。

2. 门禁管理系统软件结构

门禁管理软件的开发一般都是根据用户的需求进行设计的，其设计开发过程遵循模块化和结构化的原则，采用模块化的自顶向下的设计方法，既讲究系统的一体化和数据的集成管理；又注意保持各模块的独立性，模块间接口简单，同时预留接口以适用将来的变化和升级以满足用户对系统功能的扩展。

具体设计时应按照建设部、信息产业部、公安部对安全防范系统的管理规定及国标、部标等有关规范、标准进行设计，在设计上，充分体现系统的先进性、可靠性、安全性和经济性以及使用者维护、使用、保养的方便性和系统升级扩容的灵活性和兼容性，以实现对门禁的智能化和现代化管理。

门禁系统是通过对设置出入人员的权限来控制通道的系统，它在控制人员出入的同时可以对出入人员的情况进行记录和保存，在需要用的时候可以查询出这些记录，所以门禁一般包含以下几个功能模块：系统管理、权限管理、持卡人信息管理、门禁开门时段定义、开门记录信息管理、实时监控管理（安防联动需求）、系统日志管理、数据库备份与恢复，如图 3-144 所示。

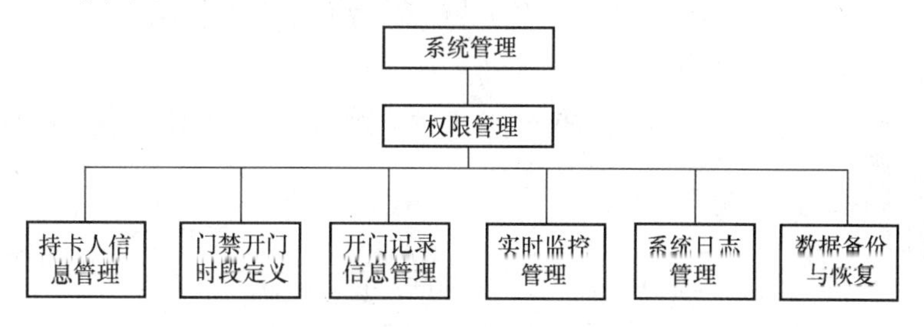

图 3-144　门禁管理软件功能模块

二、门禁管理软件安装与使用实训

1. 实训任务目的要求

（1）了解门禁管理软件的功能、工作流程。

（2）掌握门禁管理软件的安装与调试，学会门禁控制器的添加/配置，用户的添加/设置，资料上传等，能够应用管理软件对门禁系统进行管理。

2. 实训设备、材料及工具准备

设备及材料：

（1）PC管理计算机1台。

（2）门禁系统管理软件1套。

（3）门禁控制系统设备1套，并已安装到位，初调通过。

3. 实训任务步骤

请阅读门禁管理系统软件使用说明书后完成下列实训任务。

（1）门禁管理软件的安装

首先将光盘放入光驱，或者运行光盘的 setup，系统将自动弹出安装界面（如图3-145所示），安装前建议您先查看"常见问题"和"使用说明"等内容。全部选择缺省选项，一直按"回车"即可快速安装完毕。

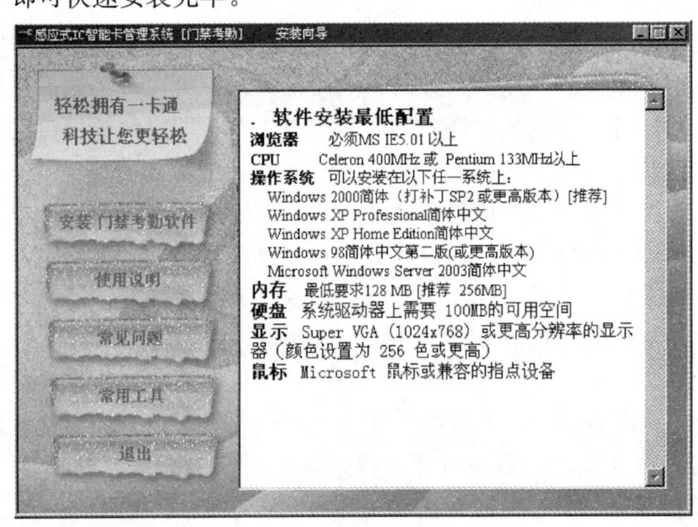

图3-145 门禁管理软件安装启动界面

（2）门禁管理软件的使用

安装完毕后，点击开始\程序\iCCard\一卡通［门禁考勤］V6.3，或者双击桌面的快捷方式 管理中心 V6.3。进入登录界面。

输入缺省的用户名：abc，密码：123（注意：用户名用小写）。如图3-146所示。该用户名和密码可在软件里更改。具体操作请参考相关内容。

登录系统后，首先会显示入门指南。如图3-147所示。如果操作者没有经验，可以在该向导的指引下完成基本的操作和设置。不过，还是建议关闭操作入门指南，仔细阅读说明书，熟悉和掌握软件的操作。

关闭"入门指南后"，操作界面如图3-148所示。

通常情况下，对门禁系统实现管理需要经过以下步骤：添加新设备──→测试设备连接──→刷卡添加用户──→添加权限──→上传──→实时监控──→提取记录──→查询记录。

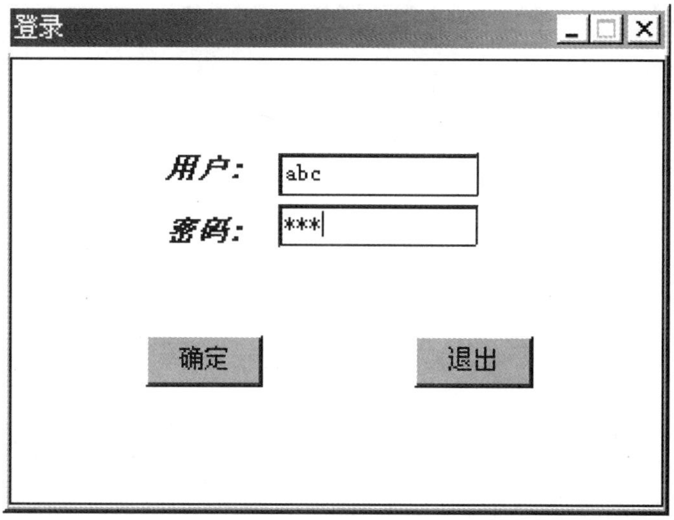

登录

用户： abc

密码： ***

确定　　退出

图 3-146　门禁管理软件登录界面

图 3-147　门禁管理软件操作指南界面

①添加/设置控制器参数

单击 基本设置＼控制器进入如图 3-149 所示的界面。

单击添加，定义系统中的控制器。如图 3-150 所示。

填入控制器的产品序列号，当采用 232 或 485 通讯模式时设置好“通讯端口”，一般

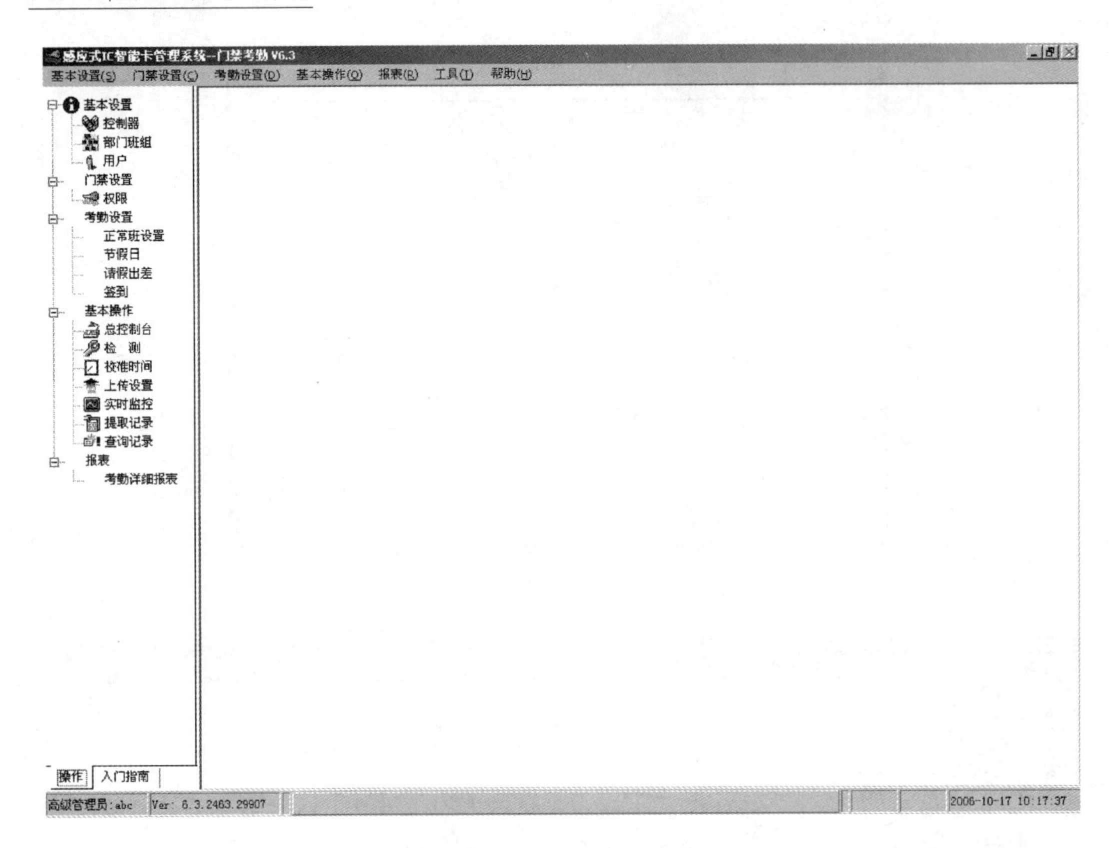

图 3-148 门禁管理软件操作界面

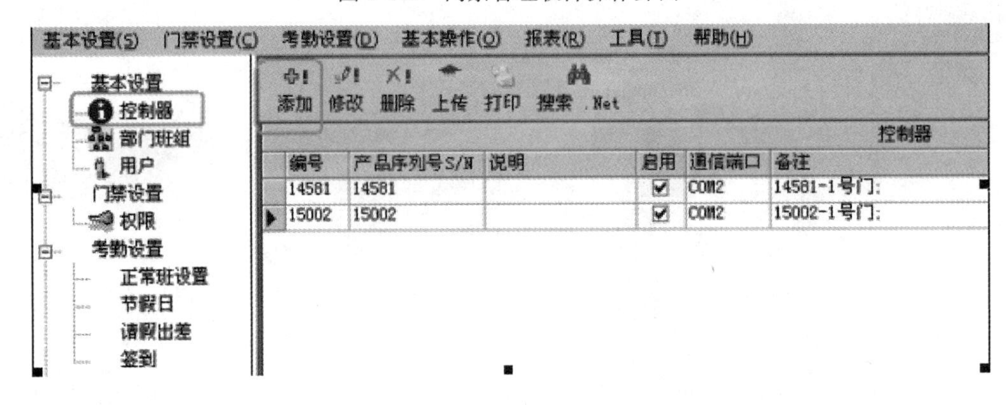

图 3-149 控制器操作界面

计算机有两个通讯串口，缺省一般为 COM1，然后选择启用。当采用 TCP/IP 通讯时，选择“小型局域网［同一网段］”或“中大型局域网［可跨网段］或 Internet 互联网”，并根据说明书进行设置。

本实训系统采用的是 485 通讯控制器，因此只需设置好通讯端口即可。选择好通讯方式后，单击【下一步】，进行详细设置。

只需双击表格对应位置，即可修改门的名称、开门延时时间、是否启用等。如图 3-151 所示。如该门的读卡器不做考勤用途，可将考勤栏中对应选项的勾去掉。去掉后，该门的打卡数据就不会作为考勤记录。

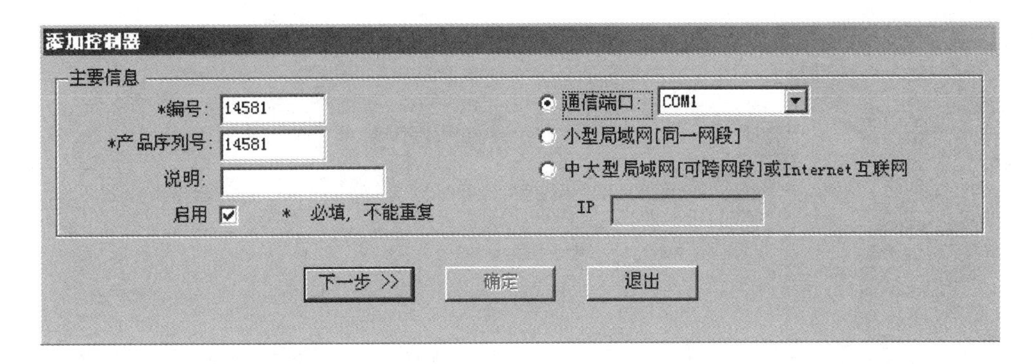

图 3-150　控制器添加/设置界面

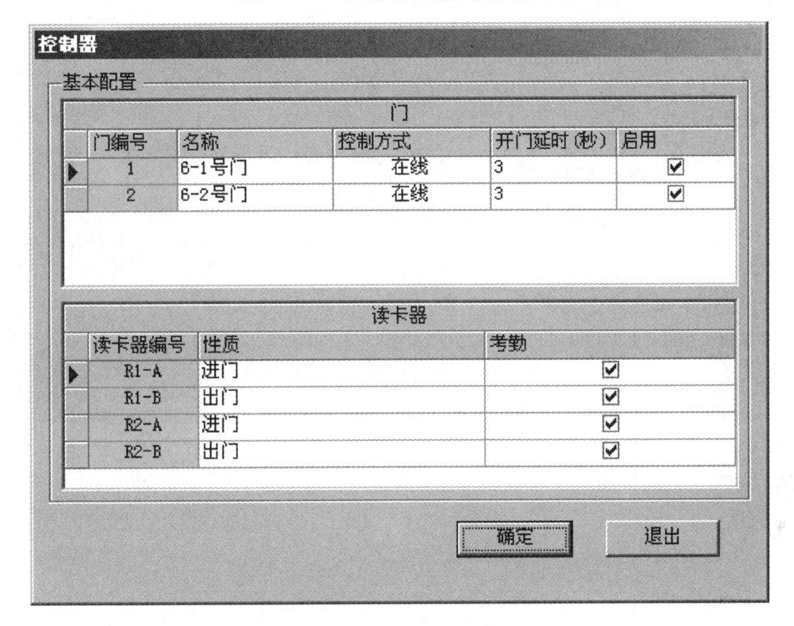

图 3-151　控制器详细设置界面

注：设置结束后，必须统一进行“上传设置”。如图 3-152 所示。

基本设置：控制器、部门班组、用户；门禁设置：权限；考勤设置：正常班设置、倒班设置、倒班班次、倒班排班

添加　修改　删除　上传　打印　搜索　.Net

控制器

编号	产品序列号S/N	说明	启用	通信端口	备注
1	10000		☑	COM1	1.大门;
2	20000		☑	COM1	1.老化室;　2.仓库;
3	42002		☑	COM2	总经理办公室;　总经理办公室报警用;　会议室;　走廊;
4	29000		☑	COM1	1.品管1部;　2.品管2部;
5	30006	TCP/IP远程门禁	☑	192.168.	1.总部;　2.分公司;
6	42001		☑	COM2	6-1号门;　6-2号门;　6-3号门;　6-4号门;

图 3-152　控制器设置结束后界面

②测试控制器通讯

点击【基本操作】/【总控制台】，选择所属控制器的门，点击【检测】，界面将显示该门所在控制器的基本信息，运行信息中如果有红色提示，表示控制器的设置和软件设置不一样，请“上传设置”来同步。如果如图 3-153（*a*）所示的门图标显示为绿色，表示

通讯正常。

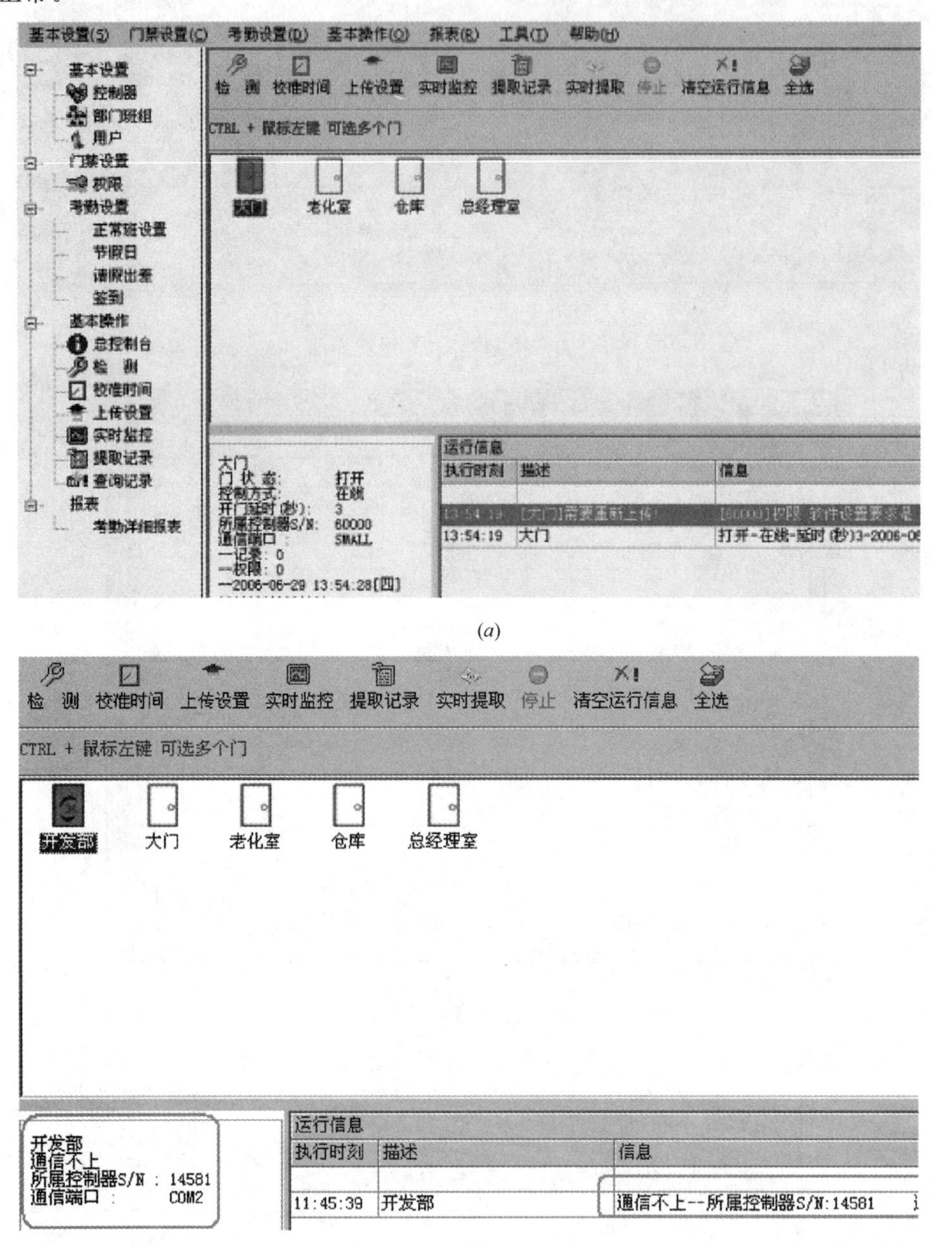

图 3-153 测试控制器通讯

（*a*）通讯正常；（*b*）通讯不上

如果通讯不上，系统会自动重试几秒钟，并提示“通讯不上”。如图 3-153（*b*）所示。通讯不上，可能的原因是：控制器序列号未输入或者输入错误，串口选择错误（一般计算机有 COM1，COM2 两个串口）、串口被其他设备占用或者损坏、通讯接线错误等原因。

③设置卡和员工资料（发卡）

A. 设置部门和班组名称

单击 基本设置 \ 部门班组进入如图 3-154 所示的界面。

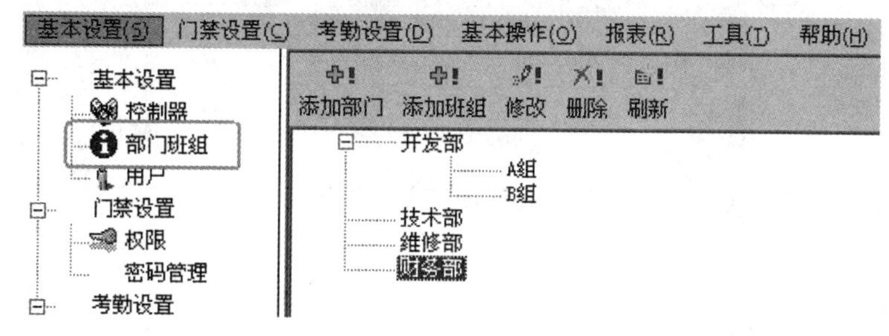

图 3-154　部门班组设置

在此项中，添加部门名称，添加相应部门下的班组（班组非必填项目）。

B. 添加注册卡用户

单击 基本设置 \ 用户进入如图 3-155 所示的界面。

图 3-155　注册卡用户操作界面

添加用户姓名和卡号（在感应卡表面有印刷为类似 20448049 ，中间的空格不要，最长为 8 位数，起始的 0 可以不输入，如果卡上没有印刷卡号，请用实时监控功能来获取卡号），选择相应的部门和班组名称。

当需要批量设置卡片或者卡片上没有印刷卡号时，可以用任何一个门的读卡器做发卡器，实现自动发卡功能。此时请点击“自动添加”。在此不作详细介绍，请参照说明书进行操作。

④添加/设置注册卡进出权限

当给用户分配好注册卡后，还需要对用户进出门的权限进行设置。

单击 门禁设置 \ 权限进入如图 3-156 所示的界面。

选择相应的人员和门，设置用户允许或禁止通过某些门的进出权限。如图 3-157 所示。所有的设置必须上传设置后才有效。

⑤上传设置

所有的设置完成后，都应该上传给控制器，您没有必要设置一个上传一个，可以全部设置完毕后统一上传即可。

基本设置(S) 门禁设置(C) 考勤设置(D) 基本操作(O) 报表(R) 工具(T) 帮助(H)

基本设置 控制器 部门班组 用户 门禁设置 权限 考勤设置 正常班设置 节假日 请假出差 签到 基本操作 总控制台 检 测 校准时间 上传设置

按门排列 按用户排列 添加删除权限 上传 打印 导出到EXCEL

用户权限[按门排

门	姓名	卡号	起始日期	截止日期
仓库	杜泽辉	125004	2004-01-01	2020-12-31
	蒋利	125001	2004-01-01	2020-12-31
	李蒙	125002	2004-01-01	2020-12-31
	李欣	3650503	2000-01-01	2020-12-31
	刘军	125006	2004-01-01	2020-12-31
	刘强	3654261	2000-01-01	2020-12-31
	穆伟	125005	2004-01-01	2020-12-31
	孙荣霞	125003	2004-01-01	2020-12-31
	王保国	8862127	2000-01-01	2020-12-31
	吴凯	3652370	2000-01-01	2020-12-31
	张建	25410357	2000-01-01	2020-12-31
大门	杜泽辉	125004	2004-01-01	2020-12-31

图 3-156 进出权限设置操作界面

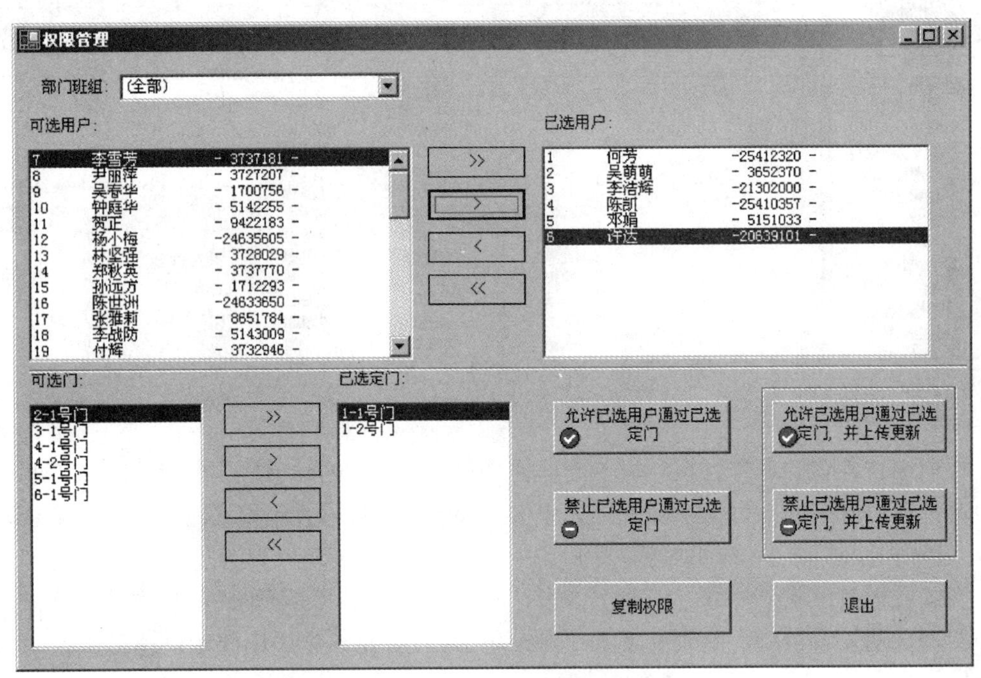

图 3-157 权限管理界面

单击 基本操作 \ 总控制台进入如图 3-158 所示的界面。将指定门的设置上传给控制器。

该功能的主要作用是将门禁管理系统中所设置的参数和用户卡权限等资料上传到控制器，使控制器按照所设置的命令动作。

⑥校准系统时间

在对门进行实时监控前还应校准整个门禁系统的时间。用电脑系统的时钟来校准控制器的时钟，从而达到门禁智能管理系统与控制器的时间同步。如图 3-159 所示。

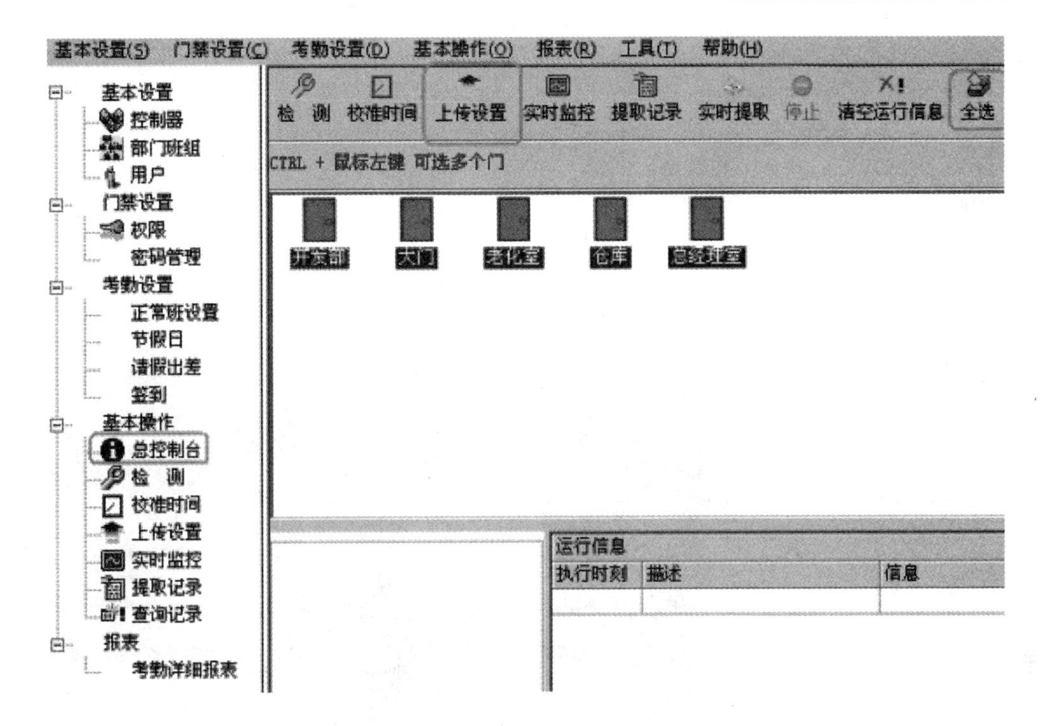

图 3-158　上传设置操作界面

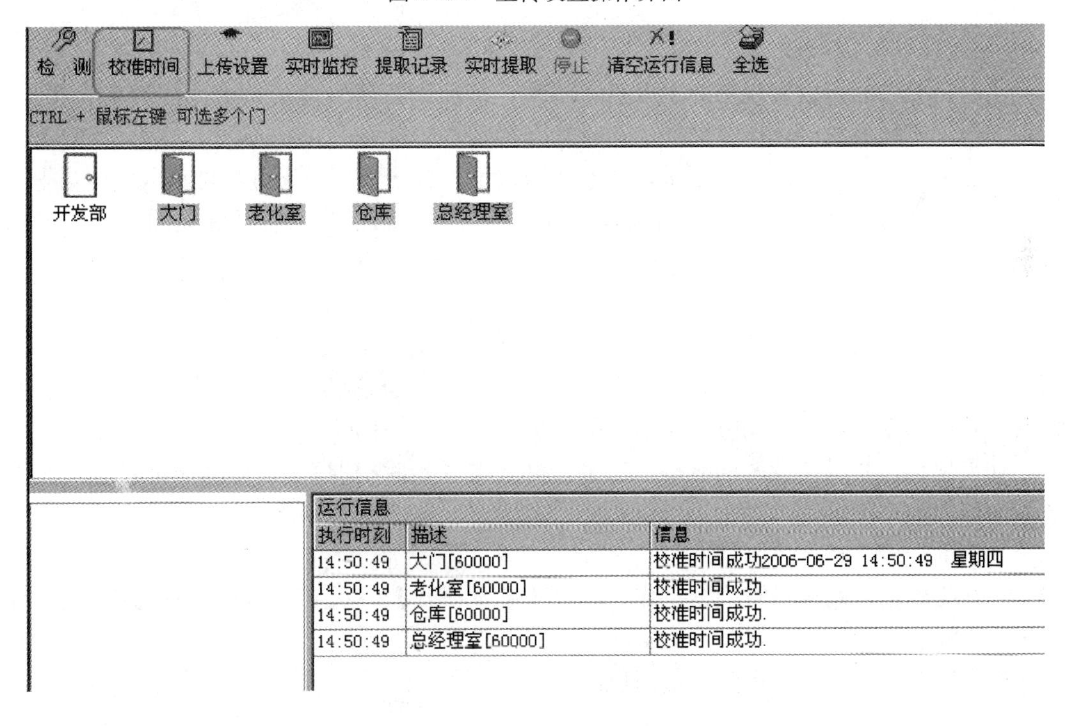

图 3-159　系统时间校准界面

⑦实时监控

【总控制台】【全选】【实时监控】。如图 3-160 所示。

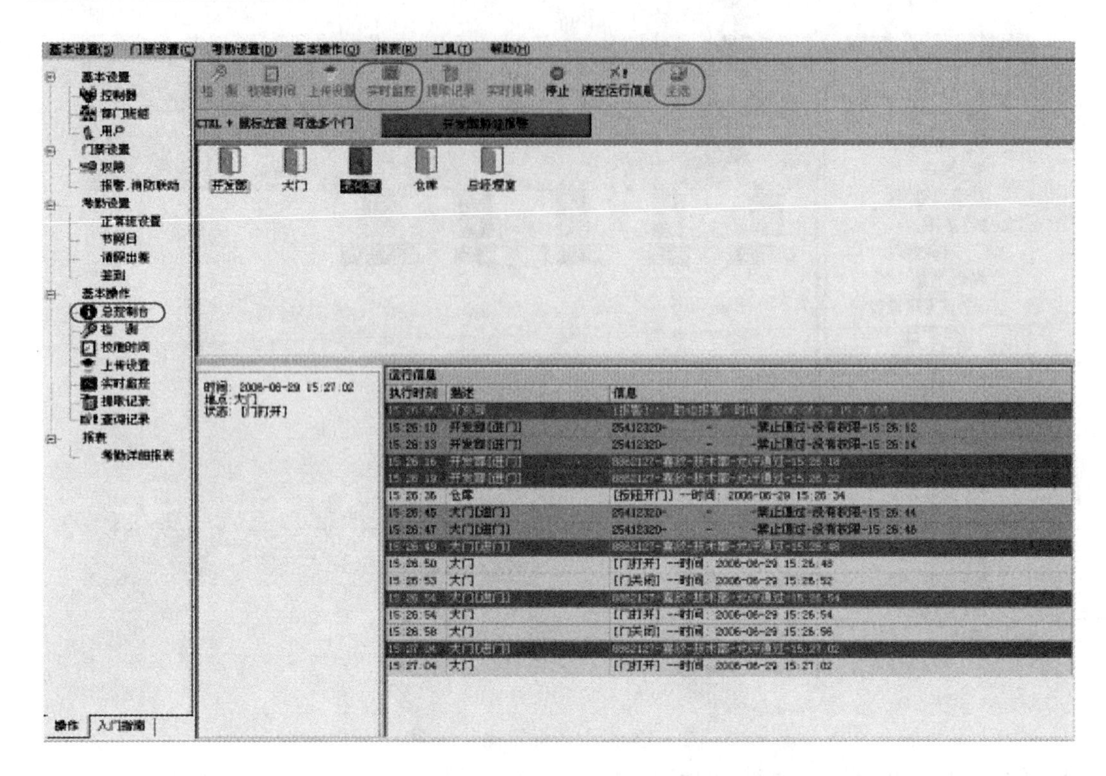

图 3-160 实时监控操作界面

实时监控功能可以实现用户刷卡进出门时，总控制室实时显示持卡人的姓名、相片、所在部门、所通过的门名称、时间、通行状态等基本信息。

非法卡或者不允许通过的记录，刷卡显示橙色。合法卡允许通过且显示绿色，报警显示为红色。并通过计算机音箱发出报警声音。按钮开门和记录门打开和关闭的事件显示黄色。

⑧提取记录

系统带有记忆存储功能，每台控制器可以脱机存储（即使计算机不开，也会自动存储。停电后记录也永不丢失）10 万条记录。您可以选择合适的时候将数据提取到电脑中，提取成功后，系统会自动删除控制器内的记录。如图 3-161 所示。

如果您想在实时监控的同时提取记录，可点击【实时提取】，这样刷卡记录会实时上传到电脑的数据库里。

⑨查询记录

可在提取记录后再进行查询工作。单击【基本操作】→【总控制台】→【查询】。如图 3-162 所示。

根据所要查询的时间范围、部门班组、用户等条件进行检索。

⑩卡片挂失

如果卡片遗失，请按挂失的方法处理，不要用在员工用户登记中删除一个人，再添加的方法。

确定用户并输入新卡号后，将更新后的资料上传后即可。如图 3-163 所示。

⑪其他功能

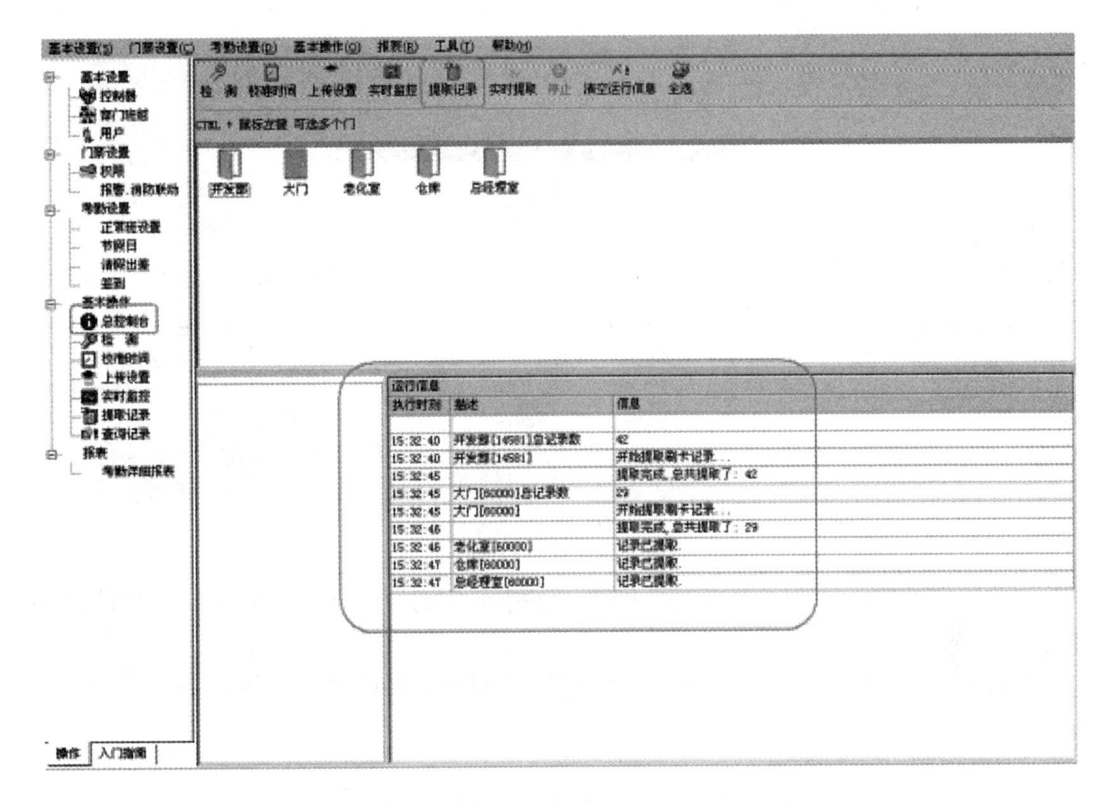

图 3-161 提取记录

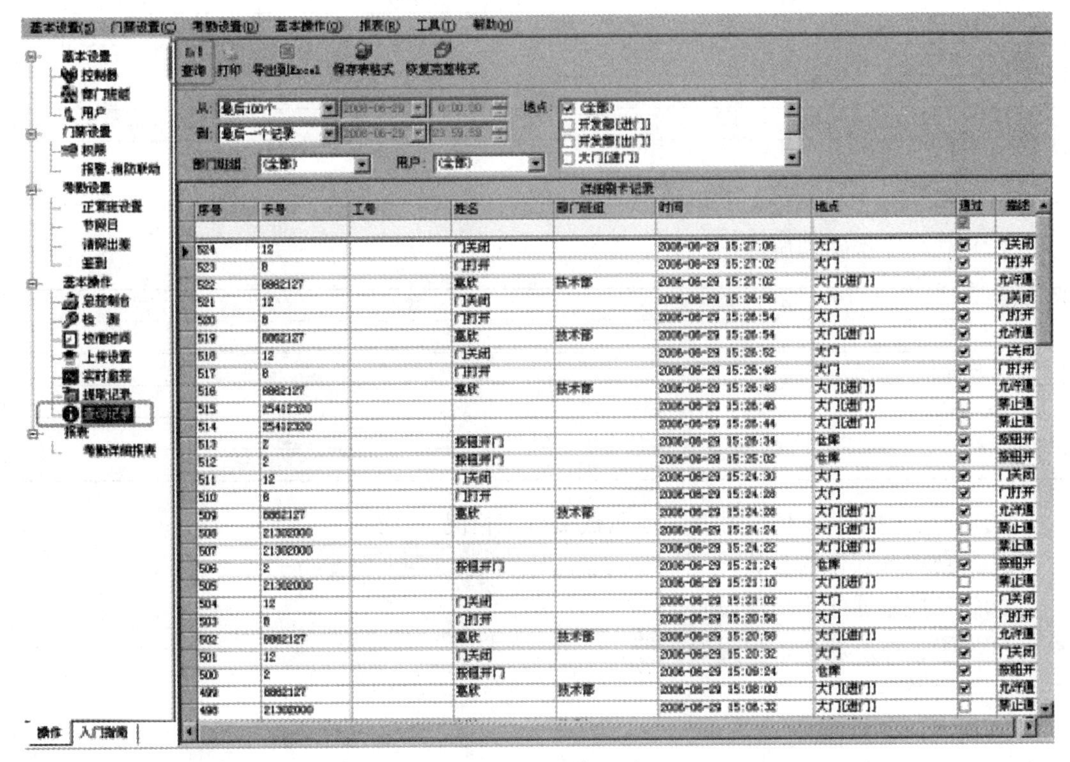

图 3-162 查询记录

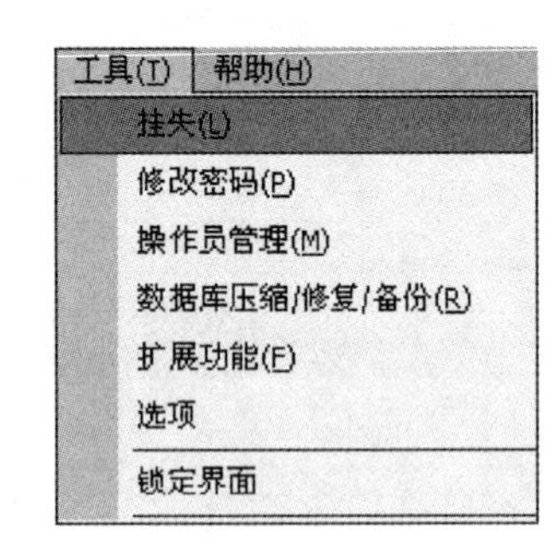

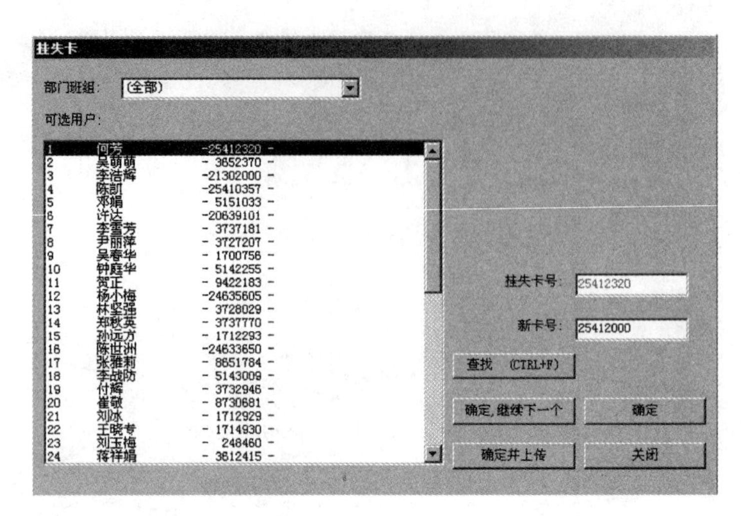

图 3-163 卡片挂失

门禁管理人员还该软件还可以进行系统用户名和密码的修改、数据库的压缩修复和备份等操作。

门禁管理软件还具有考勤功能，具体操作可参见门禁管理软件使用说明书，在此不作介绍。

4. 实训任务内容

(1) 请列出本次实训所需设备名称、型号、数量。

序号	名　称	型号	数量

(2) 列出本次实训所需的工具。

序号	名　称	型号	数量

(3) 请实现以下操作，并写出小组成员分工情况。

①门禁管理软件的安装。

②门禁控制器的添加及设置。

③发卡：注册新卡、权限设置等。

④实时监控。

⑤提取记录并查询。

⑥卡片注销等。

（4）分小组进行任务的实施。要求正确使用相关设备及工具，安全文明操作，现场工具设备摆放整齐，请记录下具体的实训过程。

（5）如发现问题，自己先分析查找故障原因，并进行记录。

5. 实训评价

序号	评价项目及标准		自评	互评	教师评分
1	设备材料清单罗列清楚 5 分				
2	工具清单罗列清楚 5 分				
3	软件操作	门禁软件安装正确 5 分			
4		门禁控制器的添加及设置 10 分			
5		用户的添加 5 分			
6		卡片分配及设置 5 分			
7		权限设置 5 分			
8		资料上传 5 分			
9		实时监控 5 分			
10		提取记录 5 分			
11		记录查询 5 分			
12		卡片挂失 5 分			
13	能否正确进行故障判断 10 分				
14	现场工具摆放整齐 5 分				
15	工作态度 10 分				
16	安全文明操作 5 分				
17	场地整理 5 分				
18	合计 100 分				

6. 实训展示

将实训结果进行展示。能用专业的语言对整个实训过程进行描述。

任务三　停车场管理系统实训

一、基础理论知识

随着科技的进步和人类文明的发展，智能停车场管理系统在住宅小区、大厦、机关单位的应用越来越普遍。而人们对停车场管理的要求也越来越高，智能化程度也越来越高，使用更加方便快捷，也给人类的生活带来了方便和快乐。不仅提高了现代人类的工作效率，也大大地节约了人力物力，降低了公司的运营成本，并使得整个管理系统安全可靠。包括车辆人员身份识别、车辆资料管理、车辆的出入情况、位置跟踪和收费管理等等。

停车场管理系统：又可称车辆出入管理系统，简称车管系统。是将计算机技术、自动控制技术、智能卡技术和传统的机械技术结合起来对出入停车库车辆的通过，实施管理、监控、行车指示、停车计费等综合管理系统。如图 3-164 所示。

智能停车场管理系统设立自动收费站，无需操作员即可完成其收费管理工作。按其所在环境不同可分为：内部智能停车场管理系统和公用智能停车场管理系统二大类。

内部智能停车场管理系统主要面向该停车场的固定车主与长期租车位的单位、公司及个人。一般多用于单位自用停车场、公寓及住宅小区配套停车场、办公楼的地下停车场、长期车位租借停车场与花园别墅小区停车场等。此种停车场的特点是使用者固定，禁止外

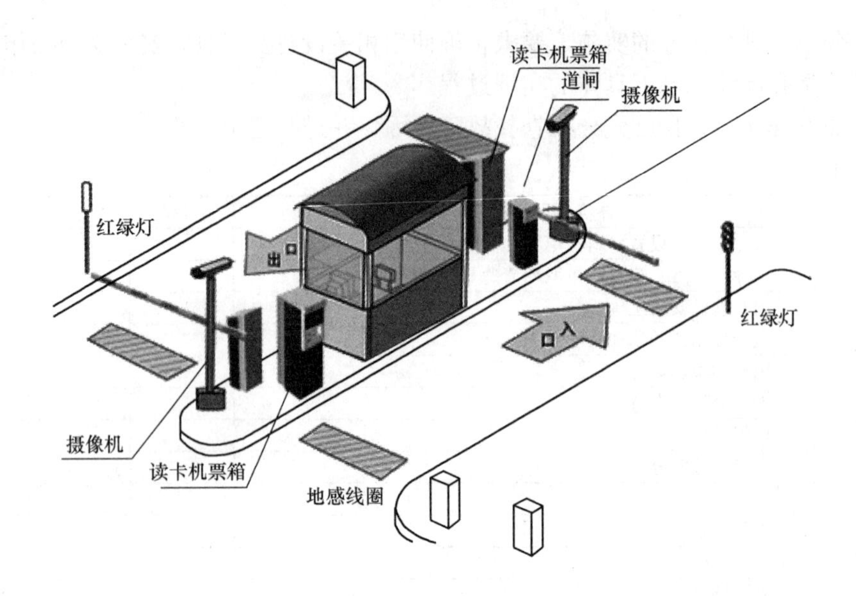

图 3-164 停车场管理系统

部车使用。

公用智能停车场管理系统一般设在大型的公共场所，使用者通常是一次性使用者，不仅对散客临时停车，而且对内部用户的固定长期车辆进行服务，该停车场特点是：对固定长期车辆与临时车辆分别管理，共用出入口，分开管理。

1. 停车场管理系统的组成

停车场管理系统通常由入口管理系统、出口管理系统和管理中心三个部分所组成。

（1）入口管理系统包括：入口控制机（读卡机、发卡机、控制器、车辆检测器、对讲系统）、车辆检测线圈、电动挡车器（含有自动栏杆和道闸）、车牌及影像识别器、车位模拟显示牌（满车位指示器）等设备组成。

①临时用户车辆进入停车场时，从出票机中领取临时卡，读感器自动检测到车辆进入，并判断所持卡的合法性。如合法，道闸开启，车辆驶入停车场，摄像头抓拍下该车辆的照片，并存储在电脑里，控制器记录下该车辆进入的时间，联机时传入电脑。

②月租卡/永久卡车辆进入停车场时，当装有有源感应卡的车辆进入感应区时（2.5m），读感器将读到的信息传给控制器判断其有效性，若有效，自动路闸起闸放行车辆，并记录下此车已入场。同时启动入口处摄像头，摄录该车辆图像，并依据相应卡号，存入岗亭的计算机硬盘中。车辆通过车辆检测线圈后，闸杆会自动放下。若无效，则报警，不允入场。

（2）出口管理系统包括：出口控制机（读卡机、控制器、车辆检测器、对讲系统）、车辆检测线圈、电动挡车器（含有自动栏杆和道闸）、车牌及影像识别器、自动计价收银机等设备组成。

①临时车驶出停车场时，将不能直接驶出停车场。在出口处，司机必须将非接触式IC卡交给管理员，电脑根据IC卡记录信息自动调出的入口图像人工对比，图像对比确认无误后，按规定交纳一定的费用。保安按确认键，电动栏杆升起，同时启动出口处摄像头，摄录该车辆图像。车辆通过埋在车道下的车辆检测线圈后，电动栏杆自动落下，同时

电脑将该车信息记录到数据库内。

②固定用户车月租卡车辆离开停车场时，如用近距离感应卡时，司机需将感应卡贴近读感器，读感器读卡后将读到的信息传给控制器判断其有效性，同时启动出口摄像机，摄录一幅该车辆图像，并依据相应卡号，存入收费管理处的计算机硬盘中。若有效，自动路闸起栏放行车辆，并记录下此车已出场，车辆通过车辆检测线圈后自动放下栏杆；若无效，则报警，不允出场。

(3) 管理中心包括：管理工作站及门禁控制管理软件、泊位调度控制器、计费收费管理及显示等设备组成。

停车场管理系统全部采用计算机自动管理，监视车库情况，需要时，管理人员通过主控计算机对整个停车场情况进行监控管理。可实时监察每辆车的出入情况，并自动记录，包括内部车辆的出入时间、车位号、停车费等信息。同时可以完成发内部卡、统一设置系统设备，如控制器、收款机等的参数，统计查询历史数据等工作，并打印出各种报表，可以对不同的内部车辆分组授权，登记有效使用期。如图 3-165 所示。

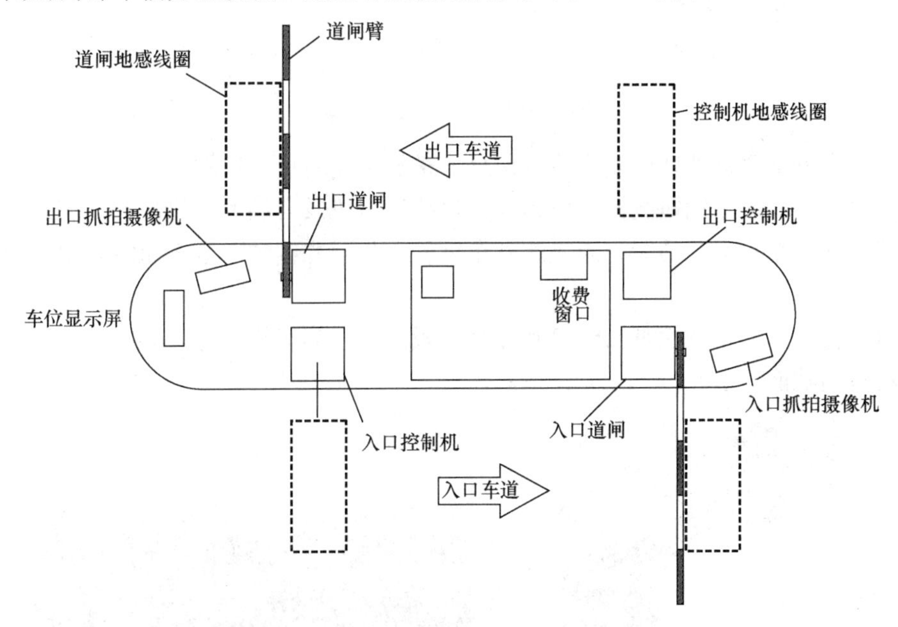

图 3-165　停车场管理系统平面布置图

2. 停车场管理系统的主要设备

(1) 自动挡车道闸——自动道闸的闸杆具有双重自锁功效，能抵御人为抬杆，科学的设计使产品能在恶劣环境下长期频繁工作。除此之外更有发热保护、时间保护、防砸车保护、自动光电耦合等先进功效。

挡车道闸有起落式栏杆（高档采用液压传动）、开闭式车门（平移门）、升降式车挡（有手臂式和地槽式）等类型。如图 3-166 所示。

闸杆防砸车功能指在汽车通过栏杆时，栏杆不能落下，栏杆也可保持打开状态，不必每过一辆车动作一次，避免了停车高峰期堵车现象。

(2) 车辆检测器——车辆检测器由一组环绕线圈和电流感应数字电路板组成，与道闸或控制机配合使用，线圈埋于闸杆前后地下，只要路面上有车辆经过，线圈产生感应电流

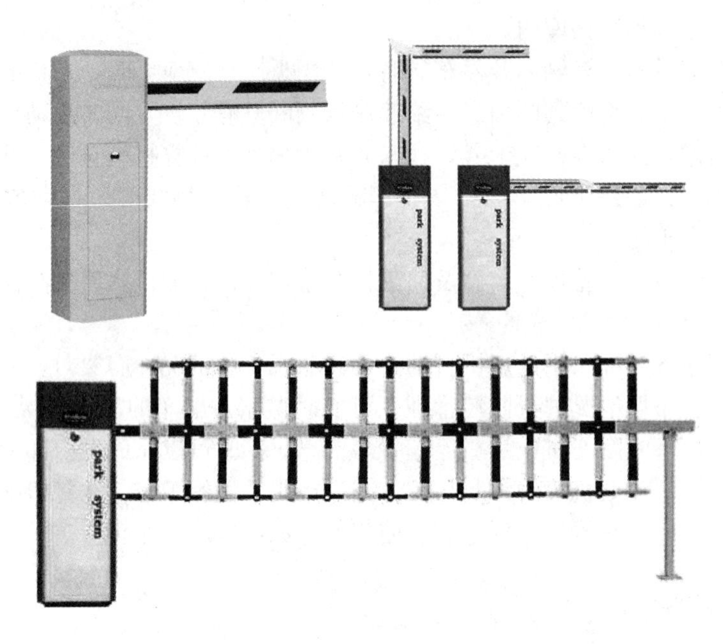

图 3-166　道闸

信号，经过车辆检测器处理后发出控制信号，送给控制主机或道闸。如图 3-167 所示。

①入口票箱前的车辆检测器主要是与入口控制主机及自动发卡机配套，实现“有车刷卡”及“一车只发一卡”功能，当检测到车辆驶入信号并按动取卡按钮时，票箱内置发卡机自动发卡。

②道闸栏杆下的车辆检测器与道闸控制主板配套，当车辆经过时起防砸作用，并实现车过自动落闸功能。

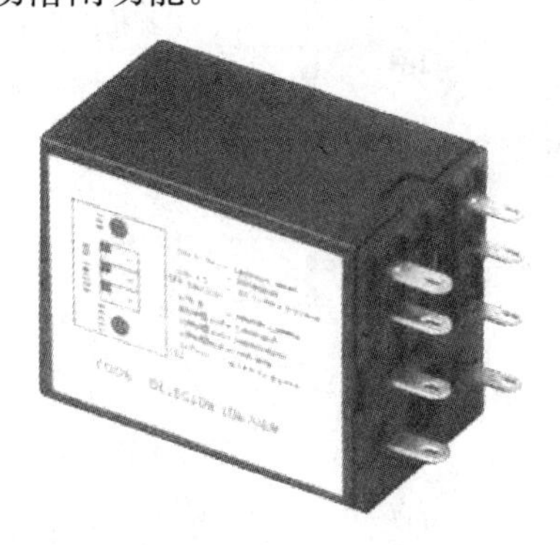

图 3-167　车辆检测器　　　　图 3-168　车位显示牌

（3）车位模拟显示牌（满车位指示器）——显示停车场的剩余车位。如图 3-168 所示。

（4）感应卡读卡机——是沟通智能卡与控制系统的关键设备。如图 3-169 所示。使用时司机只需将卡伸出窗外轻晃一下即可，此后读写工作便告完成，设备便做出准人的相应工作。每一个持卡者驾车出入停车场时，读卡机会正确地按照既定的收费标准和计算方式进行收费。每辆车进入停车场时，系统自动关闭该卡的入库权限，同时赋予该卡出库权限，使只有该车驶出后才能再进入，这样可防止利用一张卡重复进入，这称为防迂回措施或者说具有防重进入的功能。

平时读卡器不断发出超低功率的射频信号，发送给感应识别卡，并接受从感应识别卡上送回的识别编码信息，将这编码信息反馈给系统控制器辨识。

（5）对讲系统——每一读卡机都装有对讲系统，以此工作人员可指导用户使用停车场。

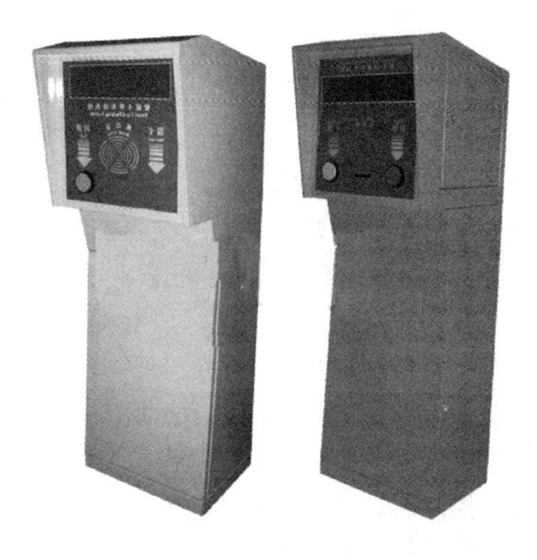

图 3-169　读卡机

（6）车牌识别系统——由摄像机立柱、彩色摄像机、视频捕捉卡和补光灯组成，如图 3-170（*a*）所示。它利用入门处摄像机加辅助光照明拍摄下驶入车辆的车牌号，并存入控制主机硬盘中，当车辆驶出时，出口摄像机再次拍摄下驶入车辆的车牌号，并与硬盘中所存停车车牌号比对，判断无误后，方能驶出停车场。如图 3-170（*b*）所示。当然若能实现车牌与车型及颜色的复合识别则更加安全，才能防止车主以“掉包”方式将自己的车开入而将别人的车开出这种窃车作案。

（7）收费金额电子显示屏——以汉字形式显示停车时间、收费金额或者是卡上余额、卡有效期等。

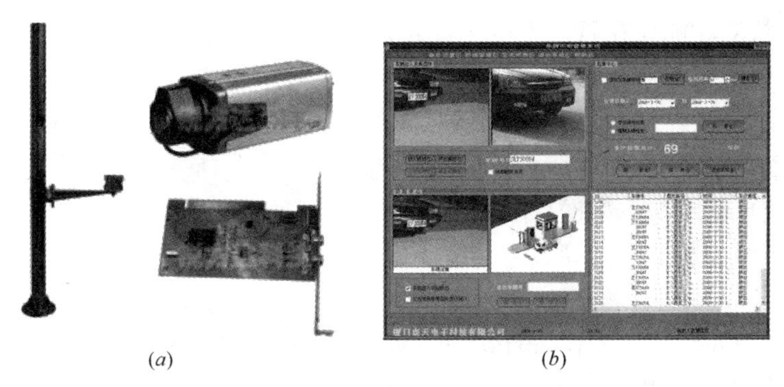

（*a*）　　（*b*）

图 3-170　车牌识别系统

（*a*）立柱、摄像机、视频捕捉卡；（*b*）车牌识别软件

3. 停车场管理系统的功能

（1）可选用读感距离和近距离两种形式，选远距离时，采用车载有源卡最远可达到 2.5m。可以根据用户实际需要进行选择。

（2）图像对比功能：车辆进出停车场时，数字录像机自动启动摄像功能，并将照片文件存储在电脑里。出场时，电脑自动将新照片和该车最后入场的照片进行对比，监控人员能实时监视车辆的安全情况。

（3）常用卡管理：固定车主使用常用卡，确定有效期限（可精确到分、秒），在确认的时限内可随意进出车场，否则不能进入车场，常用卡资料包括卡号、车号、有效时间等。常用卡实行按月交费，到期后软件和中文电子显示屏上将提示该卡已到期，请办理续期和交款手续。

(4) 临时车收费功能：临时车进场时从出票机中领取临时卡，出场时需缴纳规定的费用，并经保安确认后方能离开。临时车进入停车场时，地感线圈自动检测到车辆的到来，自动出票机的中文电子显示屏上显示“欢迎光临，请取卡”。根据出票机上的提示，司机按“入口自动出票机”上的出票按钮，自动出票机将自己吐出一张感应IC卡，并且读卡器已自动读完临时卡。道闸开启，数字录像机启动拍照功能，控制器记录下该车进入时间。临时车驶出停车场时，司机将感应IC卡（临时卡）在出口票箱处的感应区一晃，停车场控制自动检测出是临时卡，道闸将不会自动开启。出口票箱的中文电子显示屏上显示“请交＊＊元”，司机将卡还给保安，交完费后，保安将各市停车特用发票给司机。交完费后，经保安在收费电脑上确认，道闸开启，数字录像机启动拍照功能，照片存入电脑硬盘，控制器记录下该出场时间。临时车将实行按次和时间停车交费，交费条件由用户自己在电脑的管理软件中设置。

(5) 自动切换视频，进出场无冲突。所有摄入的车辆照片文件存在电脑的硬盘中，可备以后查证。每一幅图片都有时间记录，查验方便。

(6) 实时监视功能：无车进入时，可在监控电脑上实时监视进出口的车辆及一切事物的活动情况。

(7) 支持永久卡和临时卡的工作方式，自动识别，记录存储。

(8) 防砸车功能：当车辆处于道闸的正下方时，地感线圈检测到车辆存在，道闸将不会落下，直至车辆全部驶离其正下方。

(9) 满位检测功能：在管理电脑中设置好该停车场的车位，如进入该停车场的车辆到达车位数时，电脑提醒管理员，并在电子显示屏上显示车位已满。

(10) 支持脱机运行，网络中断或PC故障时，停车场系统工作正常。

(11) 手动控制功能，停电时道闸能正常使用。

(12) 系统自动维护，数据自动更新，自动检测复位。

(13) 停车场控制器支持局域网网络通讯功能，可实现多个出入口的联网。出入口联网时，必须安装局域网网络服务器和通讯服务器。

(14) 支持Wiegand26、Wiegand27 、Wiegand32读感器格式，自动检测输入。

(15) 支持5000个用户，可编辑用户详细信息。

(16) 各种事件查询功能，提供摄像的图片时间查询。

(17) 强大的报表功能，能生成各类报表，并提供多功能数据检索。

(18) 具有延时、过压、欠压自动保护。

二、停车场管理系统的安装与调试实训操作

本实训项目以立林出入口一体的双车道停车场管理系统为例进行介绍。

1. 实训任务目的要求

(1) 认识停车场管理系统常用设备。

(2) 了解停车场管理系统基本原理。

(3) 掌握停车场管理系统的布线。

(4) 掌握停车场管理系统常用设备的端接和调试。

2. 实训设备、材料及工具准备

设备及材料：道闸、出入口控制机、地感线圈、计算机、管理软件、PVC线管、各类线材等。

工具：剥线钳、剪线钳、起子、卷尺等。

3. 实训任务步骤

(1) 根据设计方案、现场情况确定设备摆放位置

①确定道闸及读卡设备摆放位置

确定道闸及读卡设备摆放位置时首先要确保车道的宽度，以便车辆出入顺畅，车道宽度一般不小于3m，4.5m左右为最佳。

读卡设备距道闸距离一般为2.5m，最近不小于2m，主要是防止读卡时车头可能触到栏杆。

对于地下停车场，读卡设备应尽量摆放在比较水平的地面，否则车辆在上下坡时停车读卡会比较麻烦。

对于地下停车场，道闸上方若有阻挡物则需选用折杆式道闸，阻挡物高度－1.2m即为折杆点位置。

道闸及读卡设备的摆放位置直接关系到用户使用是否方便的问题，一旦位置确定管线到位后，再要更改位置则会给施工带来很大的麻烦，因此对于在这方面工程经验不是很多的工程人员来说，先将道闸及读卡设备安装到位，然后模拟使用者，会同甲方人员一起看定位是否合适，最后再敷设管线。

②确定自动出卡机安装位置

在有临时车辆出入的停车场：

若选择了远距离读卡设备，同时又选择了自动出卡机，则自动出卡设备为一独立体，安装在读卡设备正前方距读卡设备约0.3m。

若选择了普通读卡设备，同时又选择了自动出卡机，则自动出卡机同读卡机安装在票箱内，现场施工不必考虑这一步骤。

③确定摄像机安装位置（若没有选择图像对比功能，则不需考虑此项）

进出口摄像机的视角范围主要针对出入车辆在读卡时的车牌位置，一般选择自动光圈镜头，安装高度一般为2～2.5m。

④确定岗厅的位置

对于没有临时车辆的停车场岗厅的位置视场地而定，或者根本就不设岗厅。

对于有临时车辆的停车场，岗厅一般安放在出口，以方便收费。

岗厅内由于要安放控制计算机及其他一些设备，同时又是值班人员的工作场所，所以对岗厅面积有一定要求，最好不小于$4m^2$。

⑤确定控制主机的位置

控制主机是整个停车场系统的核心控制单元，一般装在票箱。

停车场系统设计参数：

A. 读卡机（中心距离）与道闸（中心距离）＞2.5m；

B. 管理电脑（一般放置在停车场管理岗亭内）至读卡机的距离＜100m；

C. 摄像机安装高度：2～2.5m；

D. 地感线圈尺寸：埋设成矩形（1m×2m）或平行四边形（边仍为1m×2m，边距0.8m）；

E. 收费管理岗亭最小面积：4m^2（2m×2m）；

F. 进出车道宽度：>3m；

G. 设备安装基座尺寸：0.4m（长）×0.4m（宽）。

（2）管线敷设

管线敷设相对比较简单，在管线敷设之前，对照停车场系统原理图及管线图理清各信号属性、信号流程及各设备供电情况；信号线和电源线要分别穿管，对电源线而言，不同电压等级、不同电流等级的线也不可穿同一条管。如图3-171所示。

地感线圈的埋设：地感线圈的埋设一般跟管线敷设同时进行，具体方法参阅相关图纸。

穿线管可以用PVC管，也可以用铁管。

管号线号见表3-15。

标准型收费管理系统出入口一体双车道布线管号线号表 **表3-15**

管号	管型号	穿线线号	线缆型号	用途	备注
1号管	ϕ16	1号线	RVV-3×1mm^2	入口设备总电源	
2号管	ϕ25	2号线	RVVP-2×0.5 mm^2	入口控制机通讯	
		3号线	SYV-75-5	入口抓拍摄象机信号	无图像对比可不用
		4号线	电话线	对讲信号线	无对讲可不用
3号管	ϕ16	5号线	RVV-3×1mm^2	入口栏杆电源	
4号管	ϕ20	6号线	RVV-4×0.5 mm^2	入口栏杆控制	
		7号线	RVVP-2×0.5 mm^2	车辆检测器信号	
5号管	ϕ20	8号线	RVV-2×0.5mm^2	入口抓拍摄像机电源	未扩展图像对比可不用
		9号线	SYV-75-5	入口抓拍摄像机信号	
6号管	ϕ20	10号线	RVV-3×1mm^2	车位显示屏电源	未扩展车位显示屏可不用
		11号线	RVVP-2×0.5 mm^2	车位显示屏通讯	
7号管	ϕ16	12号线	RVVP-2×0.5 mm^2	入口控制机地感连接线	
8号管	ϕ16	13号线	RVVP-2×0.5 mm^2	入口道闸地感连接线	
9号管	ϕ16	14号线	RVV-3×1mm^2	出口控制机电源	
10号管	ϕ20	15号线	RVV-4×0.5 mm^2	出口栏杆控制	
		16号线	RVVP-2×0.5 mm^2	出口控制机通讯	
11号管	ϕ20	17号线	RVV-4×0.5mm^2	出口道闸控制	
		18号线	RVVP-2×0.5mm^2	车辆检测器信号	
12号管	ϕ16	19号线	RVV-3×1mm^2	出口道闸电源	
13号管	ϕ20	20号线	RVV-2×0.5mm^2	出口抓拍摄像机电源	未扩展图像对比可不用
		21号线	SYV-75-5	出口抓拍摄像机信号	
14号管	ϕ16	22号线	RVVP-2×0.5 mm^2	出口道闸地感连接线	
15号管	ϕ16	23号线	RVVP-2×0.5 mm^2	出口控制机地感连接线	

（3）设备安装（如图3-172所示）

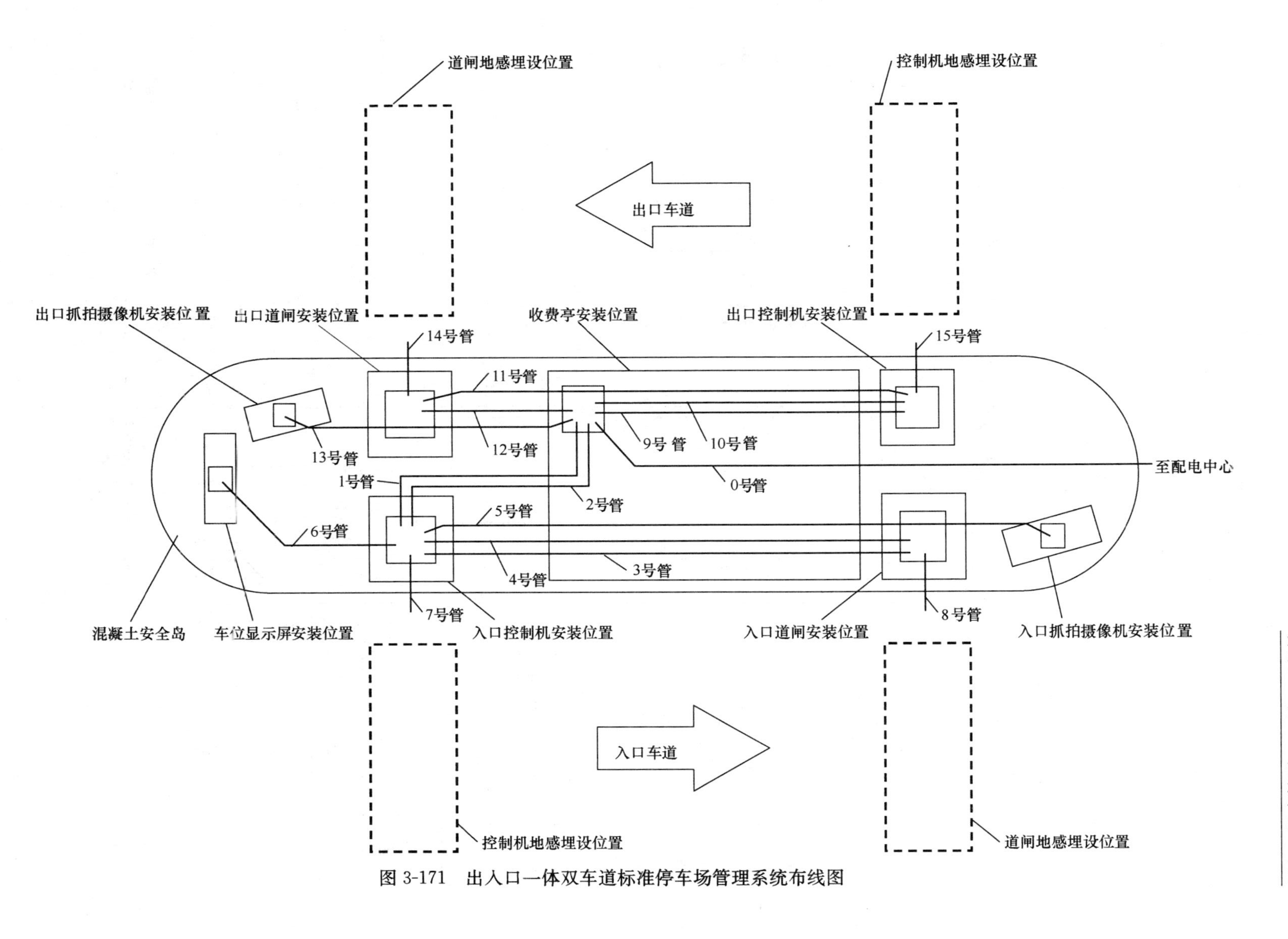

图 3-171　出入口一体双车道标准停车场管理系统布线图

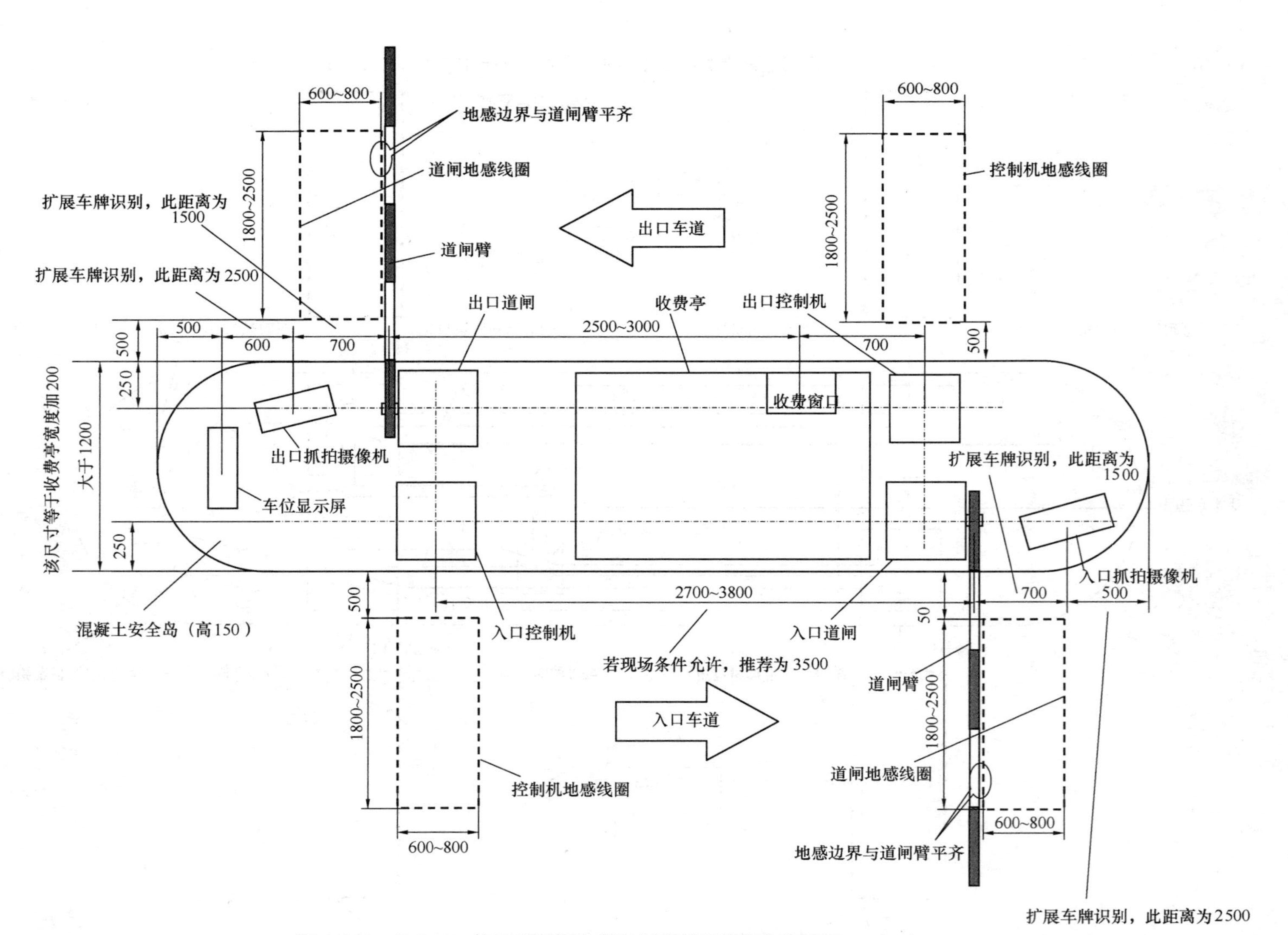

图 3-172 出入口一体双车道标准停车场管理系统安装位置图

①出入口控制机与自动道闸安装说明

A. 浇铸一高 10～20cm 的防水防撞的安全岛（安装基座），并在出入口机、道闸底座中部预埋铺设管线，线管深度应大于 60mm，露出地面高度应大于 50mm。如图 3-173 所示。

B. 根据机箱底板孔位尺寸确定 4 个地脚螺栓孔和控制线的位置，用冲击钻在水泥地面上打上 4 个 M12 膨胀栓的孔并装好膨胀栓或预埋 4 个 M12 地脚螺栓。如图 3-174 所示。

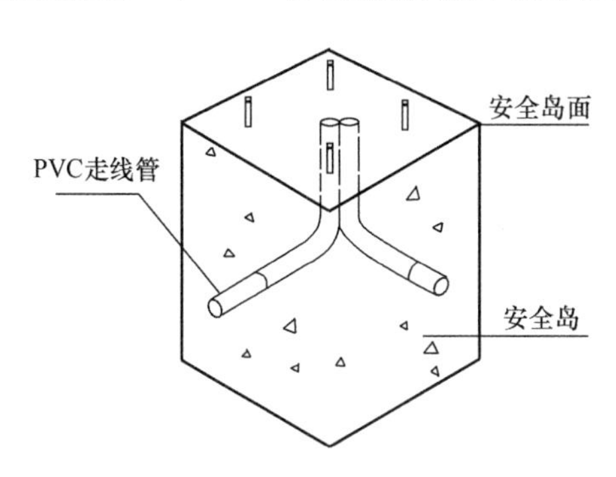

图 3-173　线管在安全岛内的预埋

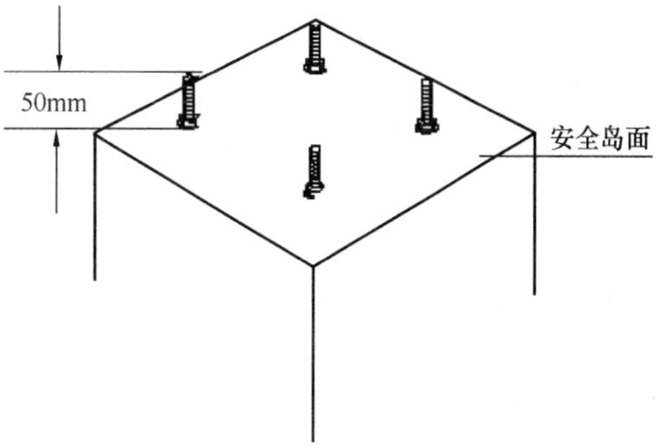

图 3-174　根据机箱底板尺寸，打好膨胀螺栓

C. 将停车场系统用的电缆线用 PVC 线管穿好，用水泥将其预埋到相应的位置，并露出地面 1m，不同作用的信号线作相应的标识。

D. 用锁匙打开机箱门，将主机底部的 4 个孔穿到地脚螺栓上，调整主机，使主机保持水平，然后用螺帽紧固。

E. 用四个膨胀螺栓将出入口机、道闸固定在安全岛上，使主机保持水平。机箱固定好后，要对机箱体进行安全接地。如图 3-175 所示。

F. 将闸杠用夹套和 2 个 M12 螺栓固定到主机输出轴的夹套上。

G. 将各控制线与控制盒内的接线柱接好，并接好地线。

②地感线圈的埋设（如图 3-176 所示）

A. 地感线圈的埋设是在出入口车道路面铺设完成后或铺设路面的同时进行的；

B. 当路面铺设好或正在铺设路面时，在出入口票箱、道闸安装位置附近的车道上，切一线圈放置槽（线圈放入切槽内，切槽宽为 1.5cm），地感线圈尺寸为 200cm（长）×100cm（宽）×5cm（深）；

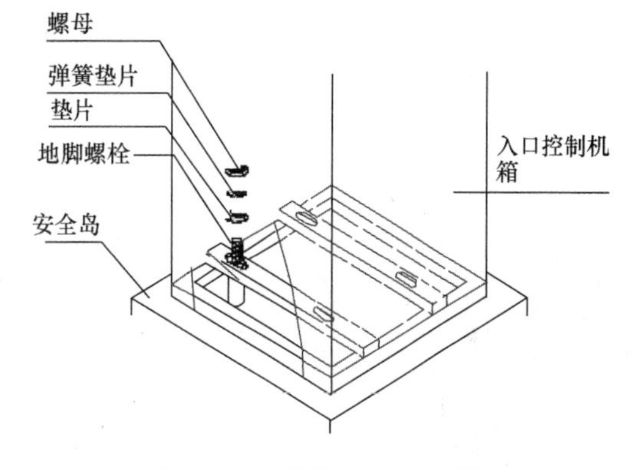

图 3-175　安装出入口机箱

C. 将地感线沿切槽绕 3～8 圈，并将线圈的两个端子引至入口票箱、道闸的机箱内，并用水泥或沥青填充切槽。

地感线圈安装时注意事项：

- 周围 50cm 范围内不能有大量的金属，如井盖、雨水沟盖板等。
- 周围 1m 范围内不能有超过 220V 的供电线路。
- 做多个线圈时，线圈与线圈之间的间距要大于 2m，否则会互相干扰。

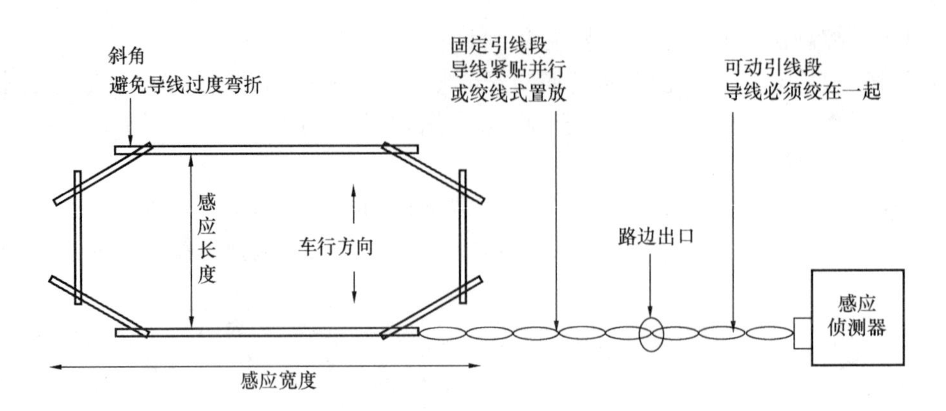

图 3-176 地感线圈的安装埋设

● 标准 3m 宽的马路，地感线圈的尺寸为 2m×1m，角上做 45°、20cm 长的切角。

● 线圈与马路边的距离在 50cm 左右，线圈为垂直加绕 3～8 圈，总长度在 30～40m。

● 埋设线槽切割参数：宽度 10～15mm、宽度 40～50mm，深度和宽度要均匀一致，应尽量避免忽深忽浅、忽宽忽窄的情况。

● 线圈应与道闸和控制机处在同一平衡位置。

● 线圈引出的两根线应该双绞，密度为每米不少于 50 结，未双绞的引出线将会引起干扰。输出引线长度不应超过 5m。由于探测线圈的灵敏度随引线长度的增加而降低，所以引线电缆的长度要尽可能短。

● 埋设好后，应用水泥、沥青、环氧树脂等材料将槽口密封固化。对于水泥路面上述三种材料均可使用，对于沥青石子路面可使用沥青或环氧树脂。

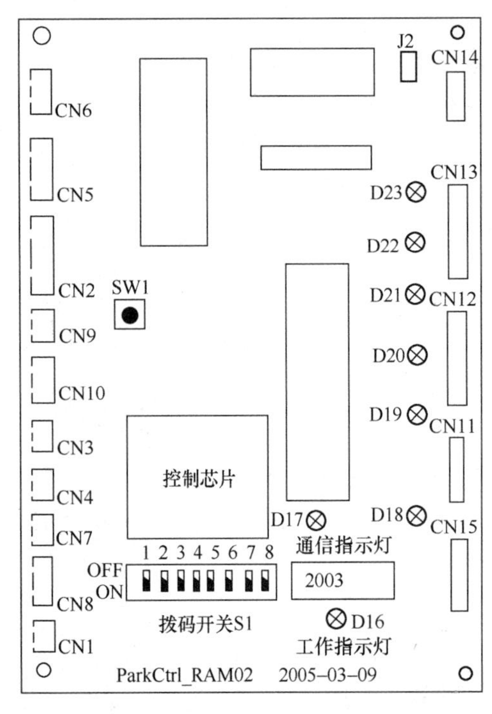

图 3-177 出口控制机控制主板外形图

● 切割完毕的槽内不能有杂物，尤其不能有硬物，要先清理干净。

● 地感线圈的引线槽要切割至安全岛的范围内，避免引线裸露在路面。

● 绕线圈时必须将线圈拉直，但不要绷得太紧并紧贴槽底，不要产生交错层。将线圈绕好后，将双绞好的输出引线通过引出线槽引出。

③摄像机的安装

A. 应垂直于水平地面，倾斜角度不大于 1°。

B. 支架底座与地面接触紧密，间隙处用水泥抹平密封。

C. 集体不应超出车道线，距离出入口控制机 3～6m。

D. 设备固定要牢固，不存在摇晃的情况，抓拍图像的同时监视道闸闸杆的状态，具体情况还是需要以现场情况而定。

④显示屏

显示屏应垂直于水平地面，倾斜角度不大于1°。固定于司机容易看到并易于倒车的位置。

（4）系统接线

以立林停车场管理系统设备为主，如设备不同，请参见各厂家设备安装使用说明书。

出入口控制机由出入口控制机MCU微电脑控制板控制。出口和入口控制机MCU微电脑控制板由于实现的功能不同，接线端子的含义也不同。在接线时，请根据各自的设备说明书进行接线。见表3-16和表3-17。

入口控制主板接线端子表　　**表3-16**

端子标号	标号名称	功能说明
CN1	未定义	功　能　预　留
CN2	读卡器连线	控制板连接到读卡器上，6芯线带12V直流电源
CN3	测试票按钮	用户换纸时可以用测试票按钮检测纸是否装好；当纸装好时按测试票按钮打印测试票
CN4	未定义	功能预留
CN5	液晶显示屏	连接LCD液晶显示屏4芯数据线和电源线
CN6	打印机连线	纸票打印机数据线3芯
CN7	帮助模块	连接帮助按钮
CN8	车辆检测模块	提供2路车辆检测器输入、黄线接车辆检测器B1（8，9）入口控制道闸地感检测输入；棕线接车辆检测器A1（5，6）入口控制机地感检测输入
CN9	取票按钮	取纸票
CN10	光电检测	检测是否已经取纸票
CN11	未定义	功能预留
CN12	满位，报警	系统满位输出控制红绿灯报警输出控制扩展功能
CN13	道闸控制	道闸升，降，停控制信号
CN14	通信线	系统CAN控制线CANH（红）CANL（黑）
CN15	电源线	12V直流电输入12V（红）地线（黑）
D16	工作指示灯	当系统正常工作时 工作指示灯点亮（红）
D17	通信指示灯	当系统正常工作并联网时 工作指示灯闪烁（绿）
D18		
D19		
D20	满位指示灯	当停车场满位或系统受限时点亮
D21	道闸降指示灯	当道闸“降”动作时点亮
D22	道闸停指示灯	当道闸“停”动作时点亮
D23	道闸升指示灯	当道闸“升”动作时点亮
J2	跳线开关	接通状态：连接上120Ω CAN通信电阻：断开状态：不接120Ω CAN通信电阻
SW1	复位开关	对入口控制机复位重起

续表

<table>
<tr><th>端子标号</th><th>标号名称</th><th>功能说明</th></tr>
<tr><td>S1</td><td>拨码开关（如图 3-177 标识）</td><td>拨码开关（从左到右）定义为第 1 位到第 8 位；第 1 位是最高位；第 8 位是最低位。第 1，2 位是功能位设置；第 3 到 8 位是 6 位地址码设置具体设置如下：
<table>
<tr><th>位数</th><th colspan="3">状态设置/功能说明</th></tr>
<tr><td rowspan="2">第 1 位</td><td rowspan="2">ID，IC 卡设置</td><td>Off</td><td>系统使用 ID 卡（默认）</td></tr>
<tr><td>On</td><td>系统使用 IC 卡</td></tr>
<tr><td rowspan="2">第 2 位</td><td rowspan="2">道闸地感设置</td><td>Off</td><td>接地感（默认）</td></tr>
<tr><td>On</td><td>短路地感</td></tr>
<tr><td>第 3 位到第 8 位</td><td>设备地址码
系统中每个设备都有其唯一的地址码</td><td colspan="2">Off 表示“0”；On 表示“1”，如地址设置为 2 时应该为：000010</td></tr>
</table></td></tr>
</table>

在安装完成机箱后要对系统进行接线配置。在进行系统接线时一定要确保设备在断电的情况下进行。

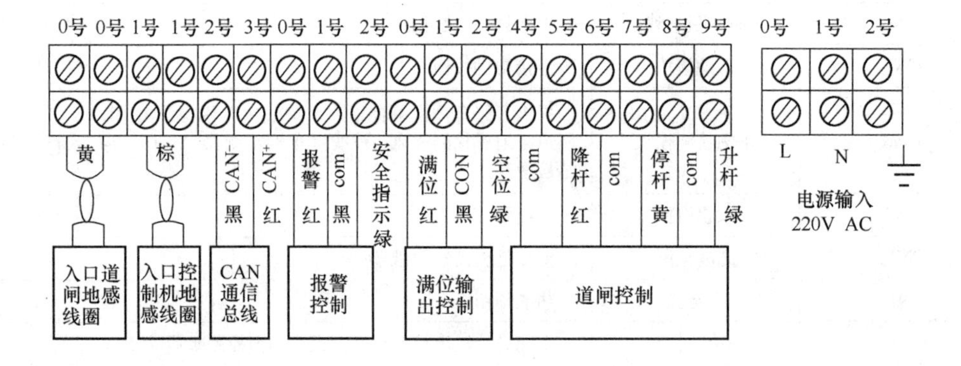

图 3-178 入口控制机接线图

注：具体接线以控制机箱上接线图为准。

出口控制主板接线端子表 **表 3-17**

端子标号	标号名称	功能说明
CN1	未定义	功能预留
CN2	读卡器连线	控制板连接到读卡器上，6 芯线 带 12V 直流电源
CN3	未定义	功能预留
CN4	未定义	功能预留
CN5	液晶显示屏	连接 LCD 液晶显示屏 4 芯 数据线和电源线
CN6	未定义	功能预留
CN7	帮助模块	连接帮助按钮
CN8	车辆检测模块	提供 2 路车辆检测器输入 黄线接车辆检测器 B1（8，9）棕线接车辆检测器 A1（5，6）
CN9	未定义	功能预留

续表

<table>
<tr><th>端子标号</th><th>标号名称</th><th>功能说明</th></tr>
<tr><td>CN10</td><td>未定义</td><td>功能预留</td></tr>
<tr><td>CN11</td><td>未定义</td><td>功能预留</td></tr>
<tr><td>CN12</td><td>满位，报警</td><td>系统满位输出控制 红绿灯报警输出控制 扩展功能</td></tr>
<tr><td>CN13</td><td>道闸控制</td><td>道闸升，降，停 控制信号</td></tr>
<tr><td>CN14</td><td>通信线</td><td>系统 CAN 控制线 CANH（红）CANL（黑）</td></tr>
<tr><td>CN15</td><td>电源线</td><td>12V 直流电输入 12V（红）地线（黑）</td></tr>
<tr><td>D16</td><td>工作指示灯</td><td>当系统正常工作时 工作指示灯点亮（红）</td></tr>
<tr><td>D17</td><td>通信指示灯</td><td>当系统正常工作并联网时 工作指示灯闪烁（绿）</td></tr>
<tr><td>D18</td><td></td><td></td></tr>
<tr><td>D19</td><td></td><td></td></tr>
<tr><td>D20</td><td>满位指示灯</td><td>当停车场满位或系统受限时点亮</td></tr>
<tr><td>D21</td><td>道闸降指示灯</td><td>当道闸“降”动作时 指示灯点亮</td></tr>
<tr><td>D22</td><td>道闸停指示灯</td><td>当道闸“停”动作时 指示灯点亮</td></tr>
<tr><td>D23</td><td>道闸升指示灯</td><td>当道闸“升”动作时 指示灯点亮</td></tr>
<tr><td>J2</td><td>跳线开关</td><td>接通状态：连接上 120Ω CAN 通信电阻：断开状态：不接 120Ω CAN 通信电阻</td></tr>
<tr><td>SW1</td><td>复位开关</td><td>对入口控制机复位重起</td></tr>
<tr><td>S1</td><td>拨码开关（如图 3-177 标识）</td><td>拨码开关（从左到右）定义为第 1 位到第 8 位；第 1 位是最高位；第 8 位是最低位。第 1，2 位是功能位设置；第 3 到 8 位是 6 位地址码设置具体设置如下：
<table>
<tr><th>位数</th><th colspan="3">状态设置/功能说明</th></tr>
<tr><td rowspan="2">第 1 位</td><td rowspan="2">ID，IC 卡设置</td><td>Off</td><td>系统使用 ID 卡（默认）</td></tr>
<tr><td>On</td><td>系统使用 IC 卡</td></tr>
<tr><td rowspan="2">第 2 位</td><td rowspan="2">道闸地感设置</td><td>Off</td><td>接地感（默认）</td></tr>
<tr><td>On</td><td>短路地感</td></tr>
<tr><td>第 3 位到第 8 位</td><td>设备地址码（标准一进一出停车场中出口控制几地址码设置为“2”）
系统中每个设备都有其唯一的地址码</td><td colspan="2">Off 表示“0”；On 表示“1”，如地址设置为 2 时应该为：000010</td></tr>
</table>
</td></tr>
</table>

（5）系统调试

①接线检查

A. AC220V 供电及接地接线检查

按照使用说明书接线图认真检查 AC220V 供电线路的接线正确性，确认火线、零线的顺序正确、连接牢靠，确认接地线连接正确、牢靠，连接电阻应小于 0.1Ω。

B. 通讯接线检查（如图 3-180 所示）

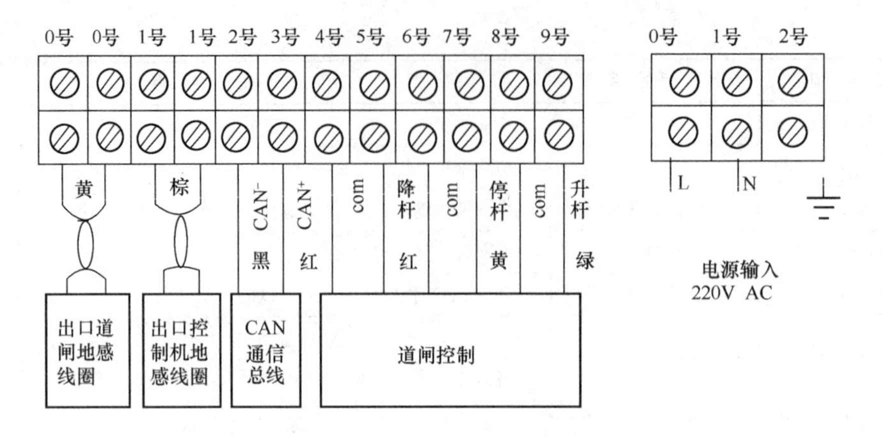

图 3-179　出口控制机接线图

注：具体接线以控制机箱上接线图为准。

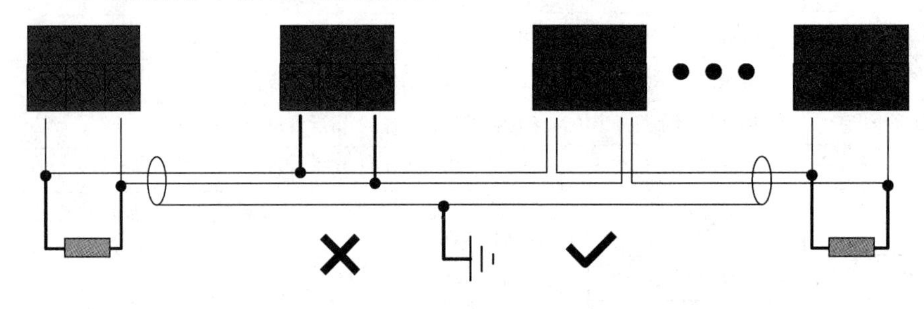

图 3-180　通讯接线检查

C. 其他接线检查

②通电

分别对入口设备通电、出口设备通电、收银管理设备通电，安装说明书要求进行硬件调试。

正常情况下接通电源，LED 显示屏会滚动显示，将系统认可的卡片靠近读卡器，蜂鸣器鸣叫。

③系统设置

接通电脑及其他设备的电源；打开相关软件界面，核对软件中所设串口号跟实际使用是否一致（软件的安装、操作及参数设置参阅软件说明书）；仔细核对软件中的“设备管理”，确定进出口控制器的序列号和显示屏的地址，在软件“添加控制器”中输入控制器的序列号、安装位置、显示屏的地址及是否入出口。

在“人事部门”中添加若干人员（包括固定卡用户、临时卡用户和贵宾卡用户），在“卡片管理”中添加若干张卡片，并把卡发给相对应的人员。

参数设置正确后，打开监控界面，用登记的卡（包括固定卡、临时卡和贵宾卡），按进出车的次序刷卡，将卡片靠近读卡器，蜂鸣器鸣叫，入口显示屏显示“正常进入”，出口显示屏显示金额或“正常外出”。

注：管理软件的安装及使用请参见各厂家软件使用说明，在此不作详细介绍。

④试运行

分别对入口设备、收银管理设备、出口设备进行试运行。

（6）常见问题

故障现象1：将卡片靠近读卡机，可以听到“嘀嘀”的叫声，但不能开启道闸。

可能原因：

①如中文显示屏显示“非法卡”，则所持卡未登记；

②道闸与票箱内控制器之间的起闸控制线连接不正确或没有连接；

③停车场监控没打开；或“停车场硬件管理”中的“选项”未把所监控的控制器打勾。

故障现象2：将卡片靠近读卡机，蜂鸣器鸣叫，中文显示屏没有反应，在软件监控界面中看不到读到的卡号（读卡机跟电脑通讯异常）。

可能原因：

①控制器与电脑之间的连线不正确；

②软件中所设串口跟实际使用串口不相符，或控制器序列号设置不正确；

③读卡机与控制器连线不正确或读卡机坏。

故障现象3：车过不下闸。

可能原因：

①地感线圈埋设不正确或线圈损坏、折断；

②车辆探测器感应灵敏度调节不当（过高或太低）；

③车辆检测器与道闸控制板连线不正确。

故障现象4：带图像对比功能，但进入停车场监控界面看不到像。

可能原因：

①视频卡安装不正确（如驱动程序安装不正确，一般驱动程序不正确时监控框为黑屏，驱动程序正确但没图像时为蓝屏）；

②摄像机没有上电或摄像机与视频卡的连线不正确。

故障现象5：自动吐卡机不能出卡（检测到车辆并按下“取卡”按钮后，出卡机没反应或出卡机有动作但不能出卡）。

可能原因：

①若按下“取卡”按钮后，出卡机没反应，可能是出卡机里还没有放入卡片或出卡机没有加电；

②若按下“取卡”按钮后，出卡机有动作但不能出卡，可能是出卡卡槽间隙过小，卡片被卡住而不能吐出。

故障现象6：中文显示屏不显示或读卡时显示异常。

可能原因：

① 中文显示屏不显示，可能显示屏电源接触不良；

② 读卡时不显示对应字符，可能为显示屏地址设置不正确。

故障现象7：在出、入口读卡机上读卡，传输到电脑的卡号有时候正确（可以开闸），有时候不能开闸。

可能原因：

①线路遇到强烈干扰（如将通讯线与交流电源线共管敷设）；

②线路过长，超出有效通讯距离，信号严重衰渐；

③布线不合规格，通讯线路不是屏蔽双绞线。

4. 实训任务内容

（1）请列出本次实训所需设备名称、型号、数量。

序号	名称	型号	数量

（2）列出本次实训所需的工具。

序号	名称	型号	数量

（3）请完成以下任务，写出小组成员分工情况。

①停车场管理系统各设备的安装与接线。

②停车场管理系统的软件的安装与使用。

③停车场管理系统的调试。

（4）分小组进行任务的实施。要求正确使用相关设备及工具，安全文明操作，现场工具设备摆放整齐，请记录下具体的实训过程。

（5）如发现问题，自己先分析查找故障原因，并进行记录。

5. 实训评价

<table>
<tr><th>序号</th><th colspan="2">评价项目及标准</th><th>自评</th><th>互评</th><th>教师评分</th></tr>
<tr><td>1</td><td colspan="2">设备材料清单罗列清楚5分</td><td></td><td></td><td></td></tr>
<tr><td>2</td><td colspan="2">工具清单罗列清楚5分</td><td></td><td></td><td></td></tr>
<tr><td>3</td><td colspan="2">设备安装正确，符合要求10分</td><td></td><td></td><td></td></tr>
<tr><td>4</td><td rowspan="4">入口设备接线</td><td>入口控制机与入口道闸接线正确5分</td><td></td><td></td><td></td></tr>
<tr><td>5</td><td>入口控制机与道闸地感线圈接线正确2分</td><td></td><td></td><td></td></tr>
<tr><td>6</td><td>入口控制机与入口控制机旁的地感线圈接线正确2分</td><td></td><td></td><td></td></tr>
<tr><td>7</td><td>入口控制机与上位机通讯接线正确2分</td><td></td><td></td><td></td></tr>
<tr><td>8</td><td rowspan="4">出口设备接线</td><td>出口控制机与出口道闸接线正确5分</td><td></td><td></td><td></td></tr>
<tr><td>9</td><td>出口控制机与道闸地感线圈接线正确2分</td><td></td><td></td><td></td></tr>
<tr><td>10</td><td>出口控制机与出口控制机旁的地感线圈接线正确2分</td><td></td><td></td><td></td></tr>
<tr><td>11</td><td>出口控制机与上位机通讯接线正确2分</td><td></td><td></td><td></td></tr>
</table>

续表

序号	评价项目及标准		自评	互评	教师评分
12	收银管理中心	管理电脑与出入口控制机通讯接线正确 2 分			
13		发行器与管理电脑接线正确 2 分			
14		入口道闸控制按钮与入口道闸接线正确 2 分			
15		出口道闸控制按钮与出口道闸接线正确 2 分			
16	管理软件的安装、设置及使用	安装正确 2 分			
17		操作人员设置 2 分			
18		通讯参数设置 2 分			
19		日期时间设置 2 分			
20		收费标准设置 2 分			
21		车位数设置 2 分			
22		控制器设置 2 分			
23		图像对比操作 3 分			
24		发卡操作 2 分			
25		事件查询 2 分			
26		票据打印 2 分			
27		数据备份 2 分			
28	能否正确进行故障判断 5 分				
29	现场工具摆放整齐 5 分				
30	工作态度 5 分				
31	安全文明操作 5 分				
32	场地整理 5 分				
33	合计 100 分				

6. 实训展示

将实训结果进行展示。能用专业的语言对整个实训过程进行描述。

项目四 火灾自动报警与消防联动控制系统

火灾自动报警系统：

火灾自动报警系统是人们为了及早发现和通报火灾，并及时采取有效的措施控制和扑灭火灾，而设置在建筑物中或其他场所的一种自动消防设施，是人们同火灾作斗争的有力工具。

火灾报警系统的发展历程：

在人类与火灾搏斗的漫长岁月中，人们主要是依靠感觉器官（如耳、眼等）来发现火灾的。根据史料记载，世界上的古老城镇，大多建有瞭望塔，有瞭望员站在瞭望塔上观察烟雾及火焰，发现火灾，向人们报警并通知人们灭火，此种方式一直沿用到 20 世纪中叶。

1847 年，美国牙科医生 Channing 和缅甸大学的教授 Farmer 研究出世界上第一台城镇火灾报警发送装置，人类从此进入了开发火灾自动报警系统的时代。在此后的一个多世纪中，火灾自动报警系统的发展共经历了五代产品。

1. 传统的（多线制开关量式）火灾自动报警系统

这是第一代产品（19 世纪 40 年代到 20 世纪 70 年代期间）其主要特征是简单、成本低，但有明显的不足。

2. 总线制可寻址开关量式火灾自动报警系统

这是第二代产品（20 世纪 80 年代初形成）其中，二总线系统尤其被广泛使用。

3. 模拟量传输式智能火灾报警系统

这是第三代产品（20 世纪 80 年代后期出现），在探测处理方法上做了改进，即把探测器的模拟信号不断地送到控制器去评估或判断，控制器用适当的算法辨别火灾发生的真实性及其发展程度，或探测器受污染的状态。

4. 分布智能火灾报警系统（多功能智能火灾自动报警系统）

这是第四代产品，探测器具有智能，相当于人的感觉器官。

5. 无线火灾自动报警系统和空气样本分析系统

这是第五代产品，同时出现在 20 世纪 90 年代，无线火灾自动报警系统有传感发射机、中继器以及控制中心三大部分组成，并由无线电波为传播媒体。

火灾自动报警系统的发展方向：

智能火灾报警系统联网：一类是同一厂家火灾报警主机之间内容的联网；另一类是不同厂家火灾报警主机之间进行统一联网，这类联网实现起来非常困难。

火灾自动报警系统基本组成：

火灾自动报警系统组成形式有多种多样，具体组成部分的名称也有所不同。但无论怎样划分，火灾自动报警系统基本可概括为由触发器件、火灾报警装置、火灾警报装置和电源四大部分组成，对于复杂系统还包括消防控制设备，如图 3-181 所示，火灾自动报警系统的基本组成：

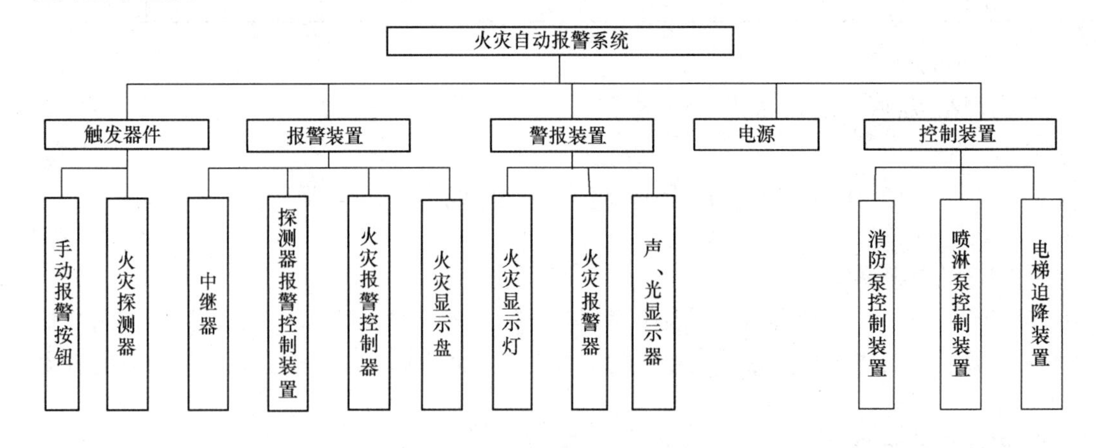

图 3-181　火灾自动报警系统的基本组成

（1）触发器件

在火灾自动报警系统中，自动或手动产生火灾报警信号的器件称为触发器件，主要包括火灾探测器和手动报警按钮。

（2） 火灾报警装置

在火灾自动报警系统中，用以接收、显示和传递火灾报警信号，并能发出控制信号和具有其他辅助功能的控制指示设备称为火灾报警装置。

（3） 火灾警报装置

在火灾自动报警系统中，用以发出区别于环境声、光的火灾报警信号的装置称为火灾警报装置。

（4） 电源

火灾自动报警系统属于消防用电设备，其主电源应当采用消防电源。备用电源一般采用蓄电池组。

（5） 控制装置

在火灾自动报警系统中，当接收到来自触发器件的火灾信号后。能自动或手动启动相关消防设备并显示其工作状态的装置，称为控制装置。

火灾自动报警系统的工作原理：

如图 3-182 所示，火灾初期产生的烟和少量的热被火灾探测器接收，将火灾信号传输给区域报警控制器，发出声、光报警信号；区域（或集中）报警控制器的输出外控接点动作，自动向失火层和有关层发出报警及联动控制信号，并按程序对各消防联动设备完成启动、关停操作（也可由消防人员手动完成）。该系统能自动（手动）发出火情并及时报警，以控制火灾的发展，将火灾的损失减到最低限度。

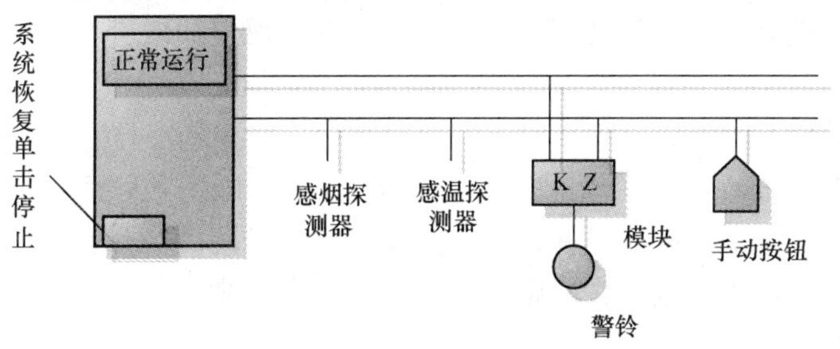

图 3-182 火灾自动报警系统

火灾自动报警控制系统主要功能：

（1） 主备电源

在控制器中备有可充放电反复使用的备用电池，在控制器投入使用时，应将电源盒上方的主、备电源开关全打开，当主电网有电时，控制器自动利用主电网供电，同时对电池充电，当主电网断电时，控制器会自动切换改用电池供电，以保证系统的正常运行。在主电网供电时，面板电网指示灯亮，时钟正常显示时、分值。备用电源供电时，备用电源指示灯亮，时钟只有秒点闪烁，无时、分显示，这是节省用电，其内部仍在正常走时，当有故障或火警时，时钟又重新显示时、分值，且锁定首次报警时间。在备电供电期间，控制器报主电故障。

（2） 火灾报警

当接收到探测器、手动报警开关、消火栓报警开关及输入模块所配接的设备发来的火警信号时，均可在报警器中报警，火灾指示灯亮并发出火灾变调音响，同时显示首次报警地址号及总数。

(3) 故障报警

系统在正常运行时，主控单元能对现场所有的设备（如探测器、手动报警开关、消火栓报警开关等)、报警总值、控制器内部的关键电路及电源进行监视，一有异常立即报警。报警时，故障灯亮并发出长音故障音响，同时显示报警地址号。

(4) 时钟锁定，记录着火时间

系统中时钟计时是通过软件编程实现的，有年、月、日、时、分。每次开机时，时分值从00：00开始，月日值从01：01，所以需要调校。当有火警或故障时，时钟显示锁定，但内部能正常计时，火警或故障一旦消失，时钟将显示实际时间。

(5) 火警优先

在系统存在故障的情况下出现火警，则报警器能由报故障自动转变为报火警，而当火警被清除后又自动恢复报原有故障。当系统存在某些故障而又未被修复时，会影响火警优先功能，如下列情况：

1) 电源故障；

2) 当本部位探测器损坏时本部位出现火警；

3) 总线部分故障，如信号线对地短路、总线开路与短路等；均会影响火警优先。

(6) 自动巡检

报警系统长期处于监控状态，为提高报警的可靠性，控制器设置了检查键，供用户定期或不定期进行电模拟火警检查。处于检查状态时，凡是运行正常的部位均能向控制器发回火警信号。只要控制器能收到现场发回来的信号并有反应而报警，则说明系统处于正常的运行状态。

(7) 自动打印

当有火警、部位故障或有联动时，打印机将自动打印记录火警、故障或联动的地址号，此地址号同显示地址号一致，并打印出故障、火警、联动的月、日、时、分。当对系统进行手动检查时，如果控制正常，则打印机自动打印正常。

(8) 联动控制

可分“自动”和“手动”两种方式。当系统处于“自动”方式，现场主动型设备（包括探测器）发生动作时，满足既定逻辑关系的被动型设备将被自动启动。“手动”只有在“手动允许”时才能实施。手动操作应按操作顺序进行。无论是“自动”还是“手动”，应运行的设备和已运行的设备均在控制面板上显示，同时相应指示灯亮。

任务一　火灾自动报警系统的安装与调试

一、基础理论知识

火灾自动报警系统基本可概括为由触发器件、火灾报警装置、火灾警报装置和电源四大部分组成，主要用于对公共区域、重点区域应能及时发现并且报告火情，控制火灾的发展，尽早扑灭火灾，以确保人身安全和减少社会财产损失，将火灾消灭在萌芽状态。并将火灾信号传送到后端进行处理，进行联动灭火。

(一) 火灾探测器

火灾探测器是火灾自动报警系统中最关键的组成部分，是系统的“哨兵”，它至少含有一个能连续或以一定频率周期监视与火灾有关的至少一个适宜的物理或化学现象的传感器，并且至少能向控制和指示设备提供一个合适的信号，是否报火警或操作自动消防设备可由探测器或控制和指示设备作出判断。

火灾探测器分类：火灾探测器依据不同的探测方法可分为不同类型。按其待测的火灾参数可以分为感烟式、感温式、感光式火灾探测器和可燃气体探测器，以及烟温、温光、烟温光等复合式火灾探测器。

感烟式火灾探测器是利用一个小型传感器来响应悬浮在周围大气中燃烧和（或）热解产生的烟雾气溶胶（固态或液态微粒）；感温式火灾探测器是利用一个点或线缆式传感器来响应周围气流的异常温度（或）升温速率。感光式火灾探测器是根据燃烧火焰的特性和火焰的光辐射来响应火焰光特性，一般可制成主动式红外线型火灾探测器和被动式紫外、红外火焰探测器；可燃气体探测器是采用各种气敏元件或传感器来响应火灾初期可燃气体浓度或液化石油气等的浓度。

火灾探测器的分类如图 3-183 所示。

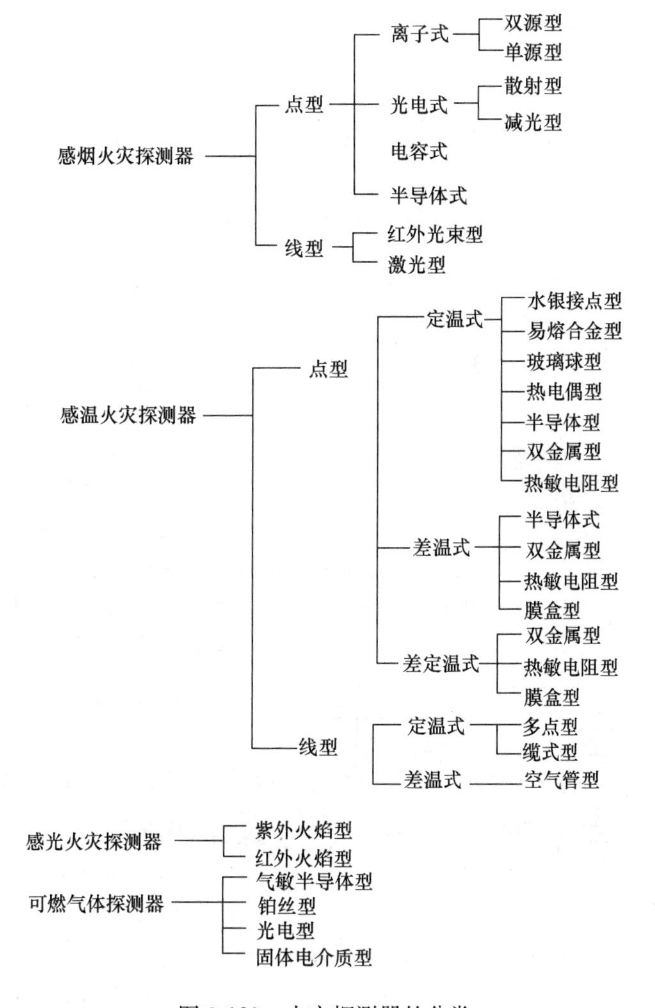

图 3-183　火灾探测器的分类

探测器的发展速度很快，近年来，红外光束感烟探测器、缆式线型定温火灾探测器、可燃气体探测器等在消防工程中的应用日渐增多，并已有相应的产品标准和设计规范。如图 3-184 所示。

1. 离子感烟式火灾探测器

离子感烟式火灾探测器采用空气离化火灾探测方法，通常只适用于点型火灾探测。根据探测器内电离室的结构形式，离子感烟式火灾探测器又可分为双源和单源感烟式两种。

（1）电离室结构和电特性

感烟电离室是离子感烟探测器的核心传感器件，其结构和特性如图 3-185 所示。电离室两极间的空气分子受放射源 A_m^{241} 不断辐射出的 α 射线照射，高速运动的 α 粒子撞击空气分子，从而使两极间空气分子电离为正离子和负离子。这样，电极之间原来不导电的空气具有了导电性。在电场作用下，正、负离子规则运动，使电离室呈现典型的伏安特性，形

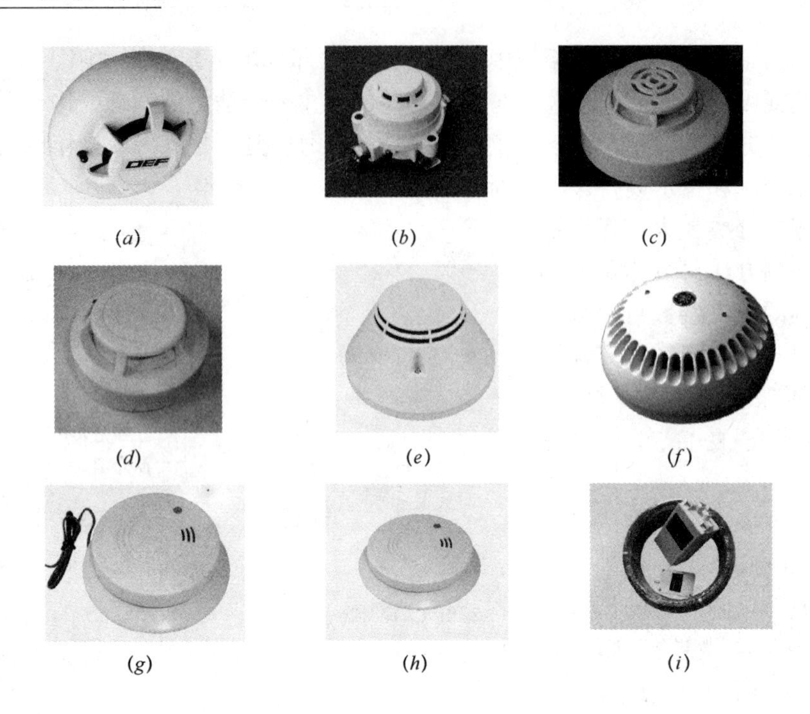

(a) (b) (c) (d) (e) (f) (g) (h) (i)

图 3-184 各种类型的探测器

(a) 差定温探测器；(b) 点型感烟感温探测器；(c) 点型感温探测器；(d) 点型感烟探测器；(e) 光电探测器；(f) 智能探测器；(g) 有线感烟探测器；(h) 无线感烟探测器；(i) 线缆式探测器

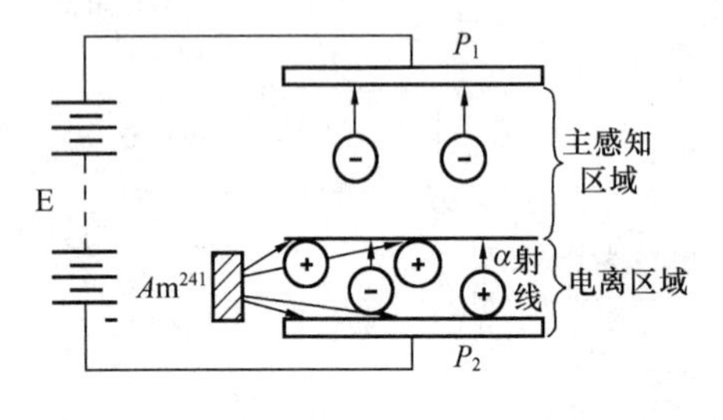

图 3-185 单极性电离室结构示意图

成离子电流。

电离室结构可分为双极性和单极性两种：整个电离室被 α 射线照射的称为双极性电离室；当电离室局部被 α 射线照射时，使一部分形成电离区，而未被 α 射线照射的部分成为非离区，从而形成单极性电离室；一般感烟探测器的电离室均设计成单极性的。当发生火灾时烟雾进入电离室后，单极性电离室要比双极性电离室的离子电流变化大，可以得到较大的电压变化量，从而提高离子感烟探测器的灵敏度。

当火灾发生时，烟雾粒子进入电离室，电离部分（区域）的正离子和负离子被吸附到烟雾粒子上，使正、负离子相互中和的几率增加，从而可将烟雾浓度大小以离子电流的变化量大小表示出来，实现对火灾参数的检测。

(2) 双源式离子感烟探测器原理

双源式离子感烟探测器的电路原理及其工作特性如图 3-186 所示。在实际设计中，开室结构（烟雾容易进入的检测用电离室）与闭室结构（烟雾难以进入的补偿用电离室）反向串联，检测室工作在其特性的灵敏区，补偿室工作在其特性的饱和区。无烟时，探测器工作点在 A，有烟时在 B 点，电压差 ΔV 的大小反映了烟深度大小，经电子线路对 ΔV 处理，可以得到火灾时产生的烟浓度，从而确认火灾产生。

在感烟式火灾探测器中，选择不同的电子线路，可以实现不同的信号处理方式，从而

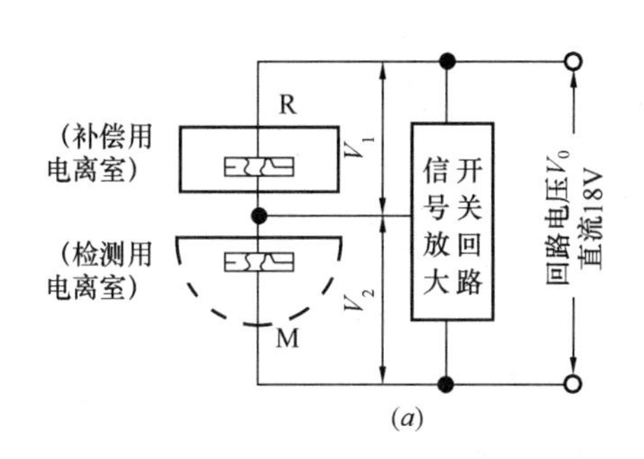

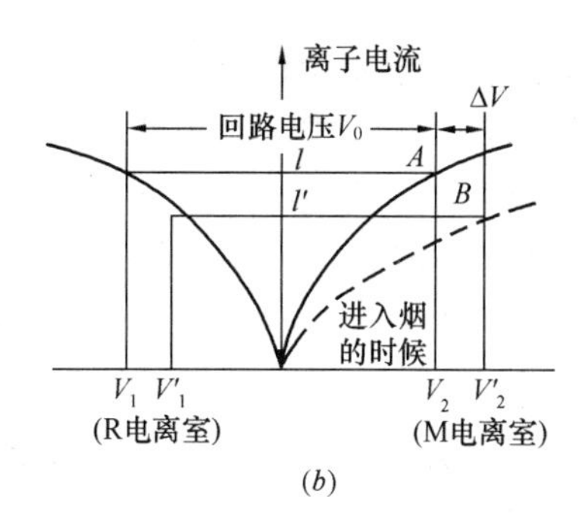

图 3-186 双源式离子感烟探测器原理图

(a) 电路原理；(b) 工作特性

构成不同形式的离子感烟探测器。采用双源反向串联式结构的离子感烟探测器可以减少环境温度、温度、气压等条件变化对离子电流的影响，提高探测器的环境适应能力和工作稳定性。

(3) 单源式离子感烟探测器原理

单源式离子感烟探测器的电路原理图如图 3-187 所示。其检测电离室和补偿电离室由电极板 P_1、P_2和 P_m 等构成，共用一个放射源。在探测火灾时，探测器的烟雾检测室（外室）和补偿室（内室）都工作在其特性的灵敏区，利用 P_m电位的变化大小反映进入的烟雾浓度变化，实现火灾探测。

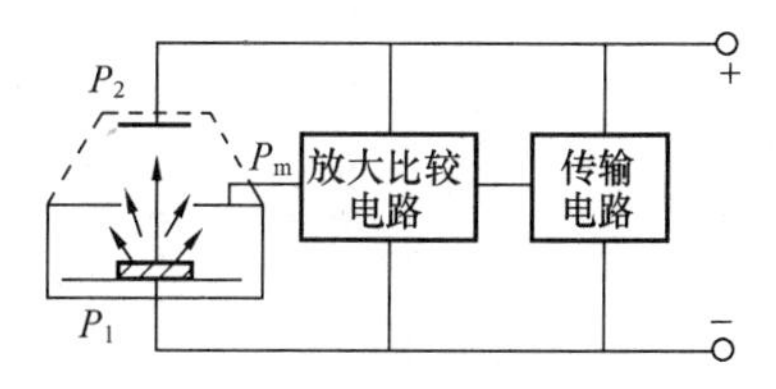

图 3-187 单源式离子感烟探测器原理图

单源式离子感烟探测器的烟雾检测室和补偿室在结构上基本都是敞开的，两者受环境变化的影响相同因而提高了对环境的适应能力。特别是在抗潮湿方面单源式离子感烟探测器的性能比双源式的好得多。单源式离子感烟探测器也有阀值放大、类比判断和分布智能等结构类型和信号处理方式。

2. 光电感烟式火灾探测器

(1) 减光式光电感烟火灾探测器原理

减光式光电感烟探测原理如图 3-188 所示。进入光电检测暗室内的烟雾粒子对光源发出的光产生吸收和散射作用，使通过光路上的光通量减少，从而使受光元件上产生的光电流降低。

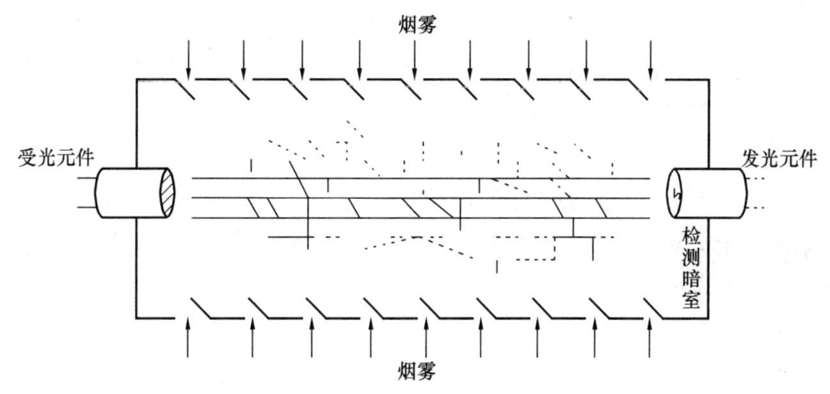

图 3-188 减光式光电感烟探测原理图

光电流相对于初始标定值的变化量大小，反映了烟雾的浓度。电子线路对该火灾信号进行阀值比较放大、类比判断处理或数据对比计算，通过传输电路发出相应的火灾信号。

(2) 散射光式光电感烟火灾探测原理

散射光式光电感烟火灾探测原理如图 3-189 所示。进入暗室的烟雾粒子对发光元件（光源）发出的一定波长的光产生散射（按照散射定律，烟粒子需轻度着色，粒径大于光的波长时将产生散射作用），使处于一定夹角位置的受光元件（光敏元件）的阻抗发生变化，产生光电流。此光电流的大小与散射光强弱有关，并且由出烟粒子的浓度和粒径大小及着色与否来决定。当烟粒子浓度达到一定值时，散射光的能量就足以产生一定大小的光电流（无烟雾粒子时，光电流大小约为暗电流），用于激励外电路发出火灾信号。

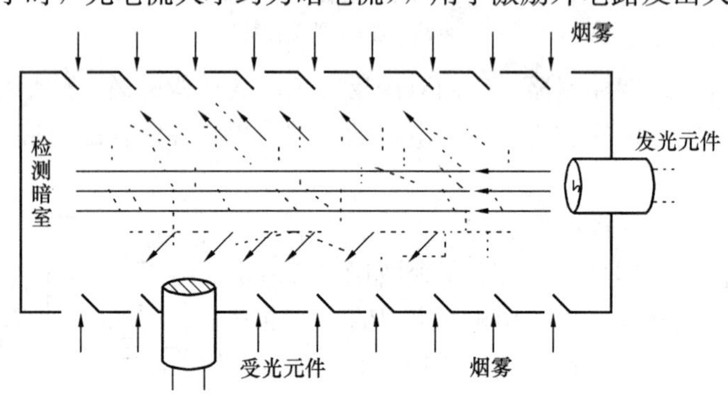

图 3-189 散射光式光电感烟火灾探测器原理示意图

注：散射光式光电感烟火灾探测方式只适用于点型探测器结构。

3. 感温式火灾探测器

感温式火灾探测器根据其作用原理分为如下三类。

(1) 定温式探测器

定温式探测器是在规定时间内，由火灾引起的温度上升超过某个规定值时启动报警，有线型和点型两种结构。线型是当局部环境温度上升到规定值时，可熔绝缘物体熔化使两导线短路，从而产生火灾报警信号。点型是利用双金属片、易熔金属、热电偶、热敏半导体电阻等元件，在规定的温度值上产生火灾报警信号。

(2) 差温式探测器

差温式探测器是在规定时间内，火灾引起的温度上升速率越过某个规定位时启动报警，它也有线型和点型两种结构。线型差温式探测器是根据广泛的热效应而动作的。点型差温探测器是根据局部的热效应而动作的，主要感温器件是空气膜盒、热敏半导体电阻元件等。

(3) 差定温式探测器

差定温式探测器结合了定温和差温两种作用原理，将这两种探测器结构组合在一起。差定温式探测器一般多为膜盒式或热敏半导体电阻式等点型的组合式探测器。

4. 感光式火灾探测器

感光式火灾探测器主要是指火焰光探测器，目前广泛使用紫外式和红外式两种类型。

5. 可燃气体探测器

可燃气体探测器主要用于宾馆厨房或燃料气储备间、汽车库、压气机站过滤车间等。

6. 火灾探测器的型号含义，如下：

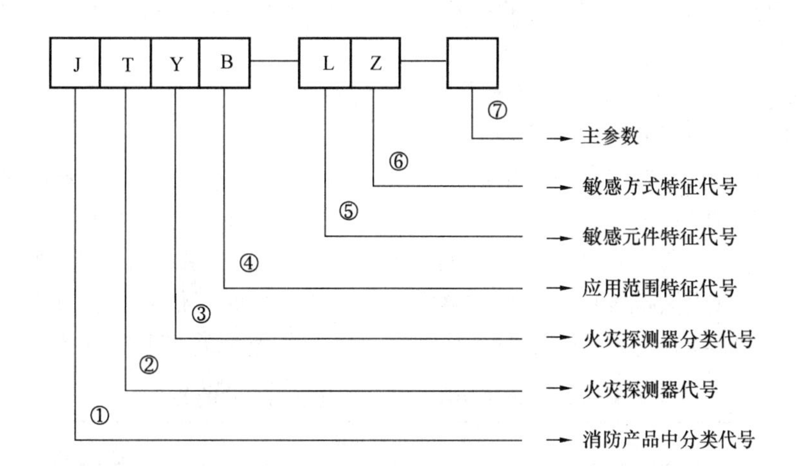

①J(警)——消防产品中的分类代号(火灾报警设备)。
②T(探)——火灾探测器代号。
③火灾探测器分类号，各种类型火灾探测器的具体表示方法如下：
Y(烟)——感烟火灾探测器；
W(温)——感温火灾探测器；
G(光)——感光火灾探测器；
Q(气)——可燃气体探测器；
F(复)——复合式火灾探测器。
④应用范围特征代号表示方法如下：
B(爆)——防爆型；
C(船)——船用型；
非防爆型或非船用型可以省略，无须注明。
⑤，⑥传感器特征表示法如下：
LZ(离子)——离子；
GD(光、电)——光电；
MD(膜、定)——膜盒定温；
MC(膜、差)——膜盒差温；
复合式探测器表示方法如下：
GW(光温)——感光感温；
GY(光烟)——感光感烟；
YW(烟温)——感烟感温；
YW-HS(烟温-红束)——红外光束感烟感温。
⑦主参数——定温、差定温用灵敏度级别表示。
型号含义举例：
JTY—LZ—E 型离子感烟探测器，二总线模拟量超薄型；
JTY—DZ—E 型电子感温探测器，二总线模拟量超薄型；
JTY—GD—SH9431 型光电感烟探测器；
JTW—CDZ—262/061 型电子差定温探测器。

（二）火灾探测器的选用

火灾探测器的选用很重要，这直接影响火灾探测器的性能发挥和灭火作用。火灾探测器选用方法有三种。

1. 根据火灾的形成与发展特点选用火灾探测器

这种选用方法一般遵循六个原则。

（1）火灾初期有隐燃阶段（如棉麻织物和木器火灾），产生大量的烟和少量的热，很少或没有火焰辐射时，一般应选用感烟探测器。探测器的感烟方式和灵敏度级别根据具体使用场所来确定，请参见表3-18。感烟探测器的工作方式则要根据反应速率与可靠性要求来确定，对于只用做报警目的的探测器，一般选用非延时工作方式；对于报警后用做联动消防设备的探测器，一般选用延时工作方式，应与其他种类火灾探测器配合使用。

感烟探测器适用场所、灵敏度与感烟方式的关系 **表3-18**

序号	适用场所	灵敏度级别选择	感烟方式及说明
1	饭店、旅馆、写字楼、教学楼、办公楼等的厅堂、居室、办公室、展室、娱乐室、会议室等处	厅堂、办公室、大会议室、值班室、娱乐室、接待室等，用中低档，可延时工作；吸烟室、小会议室，用低档，可延时工作；卧室、病房、休息厅、展室、衣帽室等，用高档，一般不延时工作	早期热解产物中烟气溶胶微粒很小，用离子感烟式更好；微粒较大的，用光电感烟式更好。可按价格选择感烟方式，不必细分
2	计算机房、通信机房、影视放映室等处	高档或高、中档分开布置联合使用，不用延时工作方式	考虑装修情况和探测器价格选择：有装修时，烟浓度大，颗粒大，光电式更好；无装修时，离子式更好
3	楼梯间、走道、电梯间、机房等处	高档或中档均可，采用非延时工作方式	按价格选定感烟方式
4	博物馆、美术馆、图书馆等文物古建单位的展室、书库、档案库等处	灵敏度级别选高档，采用非延时工作方式	按价格和使用寿命选定感烟方式，同时还应设置火焰探测器，提高反应速率和可靠性
5	有电器火灾危险的场所，如电站、变压器间、变电所和建筑配电间	灵敏度级别必须选高档，采用非延时工作方式	①早期热解产物微粒小，用离子式，否则，用光电式 ②必须与紫外火焰探测器配用
6	银行、百货商场、仓库	灵敏度级别可选高档或中档，采用非延时工作方式	有联动探测要求时，可用有中、低档灵敏度和双信号探测器，或与感温探测器配用，或采用烟温复合式探测器
7	可能产生隐燃火，或发生火灾不早期报警将造成重大损失的场所	灵敏度级别必须选高档，必须采用非延时工作方式	①烟温度复合式探测器 ②烟温光配合使用方式 ③必须按有联动要求考虑

离子感烟和光电感烟探测器和适用场所是根据离子和光电感烟方式的特点确定的。对于那些使感烟探测器变得不灵敏或总有误报，对离子式感烟探测器放射源产生腐蚀并且改变其工作特性，或使感烟探测器在长期、短期内被严重污染的场所，是不适用的，有关规定见《火灾自动报警系统设计规范》。

（2）火灾发展迅速，有强烈的火焰辐射和少量的烟热时，应选用火焰光探测器。火焰光探测器常用紫外与红外复合式，一般为点型结构，其有效性取决于探测器的光学灵敏度（4.5cm焰高的标准烛光距探测器0.5m、或1.0m时，探测器有额定输出）、视锥角（即视野，通常 70°～120°）、响应时间（小于或等于 1s）的安装定位。

（3）火灾形成阶段以迅速增长的烟火速度发展，产生较大的热量或同时产生大量的烟雾和火焰辐射时，应选用感温、感烟和火焰探测器或组合使用它们。

（4）火灾探测报警与灭火设备有联动要求时，必须以可靠为前提，只有在获得双报警信号后，或者再加上延时报警判断后，才能产生联动控制信号。

（5）在散发可燃气体或易燃液体蒸汽的场所，多选用可燃气体探测器实现早期报警。

（6）火灾形成特点不可预料的场所，可进行模拟试验后，按试验结果确定火灾探测器的选型。

2. 根据房间高度选用火灾探测器

对火灾探测器使用高度加限制，是为了在整个探测器保护面积范围内，使火灾探测器有相应的灵敏度，确保其有效性。一般情况下，感烟探测器的安装使用高度 $h<12$m，随着房间高度上升，使用的感烟探测器灵敏度相应提高；感温探测器的使用高度 $h<8$m，房间高度也与感温探测器的灵敏度有关，灵敏度高，适于较高的房间；火焰探测器的使用高度由其光学灵敏度范围（9～30m）确定，房间高度增加，要求火焰探测器灵敏度提高。房间高度与火灾探测器选用的关系见表 3-19。应当指出，房间顶棚的形状（尖顶形、拱顶形）和空间不平整顶棚对房间高度（h）的确定有影响，应根据具体情况以及探测器的保护面积和保护半径等确定。

房间高度与火灾探测器选用关系　　**表 3-19**

房间高度 h/(m)	感烟探测器（离子式或光电式）	感温探测器			火焰探测器（紫外）
		Ⅰ级(62℃)	Ⅱ级(70℃)	Ⅲ级(78℃)	
$12<h\leqslant20$					√
$8<h\leqslant12$	√				√
$6<h\leqslant8$	√	√			√
$4<h\leqslant6$	√	√	√		√
$h\leqslant4$	√	√	√	√	√

3. 综合环境条件下选用火灾探测器

火灾探测器使用的环境条件，如环境温度、气流速度、振动、空气湿度、光干扰等，对探测器的工作有效性（灵敏度等）会产生影响。一般情况下，感烟与火焰探测器的使用温度小于 50℃，定温探测器为 10～35℃；在 0℃以下探测安全工作的条件是其本身不允许结冰，且多采用感烟或火焰探测器。环境的气流速度对于感温和火焰探测器工作无影响，感烟探测器则要求气流速度小于 5m/s。环境中有限的正常振动，对于点型火灾探测器一般影响很小，对分离式光电感探测器影响较大，要求定期调校。环境空气湿度小于95%时，一般不影响火灾探测器的工作；当有雾化烟雾或凝露存在时，对感烟和火焰探测器的灵敏度有影响。环境中存在烟、灰及类似的气溶胶时，直接影响感烟探测器的使用；对感温和火焰探测器，如避免湿灰尘，则使用不受限制。环境小的光干扰对感烟和感温探测器的使用无影响，对火焰探测器则无论直接与间接都将影响工作可靠性。

选用火灾探测器时，若不充分考虑环境因素的影响，则在其使用中会产生误报。误报除与环境因素有关外，还与火灾探测器故障或设计中的缺欠、维护不周、老化，以及污染等有关，应认真对待。

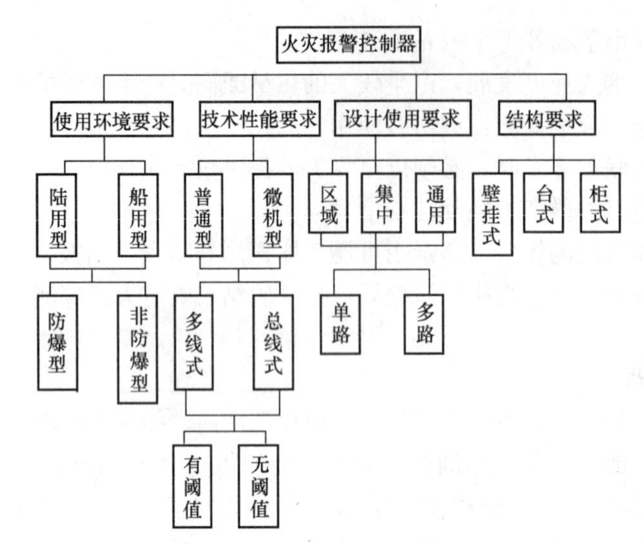

图 3-190　火灾报警控制器工作原理

（三）火灾报警控制器

火灾报警控制器是火灾报警及联动控制系统的核心设备（如图 3-190所示），它是给火灾探测器供电，接收、显示及传递火灾报警等信号，并能输出控制指令的一种自动报警装置。火灾报警控制器可单独作火灾自动报警用，也可与自动防灾及灭火系统联动，组成自动报警联动控制系统。

（四）火灾报警控制器的工作原理和基本组成

1. 火灾报警控制器的工作原理

火灾报警控制器主要包括电源和主机，其工作原理分别如下：

（1）电源部分

电源部分承担主机和探测器供电的任务，是整个控制器的供电保证环节。输出功率要求较大，大多采用线性调节稳压电路，在输出部分增加响应的过压、过流保护。火灾报警控制器的电源分为主电源和备用电源互补的两部分。主电源为 220V 交流电，备用电源一般为可充放电反复使用的各种蓄电池，常用的有镍镉电池，免维护碱性蓄电池，铅酸蓄电池等。电源部分的主要功能如下：

①主电、备电自动切换功能：

②备用电源充电功能；

③电源故障监测功能；

④电源工作状态指示功能；

⑤为探测器回路供电功能。

火灾报警控制器的电源设计采用线性调节稳压电路，同时在输出部分增加过压和过流保护环节。电源设计也可以来用开关型稳压电源方式。

（2）主机部分

火灾报警控制器主机部分起着对火灾探测源传来的信号进行处理、报警并且中继的作用。无论区域报警控制器还是集中报警中央监控制器，其基本原理都遵循同一工作模式，即收集探测源信号→输入单元→自动监控单元→输出单元。为了使用方便，增加功能，还附加上人机接口：即键盘、显示负分，输出联动控制部分，计算机通信部分，打印机部分等。

火灾报警控制器主机部分的基本原理如图 3-191 所示。

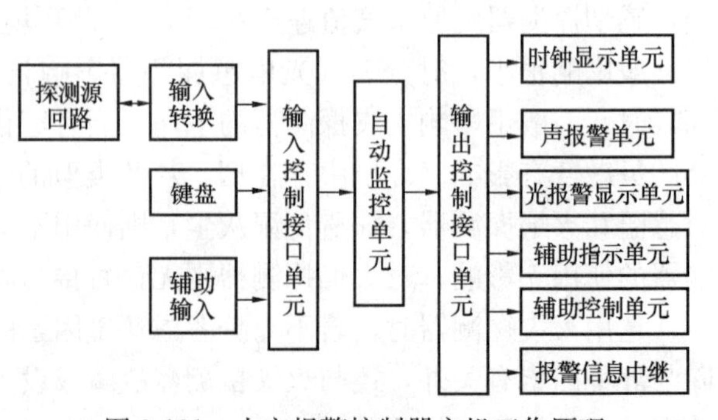

图 3-191　火灾报警控制器主机工作原理

集中报警控制器与区域报警控制器的输入单元有所不同，区域报警控制器处理的探测源可以是各种火灾探测器，手动报警按钮或其他探测单元；集中报警控制器处理的是区域报警控制器传输的信号。根据传输特性不同，输入单元的接口电路也不同。

多线传输方式接口电路工作原理如下：各线传输的报警信号可以同时也可分时进入主监控部分，由主监控部分进行地址译码或时序译码，显示报警地址，同时各线报警信号的"或"逻辑启动声光报警，完成一次报警信号的确认。

总线传输方式接口电路工作原理如下：通过监控单元将要巡检的地址（部位）信号发送到总线上，经过一定时序，监控单元从总线上读回信息，执行相应报警处理功能。时序要求严格，每个时序都有固定含义。其时序顺序为：发地址→等待→读信息→等待。火灾报警控制器反复执行上述时序，完成整个探测源的巡检。

2. 火灾报警控制器主机功能

（1）故障声光报警功能

当火灾报警控制器主机出现探测器回路断路、短路，探测器自身故障，系统自身故障时，火灾报警控制器进行声、光报警，知识故障的具体部位。

（2）火灾声光报警功能

当火灾探测器、手动报警按钮或其他火报警信号单元发出火灾报警信号时，控制器能够迅速、准确地接收、处理此报警信号，进行火灾声光报警，指示具体火警部位和时间。

（3）火灾报警优先功能

当出现火灾报警信号，控制器在报故障时自动换到火灾声光报警状态。若故障信号依然存在，只有在火情被排除，人工进行火灾信号复位后，控制器才能转换到故障报警状态。

（4）火灾报警记忆功能

一旦控制器收到探测器火灾报警信号时，应该保持并且记忆报警信号，不能随火灾报警信号源的消失而消失，另外还能继续接受、处理其他火灾报警信号。

（5）声报警消声及再声响功能

当火灾报警控制器发出声光报警信号后，可能通过控制器上的消声按钮人为消声，如果停止声响报警时又出现其他报警信号，火灾报警控制器应能进行声光报警。

（6）时钟单元功能

火灾报警控制器本身应提供一个工作时钟，用于对工作状态提供监视参考。当火灾报警时，时钟应能指示并且记录准确的报警时间。

（7）输出控制功能

火灾报警控制应具有一对以上的输出控制接点．用于火灾报警时的联动控制，如用于控制室外警钟，启动自动灭火设施等。

（五）火灾自动报警系统线制

无论是火灾自动报警系统，还是探测器与报警控制器的连接方式，常常碰到一个问题，就是它们线制如何？因此有必要对其进行阐述。

随着火灾自动报警系统的发展，探测器与报警控制器的接线形式变化很快，即从多线向少线至总线发展，这给施工、调试和维护带来了极大的方便。

1. 多线制连接方式

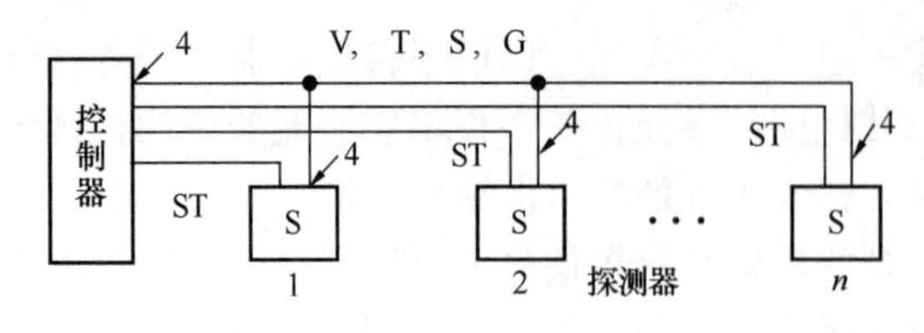

图 3-192 多线制连接方式

多线制的特点是一个探测器（或多个探测器为一组）构成一个回路，与火报警控制器相连接。多线制连接方式如图 3-192所示。

多线制有 $n+4$ 线制，n 为探测器，4 指公用线为电源线（24V）、地线（G）、信号线（S）和自诊断线（T）。

每个探测器设一根选通线（ST），当某根选通线处于有效电平时，在信号线上传输的信息才是该探测部位的状态信号。

2. 总线制连接方式

总线制连接方式采用两条至四条导线构成总线回路，把所有的探测器与之并联，每只探测器有一个编码电路，报警控制器采用串行通信方式向每只探测器。如图 3-193 所示。

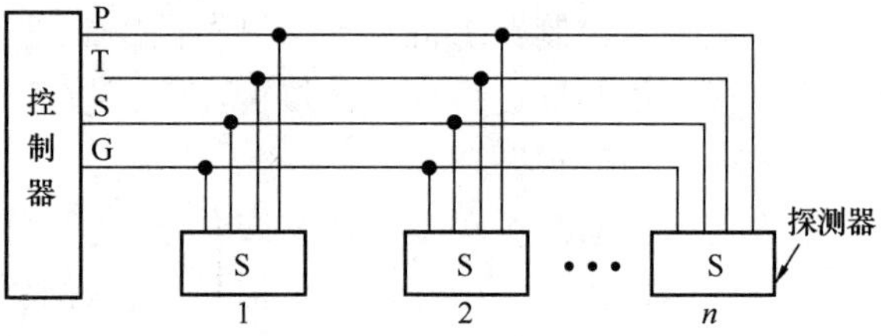

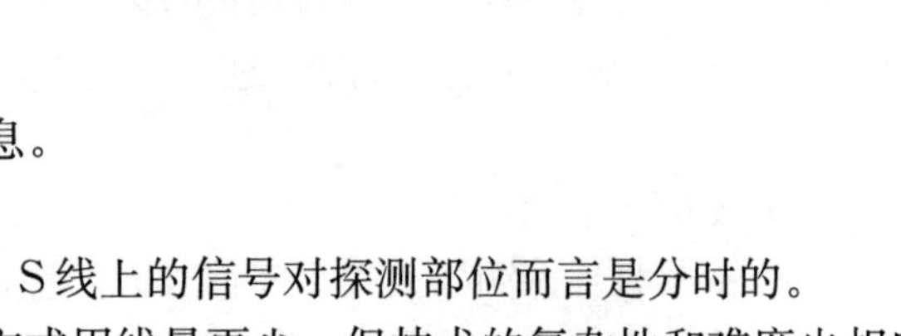

图 3-193 四总线制的连接方式

总线制采用编码选址技术，使控制器形确地报警到具体探测部位，调试安装简化，系统的运行可靠性大为提高。

P 线给出探测器的电源、编码、选址信号。

T 线给出自检信号，判断探测部位或传输线是否有故障。

控制器从 S 线上获得探测部位的信息。

G 线为公共地线。

P、T、S、G 都采用并联方式连接，S 线上的信号对探测部位而言是分时的。

二总线制连接方式比四总线制连接方式用线量更少，但技术的复杂性和难度也相应提高。二总线制的连接方式有树状和环状两种，二总线制树状连接方式如图 3-194 所示，环状连接方式如图 3-195 所示。

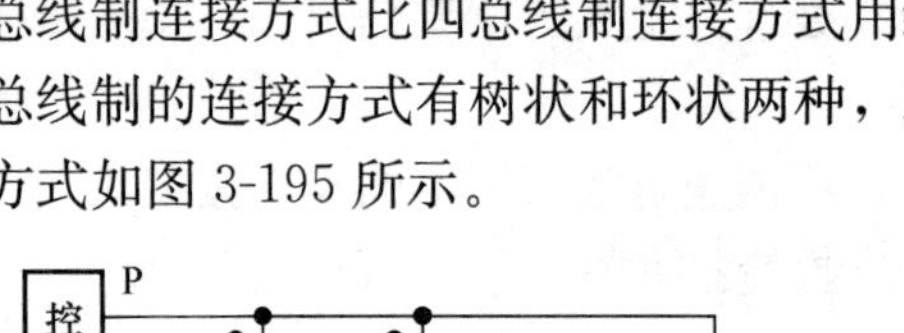

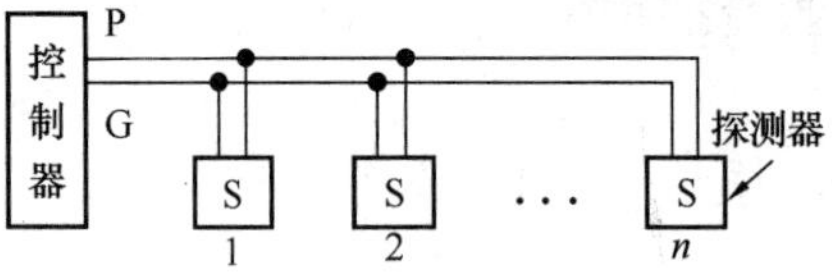

图 3-194 二总线制树状连接方式

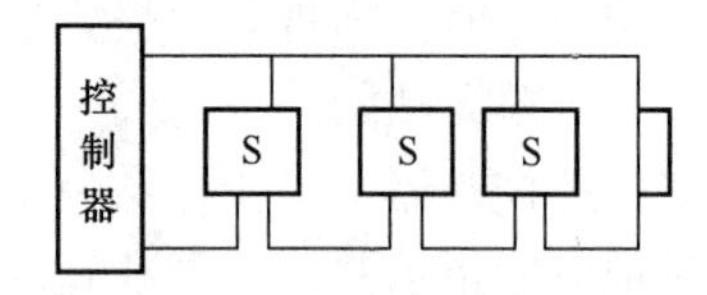

图3-195 二总线环状连接方式

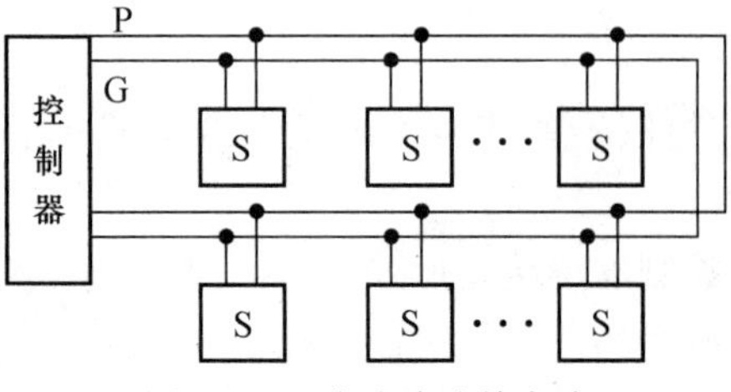

图 3-196 全连式连接方式

二总线中的 G 线为公共地线。

P 线完成供电、选址、自检、获取信息等功能。

另外，还有一种系统的 P 线对各探测器是串联的，这种连接方式称为全连式连接方式。这时连接探测器变成了三根线，控制器还是两根线。

全连式连接方式如图 3-196 所示。

（六）智能火灾报警系统

1. 火灾自动报警系统

在讨论智能火灾报警系统时，首先要了解火灾自动报警系统。火灾自动报警系统通常由火灾探测器、区域报警控制器和集中报警控制器以及联动模块和控制设备等组成。

火灾探测器的选用及其与报警控制器的配合是火灾报警系统设计的关键。其中，探测器是对火灾有效探测的基础；控制器是火灾信息处理和报警控制设计的核心，最终通过控制设备实施消防动作。

火灾报警控制器一般分为区域报警控制器，集中报警控制器和通用报警控制器三种。区域报警控制器用于火灾探测器的监测、巡检，接收监测区域内的火灾探测器的报警信号，并且将此信号转化为声、光报警输出，显示火灾部位等。集中报警控制器用于接收区域报警控制器的火灾信号，显示火灾部位、记录火灾情息等。

我国消防部门对火灾报警系统有以下要求：

确保火灾探测和报警功能，保证不漏报；

减少环境因素影响，减少系统误报率；

确保系统工作稳定，信号传输准确可靠；

系统灵活性、兼容性强，配套成系列；

系统的工程适应性强，布线简单、灵活；

系统的工程适应性强，调试、维护、管理方便；

系统的联动控制方式有效、多样；

系统的性能价格比高。

火灾自动报警系统分为基本型和线型。

（1）基本型报警系统

1）区域报警系统

区域报警系统由火灾探测器、手动报警器、区域火灾报警控制器或通用控制器和火灾警报装置等构成，如图 3-197 所示。这种系统适用于小型建筑等对象的单独使用，报警区域内最多不超过 3 台区域控制器，若多于 3 台，可考虑集中报警系统。

2）集中报警系统

集中报警系统由火灾探测器，区域火灾报警控制器或通用控制器，和集中火灾报警控制器等组成。集中报警系统的典型结构如图 3-198 所示。

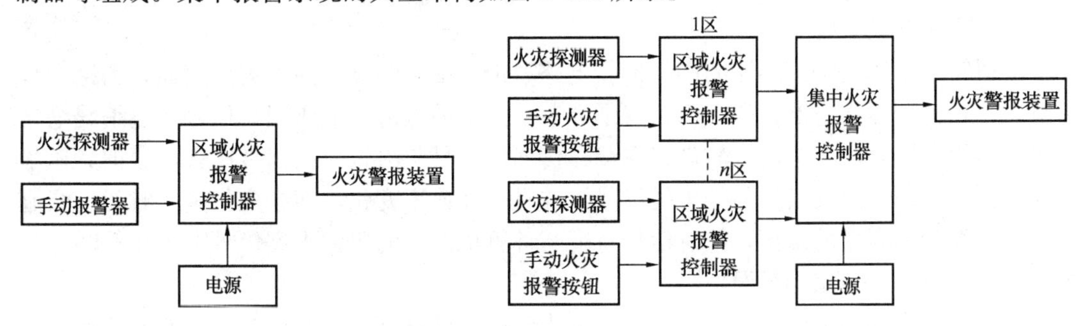

图 3-197　区域报警系统原理

图 3-198　集中报警系统原理

这种系统适用于高级宾馆、写字楼等对象。

3）控制中心报警系统

控制中心报警系统由设置在消防控制室的消防设备，集中火灾报警控制器，区域火灾报警控制器和火灾探测器等组成；或由消防控制设备，环状布置的多台通用控制器和火灾探测器等组成。控制中心报警系统的典型结构如图3-199所示。这种系统适用于大型建筑群、商场、宾馆、公寓综合楼等，可对各类建筑物中的消防设备实现联动控制和手动/自动转换。一般情况下，控制中心报警系统是智能型建筑物中消防系统的主要类型，是楼宇自动化系统的重要组成部分。

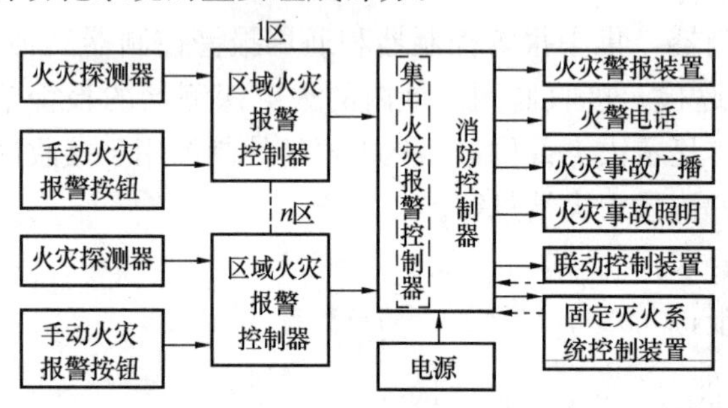

图3-199 控制中心报警系统原理

(2) 线型报警系统

线型自动报警系统分为多线制系统和总线制系统两种。

1）多线制系统

多线制系统是火灾探测器的早期设计。探测器与控制器的连接方式等有关，每个探测器需要两条或多条导线与控制器连接，以发出每个点的火灾报警信号。换言之，多线制系统的探测器与控制器采用硬线一一对应连接，有一个探测点便要一组硬线对应到控制器，依靠直流信号工作和检测。多线制系统的线制可以表示为$an+b$，其中n是探测器，d和b为定系数，$a=1$，$b=1$，2，4。常见的有$2n+2$、$n+1$等线制。多线制系统设计、施工与维护复杂，已逐渐被淘汰。

2）总线制系统

总线制系统形式是在多线制系统形式的基础上发展起来的。随着微电子器件，数字脉冲电路及微型计算机应用技术等用于火灾自动报警系统，改变了以往多线制系统的直流巡检功能，代之以使用数字脉冲信号巡检和信息压缩传输，采用大量编码及译码逻辑电路，实现探测与控制器的协议通信，大大减少了系统线制，带来工程布线的灵活性，形成支状和环状两种布线结构。总线制系统的线制也可表示为$an+b$，其中n是使用的探测数目，$a=0$，$b=2$，4，6等。当前使用较多的是二总线和四总线系统两种形式。

2. 智能防火系统

智能防火系统有两种类型，即主机智能系统和分布式智能系统。

(1) 主机智能系统

主机智能系统是将探测器的阀值比较电路取消，使探测器成为火灾传感器，无论烟雾影响大小，探测器本身不报警，而是将烟雾影响产生的电流、电压变化信号通过编码电路和总线传给主机，由主机内置软件将探测器传回的信号与火警典型信号比较，根据其速率变化等因素判断是火灾信号还是干扰信号，并且增加速率变化、连续变化量、时间、阀值幅度等一系列参考量的修正，只有信号特征与计算机内置的典型火灾信号特征相符时才会报警，这样就极大地减少了误报。

主机智能系统的主要优点有：灵敏度信号特征模型可以根据探测器所在环境特点设定；可以补偿各类环境中干扰和灰尘积累对探测器灵敏度的影响，且能实现报警功能；主机采用微处理机技术，实现时钟、存储、密码、自检联动、联网等多种管理功能；可以通过软件编程实现图形显示，键盘控制，翻译等高级扩展功能。

尽管主机智能系统比非智能型系统优点多，由于整个系统的监测、判断功能不仅全部要由控制器完成，而且还要一刻不停地处理上千个探测器发回的信息，因而系统软件程序复杂、量大，并且探测器巡检周期长，导致探测点大部分时间失去监控，系统可靠性降低和使用维护不便等缺点。

（2）分布式智能系统

分布式智能系统是在保留智能模拟量探测系统优点的基础上形成的：它将主机智能系统中对探测信号的处理、判断功能由主机返回到每个探测器，使探测器真正具有智能，而主机由于免去大量的现场信号处理负担，可以从容不迫地实现多种管理功能，从根本上提高了系统的稳定性和可靠性。

智能防火系统还可按其主机线路方式分为多总线制和二部线制等。智能防火系统的特点是软件和硬件具有相同的重要性，且在早期报警功能、可靠性和总成本费用方面显示明显的优势。

拓展与思考

1. 简述火灾自动报警系统的发展历程。
2. 建筑火灾的主要特点有哪些？
3. 火灾自动报警系统由哪几部分组成？各部分的作用是什么？
4. 简述区域报警系统、集中报警系统、控制中心报警系统的区别和联系？
5. 探测器分为几种？感烟、感温、火焰探测器有何区别？
6. 选择探测器主要应考虑哪些因素？
7. 什么叫灵敏度？什么叫感烟（温）探测器的灵敏度？
8. 布置探测器时应考虑哪些方面的问题？
9. 智能探测器的特点是什么？智能系统有何优点？
10. 一个探测区域内探测器的数量如何确定？受哪些因素影响？
11. 火灾探测器的保护面积和保护范围是如何确定的？
12. 哪些场合适合选用火焰探测器？
13. 报警区域和探测区域是如何划分的？哪些场合需单独划分探测区域？
14. 电子定温、差温、差定温三种类型探测器的工作原理有何异同？
15. 火灾报警控制器有哪些种类？
16. 火灾报警器的功能是什么？
17. 区域报警器与楼层显示器的区别是什么？
18. 台式报警器和壁挂式报警器与探测器连接时有何不同？
19. 多线制系统和总线制系统的探测器接线有何特点？

二、火灾自动报警系统设备的安装实训操作

1. 火灾探测器的安装

（1）点型火灾探测器的安装

探测器的安装位置、方向和接线方式直接影响到整个火灾自动报警系统的质量和效能。探测器安装时，要按照施工图选定的位置，现场定位划线。在吊顶上安装时，要注意纵横成排对称，内部接线要紧密，固定要牢固美观。

在实际中有些深化设计完善的火灾报警施工图以充分考虑各种管线、风口、灯具等综合因素来确定探测器安置位置，而一般施工图只提供探测器的数量和大致位置。因此，在实际施工现场施工时，会遇到风管、风口排风机等各种障碍，这样就要对探测器设计的位置作必要的位移，如果超出了探测器的保护范围甚至去掉探测器，则应与设计单位联系，进行设计修改变更。具体的安装位置一定符合《火灾自动报警系统设计规定》GB 50116—98 规定。

（2）探测器的固定

探测器有底座和探头两部分组成，属于精密电子仪器，在实训施工交叉作业时，一定要保护好。在安装探测器时，应先安装探测器底座，待整个火灾报警系统全部安装完毕时，再安装探头并作必要的调整工作。

由于探测器的型号、规格繁多，其安装方式各异，故在施工图下发后，应仔细阅读图纸和产品样本，了解产品的技术说明书，做到正确地安装，达到合理使用的目的。

（3）探测器的接线与安装

探测器的接线其实是探测器底座的接线，安装探测器底座时，应先将预留在盒内的导线剥出线芯 10～15mm（注意保留线号）。将剥好的线芯连接在探测器底座各对应得接线端子上，需要焊接连接时，导线剥头应焊接焊片，通过焊片接于探测器底座的接线端子上。

不同规格型号的探测器其接线方法也有所不同，一定要参照产品说明书进行接线。接线完毕后，将底座用配套的螺栓固定在预埋盒上，并上好防潮罩。按设计图检查无误后再拧上探测器探头，探头通常以接插旋卡式与底座连接。探测器底座上有缺口或凹槽，探头上有凸出部分，安装时，探头对准底座以顺时针方向旋转拧紧。

探测器安装时应注意的问题：

①有些厂家的探测器有中间型和终端型之分，每分路（一个探测区内的探测器组成的一个报警回路）应有一个终端型探测器，以实现线路故障监控。感温式探测器探头上有红点标记的为终端型，无红色标记的为中间型。感烟式探测器确认灯为白色发光二极管者为终端型，为红色发光二极管者为中间型。

②最后一个探测器加终端电阻 R，其阻值大小应根据产品技术说明书的规定取值。并联探测器 R 值一般取 5.6Ω。有的产品不须接终端电阻；也有的用一个二极管和一个电阻并联安装时二极管负极应与＋24V 端子相连。

③并联探测器一般应少于 5 个，如要装设外接门灯必须用专用底座。

④当采用防水型探测器有预留线时，应采用接线端子过渡分别连接，接好后的端子必须用胶布包裹号，放入盒内后再固定火灾探测器。

⑤采用总线并要进行编码的探测器，应在安装前对照厂家技术说明书的规定，按层或区域事先进行编码分类，然后再按照上述工艺要求安装探测器。

2. 手动报警按钮的安装

在火灾自动报警系统中，常见手动报警按钮有手动火灾报警按钮、消防栓手动报警按钮两大类。

手动报警按钮的紧急程度比探测器报警紧急，一般不需要确认。所以手动按钮要求更可靠、更确切，处理火灾要求更快。

手动报警按钮宜与集中报警器连接，且应单独占用一个部位号。因为集中控制器设在消防室内，能更快采取措施，所以当没有集中报警器时，它才接入区域报警器，但应占用一个部位号。

手动报警按钮的安装，如图3-200所示。

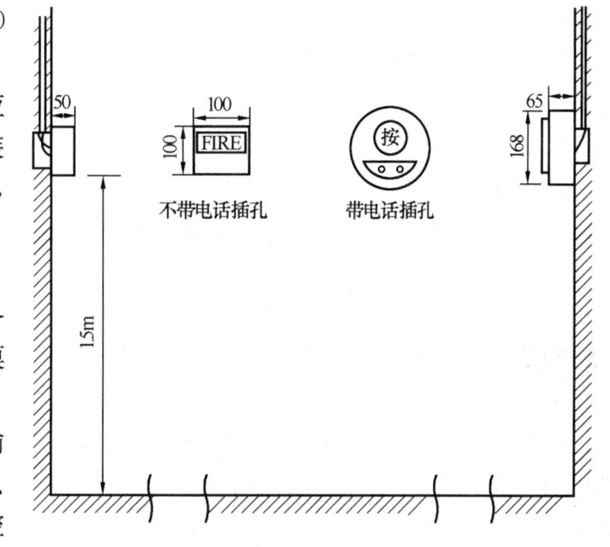

图 3-200　手动报警按钮的安装

总体来说，手动火灾报警按钮应设置在明显的便于操作的部位，安装在墙上距楼（地）面高度 1.5m 处，且应有明显的标志。

3. 接口模块的安装

火灾报警与联动控制系统中有各种类型的输入、输出或控制和反馈模块以及总线隔离器等。

接口模块具体包括输入模块、输出模块、输入/输出模块、监视模块、信号模块、控制模块、信号接口、控制接口（即相当于中继器的作用）、总线隔离器、单控模块、双控模块等。

（1）总线隔离器设置应满足以下要求：当隔离器动作时，被隔离保护的输入/输出模块不应超过 32 个。

（2）为了便于维修模块，应将其装于设备控制柜内或吊顶外，吊顶外应安装在墙上距地面高 1.5m 处。若装于吊灯内，需在吊顶上开维修孔洞。

（3）安装有明装和暗装两种方式，前者将模块底盒安装在预埋盒上，后者将模块底盒埋在墙内或安装在专用装饰盒上。

4. 火灾报警控制器安装

（1）基本功能

1）为火灾探测器供电。

2）接收来自火灾探测器的报警信号，并进行数据处理。

3）发出系统本身的事故信号。

4）检查火灾探测器的报警功能。

5）准确提供火灾现场的位置（编码或地址）。

（2）火灾报警控制器安装

1）火灾报警控制器的安装应符合下列要求：

①火灾报警控制器（以下简称控制器）在墙上安装时，其底边距地（楼）面高度宜为 1.3～1.5m，落地安装时，其底宜高出地坪 0.1～0.2m。

②控制器的靠近其门轴的侧面距离不应小于 0.5m，正面操作距离不应小于 1.2m。

落地式安装时，柜下面有进出线沟；如果需要从后面检修时，柜后面板距离不应小于1m，当有一侧靠墙安装时，另一侧距离不应小于1m。

③控制器的正面操作距离，当设备单列布置不应小于1.5m，双列布置时不应小于2m。

2）控制器应安装牢固，不得倾斜。安装在轻质墙上时应采取加固措施。

3）引入控制器的电缆或导线应符合下列要求：

①配线应整齐、避免交叉，并应固定牢固。

②电缆芯线和所配导线的端部均应标明编号，并与图纸一致，字迹清晰不易褪色；并应留有不小于20cm的余量。

③端子板的每个线端，接线不得超过两根。

④导线应绑扎成束；其导线引入线穿线后，在进线管处应封堵。

4）控制器的主电源引入线应直接与消防电源连接、严禁使用电源插头。主电源应有明显标志。

5）控制器的接地牢固，并有明显标志。

总之具体的安装一定要参照国家标准规范（GB 50116—98）。

5. 其他设备安装

（1）楼层显示器采用壁挂式安装，直接安装在墙上或安装在支架上。其底边距地面的高度宜为1.3～1.5m，靠近其门轴的侧面距离不应小于0.5m，正面操作距离不应小于1.2m。

（2）接线端子箱作为一种转接施工线路，是一种便于布线和插线的借口装置，还可将一些接口模块安装在其内。端子箱采用明、暗两种安装方式，将其安装在弱电竖井内的各分层处或各楼层便于维修调试的地方。

三、火灾报警系统的调试

为了保证新安装的火灾报警与自动灭火系统能安全可靠的投入运行，性能达到设计的技术要求，在系统安装施工过程中和投入运行前，要进行一系列的调整试验工作。调整试验的主要内容包括线路测试、火灾报警与自动灭火设备的单体功能试验、系统的接地测试和整个系统的开通调试。

1. 调试前准备工作

（1）火灾自动报警及联动控制系统的调试，应在建筑内部装修和系统施工结束后进行。

（2）调试人员必须由有资格的专业技术人员或持有消防管理部门核发的消防专业上岗证书的人员担任，职责明确，并按调试程序进行。

（3）调试前应提供下列文件：

1）编有地址码的各种报警元件（探测器、手动报警按钮等）以及与实际施工相符合的竣工图；

2）设计变更文字记录（设计修改通知单）等；

3）施工记录及隐蔽工程验收记录；

4）检验记录及绝缘电阻、接地电阻测试记录。

2. 线路测试

外部检查：按图纸检查各种配线情况，首先是强电、弱电线是否到位，是否有不同性质线缆共管的现象，其次是各种火警设备接线是否正确，接线排列是否合理，接线端子处标牌编号是否齐全，工作接地和保护接地是否接线正确。

线路校验：先将被校验回路中的各个部件与设备接线端子打开进行查对。检查探测回路线、通信线是否短路或开路，采用兆欧表测试回路绝缘电阻，应对导线与导线、单线对地、导线对屏蔽层的绝缘电阻进行分别测试并记录，其绝缘电阻不小于 20MΩ。

3. 单体调试

（1）探测器的检查：在安装施工现场一般作性能试验，对于开关探测器可以采用专用测试仪进行检查。对于模拟量探测器的一般在报警控制器调试时进行。

（2）报警控制试验：报警控制器单机开通前，首先不接报警点，使机器空载运行，确定控制器是否在运输安装过程中损坏。开机后将所带探测器点进行编码，并在平面图上作详细记录。一般开关量探测器大多硬件编码，还有一些系统采用软件编码方法，甚至自适应编址方式。对未带上的探测点要逐个检查，如果是管线问题，则在排除线路故障后再开机测试，如果是探测器问题则更换探测器。

（3）检查火灾自动报警设备的功能

1）火灾报警设备的自检功能：切断受其控制的外界设备进行自检，自检期间如有非自检回路的火灾报警信号输入，应能发出火灾报警声、光信号。

2）消音、复位功能：能直接或间接接受火灾报警信号，声信号应能手动消除，但再次有火灾报警信号输入时，应能再启动。

3）故障报警功能：各部件间及打印机连接线断线、短路、接地、控制器故障、主电源欠压等，均应能在 100s 内发出与火灾报警信号有明显区别的声、光故障信号。

4）火灾优先功能：当火灾报警控制器内或由其控制进行的查询、中断、判断及数据处理等操作时，对于接收火灾报警信号的延时应不超过 10s。

5）报警记忆功能：接收火灾报警信号后，发出声、光报警信号，指示火灾发生部位，并予保持，光信号在火灾报警控制器复位前，应不能手动消除，并具有显示或记录火灾报警时间的计时装置，月、日、时、分等信息。

6）火灾报警控制器在场强 10V/M 及 1MHz～1GHz 频率范围内的辐射电磁场干扰下，不应发出火灾报警信号和不可恢复的故障信号，应正常运行，屏蔽及接地良好。

4. 火灾探测器的现场测试

采用专用设备对探测器逐个进行试验，动作应准确无误，编码与图纸相符，手动报警按钮位置符合图纸要求，编码无误。

（1）感烟型探测器：采用烟雾发生器进行测试，探测器上灯亮后 5s 内应报警。

（2）感温型探测器：采用温度加热器进行测试，探测器上灯亮后 5s 内应报警。

（3）火焰探测器（紫外线型、红外线型）：在 25m 内用火光进行测试，探测器上灯亮后 5s 内应报警。

（4）复合型探测器。定温、差温复合型探测器：根据设计所设定的定温及差温数据，采用温度加热器以设定的最低温度限制进行测试；感烟、感温复合型探测器：先按感烟探测器进行测试后，再按感温探测器进行测试，火灾报警控制器动作，发出声、光信号，指示火警部位应与图纸编码相同。

(5) 手动报警按钮测试：可用工具松动按钮盖板（不损坏设备）进行测试，显示编码与位置和设计图纸相符。

任务二 联动控制设备的安装与调试

一、基础理论知识

1. 消防联动控制的功能

在了解消防联动控制的功能之前，先解释自动控制，联动控制利手动控制的含义。

自动控制，指由火灾探测器探测火灾发生，继而自动控制相应设备。

联动控制，指消防系统中某些设备或设备动作后其相关设备也动作的控制方法。

手动控制，包括就地手控或消防室手动控制的方式。

消防联动控制对象包括消防泵、防排烟设施、防火卷帘、防火门、水幕、电梯以及非消防电源的断电控制。消防联动控制的功能有以下五个方面。

(1) 消火栓系统的控制显示功能

控制消防火泵的开与关。

显示打开泵按钮的位置。

显示消防水泵的工作、故障状态。

(2) 自动喷水灭火系统的控制显示功能

控制自动喷水灭火系统的引开与关闭。

显示喷淋水泵的工作状态，故障状态。

显示报警阀，闸阀及水流指不器的工作状态。

(3) 二氧化碳气体自动灭火系统的控制显示功能

控制二氧化碳气体自动灭火系统的紧急启动和切断功能。

控制火灾探测器联动的控制设备具有30s可调的延时功能。

显示二氧化碳气体自动灭火系统的手动，自动工作状态功能。

在报警、喷射各阶段，控制室应有相应的声光报警信号，且能手动消除声响信号。

在延时阶段，应能自动关闭防火门、窃，停止通风及空调系统。

(4) 消防控制设备对联动控制对象功能

火灾报警后，停止有关部位的风机、关闭防火阀，并且接收其反馈信号功能。

火灾报警后，启动有关部位的防烟、排烟风机、正压送风机和排烟阀，并且接收其反馈信号功能。

火灾确认后，关闭有关部位的防火门、防火卷帘，接收其反馈信号功能。

火灾确认后，发出控制信号，强制电梯全部停于首层，接收其反馈信号功能。

火灾确认后，接通火灾事故照明灯和疏散指示灯功能。

具有切断非消防电源功能。

(5) 消防控制设备接通火灾报警装置功能

火灾确认后，如果二层及二层以上楼层发生火灾，先接通着火层反相邻的上、下层的火灾报警装置。

火灾确认后，如果首层发生火灾，先接通本层、二层及地下各层的火灾报警装置。

火灾确认后，如果地下室发生火灾，先接通地下各层、首层的火灾报警装置。

2. 消防设备的供电控制

消防设备供电系统对于电力负荷集中的高层建筑或一、二级电力负荷（消防负荷）。通常采用单电源或双电源的双回路供电方式，用两个 10kV 电源进线和两台变压器构成消防主供电电源。

消防设备的供电系统分为一类建筑消防供电系统和二类建筑消防供电系统两类。第一类建筑消防供电系统，通常采用如图 3-201 所示。其中图 3-201（*a*）表示采用不同电网构成双电源，两台变压器互为暗备用，单母线分段提供消防设备用电；图 3-201（*b*）表示采用同一电网双回路供电，两台变压器暗备用，单母线分段，设置柴油发电机组作为应急电源向消防设备供电，与主供电电源互为备用，满足一级负荷要求。

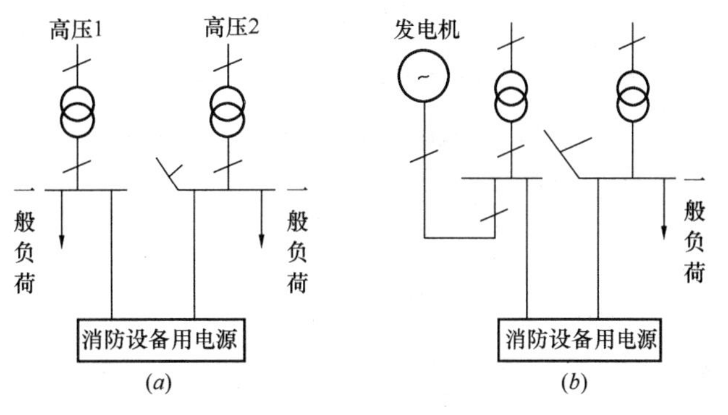

图 3-201　一类建筑消防供电系统

（*a*）不同电网；（*b*）同一电网

第二类建筑消防设备的供电系统如图 3-202 所示。图 3-202（*a*）表示由外部引来的一路低压电源，与本部门电源互为备用，供给消防设备用电；图 3-202（*b*）表示双回路供电，满足二级负荷要求。

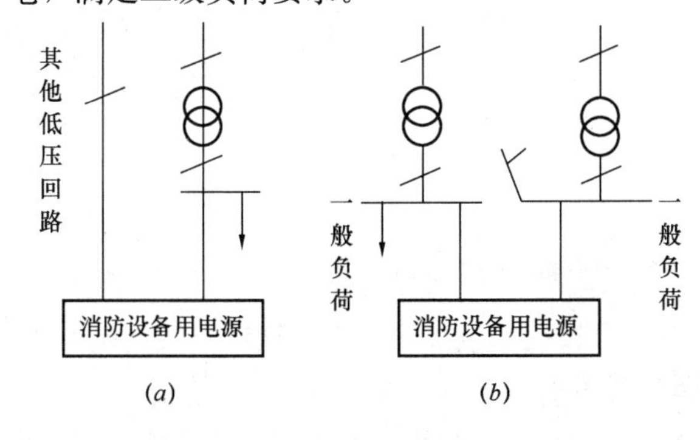

图 3-202　二类建筑消防供电系统

（*a*）一路为低压电源；（*b*）双回路电源

根据消防规范要求，一类、二类建筑供电系统分别采用双电源、双回路供电，变电部门采用分段母线供电，以保障供电的可靠性。可以使用备用电源的自动投入装置（BZT）是两路供电、互为备用，或用于主供电电源与应急电源的连接和应急电源自动投入。

3. 消防泵的控制

室内消火栓系统是建筑物内最基本的消防设备。该系统由消防给水（包括给水管网、加压泵及阀门等）设备和电控部分（包括启泵按钮、消防中心启泵装置及消防控制柜等）组成。消防中心对室内消火栓系统应有下列控制与显示功能：控制消防水泵的启、停，显示启泵按钮的位置和显示消防水泵的工作、故障状态。

消防泵的手动控制有以下两种方式：

1）通过消火栓按钮直接启动消防泵；

2）通过手动报警按钮，将手动报警信号送入控制室的控制器后，产生手动或自动信号控制消防泵启动，同时接收返回的水位信号。

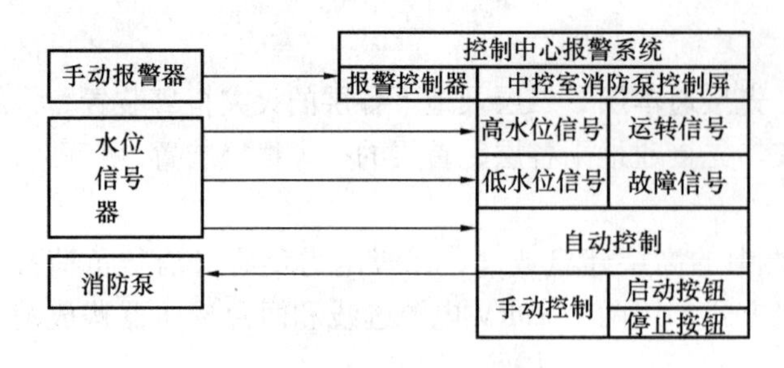

图 3-203 消防泵联动控制图

消防泵经中央监控室联动控制的过程如图 3-203 所示。

国内外也有用双触点按钮兼容消火栓和手动火灾报警按钮的做法。这种兼容的消火栓、既可满足用于消防水泵启动和在消防控制室的控制功能，又可满足火灾自动报警系统的手动报警功能，具有兼容性，将此按钮放置于消火栓旁边墙上合二为一。这种按钮电原理和接待室线路如图 3-204 所示。

1）布线时，可根据消防水泵高、低区的对应启泵关系，使得每个供水区域内的水泵共用一条启泵线。

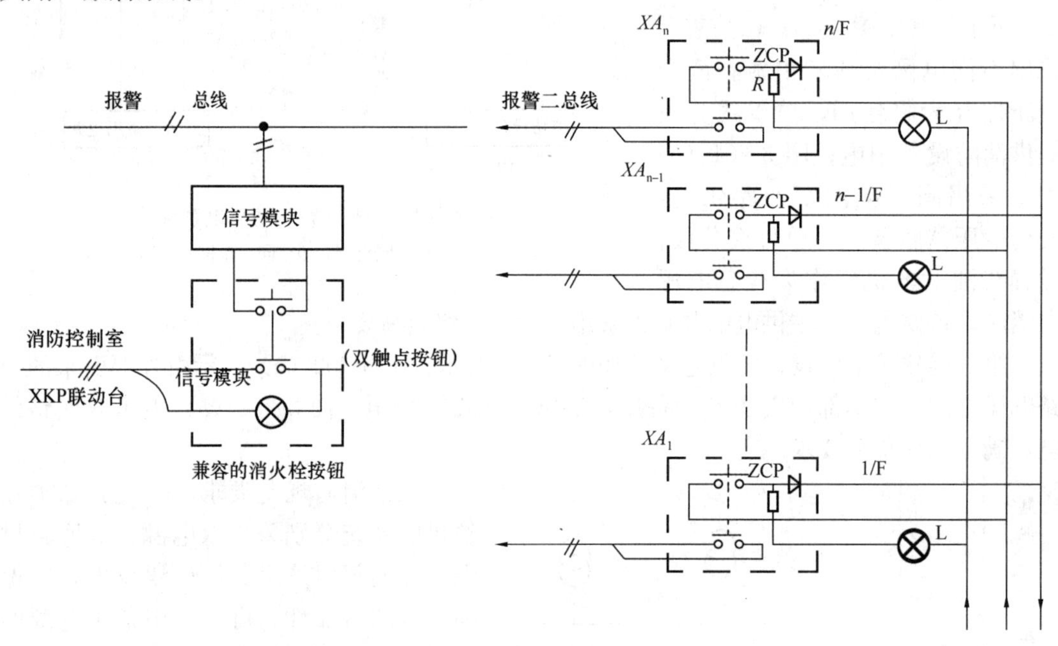

图 3-204 兼容的消火栓按钮电原理和接线图

2）接线时尽可能使得各楼层纵向位置对称，按钮的电源线和启泵线用总线连接方式，连成“或”控制关系．这样启动相对应的那台消防水泵，可以大大减少布线数。

3）对消火栓按钮所在楼层的地址进行编码，并纳入报警二总线，而且可在火灾报警控制器上显示。根据纵横坐标的矩阵组合显示关系，可以知道任何消火栓按钮在对应纵横坐标上的编号、启泵位置号。

4）连接在消火栓按钮或消火栓箱体上的启泵返回信号“一”线，正常情况下不带“一”电压，只有 XA 按钮的“X”信号线向 XKP 控制台送＋24V，使启泵继电器动作后再通过该继电器触点返送“一”信号才点燃 L 信号灯。

5）如果消火栓按钮已在报警二总线上编码，没有报警信号灯时亦可不装信号灯省略一根导线。

应用消火栓报警开关直接启动方式如图 3-205 所示。

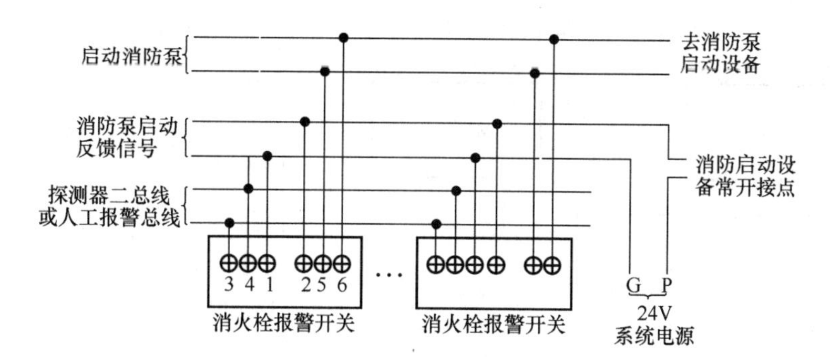

图 3-205 消火栓报警开关直接启动方式连接图

1）把消火栓开关的常开接点（5，6 脚）并联起来接到消防泵控制柜的启动输入端。

2）把 1 脚全部并联起来接到 24V 系统电源负极。

3）把 2 脚全部并联起来经消防泵启动柜的常开接点接到 24V 系统电源的正极。

4）把 3，4 脚接到探测器二总线或人工报警总线。

4. 防排烟设施的控制

（1）中心控制方式

中心控制方式通常的做法是，消防中心接到火警报警信息后，直接产生信号控制排烟阀门开启，排烟风机启动，关闭空调、送风机、防火门等，并接收各设备的返回信号和防火阀动作信号，监视各设备运行状况。中心控制方式如图 3-206 所示。

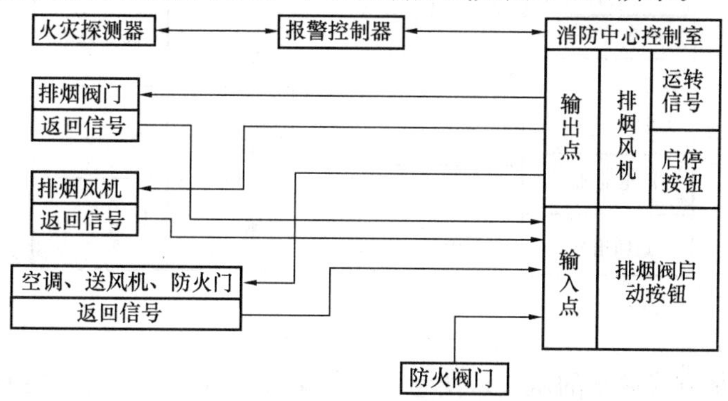

图 3-206 中心控制方式

（2）模块控制方式

模块控制方式通常的做法是消防中心接收到火警信号后，产生排烟风机和排烟阀门等的动作信号，经总线和控制模块驱动各设备动作并且接收其返回信号，监测其运行状态。模块控制方式如图 3-207 所示。

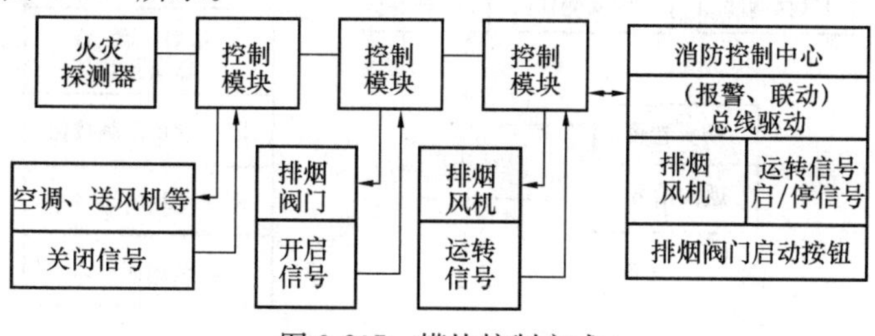

图 3-207 模块控制方式

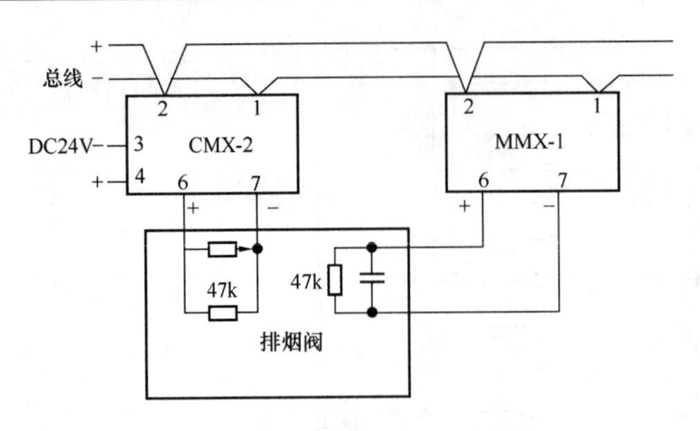

图 3-208 排烟阀的联动控制与信号反馈连接图

(3) 排烟阀的联动控制与信号反馈

一个排烟阀联动控制需设一个控制模块和一个监视模块。当探测器报警以后，控制模块接到报警器的指令，将开启排烟阀，排烟阀动作的反馈信号由监视模块完成。一种排烟阀的联动控制与信号反馈的接线图如图 3-208 所示。其中 CMX-2 为控制模块；MMX-1 为监视模块。

5. 防火卷帘门、防火门的控制

(1) 防火卷帘门的控制

防火卷帘门的控制分为中心联动控制和模块联动控制两种方式。中心联动控制方式通常的做法是，当火灾发生时，防火卷帘根据消防中心联锁信号指令进行控制，也可根据火灾探测器信号指令进行控制。中心联动控制方式如图 3-209 所示。

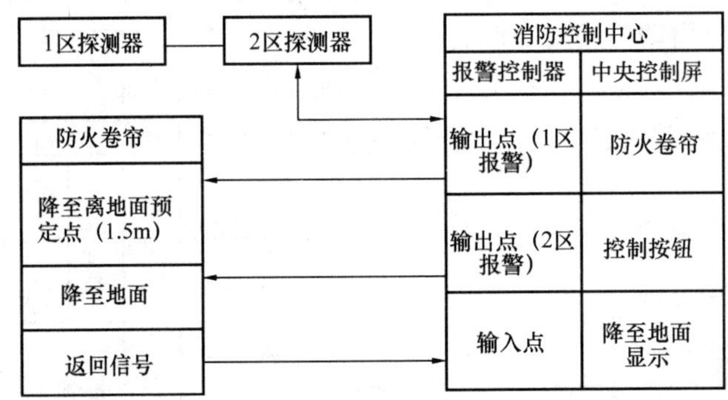

图 3-209 中心联动控制方式

模块联动控制方式通常的做法是使卷帘首先下降到预定点。经一定延时后，卷帘降到地面，从而达到人员紧急疏散、灾区隔烟、隔水、控制火势蔓延的目的。模块联动控制方式如图 3-210 所示。

(2) 防火门的控制

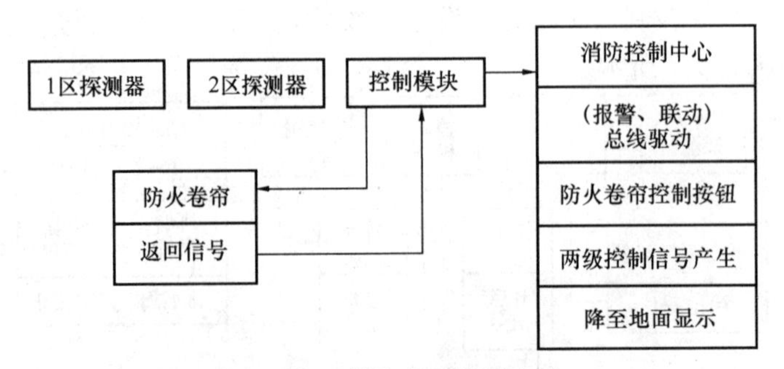

图 3-210 模块联动控制方式

防火门的控制就是在发生火灾时控制其关闭。其控制方式有感烟探测器控制，消防控制中心控制，手动操作控制。

防火门的作用主要是防火和防烟。当无火灾时，防火门处于打开状态；当发生火灾时，防火门受控关闭。

6. 电梯的控制

（1）电梯控制的方式

火灾发生后，消防控制中心室立即控制电梯停于首层，并且接收其反馈信号。电梯的控制有以下几种方式：

1）将所有电梯控制显示的副盘设在消防控制室，消防室工作人员可以随时进行操作。

2）消防控制室自行设计电梯控制装置。当发生火灾时，消防室工作人员通过控制装置，向电梯机房发出报警信号和强制电梯停于首层的指令。

3）较大的公共建筑物中，利用消防电梯前的感烟探测器直接联动控制电梯。

（2）电梯控制的基本原理

电梯控制的基本原理如图 3-211 所示。当消防室接到火警信号后，由 XF－SBK 手动报警控制装量发指令给 XF-TK 电梯控制装量，该装置立即发出声光信号，且将信号送至电梯机房内的电梯控制柜，同时该信号又传给 XF-JBH 轿厢内报警盒使其发声光报警，通知轿厢内人员将电梯降到底层。

XF-TK 为电梯控制装置。该装置为柜式，安装在消防控制室。盘面上设有各部电梯层站运行显示，电梯强降按钮及声光报警器。

XF-JBH 为轿厢内报警盒，安装在电梯轿厢内，具有专用光报警功能，并且没有实验和消音按钮，引出线为 3 根（2 根为 24V 直流线，1 根为信号线）。

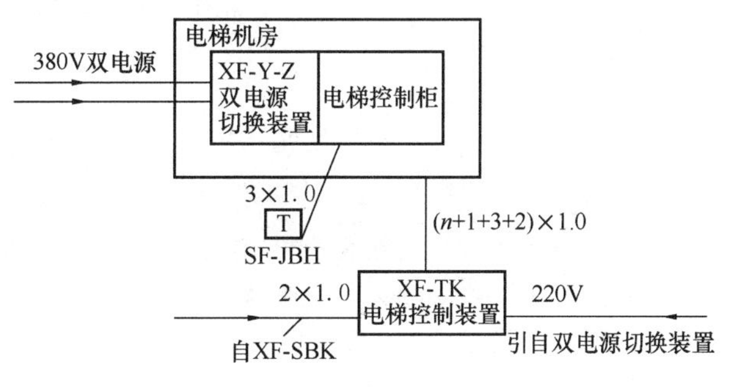

图 3-211　电梯控制基本原理图

XF-SBK 为手动报警控制装置，安装在消防控制室内；柜面有人工报警部位显示，消防泵启动故障状态显示及声、光报警显示。

XF-Y-Z 为双电源切换装置。

n 为电梯层数。

7. 典型的消防联动控制

图 3-212 示出一个基本的计算机控制的消防控制系统结构图。

智能大厦被分解为 N 个区域，系统的所有控制均由计算机完成。其工作方式是：从计算机引一条通信总线，把 N 个区域的火灾报警控制器连到这条总线上，区域火灾报警控制器将收到的信息发给计算机，这些信息经计算机处理后送到火灾报警装置，由火警报警装置启动有关出入门通道和消防电梯，同时给出疏散诱导指示。这样有利于消防车辆、救灾人员及时迅速地投入灭火工作中，也便于调度指挥中心的人员或现场指挥车有效合理地使用装备和人员，达到迅速扑灭火灾的目的。

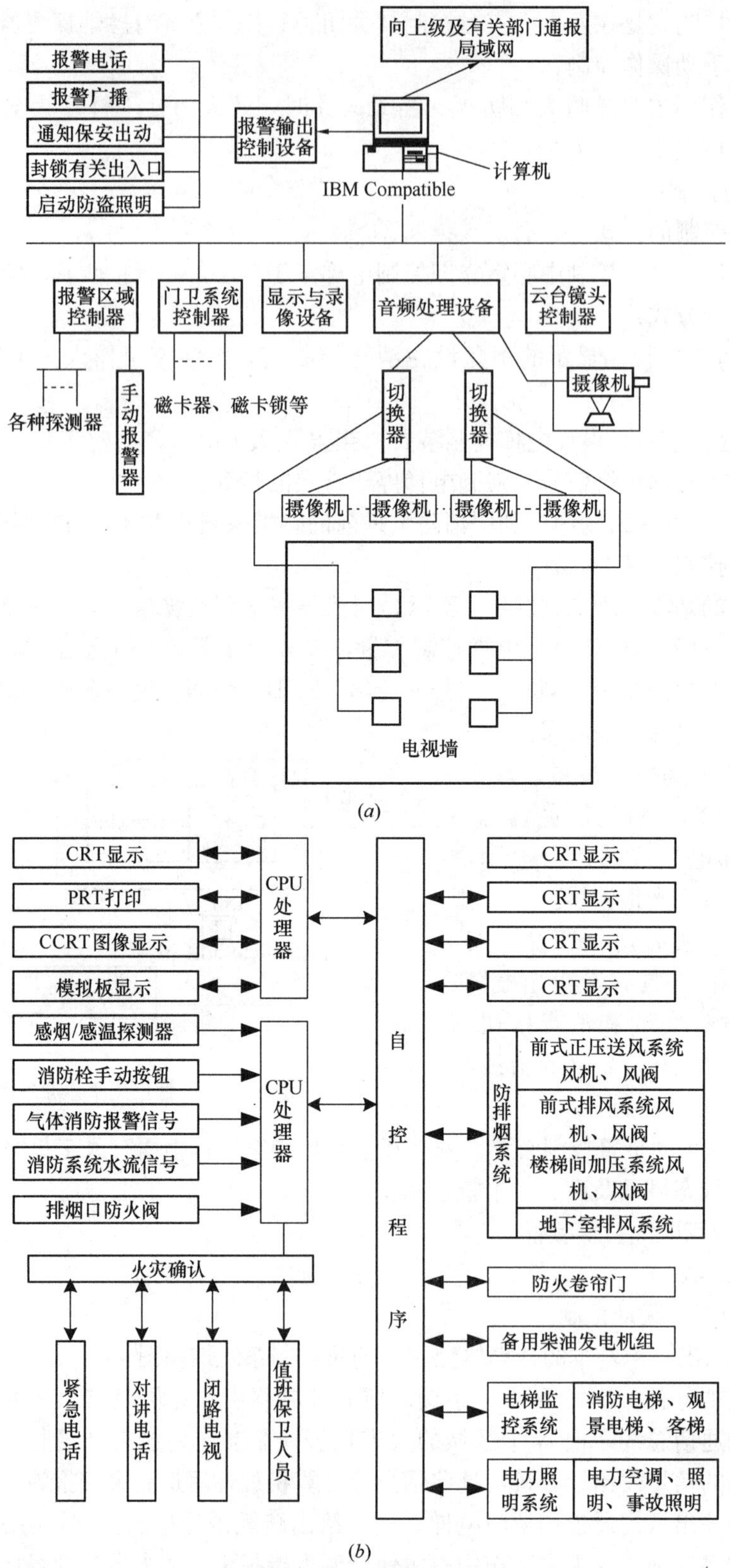

图 3-212　计算机控制的消防控制系统结构图

(a) 一个基本的消防控制系统结构图；(b) 火灾报警及消防联动控制系统框图

二、火灾报警及联动控制系统技能训练

(一) 火灾自动报警系统安装、接线技能训练

1. 实训说明

(1) 实训目的

训练学生的动手能力，让学生掌握火灾报警系统如何编码、安装、掌握简单的火灾自动报警系统的组成。

(2) 实验器材

火灾报警控制器1台、智能感烟探测器2～3个、智能感温探测器2～3个，智能手动报警按钮1个、监视模板1～2个、编码器1台、警铃1个或声光报警器1个、螺丝刀、万用表、展板和导线等。注：器件型号可自己选。

(3) 实验步骤

1) 用编码器给探测器、手动报警器按钮和模板编码，掌握编码器的功能和使用方法。

2) 将控制器、探测器、手动报警器按钮、模块、警铃或声光报警器安装到展板上，用导线正确连接起来，掌握所有设备的安装方法。

3) 检查连接是否正确，如没有问题则打开主机电源，按照说明书设置主机，掌握主机设置的方法。

4) 测试探测器、手动报警按钮、模块、警铃或声光报警器工作是否正常。

2. 实训操作指南

(1) 系统接线图（如图3-213所示）

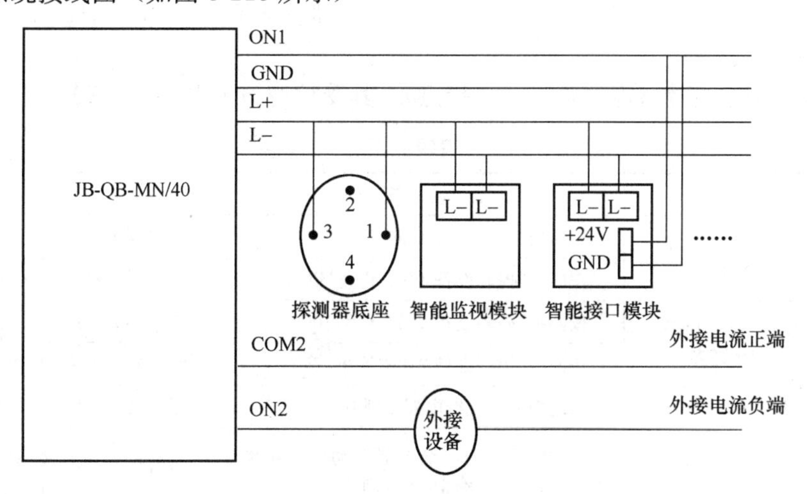

图3-213 JB-QB-MN/40系统的接线

(2) 系统主要技术指标

1) 系统容量：40个编码地址。

2) 接线方式：二总线方式。

3) 电源：

输入：AC220V/50Hz或DC24V/4AH（电池）。

输出：DC24V/6A。

4）使用环境：

温度：－10℃～＋55℃。

相对湿度：≤95%（40℃时无凝露）。

5）继电器输出接点的容量：5A、DC24V 或 5A、AC250V。

（3）接线端子说明

L＋	L＋	L－	L－	BELL＋	BELL－	＋24V	GND	ON1	COM1	OFF1	ON2	COM2	OFF2

L＋、L－：探测器总线正、负接线端。

BELL＋、BELL－：外接警铃正、负接线端。

＋24V、GND：直流 24V、负接线端。

ON1、COM1、OFF1：继电器 1 常开端、公共端、常闭端。

ON2、COM2、OFF2：继电器 2 常开端、公共端、常闭端。

（4）系统主要功能

1）监视报警功能

①正常巡检：无火警及故障信号时，1～40 号地址灯闪亮。

②火灾报警：当探测器、监视模块或接口模块报火警时，报警地址的指示灯常亮，总火警指示灯被点亮。

③故障报警：当探测器、监视模块或接口模块有故障时，故障地址的指示灯常亮，总故障指示灯被点亮。

注：巡检灯闪亮，表示主机可对探测器进行正常巡检，但不表示有探测器正常接入。

2）联动控制功能

机器提供两组受控继电器输出（干接点），其受控逻辑关系如表 3-20 所示。

逻辑关系表 **表 3-20**

启动方式	JP4 跳线状态	启 动 条 件	启动设备	备 注
手动启动	JP4-2 处于 OFF，JP1 任意	按面板“控制设备 1”的“启动”键	继电器 1 动作	处于手动或自动状态都可以启动
		按面板“控制设备 1”的“停止”键	继电器 1 停止	
	JP4-1 处于 OFF，JP2 任意	按面板“控制设备 2”的“启动”键	继电器 2 动作	
		按面板“控制设备 2”的“停止”键	继电器 1 停止	
自动启动	JP2-2 处于 ON	系统恢复时，继电器 1 断开 5s	继电器 2 动作	
	JP2-1 处于 ON	有故障发生时，继电器 2 动作，此状态不受“启动”、“停止”键控制	继电器 2 动作	
	JP2-2 处于 OFF	JP1 处于 1，且有任意 1 个火警发生	继电器 1 动作	处于自动状态才可以启动
		JP1 处于 2，且有任意 2 个火警发生	继电器 1 动作	
	JP2-1 处于 OFF	JP2 处于 1，且有任意 1 个火警发生	继电器 2 动作	
		JP2 处于 2，且有任意 2 个火警发生	继电器 2 动作	

注：1. 当面板上“手/自动”状态指示灯亮时表示处于自动状态，指示灯灭时表示处于手动状态；

2. 按“恢复”键，所有已经启动的继电器停止动作，直到下一个启动条件成立才重新启动。

3）需输出＋24VK 时，将＋24V 电源连接到 COM1 端子，且将 JP4-2 跳到“ON”状态，则端子ON1将输出+24VK电源。

（5）实训操作过程说明

1）把待安装的探测器、智能监视模块或智能接口模块通过编码器进行编写地址码（具体编码方法请参考编码器的使用说明书）。

2）将已编码的智能探测器、智能监视模块、智能接口模块连接到机器主板端子上。具体连接方式：探测器底座3脚接主板L+端子、1脚接主板L−端子；监视模块L+端子接主板L+端子，L−端子接主板L−端子；接口模块L+端子接主板L+端子，L−端子接主板L−端子，+24VK端子接主板ON1端子，GND端子接主板GND端子；主板COM1端子接主板+24V端子；跳线JP4−2跳到“ON”状态。

3）插上电源，打开电源（主、备电）开关，开机。

4）先按“键盘操作”键，再按“手/自动”键，打开键盘锁，键盘操作指示灯（绿灯）被点亮，此时操作“消声”键以外的其他按键方可有效（消声键不受键盘锁控制）；打开键盘锁后，再按一次“键盘操作”键则关闭键盘锁，或打开键盘锁后无任何操作，过五分钟后键盘锁自动关闭。

5）按显示板背面的“调时”、“调分”键可调节系统时间。

6）按“机检”键，机器进行内部检测。

7）按“消声”键，消除故障或火警报警声。

8）“自动登录”是主机登记所连接的正常的探测器或模块的功能，只有在主机登记有效的探测器或模块才能正常工作。自动登录时，按下显示板背面的“自动登录”按键，机器将自动检测与其相连的1～40号只能探测器、智能监视模块或智能接口模块。登录时检测到探测器或模块相应地址的指示灯将被点亮；如果连接到主机的探测器与模块地址相同，则主机自动登记模块地址，而不登记探测器地址；如果有两个或两个以上的探测器地址相同，则主机登记一个探测器地址，其中任意一个探测器报警则主机报该地址报警。自动登录结束后，按显示板背面的“确认”键，机器将存储登录结果，先按“取消”键，再按“恢复”键，机器将放弃登录结果。

（6）注意事项

1）系统总容量为40点，即系统所连接的智能探测器、智能监视模块与智能接口模块的总和不能超过40个（地址在1～40号内），超出40号地址的探测器或模块将因不能登录而不能正常工作。

2）系统的联动控制输出智能提供无源接点输出，不提供有源输出。如需要提供+24V有源输出，外接设备所消耗的电流必须在1A以下，否则将影响系统的正常工作。

3）系统只能连接智能探测器、智能监视模块、智能接口模块、智能手报以及智能消火栓按钮，不能连接智能控制模块和智能监视模块。

（7）常见故障及排除方法

1）接好电源后主机无任何反应

检查电源插座是否有电，机器内部的电源开关（主、备电）是否已经打开，电源与主板之间、主板与显示板之间的连线是否接好，机器的+24V端子是否外接大电流设备等。

2）探测器、模块不能自动登录

检查探测器、模块与主机之间的连线是否连接无误，探测器、模块地址是否大于40，系统中是否存在相同地址的探测器和模块。

3）探测器、模块报故障

检查探测器、模块与主机之间的连线是否松动，模块的终端是否松动或脱落，系统中是否有两个或两个以上相同地址的探测器、模块，探测器、模块是否大于40。

4）按键操作无效

检查键盘锁是否被打开，键盘操作是否被点亮。

（二）火灾报警与联动控制系统安装、调试、编程技能训练

1. 实训说明

（1）实训目的

训练学生掌握火灾自动报警系统（联动型）主机如何编程设置探测器模块，掌握如何按要求正确设置联动程序关系。

（2）实训器材

火灾报警控制器1台、感烟探测器2～3个、感温探测器2～3个、智能手动报警按钮1个、监视模块2～3个、控制模块2～3个、控制监视模块个、编码器（CODER－01）1台、智能声光报警器1个、警铃1个或普通声光报警器1个、螺丝刀、万用表、展板和导线等。

（3）实训步骤

1）用编码器给探测器、手动报警按钮和模块编码，掌握编码器的功能和使用方法。

2）将控制器、探测器、手动报警按钮、模块、警铃或声光报警器安装到展板上，用导线正确连接起来，掌握所有设备的安装方法。

3）根据联动条件设置联动关系，试验联动关系是否正确，测试设置是否正确合理。

2. 实训操作指南

（1）联动控制

虽然消防联动设备较多，但从联动方式上可分为手动和自动两种。大部分设备只要做自动联动（如警铃、声光报警器、风阀），小部分设备要做手动和自动联动。手/自动又分为总线手/自动和多线手/自动（总线手/自动是通过软件编程实现主机上的按钮发出控制信号通过信号线传给控制类模块控制设备启动，多线手/自动是通过硬线控制设备，每个设备要拉3或4条线控制设备）。总线手/自动控制的设备有广播、电梯、卷帘门、切市电等，多线手/自动控制的设备有水泵、风机等。总线手/自动控制的设备可做多线手/自动控制，但多线手/自动控制的设备不可做总线手/自动控制。由系统图可以看出：次系统声光报警器、风阀为自动联动，广播、卷帘门为总线手/自动联动，水泵、风机、电梯为多线手/自动控制。

（2）设置联动关系

1）消火栓系统的联动关系

消火栓手动报警按钮动作→消防泵启动信号（或消防泵故障信号）反馈到消防控制室（在报警控制器或联动控制器显示）。

消防控制室手动启动消防泵→消防泵启动信号（消防泵电源故障信号）反馈到消防控制室（在报警控制器或联动控制器显示）。

手动启动消防泵分为采用多线制直接启动消防泵和通过报警联动控制器手动启动消防

泵输出模块（控制模块）两种方式，具体方案视设计而定。

2）自动被水灭火系统的联动关系

水流指示器动作信号“与”压力开关动作信号→启动喷淋泵。

水流指示器动作→消防控制室反馈信号（报警联动控制器显示水流控制器动作信号）。

压力开关动作→消防控制室反馈信号（报警联动控制器显示压力开关动作信号）。

喷淋泵启动信号（喷淋泵电源故障信号）反馈到消防控制室（在报警控制器或联动控制器显示）。

消防控制室手动启动喷淋泵→喷淋泵启动信号（喷淋泵电源故障信号）反馈到消防控制室（在报警控制器或联动控制器显示）。

手动启动喷淋分为采用多限制直接启动喷淋泵和通过报警联动控制器手动启动喷淋泵输出模块（控制模块）两种方式，具体方式视设计而定。

3）防排烟系统的联动关系

机械正压送风系统的联动关系如下：

探测器报警信号或手动报警信号→打开正压送风口→正压送风口打开信号→启动正压送风机。

消防控制室手动启动正压送风机分为采用多限制直接启动和通过报警联动控制器手动启动正压送风机输出模块（控制模块）两种方式，具体方式视设计而定。

正压送风口的开启，可按照下列要求设置：

①防烟楼梯间的正压送风口的开启应使整个楼梯间全部开启，使整个楼梯间形成均匀的正压；

②前室内的正压送风口的开启应按照人员疏散顺序开启，即开启报警层和报警层下两层的正压送风口。

信号返回要求：

①消防控制室（报警控制器或联动控制器）显示正压送风口的开启状态；

②消防控制室（报警控制器或联动控制器）显示正压送风口的运行状态。

排烟系统的联动关系：

排烟区内的探测器报警信号“或”排烟分区内的手动报警按钮报警信号→启动该排烟分区的排烟口（打开）→排烟口打开信号→启动排烟风机。

排烟风机入口处排烟消防阀（280℃）的关闭信号→停止相关部位的排烟机。

信号返回要求：

①消防控制室（报警控制器或联动控制器）显示排烟口的开启状态；

②消防控制室（报警控制器或联动控制器）显示排烟风机的运行状态；

③消防控制室（报警控制器或联动控制器）显示防火阀的关闭状态。

消防控制室手动启动排烟风机分为多限制直接启动和通过报警联动控制器手动启动排烟风机输出模块（控制模块）两种方式，具体方式视设计而定。

4）防火卷帘门的联动关系

只作为防火分割用的防火卷帘门可不做两步降落。

感烟探测器报警信号→启动防火卷帘门下降输出模块控制防火卷帘门下降到底→防火卷帘门降低限位信号通过输出模块反馈到消防室（消防控制器显示防火卷帘门关闭信号）。

用在疏散通道上的防火卷帘门应两步下降，其联动关系如下：

安装在防火卷帘门两侧的感烟探测器报警信号→启动防火卷帘门一步下降输出模块使防火卷帘门下降一步后停止；安装在防火卷帘门两侧的感温探测器发出报警信号→启动防火卷帘门两步降输出模块使防火卷帘门降落到底。

5）火灾警报和火灾事故广播的联动关系

火灾警报在高层建筑中主要是指声光报警器，设有自动开启的声光报警器，其开启顺序和火灾事故广播开启的顺序相同。在自动报警系统中，联动开启声光报警器和火灾事故广播的联动关系如下：

手动报警按钮“或”火灾探测器报警信号→启动声光报警器、火灾事故广播输出模块→接通声光报警器电源、接通火灾事故广播线路。

高层建筑中火灾警报和火灾事故广播开启顺序如下：

①当2层及2层以上楼层发生火灾时，宜先接通火灾层及其相邻的上、下层；

②当首层发生火灾时，宜先接通本层、2层及地下各层；

③当地下室发生火灾时，宜先接通地下层及首层。

6）消防电梯的联动关系

手动报警按钮“与”探测器报警信号→启动消防电梯强降输出模块动作→消防电梯强降首层并向消防控制室返回信号。

对于消防电梯，最好的控制方式是在消防控制室内手动强降。

7）非消防电源切换的联动关系

手动报警按钮“与”探测器报警→启动非消防电源切换输出模块动作→该模块启动断路器（空气开关）脱扣机构使中断器（空气开关）跳闸切断非消防电源。

非消防电源切除的最好方式是在消防控制室内手动切除。

（3）水系统工作原理

1）消防栓系统：当火灾报警控制器接收到消火栓按钮报警后，主机发出火警声、光报警信号，同时联动外部声、光报警信号和消防泵启动；消防泵启动后，给消防报警主机一个启动信号，同时给出消火栓灯点亮信号。

2）自动喷水灭火系统：当喷淋系统有水流动（包括水喷头爆破、末端放水）水流指示器报警，火灾报警控制器接收到水流指示器报警后，主机发出火警声、光报警信号，同时联动外部声、光报警信号；当官网压力不够开关报警，火灾报警控制器接收到压力开关报警后，联动喷淋泵启动。

3．CODER-01型多功能编码器的使用说明

（1）性能特点

1）适用于模块的智能探测器的地址编码，并支持混编智能探测器。

2）具有完善的测试功能，可用于对模块和智能探测器进行性能测试。

3）外配AC-DC供电转换模块，可将市电AC220V转换为编码器所需的供电电源DC15V。

4）内置可充电电池，编码器可由电池单独供电，非常适用于工地现场编码和测试。

5）内部完善的电池充、放电控制电路（可防止电池过放电和过充电）和外接电源与内置电池的自动切换电路，大大提高了编码器工作的可靠性，改善了使用环境。

6）所有报警和提示信息通过液晶显示模块显示，清晰直观。

7）功能齐全，有六种工作模式可供选择，方便现场对模块和探测器进行检测。

8）体积小、重量轻、操作方便、便于携带。

（2）主要技术参数（见表 3-21）

CODER01 型多功能编码器的主要技术参数　　**表 3-21**

产品代号	CODER-01
检测型号	CODER-01
类别	便携式多功能编码器
外接供电电源电压	DC15V
内置电池规格和容量	氢充电电池，6V/500mAh
电池充电电流	50～60mA
电池充电时间	约 12h
电池单独供电时的工作时间	＞2h
产品代号	CODER-01
电池单独供电时的工作电流	＜80mA
外接供电电源时的工作电流	＜130mA（包括电池充电电流）
使用环境	温度：－10℃－＋55℃
适用范围	适用本公司生产所有智能探测器和各种模块
体　积	
重　量	
附件	AC-DC 电源转换模块一个，编码测试电缆一根和编码底座一个

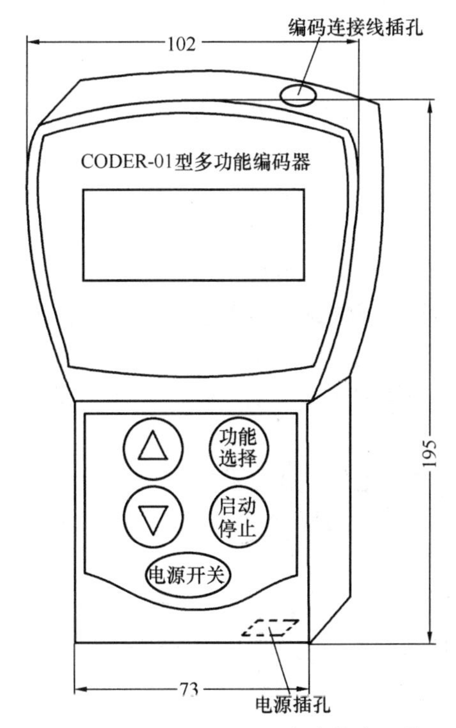

图 3-214　CODER01 型多功能编码器

（3）外形尺寸（如图 3-214 所示）

（4）操作说明

1）显示说明

编码采用字符点阵液晶显示，所有信息分两行显示。

①液晶显示器的第一行左边显示电源的工作状态，有三种状态："AC"—交流供电；"DC"—直流供电；"LOW"—电池单独供电时的容量不足，编码器再工作 20min 会自动关断。

②液晶显示器的第一行右边的前几个字符显示操作者选择的编码器当前的工作模式，有 6 种工作模式："CODE"—编码操作；"READ"—读码操作；"TEST"—测试操作（模拟总线运行，检测探头能否正常工作，地址编码是否正确）；"RUN"—运行操作（读取探测器现场采集的烟浓度值）；"DATA"—读取数据操作（直接读取探测器现场烟浓度值，这个值经过加权平均处理）；"CHECK"—模块功能测试（检测模块的类型和

功能测试)。

③液晶显示器的第一行右边的后几个字符显示编码器当前的工作状态，有5种工作模式："START"—编码启动，正在工作；"STOP"—停止状态（等待命令）；"OVER"—编码地址超出设定的范围（模块和老探头地址范围：0～99）；"ERROR"—编码读码错误报警；"OK"—编码或读码成功。

④液晶显示器的第二行左边的前几个字符显示探测器型号，有3种型号："OLD"—老探头和模块；"XJT"—混编探测器；"XMK"—新模块（其在使用上和老模块一样）。

⑤液晶显示器的第二行右边的几个字符在"CODE"和"READ"工作模式下显示编码地址数据和读取的地址数据；在"RUN"和"DATA"工作模式下显示读取的探测器现场采集的烟浓度数据；在"CHECK"工作模式下前边的字符显示模块类型（"JS"—监视模块，"KZ"—控制模块，"KZJ"—控制监视模块)，后边字符显示模块工作状态（"FAULT"—故障状态，"ORDER"—正常状态，"ALARM"—报警状态，"ACTION"—控制模块动作)。

⑥编码器外壳的侧面有一个红色的电源指示灯，当采用外接的电源模块供电时指示灯点亮，采用内部电池供电时指示灯熄灭。

2）按键说明

①编码器共有四个按键，分别为地址数据减一键"▼"，地址数据加一键"▲"，"功能选择"键和"启动/停止"键。

②如果按下"地址数据加一"键或"地址数据减一"键超过约20s，则会使数据快速增加和快速减小。

③按"启动/停止"键可以使编码器由等待命令状态转入工作状态，也可以使编码器由工作状态回到等待命令状态。

3）操作步骤

①将编码器外配电源输入插头接到220V交流插座上，电源模块的直流输出插头插入到编码器的电源插孔中；打开编码器面板上的电源开关，此时电源指示灯点亮（也可不是用外配电源模块而由内部电池直接供电，在这种状态下电源指示灯不亮)，液晶显示屏显示公司名称，按任意键或等待1～2min则退出此状态，进入工作界面。

②将编码电缆连接到编码器的编码连接插孔内并锁紧，编码电缆另一端的两个插头则要根据不同的编码对象进行选择；5针插头是用来给多线模块编码（注意：5针插头黑色线对应着多线模块编码插头上标号为1的插针)；4针插头是用来给其他模块和探测器编码时使用的（在给探测器编码时，将4针插头和编码器外配底座上的4针插座连接即可)，当上述工作完成就可以开始编码。

③在编码过程中，通过"功能选择"键选择编码器的工作模式（此时编码器必须处于待命或停止状态)，通过"增加"键和"减小"键出入编码数据，然后按"启动/停止"键启动编码开始编码或停止编码工作。

④当显示编码成功（显示"OK")后，方可拆下探头或模块。

⑤在"TEST"工作模式下对探测器进行功能测试时，必须先对此探头进行编码，编码的地址范围必须在0～99之间（不论是老探头还是混编探头)；编码成功后再进入到"TEST"工作模式下进行探头的功能测试。

⑥在“CHECK”工作模式下对模块进行功能测试时，必须对此进行编码，编码的地址范围必须在 0～99 之间；编码成功后再进入到“CHECK”工作模式下进行模块的功能测试。

4）注意事项

①采用内部电池独立供电时，在关机后必须等待 40s 后方可重新打开电源开关，否则编码器不能正常启动。

②在给混编探头进行编码时，当输入的编码地址为 100～199 时，则显示“M01”～“M99”。

③在“CHECK”工作模式下对模块进行功能测试时，由于测试时间较长，需要等待一段时间才能显示正确结果。

（三）火灾自动报警系统与联动控制系统的布线安装与调试

1. 实训任务目的要求

（1）掌握火灾自动报警系统与联动控制系统布线方式。

（2）系统接地。

（3）掌握火灾自动报警系统与联动控制系统调试技巧。

2. 实训设备、材料及工具准备

设备及材料：各类探测器若干、报警控制器一台、电源线若干、固定用的螺丝若干等。

工具：螺丝刀、斜口钳、剥线钳、电烙铁、焊锡等。

3. 实训任务步骤

请阅读各探测器系统设备说明书后完成下列实训任务。

（1）接线方式

现行的火灾自动报警系统基本采用总线制接线方式，总线制的接线方式分为单支布线与多只线接线方式两类。

1）单支布线接线方式

单支布线接线方式结构如图 3-215 所示。

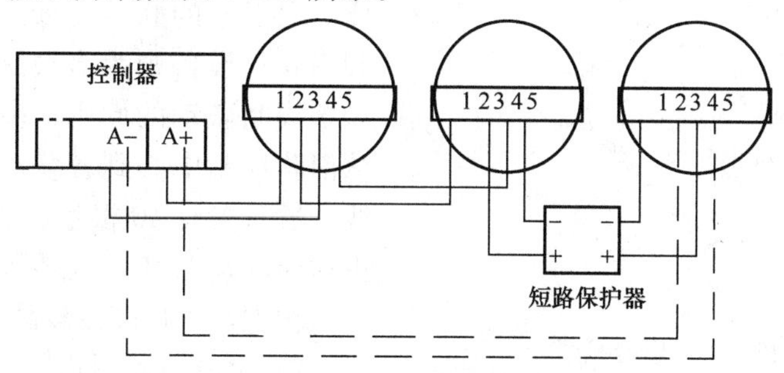

图 3-215　单支布线接线图

①单支布线可分为串形和环形两种。无虚线接线为串形接法，增加虚线接线为环形接法。

②串形接法的优点是总线的传输质量佳，传输距离长。

③环形接法的优点是系统线路中任何地点断路时不影响系统的正常运行。环形接法的

线路比串形接法线路要长。

2）多支线接线方式

多支线接线方式也叫做树状系统接线法，细分为鱼骨形接法和小星形接法。

鱼骨型接法的优点是总线的传输质量好，不过必须注意二总线主干线两边的分支距离应10cm，这种接线方式传输距离较远。鱼骨形接线方式如图3-216所示。

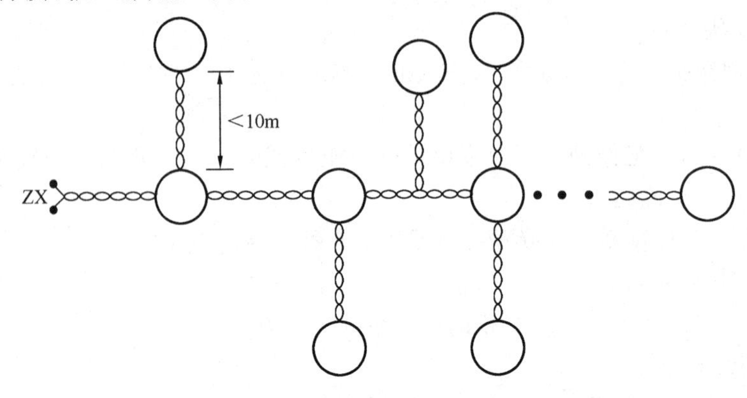

图3-216 鱼骨形接线图

小星形接线方式传输效果不如串形或鱼骨形，使用时应该注意：以二总线输入端子到遇到的第一个节点的距离大于50m，由主干线到支路节点的距离小于30m，它的优点是传输距离较远。通常小星形接线线路较短，同一点分支线不宜过多，一般不超过三根。小星形接线方式如图3-217所示。

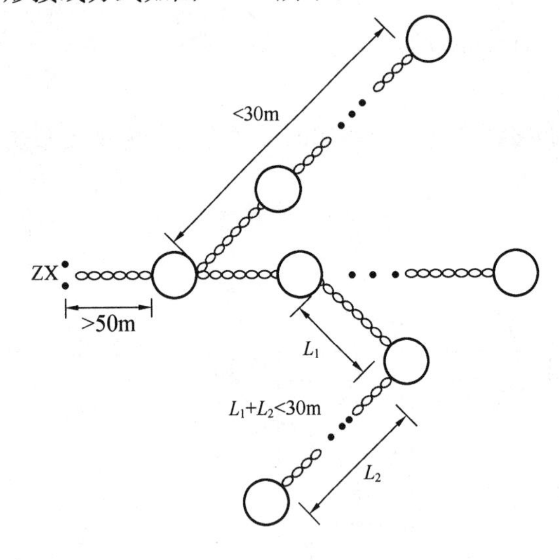

图3-217 小星形接线图

（2）联动控制系统线制

联动控制系统线制分为总线－多线、全总线和混合总线三种形式。

1）总线—多线制形式

这种形式的联动系统从消防控制室到各楼层或消防分区为总线制联动方式，需要3根以上的联动总线。从联动控制模块到各联动设备则为多线制方式，其配线遵循多线制联动的原则。多线制联动系统中从消防控制中心到各联动设备点的纵向管线一般只需要10根左右的总线，但并不减少横向联动管线。这类系统适合于各层平面面积大，大楼高度较高的场合。

2）全总线制形式

全总线制形式适用于楼层面积较大，各联动设备相距较远的场合。它的特点是系统的管线简单，缺点是设备造价较高。在实际应用中需要兼顾各方面的要求，采用复合控制模式，即多线制、总线制、全总线制复合控制模式。例如：有些重要设备采用多线制控制，设备相对集中的场合采用多路输出控制模块，分散的联动设备采用全总线制模式。

3）混合总线制形式

联动的混合总线制形式的设备一般分为火灾探测器（含编码模块），报警与回授模块，控制模块，也有控制兼回授的模块。混合总线模式的总线数量较少，这种形式的功能不分明，系统调试与维护比较麻烦。

（3）接线工艺

1）导线断点处焊接工艺

导线断点处焊接处理如图 3-218 所示。导线脱出心线要求≥8mm，焊锡处外径要比导线外皮略粗，当导线焊接处半凉时将导线外皮直径同粗或略粗的塑料套管套在焊接处，套管两端各套入导线外皮 30mm 左右，且用电工胶布将管固定在导线上。

2）导线与设备端子的接线要求 1

导线与设备端子的接线要求 1 是：脱出心线约为 15mm，脱出的多股心线要绞合在一起，在将绞合后的心线按端子紧固螺钉的方向至少绕一圈，拧紧紧固螺钉。导线与设备端子连接要求 1 如图 3-219 所示。

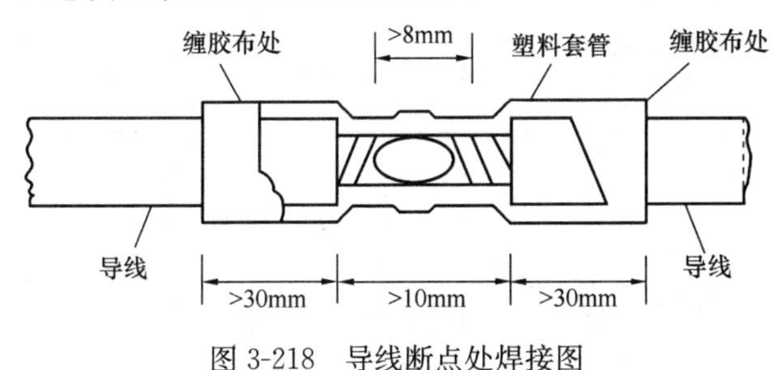

图 3-218　导线断点处焊接图

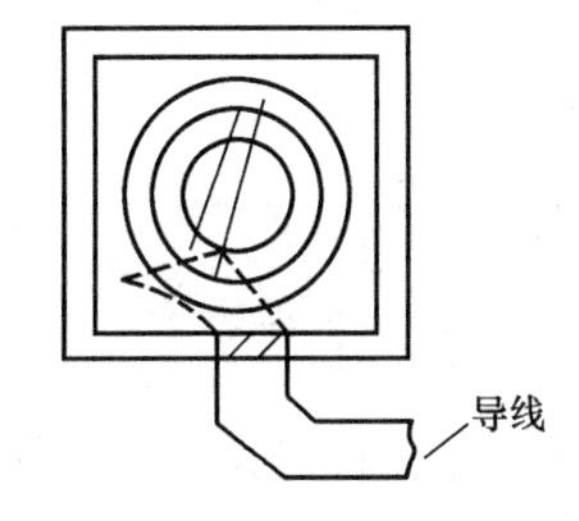

图 3-219　导线与设备端子连接要求 1

3）导线与设备端子的接线要求 2

导线与设备端子的接线要求 2 是：要求脱出的心线长度约为 10mm，脱出的多股心线要绞合，绞合后的心线插入端于侧面的固定孔，拧紧端子固定螺钉。导线与设备端子连接要求 2 如图 3-220 所示。

4）导线与设备端子连接要求 3

导线与设备端子连接要求 3 是：脱出心线的长度约为 10mm，脱出的多股心线要绞合，绞合后的心线插入端子压板下，拧紧紧固螺钉。导线与设备端子连接要求 3 如图 4-221所示。

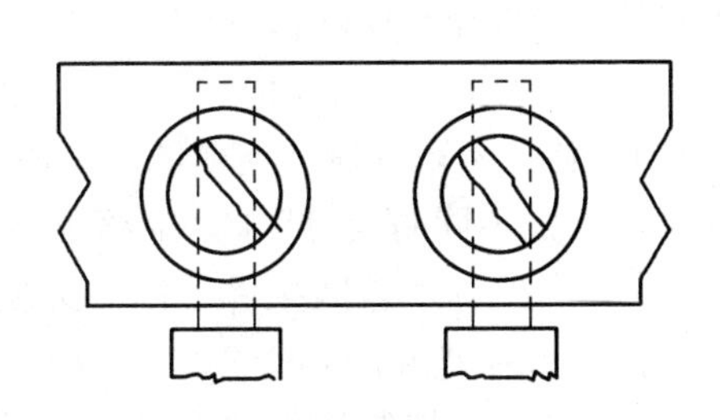

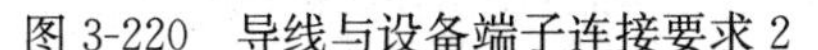

图 3-220　导线与设备端子连接要求 2

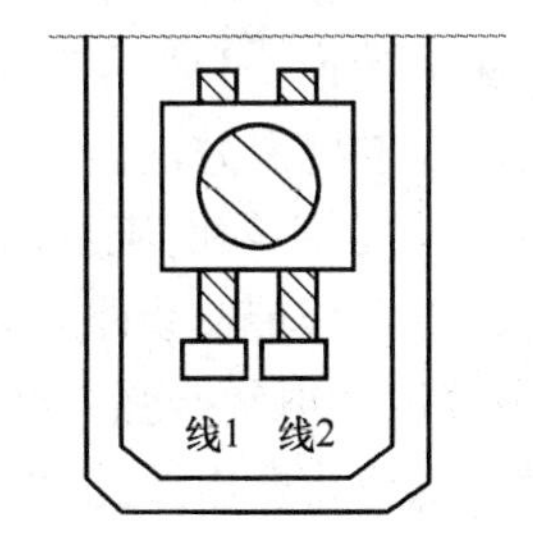

图 3-221　导线与设备端子连接要求 3

5）屏蔽双绞线断点处焊接工艺

屏蔽双绞线断点处焊接要求将屏蔽层的铜网在断点处的前后一定要接通，即在屏蔽层二总线或三总线的传输距离内，不允许出现断点，要求屏蔽层与设备外壳相连接，如图

3-222所示。

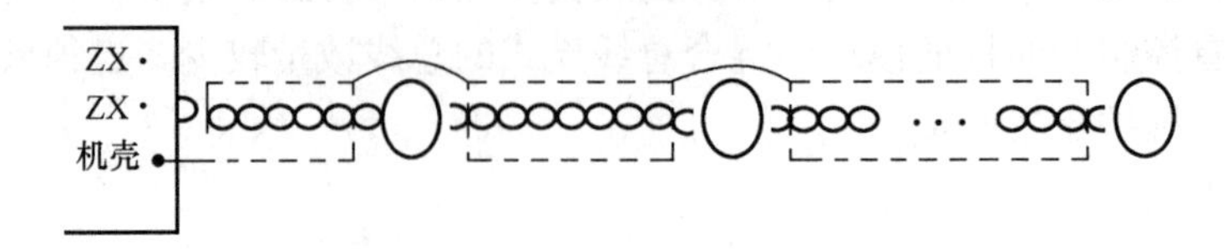

图3-222 屏蔽双绞线在工程上的处理

(4) 布线与配管

火灾自动报警系统电源线路应当采用耐火配线；消防联动控制线路，消防通信，警报线路均应采用耐热配线或耐火配线；探测器信号传输线可用普通配线。

线缆品种、型号规格的选择因不同生产厂家的产品而异，但大同小异，有规律可循；

1) 火灾自动报警系统的传输线路应采用铜心绝缘导线或铜心电缆，其电压等级不应低于交流250V，线心最小截面要求符合表3-22的规定。

火灾报警系统用导线最小截面 表3-22

类　别	线心最小截面（mm^2）	备　注
穿管敷设的绝缘导线	1.00	
线槽内敷设的绝缘导线	0.75	
多心电缆	0.50	
由探测器到区域报警器	0.75	多股铜心耐热线
由区域报警器到集中报警器	1.00	单股铜心线
水流指示器控制线	1.00	
显示报警阀及信号阀	1.00	
排烟防水电源线	1.50	控制线>1.00mm^2
电动卷帘门电源线	2.50	控制线>1.50mm^2
消火栓控制按钮线	1.50	

2) 火灾自动报警系统的传输线采用绝缘电线时，应采用穿管（金属管、不燃/难燃型硬质、半硬质塑料管）、封闭式线槽进行保护。

3) 消防联动控制、自动灭火控制、通信、应急照明、事故广播等线路，应穿金属管保护，最好暗敷在非燃烧体结构内，其保护层厚度不小于3cm。当采用明敷时，应对金属管采用防火保护措施。当采用具有非延燃性绝缘和护套的电缆时，可以不穿金属保护管，但应将其敷设在电缆竖井内。

4) 不同电压、不同电流类别、不同系统的线路，不可共管或线槽的同一槽孔内敷设。横向敷设的报警系统传输线路，若采用穿管布线，则不同防火分区的线路不可共管敷设。

5) 弱电线路的电缆与强电线路的电缆竖井分别设置，若因条件限制，必须合用一个电缆竖井时，则应将弱电线路和与强电线路分别布置在竖井两侧。

6) 从线槽、接线盒等处引至火灾探测器的底座盒，控制设备的接线盒，扬声器等的线路，应穿金属软管保护。

7) 向敷设在建筑物内的暗配管，管径不宜大于G25；水平或垂直敷设在天棚内或墙内的暗配管，管径不宜大于G40。

8) 火灾探测器的传输线路，采用不同颜色的绝缘导线，接线端子应有标号。

9）配线中使用的非金属管材、线槽及其附件，均应采用不燃或非延燃性材料制成。

表 3-23 列出部分常用导线截面规格；表 3-24 列出电线管部分的穿线管道规格。

导线截面规格表　　**表 3-23**

导线截面（m^2）	聚氯乙烯电线 BV、BVR		导线截面（m^2）	聚氯乙烯电线 BV、BVR	
	外径（mm）	面积（mm^2）		外径（mm）	面积（mm^2）
1.0	2.8	6.2	4	4.2	14
1.5	3.1	7.6	6	5	26
2.5	3.7	10.8			

穿线管道规格表　　**表 3-24**

公称口径		管道规格（mm）			内孔面积（mm^2）				
mm	in	外径	壁厚	内径	100%	40%	35%	30%	20%
15	5/8	15.87	1.6	12.67	126	50	44	38	32
20	3/4	19.05	1.8	15.45	190	76	67	57	48
25	1	25.4	1.8	21.8	372	149	130	112	93
32	11/4	31.75	1.8	28.15	625	250	219	188	156
40	11/2	38.10	1.8	34.50	935	374	327	281	234
50	2	50.8	2.0	46.80	1725	690	604	518	431
70	21/2	63.5	2.5	58.5	2689	1076	941	807	672
80	3	76.5	3.2	69.5	3785	1514	1325	1136	946

（5）系统接地

火灾自动报警系统是现代传感技术与计算机控制技术相结合的产物，而外部不可预见的干扰将对其产生重要的影响，造成设备损坏。系统接地是抑制干扰的最重要的措施。系统接地不良，轻则使该系统产生不明故障或火警，重则造成设备的永久损坏。

火灾自动报警系统和消防控制室的接地，一般都按规定没有保护接地和工作接地两种。

火灾报警系统和消防设备的保护接地无特殊要求，按照《工业与民用电力装置的按地设计规范》进行，即凡是在火灾自动报警系统中，引入有交流供电设备的金属外壳都要按照规定，采用专用接零干线引入接地装置，做好保护接地。不准将系统接地与保护接地或电源中性线连接在一起，否则有可能造成系统中设备的永久损坏。

为了保证火灾自动报警系统利消防设备正常工作。对系统的接地规定如下：

1）火灾自动报警系统和消防控制室设置专用地板，接地装置的接地电阻值应当符合下列要求：

当采用专用接地装置时，接地电阻值不应大于 4Ω；

当采用共用接地装置时，接地电阻值不应大于 1Ω。

2）火灾报警系统应设专用接地干线，由消防控制室引至接地体。

3）专用接地干线采用铜心绝缘寻线，其心线截面积不应小 $25mm^2$，专用接地下线宜穿硬质型塑料管埋没至接地体。

4）由消防控制室接地板引至各消防电子设备的专用接地线选用铜心塑料绝缘导线，其心线截面积不应小于 $4mm^2$。

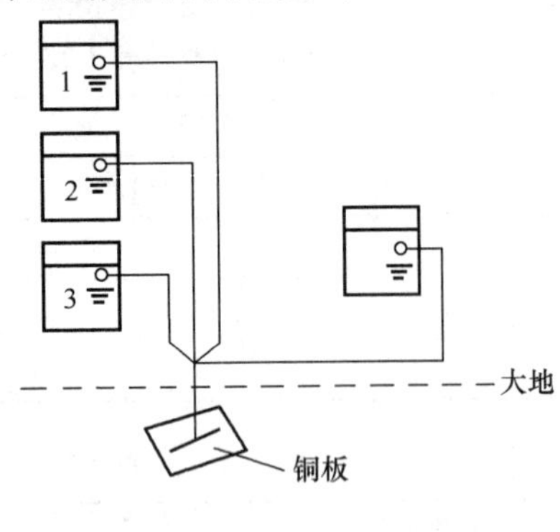

图 3-223 地线制作方法

系统采用控制器端单点接地方式，施工中应将系统中央监控制器的接地点连接在同一点，出这一连接点接入屏蔽地线连接端。除此之外，该系统中的总线、通信线、广播线、对讲线等均不得与任何形式的地线或中性线连接，以防止设备的误动作。

地线制作方法如图 3-223 所示。将面积 $0.8m^2$、厚度大于 3mm 的紫铜板或角铁与截面积大于 $4mm^2$ 的多股导线焊接牢固后埋于地下 1.5m 深处，作为系统地线。由消防控制室引至接地体的干线在通过墙壁时，应穿入钢管或其他坚固的保护管，确保接地装置的可靠性。

（6）系统调试

火灾自动报警及联动控制系统的调试，应在建筑内部装修和系统施工结束后进行。对系统的调试应从以下三个方面进行测试。

1）线路调试

对系统线路调试主要有外部检查和线路校验。外部检查的内容包括按图纸检查各种配线，例如强电、弱电线是否到位，是否存在不同性质线缆共管的现象；各种火警设备接线是否正确，接线排列是否合理，接线端子处标牌编号是否齐全，工作接地和保护接地是否正确。线路校验的内容包括将被检验回路中的各个部件装置与设备接线端子进行查对，例如使用万用表以导通法逐线查对传输线路敷设、接线是否正确；也可采用数字式多路变线仪检验，效果好且速度快。检查探测回路线、通信线是否短路或开路，使用兆欧表测试回路绝缘电阻，应对导线与导线、导线对地、导线对屏蔽层的绝缘电阻进行分别测试并且记录，其绝缘电阻值不小于 20MΩ。

2）单体调试

①对探测器的单体调试

单体调试指的是各种部件装置与设备在安装前进行的一些基本性能试验。

在火灾自动报警与灭火控制系统中，对探测器的单体调试可以直接安排在报警控制器调试时进行。通常来说，对探测器的定量试验应该在生产厂家，消防电子产品检测中心，消防科研院所进行；而对探测器的定性试验应在安装施工现场进行。对于使用数量较大的开关量探测器利用专用的火灾探测器检查装置来检测；如果施工现场没有这类检测设备，可用报警控制器代替，让报警控制器接出一个回路开通，接上探测器底座，然后利用报警控制器的自检、报警功能，对探测器进行单体试验。

②对报警控制器的单体调试

对报警控制器单体调试的功能检查：

火灾报警自检功能试验；

消音、复位功能试验；

故障报警功能试验；

火灾优先功能试验；

报警记忆功能试验；

电源自动转换及备用电源的自动充电功能试验；

备用电源的欠压、过压报警功能试验。

③报警控制器单体调试的实现步骤

在报警控制器单机开通前，进行空载运行，检测控制器是否在运输和安装过程中损坏。

开机后将建立正常通信状态的探测点进行编码，且在平面图上做详细记录。对于与控制器未能建立正常通信状态的深测点逐个检查，如果是管线问题则在排除线路故障后再开机测试，如果是探测器问题则更换探测器；对于与控制器已经建立正常通信状态的探测点的编码号进行记录，且按图纸进行部位号的编码。常见部位号码写入EPROM的单元格式如图3-224所示。

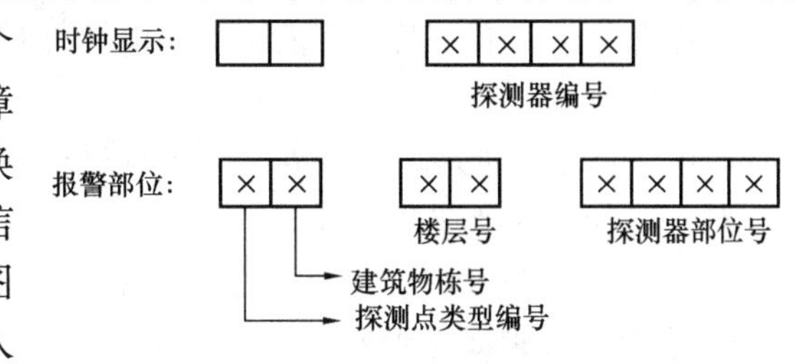

图3-224 常见部位号的编号

对于不能建立正常通信状态的报警点，需要测量DC24V工作电压是否到位；若无电压则是线路的问题，检查回路电流的正确性。若线路无问题，检查探头与底座接触是否良好。

④对火灾探测器的单体调试

对火灾探测器的单体调试应当采用专用检测仪逐个对探测器进行检测。

感烟探测器使用点型感烟探测器试验器进行测试，例如：GAY-列3便携式火灾探测器加烟试验器，检测高度3～7m，以棒香为烟源，利用微型风泵，通过特殊的烟道，将烟压入出烟口喷出，以规定速度导入感烟探测器的感烟室，对其感烟功能进行测试。

感温探测器使用点型感温探测器试验器进行测试。例如：SA2090-B型，当温源对准待测探测器，打开电源开关，温源升温，10s内探测器确认灯亮，表示探测器工作正常，否则不正常。

带有灵敏度测试孔和磁性重点舌簧检查触点的火灾探测器，便于在现场测试和检查。例如：M02-04-00磁铁对准探头的塑料罩，系统应该在20s内报警。

⑤联动控制系统的调试

a. 多线制联功控制系统的调试

在进行多线制联动控制系统的调试前，先将控制中心输出端子排上的保险丝取下，这样可以避免调试设备联动接口故障时把控制中心内电源损坏，防止联动设备的误操作。

检查多线制联动控制系统的管线足否齐全，导线所加标注是否清晰，是否与联动设备接线端子标注一致：

多数联动控制信号为DC24V电平，当联动设备中间继电器的线圈电压不是DC24V时，需要使用直流/交流电平转换器进行转换。

各联功设备进行模拟联动试验时，对所提供的联动接口加联动信号，观察设备是否动作，动作后的接触点是否闭合有效。

确认多线制联动控制系统的调试通过后，将消防中心输出端子排上的保险丝加上，然后开机进行自动联动试验。

b. 总线制联动控制系统的调试

检查联动控制器至各楼层联动驱动器的纵向电源及通信线是否短路，排除线路故障。

检查各层联动驱动器，联动控制模块主板的编码值是否与设计的接线端子表上的编码位一致，防止在安装过程中相互颠倒。

对每台联动驱动器或联动模块所带的联动设备按多线制系统的调试方法进行现场模拟试验。

确认总线制联动控制系统的调试通过后，再将各楼层联动驱动器或联动控制模块内的输出接点保险丝加上，然后将消防中心电源打开进行自动联动试验。

⑥整体调试

单体调试运行正常后，接着是对系统进行整体调试，按系统调试程序进行系统功能检查，对各项分系统分别进行调试。

a. 首次运行系统，进行系统的初始化，即系统“大复位”。

b. 设量系统画面，查询和修改系统的配置情况。系统默认检测的总线设备为：离子感烟探测器，物理号和显示号相同，灵敏等级为1，互锁号和模块位置隐含，显示地址空白。物理号表示总线设备所在的区号（前二位）和总线设备上的编码（后二位），它表示总线设备在整个系统中的实际位置编号。显示号可以用于编号联动公式，设置防火区和显示管理等用途，它的区号（前二位），编号（后二位）。

c. 按照设计要求对实际连接的配置重新设置参数。首先设置总线设备的物理号，然后对这个总线设备规定其显示号、设备类型和表示设备所在位置的显示地址名称。

d. 对于输出模块，还要指定模块在联动面板的显示位置，根据需要选择组态一种应用联动面板，按模块应用的类型划分，将一个模块放置适当的页面位置，这样便于操作。模块位置的数据从0开始，最大不超过599。输出模块还可选择互锁号以实现输出模块的互锁，当打开一个模块时自动关闭另一个模块。例如设计0423和0425输出模块互锁，当0423模块输入0425互锁号时，0425模块自动设置0423为互锁号。

e. 确定所有总线设备的显示号、类型、显示地址后，可按“浏览”键对整个总线设备配置进行浏览检查。如果认为所有输入的数据准确无误，按“存盘”键保存全部数据；按“传送”键，可将系统配冒的数据传输到TBL总线驱动器中。

f. 进行系统“自检”，检查有效区域数和总线设备数是否与总线实际连接的一致。系统自检操作界面中，显示区显示系统检测00-59共60个回路的检测情况。按“开始检测”键，显示区以不同颜色显示检测结果。“初的状态”表示系统未“开始检测”时的状态；“正在检测”表示系统正在等待这个总线检测结果；“工作正常”表示系统完成这个总线的检测；“再检测区”表示这个总线的检测出现故障，需要重新检测。

g. 在检测报告区域显示有效区域号列表，总线设备的物理号列表。如果按“开始检测”，系统自检后弹出一个画框，显示有效区域号总数和总线设备总数。如果系统“自检”不一致，要进一步检查每个区域甚至每个总线设备的配置情况，将故障或重号总线设备查出来。如果是一致，“登记”键用于当系统自动检测完成后，确认系统检测结果与实际相符，然后进行登记处理，系统将一直保持所有登记过的总线设备，直到下一次“大复位”清除。“登记”后应退出系统，然后再重新启动系统，进入正常工作。

4. 实训任务内容

(1) 请列出本次实训所需设备名称、型号、数量。

序号	名称	型号	数量

(2) 列出本次实训所需的工具。

序号	名称	型号	数量

(3) 请写出小组成员分工情况。

(4) 分小组进行任务的实施。要求正确使用相关设备及工具，安全文明操作，现场工具设备摆放整齐，请记录下具体的实训过程。

(5) 如发现问题，自己先分析查找故障原因，并进行记录。

5. 实训评价

序号	评价项目及标准	自评	互评	教师评分
1	设备材料清单罗列清楚 5 分			
2	工具清单罗列清楚 5 分			
3	操作步骤正确 15 分			
4	探测器安装、驱动方式选择正确 10 分			
5	探测器调整合适，达到国标 5 分			
6	控制线、自检线/电源线接线正确 4 分			
7	功能开关设置合理 6 分			
8	支架固定牢固 5 分			
9	联动安装正确，并固定牢固 5 分			
10	布线美观，接线牢固，无裸露导线，线头按要求镀锡 5 分			
11	能否正确进行故障判断 10 分			
12	现场工具摆放整齐 5 分			
13	工作态度 10 分			
14	安全文明操作 5 分			
15	场地整理 5 分			
16	合计 100 分			

6. 实训展示

将实训结果进行展示。能用专业的语言对整个实训过程进行描述。

项目五 可视对讲系统

楼宇对讲系统（如图 3-225 所示）又称为访客对讲系统。由于其可以对住宅小区、住户单元入口进行更有效的控制，能防止闲杂人员进入住宅小区，有效地降低了不安全因素的发生给居民带来安全保障，成为近年来我国应用最广，智能住宅小区必备的安全防范子系统。

通过这套系统，住宅小区住户可在家中用对讲/可视对讲分机及设在单元楼门口的对讲/可视对讲门口主机与来访者建立音像通信联络系统，与来访者通话，并通过声音或分机屏幕上的影像来辨认来访者。当来访者被确认后，住户主人可利用分机上的门锁控制键，打开单元楼门口主机上的电控门锁，允许来访者进入。否则，一切非本单元楼的人员及陌生来访者，均不能进入。这样可以确保住户的方便和安全，是住户的第一道防非法入侵的安全防线。

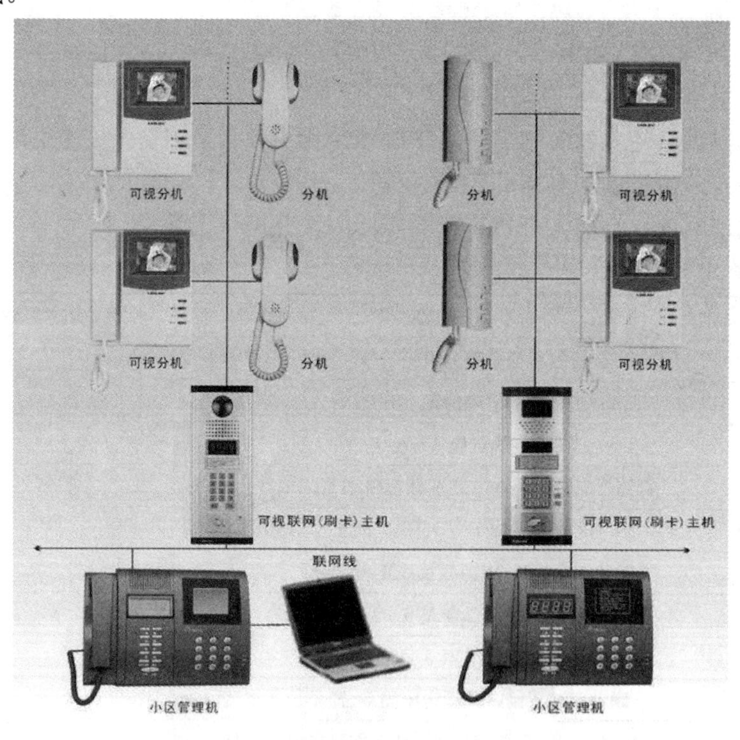

图 3-225 楼宇对讲系统图

一、楼宇对讲系统的组成

楼宇对讲系统的主要设备有：单元门口主机、用户分机、对讲管理主机、电控门锁、信号隔离器、电源等相关设备。

对讲管理主机设置在住宅小区物业管理部门的安全保卫值班室内，门口主机设置安装在各住户大门内附近的墙上或台上。

1. 单元门口主机（如图 3-226 所示）

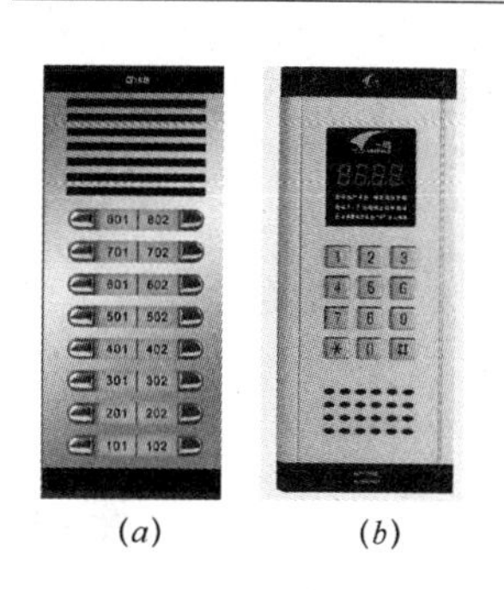

(a)　　(b)

图 3-226　单元门口主机

(a) 直按式；(b) 数码式

可呼叫本单元的各户分机，同时将图像传往住户，与之双向通话；门口主机可接受分机指令，打开本单元电控锁。

可呼叫管理中心，同时将图像送往管理中心，并可与之双向通话，可要求管理中心机代开电锁等服务。

密码开锁，可选择公共密码/私有密码模式，可设置两个公共密码，可设置错误报警。

小区门口主机可呼叫小区内部任一分机，同时将图像传往住户，实现双向通话；并具备呼叫管理中心，密码开锁等功能。

类型有直按式和数码式两种。

2. 用户分机（如图 3-227 所示）

分为可视分机和非可视分机两种。

非可视分机一般只带有数字键盘。可接收单元主机的呼叫，可听见来访者的声音、开锁。在联网系统中，可按键呼叫管理中心，也可接受管理中心的呼叫。

可视分机除了带有数字键盘外，还带有显示屏，黑白或彩色的。不同厂家产品不一样，有电话方式的，有免提的。可实接收单元主机的呼叫，接收单元主机来的影音，开锁。在联网系统中，可按键呼叫管理中心，也可接受管理中心的呼叫。

3. 小区门口机

小区门口机又称为小区围墙机，设置于小区出入口大门，用于访客的呼叫采取二次确认模式，即通过小区门口机呼叫住户或管理员，一次确认后进入小区。再由住户确认后开启单元电控门，可对小区的访客进行严格有效的出入控制，进一步保障小区的住户安全。小区门口机也可配置为非可视（普通）和可视两种类型。

4. 管理中心机（如图 3-228 所示）

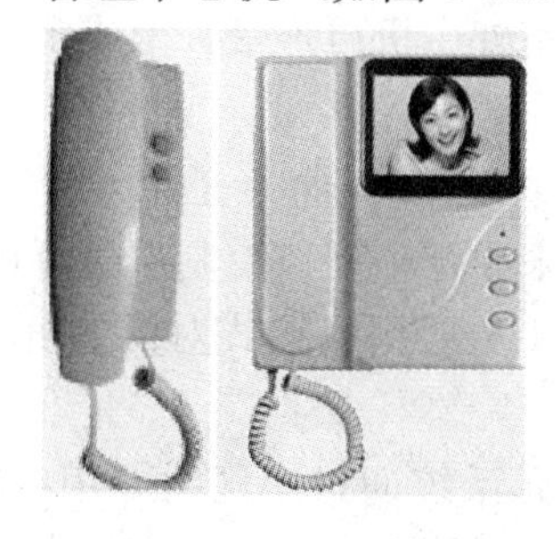

图 3-227　用户分机

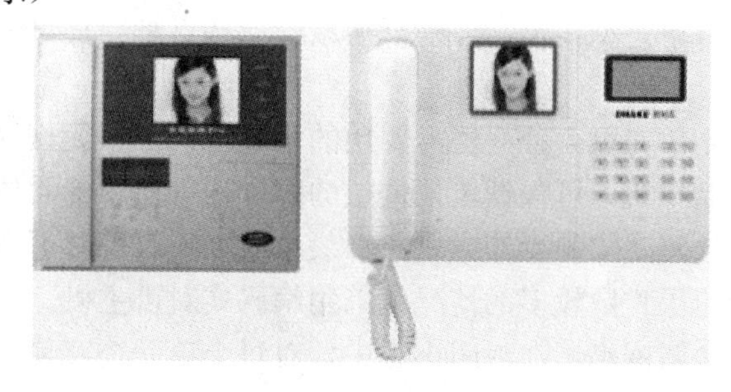

图 3-228　管理中心机

功能：遥控开锁，可开启任一门口电控锁，开锁确认功能。可呼叫任一用户分机并进行双向对讲。识别门口主机/用户分机呼叫。常用在小区管理中心。

5. 电控锁及闭门设备

电控锁：在主机或者分机的控制下进行开关，如图 3-229 所示。

闭门器：有定位型在 90±5 以上可动定位，满足环境特别需要。无定位可在任意角度自动闭合，适用于左右平开门。闭门力度连续可调节，闭门速度可调而且稳定性能好，如

图 3-230 所示。

图 3-229 电控锁

图 3-230 闭门器

6. 层间分配器

功能：线路保护、视频分配、信号隔离的作用，即使某住户的分机发生故障也不会影响其他用户使用，也不影响系统正常使用。其信号为一路输入二～八路输出，即：每个层间分配器供 2～8 户使用，提供电压为 DC 18V 为室内分机供电，视频信号输出为 1V-75Ω。

7. 联网器

实现可视对讲系统的联网，用于各单元间信号的隔离。

8. 电源

功能：输出直流电压，输出短路、过载保护及自恢复功能，蓄电池组欠压、过流保护，为主机和分机供电。

二、楼宇对讲系统的分类

楼宇对讲系统按分机类型可分为：可视楼宇对讲系统和非可视楼宇对讲系统两种类型，可视楼宇对讲系统又分为彩色楼宇对讲系统和黑白楼宇对讲系统两种类型。

根据系统结构又可分为：

（1）单户型：也称为别墅型系统。特点是：每户一个室外主机可连带一个或多个室内分机。

（2）单元型：独立楼寓使用的系统（也称单元楼对讲系统）。其特点是单元楼有一个门口控制主机，可根据单元楼层的多少，每层多单元住户来决定。门口控制主机可选用直按式、数码式二种操作方式。一般 6 层以下及每层不超过 4 户要用直按式对讲主机，6 层以上或每层户数较多的情况就采用编码式对讲主机。

（3）联网型：在封闭小区中，对每个单元楼寓使用单元系统通过小区内专用（联网）总线与管理中心联接，形成小区各单元楼寓对讲网络；其实联网型是一个最大的类型，分解后就可以得到其他的类型。

三、楼宇对讲系统的工作原理

楼门平时总处于闭锁状态，避免非本楼人员在未经允许的情况下进入楼内，本楼内的住户可以用 IC 感应卡/密码开启电控门锁，自由地出入大楼。当有客人来访时，客人需在楼门外的对讲主机键盘上按出欲访住户的房间号，呼叫欲访住户的对讲分机。被访住户的主人通过对讲设备与来访者进行双向通话或可视通话，通过来访者的声音或图像确认来访者的身份。确认可以允许来访者进入后，住户的主人利用对讲分机上的开锁按键，控制大楼入口门上的电控门锁打开，来访客人方可进入楼内。来访客人进入楼后，楼门自动闭锁。

住宅小区物业管理的安全保卫部门通过小区安全对讲管理主机，可以对小区内各住宅楼安全对讲系统的工作情况进行监视。如有住宅楼入口门被非法打开、对讲主机或线路出现故障，小区安全对讲管理主机会发出报警信号、显示出报警的内容及地点。小区物业管理部门与住户或住户与住户之间可以用该系统相互进行通话。如物业部门通知住户交各种费用、住户通知物业管理部门对住宅设施进行维修、住户在紧急情况下向小区的管理人员或邻里报警求救等。

四、楼宇对讲系统的功能

（1）对讲主机能与对讲分机实现对讲、在通话期间遥控开锁。

（2）室内对讲分机可按报警键呼叫管理机，与之实现双向对讲。

（3）可用刷卡开锁（可选择钥匙开锁），也可利用密码开锁。

（4）门口对讲主机可按保安键呼叫管理主机，实现对讲，通话期间管理机可遥控开锁。

（5）小区管理机可呼叫室内对讲分机，实现对讲。

任务一　单元型可视对讲系统设备的安装与调试

一、设备及其功能介绍

单元型可视对讲系统，是指独立楼宇使用的系统（也称单元楼对讲系统），由单元门口主机、可视室内分机、非可视室内分机、层间分配器等组成。系统结构如图3-231所示。

以海湾公司可视对讲产品为例进行介绍。

1. 单元门口主机

GST-DJ6106CI（MIFARE）单元可视对讲主机，彩色可视型，提供呼叫住户、对讲、彩色可视、夜光红外补偿、密码开锁、键盘夜视灯、感应卡（可读写式）入户等功能。4 * 4 数码式 ATM 按键，可以实现在 1～8999 间根据需求选择任意合适的数字来对室内分机进行地址编码。可在呼叫住户、呼叫管理中心同时控制电控锁或电磁锁，锁控时间可设置。

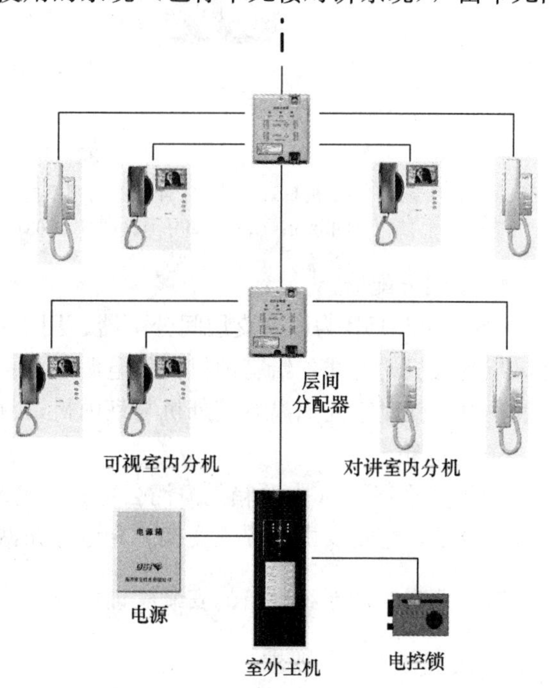

图 3-231　非联网型可视对讲系统图

2. 可视室内分机

GST-DJ6825C彩色可视室内分机，是安装于住户室内的可视对讲设备，住户可通过室内分机接听小区门口机（联网时）、室外主机的呼叫，并为来访者打开单元门的电锁，还可看到来访者的图像，与其进行可视通话；可实现户户对讲；同户内室内分机可进行对讲；室内分机支持小区信息发布（与相应的联网设备配套使用）。按下“监视”键三秒，可通过室外主机监视住户门口的图像。另外，住户遇有紧急事件或需要帮助时，可通过室内分机呼叫管理中心，与管理中心通话。该分机还带有8个分区的安防接口，可接求助按钮、被动红外探测器、门/窗磁、燃气探测器、感烟探测器，用于家居安防。

3．普通室内分机

GST-DJ6209对讲分机，接收到室外机/围墙机/中心机的呼叫，发出振铃音，摘机通话，通话期间按下“开锁”键，可打开单元门锁。可扩带紧急求助按钮，具有免扰功能，“叮咚”音铃声。如图3-232所示。

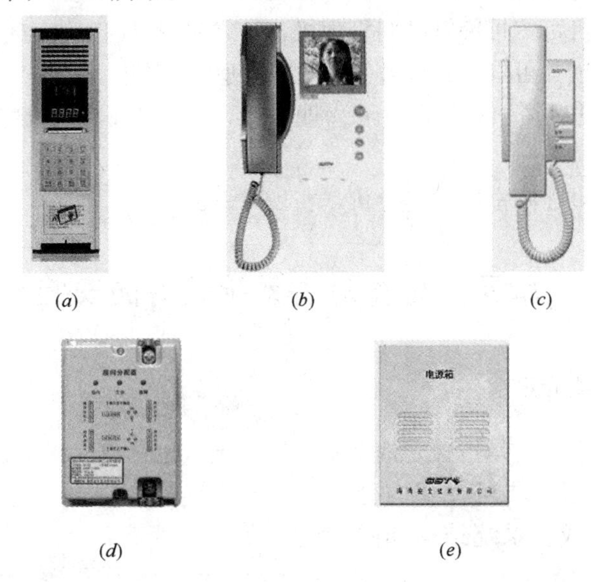

图3-232 楼宇对讲设备

（*a*）单元门口主机GST-DJ6106CI；（*b*）可视室内分机GST-DJ6825C；（*c*）普通室内分机GST-DJ6209；（*d*）层间分配器GST-DJ6315B；（*e*）电源箱GST-DY-18V2A

4．层间分配器

GST-DJ6315B为四分支层间分配器。用于连接室外机与室内机的设备，它连接着室外机与室内机的总线，给室内机提供电源，负责切换室外机与同一层的不同室内机间的音视频通道。同时它还隔离着室外机与室内机，具有电源、总线及音频的短路保护功能。

5．电源箱

GST-DY-18V2A电源箱是海湾公司推出的专门用来为对讲系统供电的DC18V现场电源输出设备。它主要由电源主变换、充电电路两部分组成。

二、楼宇对讲系统设备的安装实训操作

1．实训任务目的要求

（1）了解单元楼对讲系统的结构。

（2）了解单元门口主机、可视室内分机、非可视室内分机、层间分配器的接口。

（3）掌握单元门口主机与层间分配器间的接线。

（4）掌握层间分配器与可视室内分机、非可视室内分机间的接线。

（5）通过单元门口主机，进行系统设置，实现单元门口主机与室内分机间的（可视）对讲、刷卡开门、密码开门、室内分机遥控开门等功能。

2. 实训设备、材料及工具准备

设备及材料

（1）GST-DJ6106CI 单元门口主机 1 台。

（2）GST-DJ6825C 彩色可视室内分机 1 台（含安装盒）。

（3）GST-DJ6209 普通室内分机 1 台。

（4）GST-DJ6315B 四分支层间分配器 1 只。

（5）GST-DY-18V2A 电源箱 1 只。

（6）RFID02A 非接触卡 2 张。

（7）电控锁 1 把。

（8）导线若干。

工具

螺钉旋具、斜口钳、剥线钳、电烙铁、焊锡、绝缘胶布等。

3. 实训任务步骤

请阅读楼宇对讲系统设备说明书后完成下列实训任务。

（1）安装注意事项

1）安装前认真阅读系统安装说明书，确保系统的正确安装；

2）将室内机、单元门口机安装在良好的水平目视位置，建议高度为 1.45m 左右。

3）安装过程中严禁带电操作。

4）楼宇对讲系统在布线时应与强电电缆保持最少 60cm 的距离，防止不必要的干扰。

5）所有连线接好后，应反复检查安装无误才可通电。

6）如系统不正常，断电后进行排查。

（2）布线（如图 3-233 所示）

（3）设备安装及接线（如图 3-234 所示）

1）单元门口主机 GST-DJ6106CI（如图 3-235 所示）

安装步骤（如图 3-236 所示）：

①在门上开好孔位。

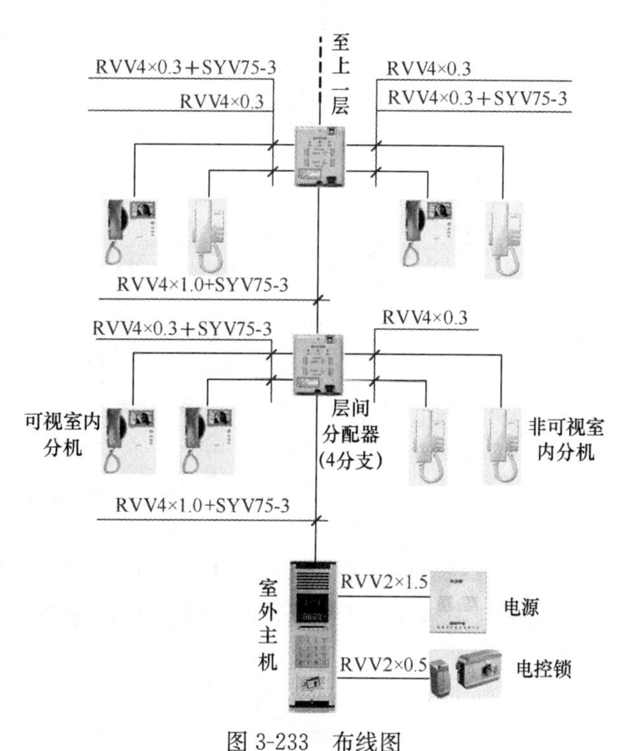

图 3-233　布线图

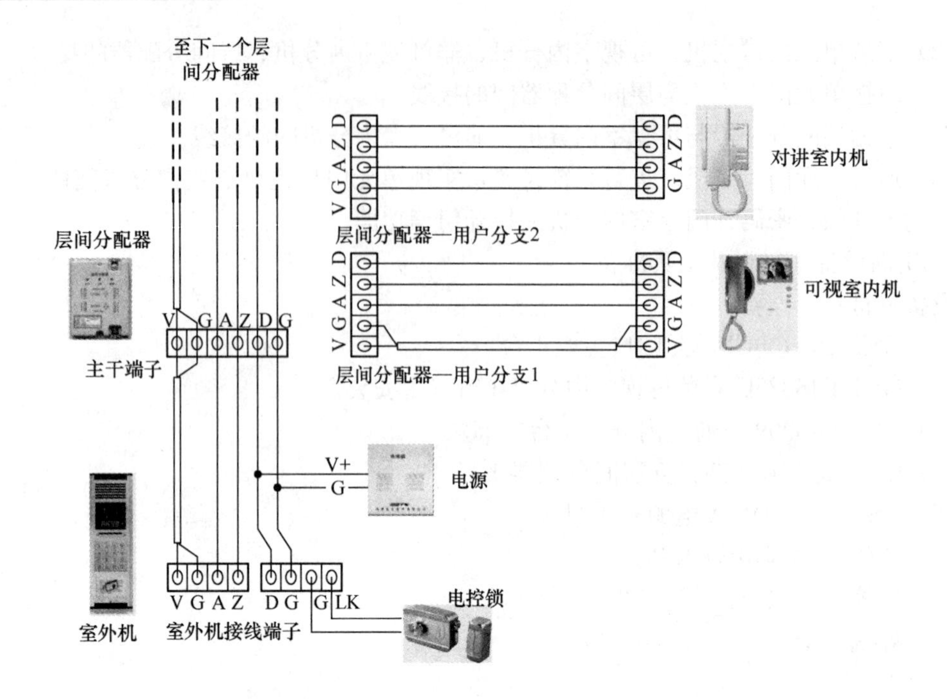

图 3-234 接线图

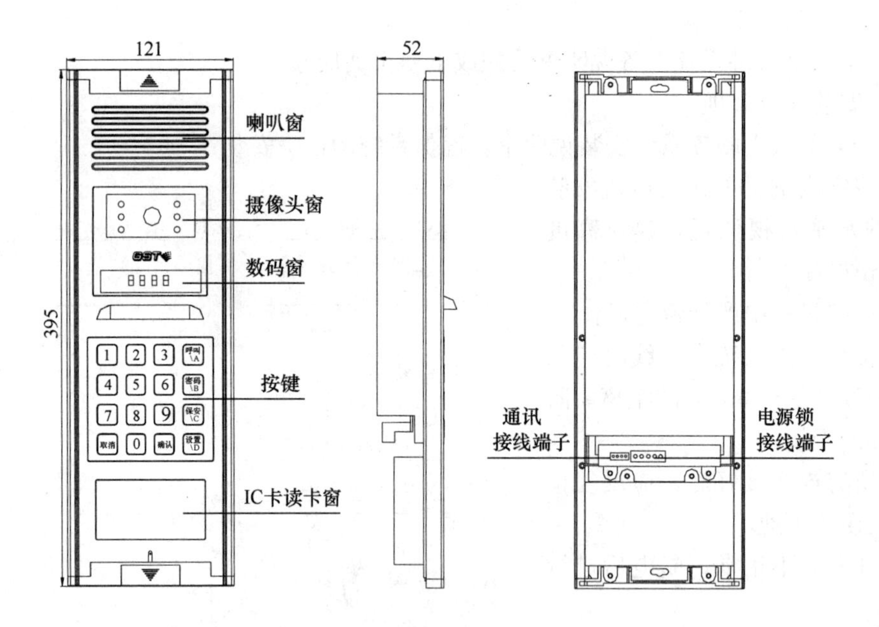

图 3-235 单元门口主机外形示意图

②把传送线连接在端子和线排上，插接在室外主机上。

③把室外主机和嵌入后备盒放置在门板的两侧，用螺丝固定牢固。

④盖上室外主机上、下方的小盖。

单元门口主机接线端子说明：

电源端子说明见表 3-25。

室外机电源端子说明　表 3-25

端子序	标识	名称	与总线层间分配器连接关系
1	D	电源	电源+18V
2	G	地	电源端子 GND
3	LK	电控锁	接电控锁正极
4	G	地	接锁地线
5	LKM	电磁锁	接电磁锁正极

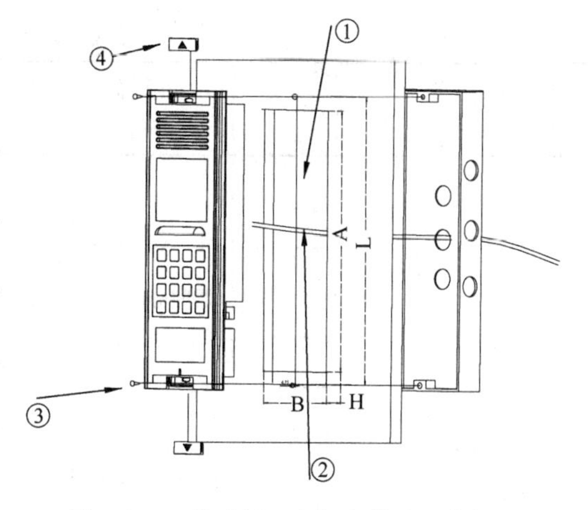

图 3-236　单元门口主机安装过程分解图

通讯端子说明见表 3-26。

通讯端子说明　表 3-26

端子序	标识	名称	连接关系
1	V	视频	接层间分配器主干端子 V(1)
2	G	地	接层间分配器主干端子 G(2)
3	A	音频	接层间分配器主干端子 A(3)
4	Z	总线	接层间分配器主干端子 Z(4)

单元门口主机的接线图如图 3-234 所示。根据接线图，连接好单元门口主机、层间分配器、电控锁以及电源。

2）可视室内分机 GST-DJ6825C

安装步骤（如图 3-237 所示）：

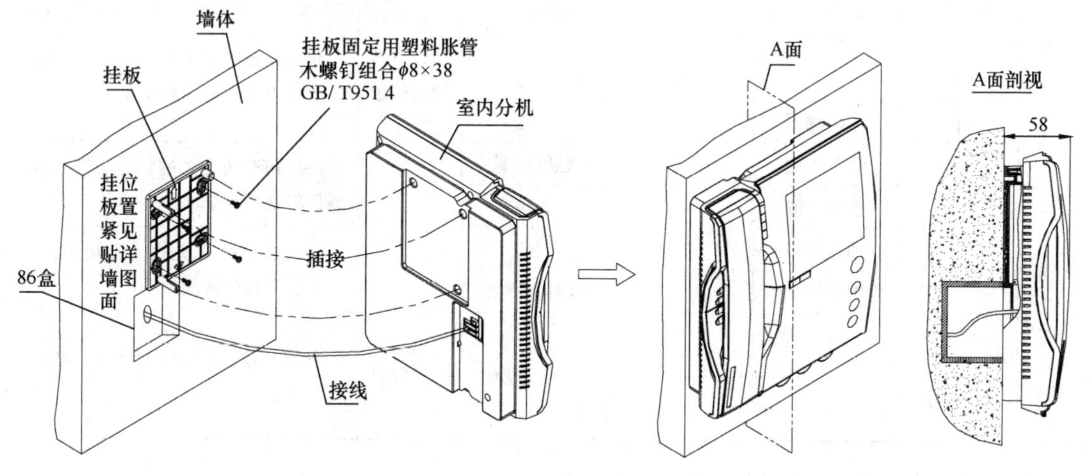

图 3-237　可视对讲室内分机安装过程分解图

①将挂板固定在墙上；

②将信号线从标准 120 或 86 预埋盒中拉出，与室内分机接好；

③将室内分机插在挂板上。

可视对讲接线端子说明 **表 3-27**

端口号	端子序号	端子标识	端子名称	连接设备名称	连接设备端口号	连接设备端子号	说明
主干端口	1	V	视频	层间分配器/门前铃分配器	层间分配器分支端子/门前铃分配器主干端子	1	单元视频/门前铃分配器主干视频
	2	G	地			2	地
	3	A	音频			3	单元音频/门前铃分配器主干音频
	4	Z	总线			4	层间分配器分支总线/门前铃分配器主干总线
	5	D	电源	层间分配器	层间分配器分支端子	5	室内分机供电端子
	6	LK	开锁	住户门锁		6	对于多门前铃，有多住户门锁，此端子可空置
门前铃端口	1	MV	视频	门前铃	门前铃	1	门前铃视频
	2	G	地			2	门前铃地
	3	MA	音频			3	门前铃音频
	4	M12	电源			4	门前铃电源
安防端口	1	12V	安防电源	室内报警设备	外接报警器、探测器电源	各报警前端设备地相应端子	给报警器、探测器供电，供电电流≤100mA
	2	G	地				地
	3	HP	求助		求助按钮		紧急求助按钮接入口常开端子
	4	SA	防盗		红外探测器		接与撤布防相关的门、窗磁传感器、防盗探测器的常闭端子
	5	WA	窗磁		窗磁		
	6	DA	门磁		门磁		
	7	GA	燃气探测		燃气泄漏		接与撤布防无关的烟感、燃气探测器的常开端子
	8	FA	感烟探测		火警		
	9	DAI	立即报警门磁		门磁		接与撤布防相关的门磁传感器、红外探测器的常闭端子
	10	SAI	立即报警防盗		红外探测器		
警铃端口	1	JH	警铃		警铃电源	外接警铃	电压：DC14.5～DC18.5V 电流≤50mA
	2	G	地				

3）对讲室内分机 GST-DJ6209（如图 3-239 所示）

安装步骤（如图 3-240 所示）：

①把 86 盒内的线接在排线；

②排线穿过底壳的进线孔，把底壳固定在 86 盒上（安装孔距为 58～60mm）；

③把排线插接在上壳线路板的插座上，把上壳扣在底壳上，并用螺丝紧固；

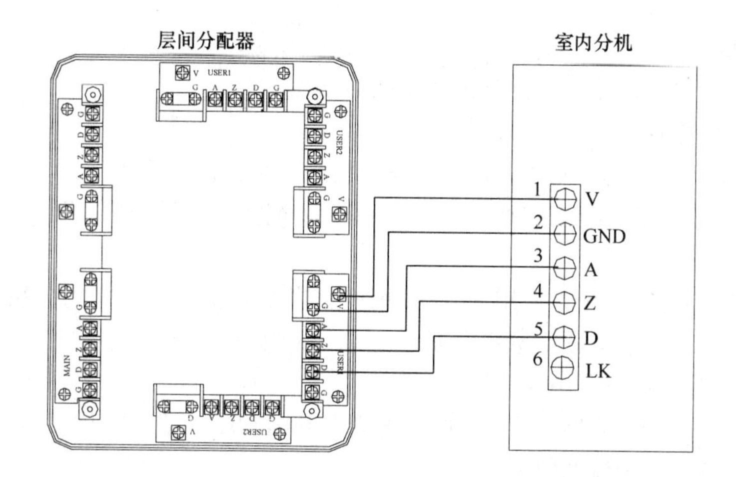

图 3-238　可视对讲室内分机与层间分配器接线示意图

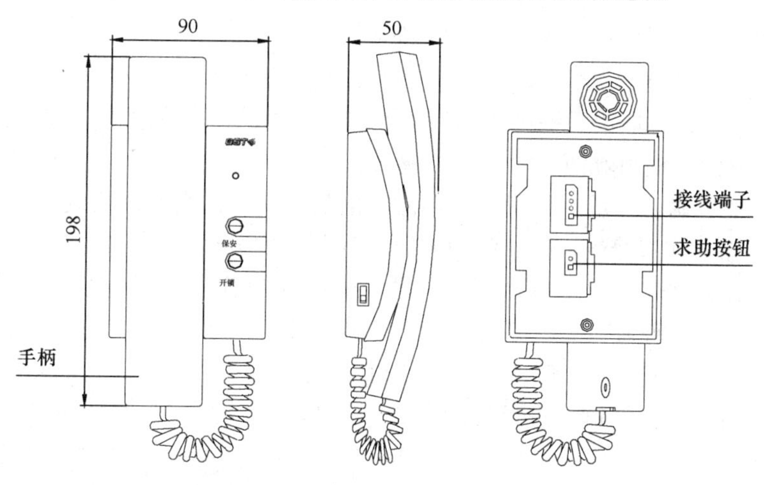

图 3-239　对讲室内分机外形示意图

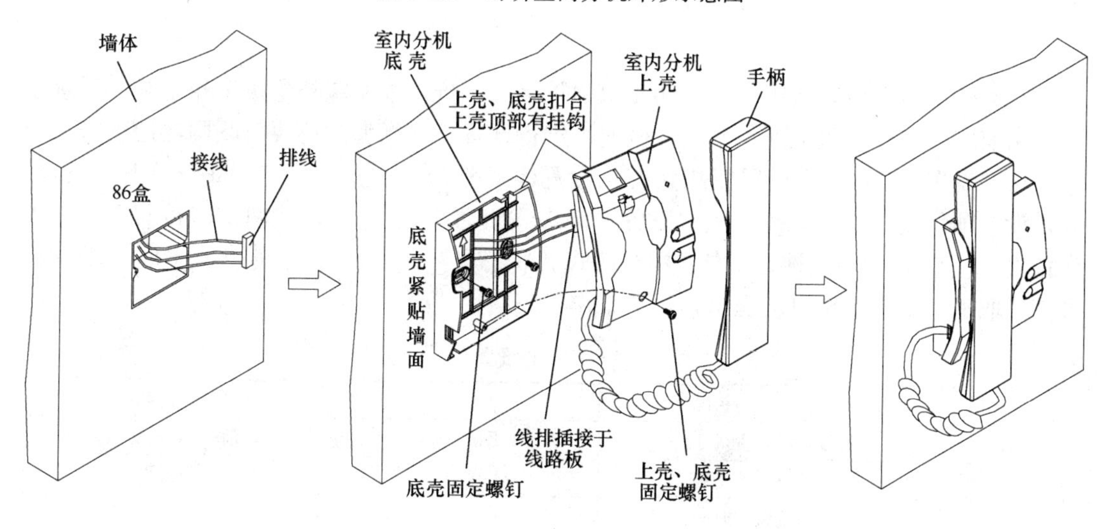

图 3-240　对讲室内分机安装过程分解图

④挂上手柄。

请参照图 3-234，连接好对讲分机和层间分配器。

4）层间分配器 GST-DJ6315B

层间分配器采用壁挂式安装，请用螺丝将层间分配器固定到墙上。

层间分配器的接线请参见图 3-234，连接好层间分配器、可视室内分机及对讲室内分机。

（4）系统调试及使用

该单元型楼宇对讲系统，采用 H 总线相连。当室外主机呼叫室内分机时，室外主机通过 H 总线将呼叫命令发送至室内分机，室内分机摘机后便可以与室外主机进行对话，通话过程中室内分机可以开单元门锁。

IC 卡室外主机内嵌读卡控制器，可实现刷卡开门和刷卡巡更等功能。

1）单元门口主机调试及使用

①按键说明

a. 数字键：按下数字键可输入相应的数字。

b. 取消：在数据输入时，按“取消”键可以清除新键入的数据；在进行系统设置、功能操作过程中，按“取消”键则退出当前操作，返回到上一级状态；在进行呼叫或通话业务时，按“取消”键则取消呼叫或结束通话。

c. 确认：按“确认”键，可确认、存储当前数据输入或当前选项设置。

d. 呼叫：输入住户号码，按“呼叫”键，呼叫室内分机。

e. 密码：输入住户号码，按“密码”键，输入住户开门密码，按“确认”键，进行住户密码开门；按“密码”键，输入“公用密码”，按“确认”键，进行公用密码开门。

f. 保安：按“保安”键，呼叫管理中心机。

g. 设置：按“设置”键，进行功能设置。

②刷卡说明

将卡片放在 IC 卡型室外主机的读卡窗前，读卡控制器感应到后发出“嘀”的提示声，表示读卡成功。

③调试

给室外主机上电，数码管有滚动显示的数字或字母，说明室外主机工作正常。系统正常使用前应对室外主机地址、室内分机地址进行设置，联网型的还要对联网器地址进行设置。按“设置”键，进入设置模式状态，设置模式分为[F1]～[F12]，每按一下“设置”键，设置项切换一次。即按一次“设置”键进入设置模式[F1]，按两次“设置”键进入设置模式[F2]，依此类推。室外主机处于设置状态（数码显示屏显示[F1]～[F12]）时，可按“取消”键或延时自动退出到正常工作状态。

F1～F12 的设置 **表 3-28**

F1	住户开门密码	F2	设置室内分机地址
F3	设置室外主机地址	F4	设置联网器地址
F5	修改系统密码	F6	修改公用密码
F7	设置锁控时间	F8	注册 IC 卡
F9	删除 IC 卡	F10	恢复 IC 卡
F11	视频及音频设置	F12	设置短信层间分配器地址范围

a. 室外主机地址设置

按“设置”键，直到数码显示屏显示[F3]，按“确认”键，显示[____]，正确输入系统密码后显示[---_]，输入室外主机新地址（1～9），然后按“确认”键，即可设置新室外主机地址。

注意：一个单元只有一台室外主机时，室外主机地址设置为 1。如果同一个单元安装多个室外主机，则地址应按照 1～9 的顺序进行设置。

b. 室内分机地址设置

按“设置”键，直到数码显示屏显示[F2]，按“确认”键，显示[____]，正确输入系统密码后显示[S_On]，进入室内分机地址设置状态。此时室内分机摘机等待 3s 与室外主机通话（或室外主机直接呼叫室内分机，室内分机摘机与室外主机通话），数码显示屏显示室内分机当前的地址。然后按“设置”键，显示[____]，按数字键输入室内分机地址，按“确认”键，显示[LISn]，等待室内分机应答。15s 内接到应答闪烁显示新的地址码，否则显示[ntSP]，表示室内分机没有响应。2s 后，数码显示屏显示[S_On]，可继续进行分机地址设置。

注意：在室内分机地址设置状态下，若不进行按键操作，数码显示屏将始终保持显示[S_On]，不自动退出。连续按下“取消”键可退出室内分机地址设置状态。

c. 联网器楼号单元号设置

按“设置”键，直到数码显示屏显示[F4]，按“确认”键，显示[____]，正确输入系统密码后先显示[Addt]再显示联网器当前地址（在未接联网器的情况下一直显示[Addt]），然后按“设置”键，显示[-___]，输入三位楼号，按“确认”键，显示[--__]，输入两位单元号，按“确认”键，显示[LISn]，等待联网器应答。15s 内接到应答则显示[SUCC]，否则显示[ntSP]，表示联网器没有响应。2s 后返回至[F4]状态。在有矩阵切换器存在的情况下，设置楼号单元号时需配合矩阵切换器学习的操作，即当矩阵切换器处于学习状态下，再进行楼号单元号的设置，具体操作参照《GST-DJ6708/8/16 矩阵切换器安装使用说明书》。

注意：

1. 在设置楼号时，可以输入字母 A、B、C、D，按“呼叫”键输入 A，“密码”键输入 B，“保安”键输入 C，“设置”键输入 D。

2. 楼号单元号不应设置为：楼号‘999’单元号‘99’和楼号‘999’单元号‘88’，这两个号为系统保留号码。

④使用及操作

a. 室外主机呼叫室内分机

输入“门牌号”＋“呼叫”键或“确认”键或等待 4s 可呼叫室内分机。

现以呼叫“1234”号住户为例来进行说明。输入“1234”，按“呼叫”键或“确认”键或等待 4s，数码显示屏显示[CALL]，等待被呼叫方应答。接到对方应答后显示[CHAT]，此时室内分机已经接通，双方可以进行通话。通话期间，室外主机会显示剩余的通话时间。在呼叫/通话期间室内分机挂机或按下正在通话的室外主机的“取消”键可退出呼叫或通话状态。如果双方都没有主动发出终止通话命令，室外主机会在呼叫/通话时间到后自动挂断。

b. 室外主机呼叫管理中心

按“保安”键，数码显示屏显示CALL，等待管理中心机应答，接收到管理中心机的应答后显示CHAT，此时管理中心机已经接通，双方可以进行通话。室外主机与管理中心之间的通话可由管理中心机中断或在通话时间到秒后自动挂断。

c. 住户密码开门

输入“门牌号”＋“密码”键＋“开锁密码”＋“确认”键。

门打开时，数码显示屏显示OPEN并有声音提示。若开锁密码输入错误显示----，示意重新输入。如果密码连续三次输入不正确，自动呼叫管理中心，显示CALL。输入密码多于4位时，取前4位有效。按“取消”键可以清除新键入的数，如果在显示----的时候，再次按下“取消”键便会退出操作。

d. 胁迫密码开门

如果住户密码开门时输入的密码末位数加1（如果末位为9，加1后为0，不进位），则作为胁迫密码处理：与正常开门时的情形相同，门被打开，有声音及显示给予提示；向管理中心发出胁迫报警。

e. 公用密码开门

按下“密码”键＋“公用密码”＋“确认”键。系统默认的公用密码为“123456”。

门打开时，数码显示屏显示OPEN并伴有声音提示。如果密码连续三次输入不正确，自动呼叫管理中心，显示CALL。

f. IC卡开门或巡更

将IC卡放到读卡窗感应区内，听到“嘀”的一声后，即可进行开门或巡更。开门或巡更成功提示“嘀嘀”两声，如果失败则提示“嘀嘀嘀”三声。

注意：住户卡开单元门时，室外主机会对该住户的室内分机发送撤防命令。

g. 住户开锁密码设置

按“设置”键，直到数码显示屏显示F1，按“确认”键，显示----，输入门牌号，按“确认”键，显示----，等待输入系统密码或原始开锁密码（无原始开锁密码时只能输入系统密码），按“确认”键，正确输入系统密码或原始开锁密码后显示P1，按任意键或2s后显示----，输入新密码，按“确认”键，显示P2，按任意键或2s后显示----，再次输入新密码，按“确认”键，如果两次输入的密码相同，保存新密码，并且显示SUCC，开锁密码设置成功，2s后显示F1；若两次新密码输入不一致显示Err.，并返回至F1状态。若原始开锁密码输入不正确显示Err.，并返回至F1状态，可重新执行上述操作。

注意：

1. 系统正常运行时，同一单元存在多室外主机，只需在一台室外主机上设置用户密码。

2. 门牌号由4位组成，用户可以输入1～8999之间的任意数。

3. 如果输入的门牌号大于8999或为0，均被视为无效号码，显示Err.，并有声音提示，两秒钟后显示----，示意重新输入门牌号。

4. 开锁密码长度可以为 1～4 位。

5. 每个住户只能设置一个开锁密码。

6. 用户密码初始为无。

h. 公用开门密码修改

按“设置”键，直到数码显示屏显示[F6]，按“确认”键，显示[----]，正确输入系统密码后显示[P1]，按任意键或 2s 后显示[----]，输入新的公用密码，按“确认”键，显示[P2]，按任意键或 2s 后显示[----]，再次输入新密码，按“确认”键，如果两次输入的新密码相同，显示[SUCC]，表示公用密码已成功修改；若两次输入的新密码不同显示[Err.]，表示密码修改失败，退出设置状态，返回至[F6]状态。

i. 系统密码修改

按“设置”键，直到数码显示屏显示[F5]，按“确认”键，显示[----]，正确输入系统密码后显示[P1]，按任意键或 2s 后显示[----]，然后输入新密码，按“确认”键，显示[P2]，按任意键或 2s 后显示[----]，再次输入新密码，按“确认”键，如果两次输入的新密码相同，显示[SUCC]，表示系统密码已成功修改；若两次输入的新密码不同显示[Err.]，表示密码修改失败，退出设置状态，返回至[F5]状态。

注意：原始系统密码为“200406”，系统密码长度可以为 1～6 位，输入系统密码多于 6 位时，取前 6 位有效，更改系统密码时不要将系统密码更改为“123456”，以免与公用密码发生混淆。在通讯正常的情况下，在室外主机上可设置系统密码，只需设置一次。

j. 呼叫同一单元的室外主机

输入室外主机的地址（95xx），按下“呼叫”或“确认”或等待 4s，即可呼叫相应地址的室外主机。通话时，室外主机显示剩余的通话时间，任一方按“取消”键或通话时间到后，就会结束对讲。

k. 注册 IC 卡

按下“设置”键，直到数码显示屏显示[F8]，按“确认”键，显示[----]，正确输入系统密码后显示[FN1]，按“设置”键，可以在[FN1]～[FN4]间进行选择，具体说明如下：

[FN1]：注册的卡在小区门口和单元内有效。输入房间号＋“确认”键＋卡的序号＋“确认”键，显示[rEG]后刷卡注册。

[FN2]：注册巡更时开门的卡。输入卡的序号（即巡更人员编号，允许范围 1～99）＋“确认”键，显示[rEG]后刷卡注册。

[FN3]：注册巡更时不开门的卡。输入卡的序号（即巡更人员编号，允许范围 1～99）＋“确认”键，显示[rEG]后刷卡注册。

[FN4]：管理员卡注册。输入卡的序号（即管理人员编号，允许范围 1～99）＋“确认”键，显示[rEG]后刷卡注册。

注意：注册卡成功提示“嘀嘀”两声，注册卡失败提示“嘀嘀嘀”三声；当超过 15s 没有卡注册时，自动退出卡注册状态。

l. 删除 IC 卡

按“设置”键，直到数码显示屏显示F5，按“确认”键，显示----，正确输入系统密码后显示FN1，按“设置”键，可以在FN1～FN4间进行选择，具体对应如下：

FN1：进行刷卡删除。按“确认”键，显示CArd，进入刷卡删除状态，进行刷卡删除。

FN2：删除指定用户的指定卡：输入房间号＋“确认”键＋卡的序号＋“确认”键，显示dEL，删除成功提示“嘀嘀”两声，然后返回FN2状态。

删除指定巡更卡：进入FN2，输入“9968”＋“确认”键＋卡的序号＋“确认”键，显示dEL，删除成功提示“嘀嘀”两声，然后返回FN2状态。

删除指定巡更开门卡：进入FN2，输入“9969”＋“确认”键＋卡的序号＋“确认”键，显示dEL，删除成功提示“嘀嘀”两声，然后返回FN2状态。

删除指定管理员卡：进入FN2，输入“9966”＋“确认”键＋卡的序号＋“确认”键，显示dEL，删除成功提示“嘀嘀”两声，然后返回FN2状态。

FN3：删除某户所有卡片：输入房间号＋“确认”键，显示dEL，删除成功提示“嘀嘀”两声，然后返回FN3状态。

删除所有巡更卡：进入FN3，输入“9968”＋“确认”键，显示dEL，删除成功提示“嘀嘀”两声，然后返回FN3状态。

删除所有巡更开门卡：进入FN3，输入“9969”＋“确认”键，显示dEL，删除成功提示“嘀嘀”两声，然后返回FN3状态。

删除所有管理员卡：进入FN3，输入“9966”＋“确认”键，显示dEL，删除成功提示“嘀嘀”两声，然后返回FN3状态。

FN4：删除本单元所有卡片。按“确认”键，显示----，正确输入系统密码后，按“确认”键显示dEL，删除成功提示急促的“嘀嘀”声2s，然后返回FN4状态。

m. 恢复删除的本单元所有卡

由于误操作将本单元的所有注册卡片删除后，在没有进行注册和其他删除之前可以恢复原注册卡片，操作方法是进入设置状态，在显示F10时按“确认”键，显示----，正确输入系统密码后，按“确认”键显示rECO，3s后返回到F10，撤消成功提示“嘀嘀”两声。

n. 设置锁控时间

按“设置”键，直到数码显示屏显示F7，按“确认”键，显示----，正确输入系统密码后显示--__，输入要设置的锁控时间（单位：秒），按“确认”键，设置成功显示SUCC，设置失败显示Err，3s后返回到F7。出厂默认锁控时间为3s。

o. 摄像头预热开关设置

按“设置”键，直到数码显示屏显示F11，按“确认”键，显示----，正确输入系统密码后显示FN1，按“确认”键，进入FN1，数码管显示当前室外主机摄像头预热开关的设置状态U_ON或UOFF，按“设置”键在开、关状态间切换，按“确认”键存储当前设置，设置成功显示SUCC，然后返回F11状态。出厂默认设置为关。

p. 音频静噪设置

按“设置”键，直到数码显示屏显示F11，按“确认”键，显示----，正确输入系统密码后显示FN1，按“设置”键切换到FN2，按“确认”键，进入FN2，数码管显示当前静噪设置的状态A_ON或AOFF，按“设置”键在开、关状态间切换，按“确认”键存储当前设置，设置成功显示SUCC，然后返回F11状态。出厂默认设置为开。

q. 节电模式设置

按“设置”键，直到数码显示屏显示F11，按“确认”键，显示----，正确输入系统密码后显示FN1，按两次“设置”键切换到FN3，按“确认”键进入，数码管显示当前节电模式的设置状态P_ON或POFF，按“设置”键在开、关状态间切换，按“确认”键存储当前设置，设置成功显示SUCC，然后返回F11状态。出厂默认设置为关。

r. 恢复系统密码

使用过程中系统密码可能会丢失，系统密码丢失后有些设置操作就无法进行，提供一种恢复系统密码方法。按住“8”键给室外主机重新加电，直至显示SUCC，表明系统密码已成功恢复。

s. 恢复出厂设置

提供一种恢复出厂设置的方法，按住“设置”键给室外主机重新加电，直至显示bUSY，松开按键，等待直至显示消失，即可恢复出厂设置。恢复出厂设置，包括恢复系统密码、删除用户开门密码、恢复室外主机的默认地址（默认地址为1）等，应慎用。

t. 防拆报警功能

当室外主机在通电期间被非正常拆卸时，会向管理中心机报防拆报警。

常见故障分析与排除方法　　**表 3-29**

序号	故障现象	原因分析	排除方法
1	住户看不到视频图像	视频线没有接好	重新接线，将视频输入和视频输出线交换
2	住户听不到声音	音频线没有接好	重新接线，将音频输入和音频输出线交换
3	按键时 LED 数码管不亮，没有按键音	无电源输入	检查电源接线
4	刷卡不能开锁或不能巡更	卡没有注册或注册信息丢失	重新注册
5	室内分机无法监视室外主机	室外主机地址不为1	重新设定室外主机分机地址，使其为1
6	室外主机一上电就报防拆报警	防拆开关没有压住	重新安装室外主机

2）可视室内分机调试及使用（如图 3-241 所示）

①按键及指示灯说明

a. 🔑（开锁）：在室外主机、小区门口机、门前铃呼叫或通话时按“🔑”（开锁）

键可执行开锁，打开相应门的电锁。

b. （呼叫）：呼叫管理中心或户户对讲使用。摘机，按“”（呼叫）键呼叫管理中心；挂机，按“”（呼叫）键，3s内摘机呼叫同户室内分机。

c. （监视）：监视室外主机或门前铃。摘机/挂机时，按“”（监视）键，监视室外主机。摘机/挂机时，按“”（监视）键2s监视门前铃。

d. （短信）：浏览短信；摘机/挂机时，按“”（短信）键，浏览短信。在待机状态，挂机按“”（短信）键2s进入设置状态。

小键盘示意图如图3-242所示。

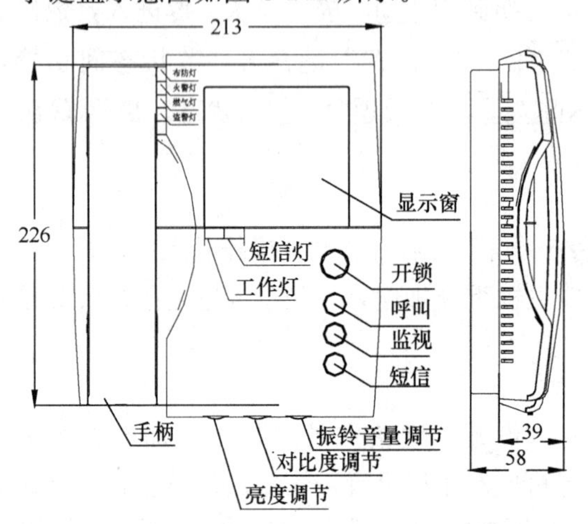

图3-241 可视对讲室内分机外形示意图

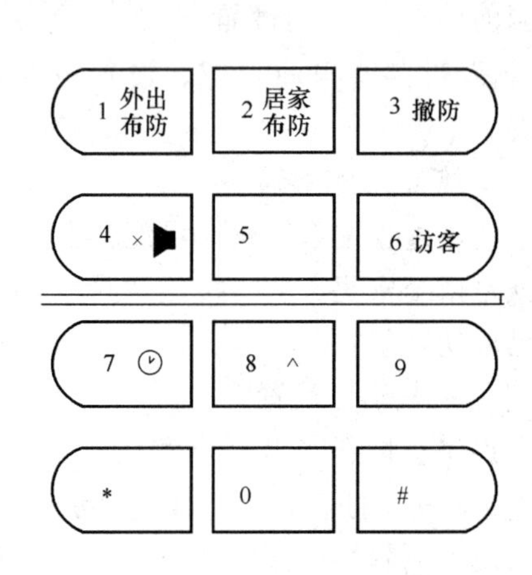

图3-242 小键盘示意图

a. 0～9：数字键，密码撤防或户户对讲时用。

b. ＊：取消键。

c. ＃：确认键。

以下为复用键：

a. 1外出布防：设置外出布防状态。

b. 2居家布防：设置居家布防状态。

c. 3撤防：布防时，按此键进入撤布防状态。未布防时，按此键2s更改撤防密码。

d. 4：室内分机在待机状态，按此键2s进入免扰状态；室内分机在免扰状态，按一下此键退出免扰状态。

e. ＃：室内分机在待机状态，摘机后按此键进入准备呼叫状态。

指示灯：

a. （工作灯）：红绿双色指示灯。上电后正常，绿灯常亮；红灯常亮时为免扰状态，红绿灯闪亮为紧急求助指示。

注：非免扰状态下摘机，绿灯闪亮；免扰状态下摘机红灯闪亮。

b. （短信灯）：绿色指示灯。收到短信后，未阅读常亮。阅读短信后灯灭。

c. （布防灯）：绿色指示灯。布防时常亮，撤防时灯灭，预布防（布防延时）时闪亮。

d. （火警灯）、（燃气灯）、（盗警灯）：红色指示灯。当有相应警情时常亮。

旋钮：

a. ☼：显示器亮度调节旋钮。

b. ◐：显示器对比度调节旋钮。

c. ◁：振铃音量调节。

②可视室内分机调试及使用

具体调试方法请参见设备安装调试说明书。

可视室内分机可以实现以下功能：

a. 接受室外主机/管理中心机的呼叫，并通话及开锁。

b. 监视单元室外主机图像。

c. 可呼叫室外主机。

d. 可呼叫管理中心机。

e. 实现户户对讲。

f. 功能设置：铃声状态、免打扰状态等设置。

常见故障及解决方法　　**表 3-30**

序号	故障现象	故障原因分析	排除方法
1	开机指示灯不亮	电源线未接好	接好电源线
2	无法呼叫或无法响应呼叫	1. 通讯线未接好 2. 室内分机电路损坏	1. 接好通讯线 2. 更换室内分机
3	被呼叫时没有铃声	1. 扬声器损坏 2. 处于免扰状态	1. 更换室内分机 2. 恢复到正常状态
4	室外主机呼叫室内分机或室内分机监视室外主机时显示屏不亮	1. 显示模组接线未接好 2. 显示模组电路故障 3. 室内分机处于节电模式	1. 检查显示模组接线 2. 更换室内分机 3. 系统电源恢复正常，显示屏可正常显示
5	能够响应呼叫，但通话不正常	音频通道电路损坏	更换室内分机

3）对讲室内分机调试及使用

通过单元门口主机设置好对讲室内分机的地址，具体操作详见室外主机操作使用说明。

使用及操作：

a. 接受室外主机/管理中心机的呼叫，并通话，按下“开锁”键可打开对应单元门的电锁。

b. 呼叫室外主机。摘机 3s 后，自动呼叫室外主机，可与室外主机对讲，通话时间为 45s。

c. 呼叫管理中心。摘机后若按“保安”键，可呼叫管理中心机，并进行最长 45s 的通话。

4. 实训任务内容

（1）请列出本次实训所需设备名称、型号、数量。

序号	名称	型号	数量

（2）列出本次实训所需的工具。

序号	名称	型号	数量

（3）请写出小组成员分工情况。

（4）分小组进行任务的实施。要求正确使用相关设备及工具，安全文明操作，现场工具设备摆放整齐，请记录下具体的实训过程。

（5）如发现问题，自己先分析查找故障原因，并进行记录。

5. 实训评价

<table>
<tr><th>序号</th><th colspan="2">评价项目及标准</th><th>自评</th><th>互评</th><th>教师评分</th></tr>
<tr><td>1</td><td colspan="2">设备材料清单罗列清楚5分</td><td></td><td></td><td></td></tr>
<tr><td>2</td><td colspan="2">工具清单罗列清楚5分</td><td></td><td></td><td></td></tr>
<tr><td>3</td><td colspan="2">各设备安装牢固，安装位置合理5分</td><td></td><td></td><td></td></tr>
<tr><td>4</td><td colspan="2">系统接线正确15分</td><td></td><td></td><td></td></tr>
<tr><td>5</td><td rowspan="6">单元门口主机设置</td><td>单元门口主机地址设置3分</td><td></td><td></td><td></td></tr>
<tr><td>6</td><td>可视室内分机地址设置3分</td><td></td><td></td><td></td></tr>
<tr><td>7</td><td>对讲室内分机地址设置3分</td><td></td><td></td><td></td></tr>
<tr><td>8</td><td>IC卡设置3分</td><td></td><td></td><td></td></tr>
<tr><td>9</td><td>住户开门密码设置3分</td><td></td><td></td><td></td></tr>
<tr><td>10</td><td>锁控时间设置3分</td><td></td><td></td><td></td></tr>
<tr><td>11</td><td rowspan="6">系统使用</td><td>室外主机呼叫可视室内分机2分</td><td></td><td></td><td></td></tr>
<tr><td>12</td><td>室外主机呼叫对讲分机2分</td><td></td><td></td><td></td></tr>
<tr><td>13</td><td>室内分机开锁2分</td><td></td><td></td><td></td></tr>
<tr><td>14</td><td>住户密码开锁2分</td><td></td><td></td><td></td></tr>
<tr><td>15</td><td>刷卡开锁2分</td><td></td><td></td><td></td></tr>
<tr><td>16</td><td>可视室内分机监视单元门口状态2分</td><td></td><td></td><td></td></tr>
<tr><td>17</td><td colspan="2">布线美观，接线牢固，无裸露导线，线头按要求镀锡10分</td><td></td><td></td><td></td></tr>
<tr><td>18</td><td colspan="2">能否正确进行故障判断10分</td><td></td><td></td><td></td></tr>
</table>

续表

序号	评价项目及标准	自评	互评	教师评分
19	现场工具摆放整齐 5 分			
20	工作态度 5 分			
21	安全文明操作 5 分			
22	场地整理 5 分			
23	合计 100 分			

6. 实训展示

将实训结果进行展示。能用专业的语言对整个实训过程进行描述。

任务二 联网型楼宇对讲系统的安装与使用

一、设备及其功能介绍

在封闭小区中，需要使用联网型的楼宇对讲系统，每个单元楼宇使用单元对讲系统，再通过小区内专用（联网）总线与管理中心连接，形成小区各单元楼宇对讲网络。

因此，除单元型楼宇对讲系统中的单元门口主机、可视/非可视室内分机、层间分配器、电源等设备外，还需要增加联网器、管理中心机等设备。

（1）管理中心机（如图 3-243 所示）

GST-DJ6406 管理中心机可与小区门口机、室内机、室外机等双向对讲，黑白可视型，接收住户的报警和求助信息，记录报警和开门信息，可监视单元门口图像。当管理中心机处于通话过程中，如果有新的呼叫呼入，声音提示有新的呼叫，并在显示屏显示出新的呼叫地址。打开室外主机所在单元门、小区门口所在门；接受室内分机、小区门口机发出的报警信息并存储；有指示灯指示、声音提示，刷卡开门、巡更等信息存储、查询。自动/手动监视室外主机、小区门口机图像。

（2）联网器（如图 3-244 所示）

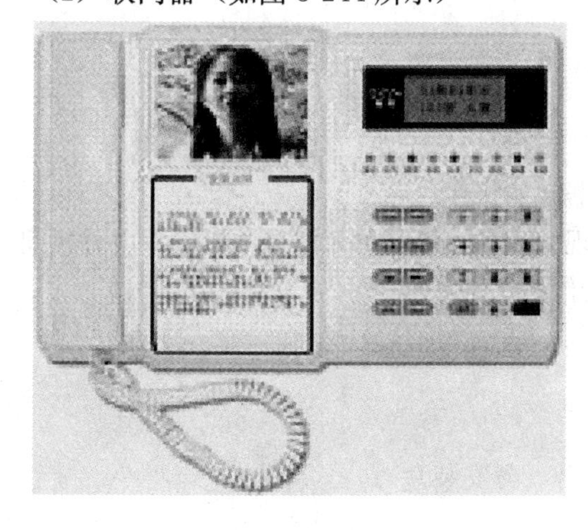

图 3-243 管理中心机 GST-DJ6406

图 3-244 联网器 GST-DJ6327B

GST-DJ6327B 联网器为壁挂式结构。连接单元、别墅可视对讲系统和小区门口机；实现它们和小区可视对讲网络的连接。

二、联网型楼宇对讲系统安装与使用实训（如图 3-245 所示）

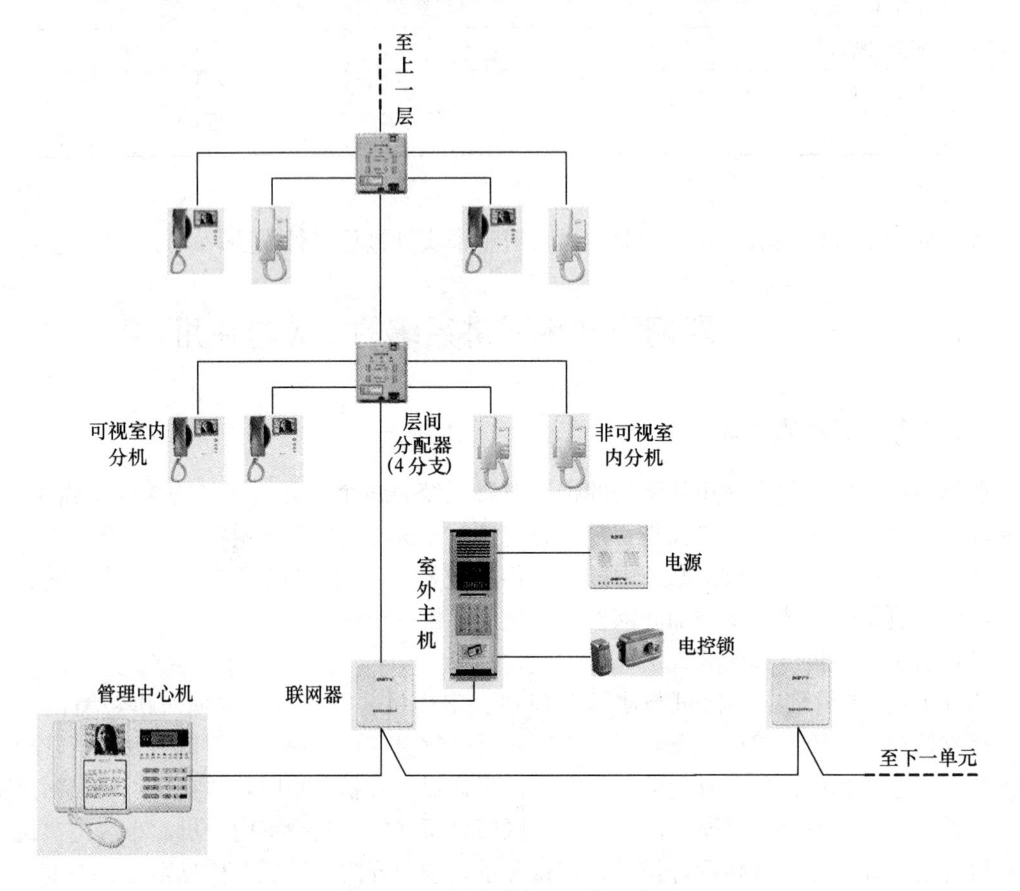

图 3-245 联网型楼宇对讲系统图

1. 实训任务目的要求

（1）了解联网型楼宇对讲系统的结构。

（2）了解管理中心机、联网器的接口。

（3）掌握管理中心机与联网器间的接线。

（4）掌握联网器与室外主机、层间分配器间的接线。

（5）掌握管理中心机的设置与使用，实现管理中心机与单元门口主机、室内分机间的（可视）对讲、遥控开门、监视单元门口等功能。

2. 实训设备、材料及工具准备

设备及材料：

（1）GST-DJ6106CI 单元门口主机 1 台。

（2）GST-DJ6825C 彩色可视室内分机 1 台（含安装盒）。

（3）GST-DJ6209 普通室内分机 1 台。

（4）GST-DJ6315B 四分支层间分配器 1 只。

(5) GST-DJ6327B 联网器 1 只。

(6) GST-DJ6406 管理中心机 1 台。

(7) GST-DY-18V2A 电源箱 1 只。

(8) RFID02A 非接触卡 2 张。

(9) 电控锁 1 把。

(10) 导线若干。

工具：螺钉旋具、斜口钳、剥线钳、电烙铁、焊锡、绝缘胶布等。

3. 实训任务步骤

请阅读楼宇对讲系统设备说明书后完成下列实训任务。

(1) 布线（如图 3-246 所示）

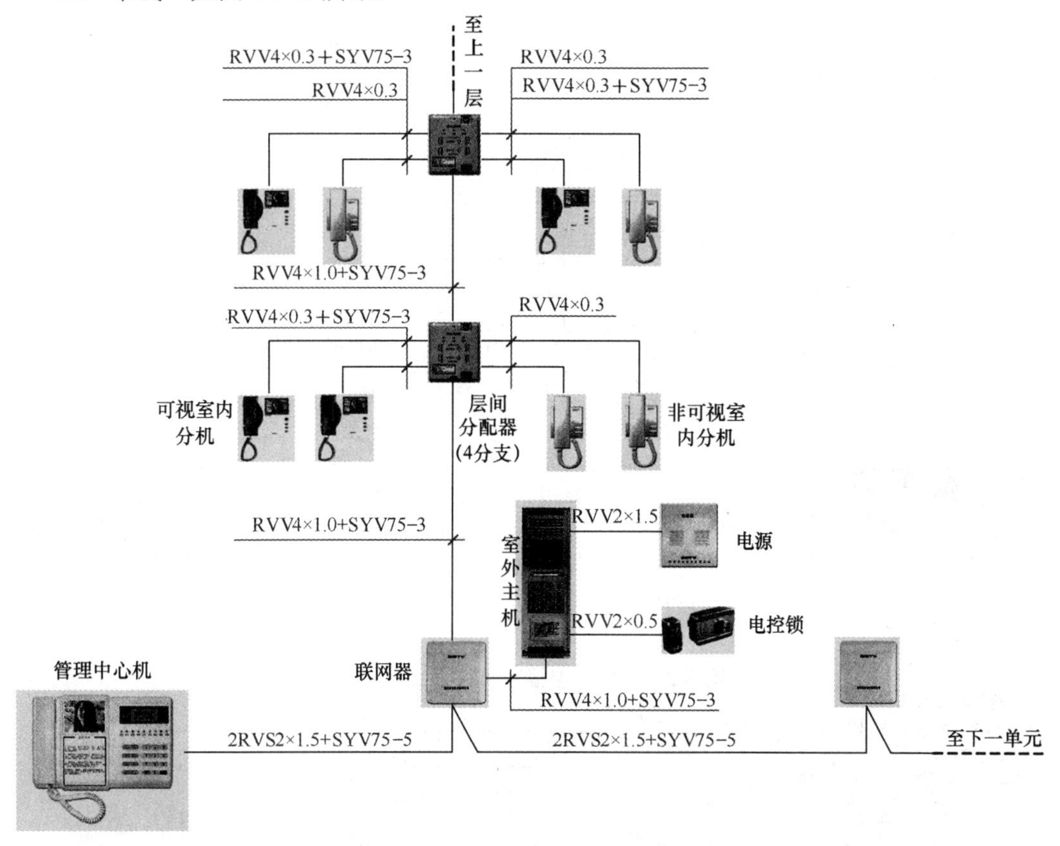

图 3-246 联网型楼宇对讲系统布线图

请按系统配线表进行布线。

(2) 设备安装及接线（如图 3-247 所示）

1) 管理中心机 GST-DJ6406

安装步骤（壁挂安装）：

①如图 3-248 所示，在需安装管理中心机的墙壁上打四个安装孔。

②将塑料胀管木螺钉组合 ϕ8×38GB/T951 装入墙壁四个安装孔内。

③将装入墙壁的螺钉从管理中心机底面安装孔中穿入，把管理中心机固定在墙壁上。

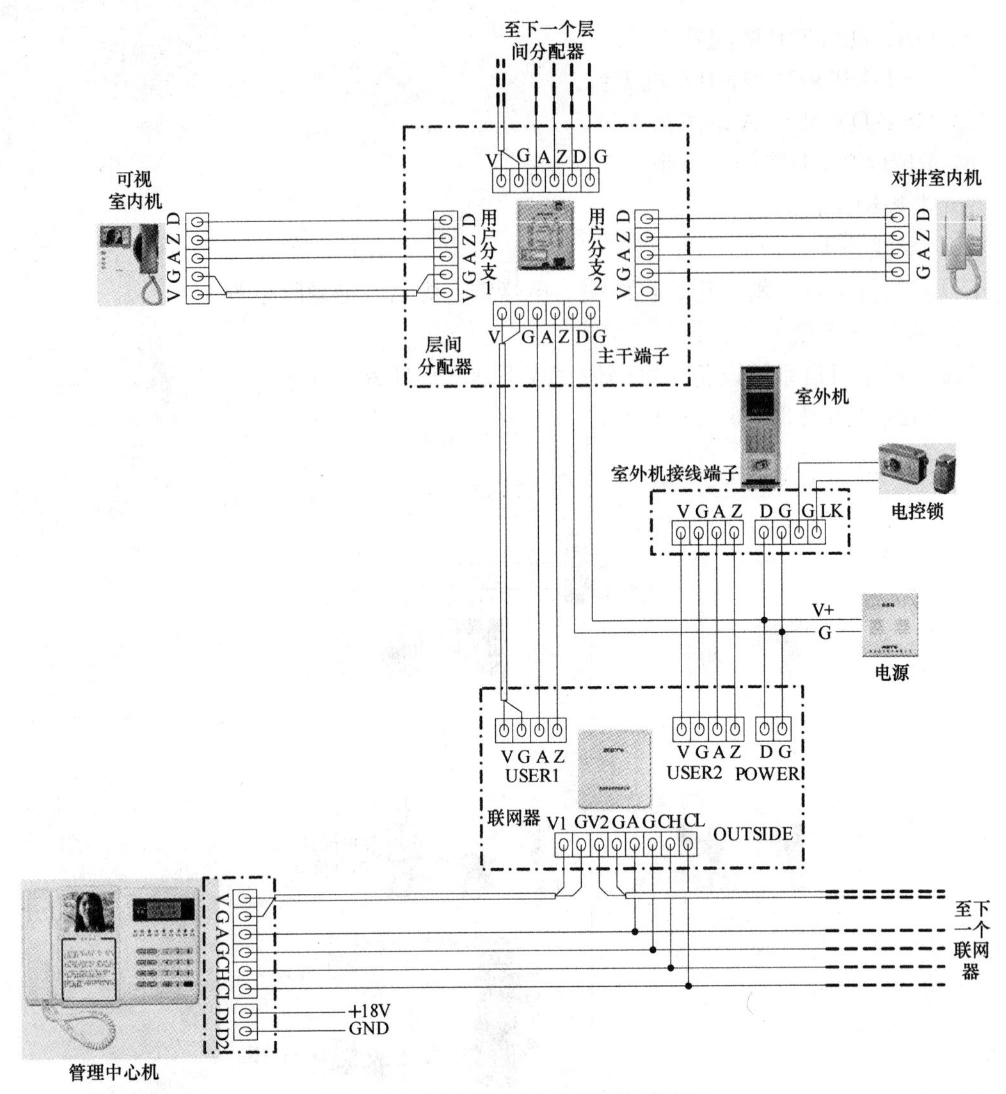

图 3-247 联网型楼宇对讲系统接线图

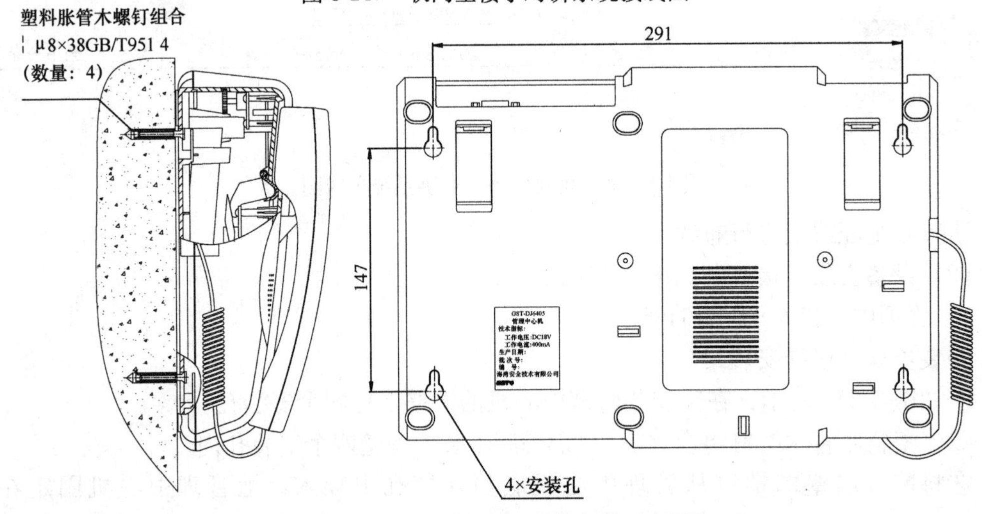

图 3-248 管理中心机壁挂安装示意图

联网型楼宇对讲系统所用线缆一览表　　表 3-31

布线类型	最远线长（m）	可视类型	线型
单元内分户线	<30	非可视	RVV4×0.3
		可视	RVV4×0.3+SYV75－3
	30～50	非可视	RVV4×0.3
		可视	RVV4×0.5+SYV75－3
	>50	非可视	RVV4×0.5
		可视	RVV4×1.0+SYV75－5
单元主干线	≤30	非可视	RVV4×0.5
		可视	RVV4×1.0+SYV75－3
	>30	非可视	RVV4×1.0
		可视	RVV4×1.0+SYV75－5
外网主干线		非可视	2RVS2×1.0
	≤600	可视	2RVS2×1.5+SYV75－5
	600～1000	可视	2RVS2×1.5+SYV75－7

接　线　说　明　　表 3-32

端口号	序号	端子标识	端子名称	连接设备名称	注　释
端口 A	1	GND	地	室外主机或矩阵切换器	音频信号输入端口
	2	AI	音频入		
	3	GND	地		视频信号输入端口
	4	VI	视频入		
	5	GND	地	监视器	视频信号输出端，可外接监视器
	6	VO	视频出		
端口 B	1	CANH	CAN 正	室外主机或矩阵切换器	CAN 总线接口
	2	CANL	CAN 负		
端口 C	1—9		RS232	计算机	RS232 接口，接上位计算机
端口 D	1	D1	18V 电源	电源箱	给管理中心机供电，18V 无极性
	2	D2			

注意：当管理中心机处于 CAN 总线的末端，需在 CAN 总线接线端子处并接一个 120Ω 电阻（即并接在 CANH 与 CANL 之间）。

管理中心机与联网器接线图请参见图 3-249。根据接线图，连接好管理中心机和联网器。

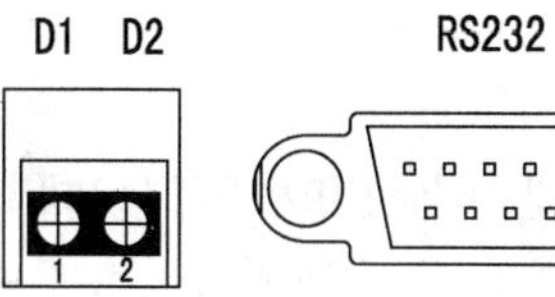

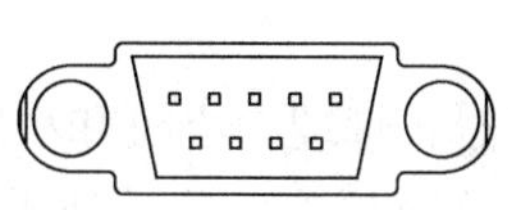

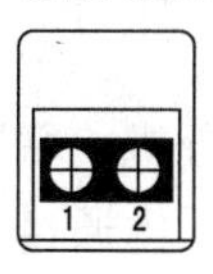

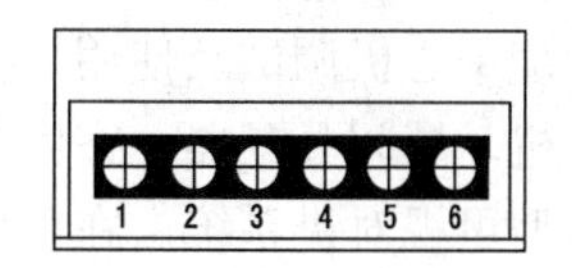

图 3-249　管理中心机接线端子示意图

2）联网器 GST-DJ6327B

联网器采用壁挂式安装，安装时先将底壳固定在墙上，然后将信号线从底壳敲落孔中拉出并接在相应端子上，上壳主板上的 PIN 线座对应插在底壳 PCB 板上，用四个备附螺钉将上壳和底壳固定好。

联网器接线端子说明见表 3-33～表 3-36。

电源端子（XS4） **表 3-33**

端子序	标识	名称	连接关系（POWER）
1	D+	电源	电源 D
2	D-	地	电源 G

室内方向端子（XS2） **表 3-34**

端子序	标识	名称	连接关系（USER1）
1	V	视频	接单元通讯端子 V（1）
2	G	地	接单元通讯端子 G（2）
3	A	音频	接单元通讯端子 A（3）
4	Z	总线	接单元通讯端子 Z（4）

室外方向端子（XS3） **表 3-35**

端子序	标识	名称	连接关系（USER2）
1	V	视频	接室外主机通讯端子 V（1）
2	G	地	接室外主机通讯端子 G（2）
3	A	音频	接室外主机通讯端子 A（3）
4	Z/M12	总线	接室外主机通讯端子 Z（4）或门前铃电源端子 M12

外网端子（XS1） **表 3-36**

端子序	标识	名称	连接关系（OUTSIDE）
1	V1	视频 1	接外网通讯端子 V1（1）
2	V2	视频 2	接外网通讯端子 V2（2）
3	G	地	接外网通讯端子 G（3）
4	A	音频	接外网通讯端子 A（4）
5	CL	CAN 总线	接外网通讯端子 CL（5）
6	CH	CAN 总线	接外网通讯端子 CH（6）

请参照图 3-250，连接好联网器、管理中心机、室外主机、层间分配器及电源。

其他设备的安装与接线请参见任务一。

（3）管理中心机调试及使用

室外主机、层间分配器、室内分机、联网器、管理中心机和小区门口机（可选）等设备构成联网型可视对讲系统。在单元内通过 Z 总线相连，单元外通过 CAN 总线相连，单元内与单元外通过联网器相连。音视频线也分两路，一路将室外主机、层间分配器、室内分机及联网器连接起来；另一路将联网器、管理中心机和小区门口机连接起来。室外主机

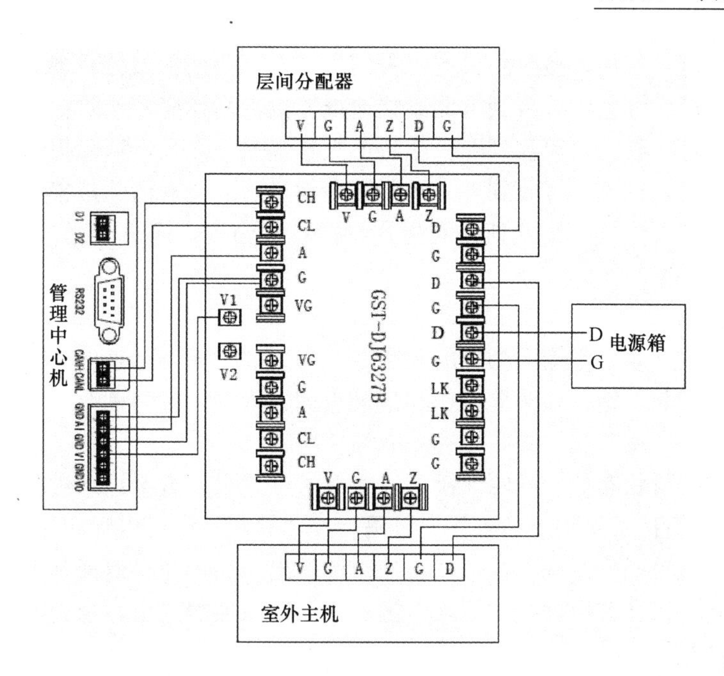

图 3-250　联网器接线示意图

呼叫室内分机时，室外主机通过 Z 总线将呼叫命令发送至室内分机，室内分机摘机后便可以与室外主机进行对话，通话过程中室内分机可以开单元门锁。室外主机通过联网器与单元外 CAN 总线相连，呼叫管理中心机时，室外主机接到管理中心机的应答后，即可与管理中心机进行通话，并可执行管理中心机的开锁命令。

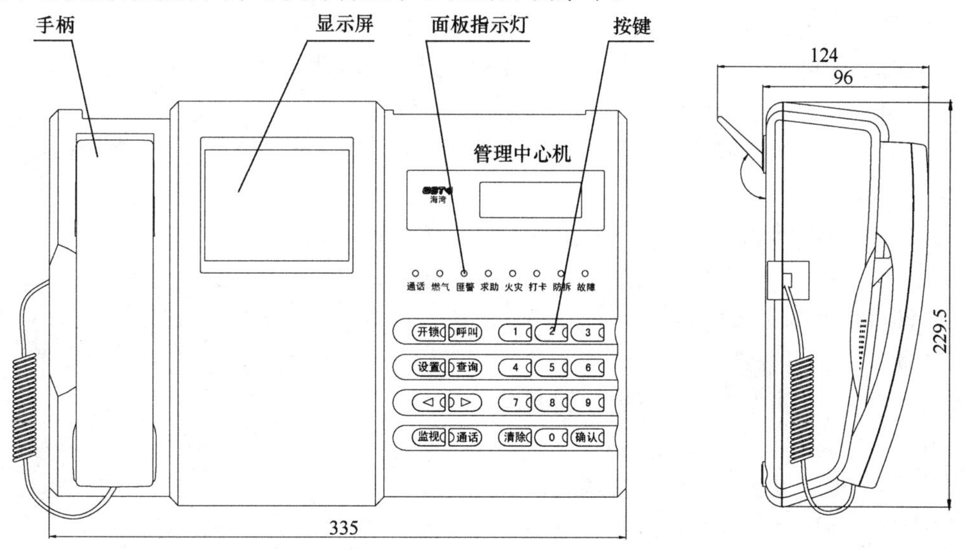

图 3-251　管理中心机外形图

1）面板指示灯说明

①故障指示灯，橙色黄色，当系统统内有设备发生故障后点亮，清除故障后熄灭。

②防拆指示灯，红色，接收到防拆报警信息后点亮，清除报警后熄灭。

③打卡指示灯，红色，接收到巡更人员打卡信息后点亮，清除巡更显示后熄灭。

④火灾指示灯，红色，接收到火灾报警信息后点亮，清除报警后熄灭。

⑤求助指示灯，红色，接收到求助或胁迫报警信息后点亮，清除报警后熄灭。

⑥匪警指示灯，红色，接收到匪警或胁迫报警信息后点亮，清除报警后熄灭。

⑦燃气指示灯，红色，接收到燃气泄漏报警信息后点亮，清除报警后熄灭。

⑧通话指示灯，红色，接收到呼叫指令，指示灯闪亮，摘机常亮，挂机后熄灭。45s不摘机自动熄灭。

2）按键说明

①数字键：按下数字键输入相应的数字。

②“◀”和“▶”键：在菜单操作和记录查询过程中，按“◀”或“▶”键翻页；在数据输入过程中按“◀”和“▶”键移动光标。

③呼叫：在待机状态按“呼叫”键可以查看主呼记录，查看记录过程中按“确认”或“呼叫”键可以重拨记录号码；输入住户号码，按“呼叫”键可以呼叫住户。

④清除：在菜单操作过程中，按“清除”键退出当前操作，返回到上一级菜单；在数字输入过程中当光标在首位时按“清除”键不存储输入数据退出，当光标不在首位时，按“清除”键光标回退一格。

⑤确认：在菜单操作过程中，按“确认”键执行当前菜单；在数字输入过程中按“确认”键，存储当前输入数据。

在数字输入过程中按“确认”键，存储当前输入数据。

⑥监视：待机状态按“监视”键进入自动监视、监听状态；输入小区门口或单元门地址，按“监视”键可以监视、监听单元门口（GST-DJ6405只有监听功能）。

⑦开锁：在接听室外主机或小区门口机呼叫过程中按“开锁”键，输入密码可以打开与管理机通话的单元门；在待机状态按“开锁”键后输入密码及单元门或小区门地址可以打开单元门。

⑧查询：待机状态按“查询”键进入历史记录查询菜单，查询历史报警、开门、巡更、运行和故障记录。

⑨设置：待机状态按“设置”键进入系统设置菜单，设置系统参数。

⑩通话：在待机状态按“通话”键可以查看被呼记录，查看记录过程中按“确认”或“通话”键可以回呼记录号码。

3）管理中心机调试

请参见设备说明书进行一下内容的调试：

①自检。

②设置地址：设置管理中心机地址。

③联调：完成系统的配置以后可以进行系统的联调。

摘机，输入“楼号＋确认＋单元号＋确认＋950X＋呼叫”，呼叫指定单元的室外主机，与该机进行可视对讲。如能接通音视频，且图像和话音清晰，那么表示系统正常，调试通过。如不正常，请查找原因，排查故障。

4）管理中心机的使用

①系统设置：在待机状态下，按“设置”键进入系统设置菜单。通过菜单，设置管理密码、地址、日期时间、液晶对比调节度、自动监视等的设置。

②呼叫：呼叫单元住户。在待机状态摘机，输入“楼号＋‘确认’＋单元号＋‘确认’＋房间号＋‘呼叫’”键呼叫指定房间。

③接听呼叫：听到振铃声后，摘机与小区门口、室外主机或室内分机进行通话，其中与小区门口和室外主机通话过程中按“开锁”键，可以打开相应门，挂机结束通话。

④监视、监听单元门口：在待机状态下，输入“栋号楼号＋‘确认’＋单元号＋‘确认’＋门号＋‘监视’”监视、监听指定单元门口的情况。监视、监听结束后，按“清除”键挂断。监视、监听时间超过30s自动挂断。或者输入“栋号楼号＋‘确认’＋单元号＋‘确认’＋950X＋‘监视’”监视、监听相应门口。

⑤开单元门：在待机状态下按“‘开锁’＋管理员号＋‘确认’＋操作密码”或“系统密码＋‘确认’＋栋号楼号＋‘确认’＋单元号＋‘确认’＋门号＋‘开锁’”可以打开指定单元门。

⑥报警提示：在待机状态下，室外主机或室内分机采集到传感器异常信号，广播发送报警信息。管理中心机接到该报警信号，立即显示报警信息。

⑦故障提示：在待机状态下，室外主机或室内分机发生故障，通讯控制器广播发送故障信息，管理中心机接到该故障信号，立即显示故障提示信息。

⑧历史记录查询：历史记录查询和系统设置类似，也是采用菜单逐级展开的方式，包括报警记录、开门记录、巡更记录、运行记录、故障记录、呼入记录和呼出记录等子菜单。在待机状态下按“查询”键进入历史记录查询菜单。

故障分析与排除方法　　**表3-37**

序号	故障现象	原因分析	排除方法	备注
1	液晶无显示，且电源指示灯不亮	1. 电源电缆连接不良； 2. 电源坏	1. 检查连接电缆； 2. 更换电源	
2	电源指示灯亮，液晶无显示或黑屏	1. 液晶对比度调节不合适； 2. 液晶电缆接触不良	1. 调节对比度； 2. 检查连接电缆	上电后等5s，然后按“‘设置’＋‘确认’”增大对比度，或者按“‘设置’＋‘清除’”减小对比度
3	呼叫时显示通讯错误	1. 通讯线接反或没有接好； 2. 终端没有并接终端电阻	1. 检查通讯线连接； 2. 接好终端电阻	
4	显示接通呼叫，但听不到对方声音	1. 音频线接反或没有接好； 2. 矩阵没有配置或配置不正确	1. 检查音频线连接； 2. 检查矩阵配置，重新配置矩阵	
5	显示接通呼叫，但监视器没有显示	1. 视频线接反或没有接好； 2. 矩阵切换器没有配置或配置不正确	1. 检查视频线连接； 2. 检查网络拓扑结构设置和矩阵配置，重新配置矩阵	

续表

序号	故障现象	原因分析	排除方法	备注
6	音频接通后自激啸叫	1. 扬声器音量调节过大； 2. 麦克输出过大； 3. 自激调节电位器调节不合适	1. 将扬声器音量调节到合适位置； 2. 打开后壳，调节麦克电位器（XP2）到合适位置； 3. 打开后壳，调节自激电位器（XP1）到合适位置	
7	常鸣按键音	键帽和面板之间进入杂物导致死键	清除杂物	

4. 实训任务内容

(1) 请列出本次实训所需设备名称、型号、数量。

序号	名称	型号	数量

(2) 列出本次实训所需的工具。

序号	名称	型号	数量

(3) 请写出小组成员分工情况。

(4) 分小组进行任务的实施。要求正确使用相关设备及工具，安全文明操作，现场工具设备摆放整齐，请记录下具体的实训过程。

(5) 如发现问题，自己先分析查找故障原因，并进行记录。

5. 实训评价

<table>
<tr><th>序号</th><th colspan="2">评价项目及标准</th><th>自评</th><th>互评</th><th>教师评分</th></tr>
<tr><td>1</td><td colspan="2">设备材料清单罗列清楚 5 分</td><td></td><td></td><td></td></tr>
<tr><td>2</td><td colspan="2">工具清单罗列清楚 5 分</td><td></td><td></td><td></td></tr>
<tr><td>3</td><td colspan="2">各设备安装牢固，安装位置合理 5 分</td><td></td><td></td><td></td></tr>
<tr><td>4</td><td colspan="2">系统接线正确 15 分</td><td></td><td></td><td></td></tr>
<tr><td>5</td><td rowspan="4">管理中心机设置</td><td>管理中心机地址设置 3 分</td><td></td><td></td><td></td></tr>
<tr><td>6</td><td>日期设置 3 分</td><td></td><td></td><td></td></tr>
<tr><td>7</td><td>密码设置 3 分</td><td></td><td></td><td></td></tr>
<tr><td>8</td><td>操作员设置 3 分</td><td></td><td></td><td></td></tr>
<tr><td>9</td><td rowspan="6">系统使用</td><td>室外主机呼叫管理中心机 3 分</td><td></td><td></td><td></td></tr>
<tr><td>10</td><td>室内分机呼叫管理中心机 3 分</td><td></td><td></td><td></td></tr>
<tr><td>11</td><td>管理中心机呼叫室内分机 3 分</td><td></td><td></td><td></td></tr>
<tr><td>12</td><td>管理中心机手动监视、监听单元门口 3 分</td><td></td><td></td><td></td></tr>
<tr><td>13</td><td>管理中心机打开指定单元门 3 分</td><td></td><td></td><td></td></tr>
<tr><td>14</td><td>记录查询 3 分</td><td></td><td></td><td></td></tr>
<tr><td>15</td><td colspan="2">布线美观，接线牢固，无裸露导线，线头按要求镀锡 10 分</td><td></td><td></td><td></td></tr>
<tr><td>16</td><td colspan="2">能否正确进行故障判断 10 分</td><td></td><td></td><td></td></tr>
<tr><td>17</td><td colspan="2">现场工具摆放整齐 5 分</td><td></td><td></td><td></td></tr>
<tr><td>18</td><td colspan="2">工作态度 5 分</td><td></td><td></td><td></td></tr>
<tr><td>19</td><td colspan="2">安全文明操作 5 分</td><td></td><td></td><td></td></tr>
<tr><td>20</td><td colspan="2">场地整理 5 分</td><td></td><td></td><td></td></tr>
<tr><td>21</td><td colspan="2">合计 100 分</td><td></td><td></td><td></td></tr>
</table>

6. 实训展示

将实训结果进行展示。能用专业的语言对整个实训过程进行描述。

任务三　电子巡更系统的安装与使用

一、基础理论知识

巡更子系统的作用是在设防区域内的重要部位，确定保安人员巡逻路线，设置巡更站点。保安巡更人员携带巡更记录器，按指定的路线和规定的时间到达巡更点进行记录，将记录信息传送到安防管理中心，形成巡更数据库。管理人员可调阅、打印各保安巡更人员的工作情况，加强对保安人员的管理，从而实现人防与技防相结合的巡更系统。

电子巡更系统的类型有：离线式和在线式。

（一）在线式巡更系统（如图 3-252 所示）

有线（在线）巡更系统是将数据识读器安装在小区重要部位（需要巡检的地方），再用总线连接到控制中心的电脑主机上。

保安人员根据要求的时间，沿指定路线巡逻，用数据卡或信息钮在数据识读器识读，保

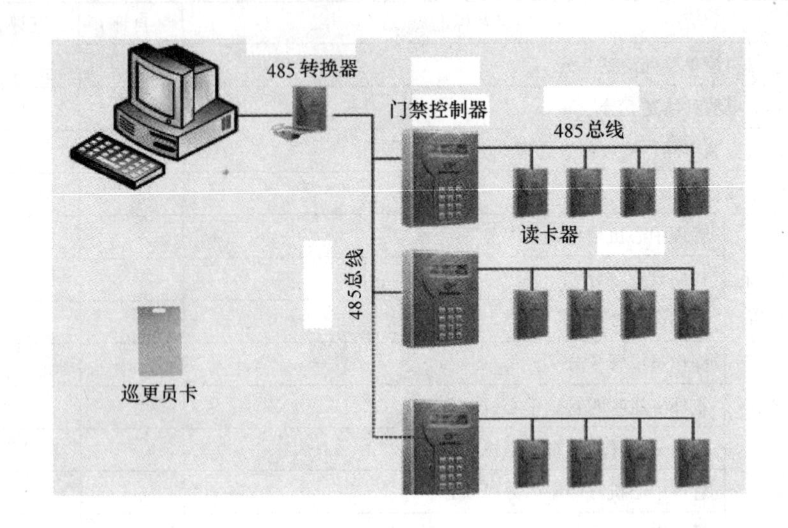

图 3-252 在线式电子巡更系统

安人员到达日期、时间、地点等相关信息实时传到控制中心的计算机，计算机可记录、存储所有数据。管理人员可随时查询巡更记录，掌握第一手资料，也可以按月、季度、年度等方式查询，有效评估保安员的工作。

由于系统能实时读取保安人员的巡更记录，所以能对保安人员实施安全保护，一旦保安人员未在规定时间、规定地点出现，要么是保安人员失职，要么是保安人员出现意外。

(1) 在线式的电子巡更系统通常和门禁管理系统结合在一起。

利用现有门禁系统的读卡器规定巡更路线，巡更员按规定的时间和路线，在读卡器上对固定的智能卡进行识读，实现巡更信号的实时输入，门禁系统的读卡器实时地将巡更信号传到门禁控制中心的计算机，通过巡更系统软件就可解读巡更数据，既能实现巡更功能又节省造价。此系统通常用在有读卡器的单元门主机的系统里。

(2) 在线式的电子巡更系统还能与入侵报警系统结合在一起。

利用现有入侵报警系统的报警接口进行实时的巡更管理。多防区报警控制主机采取总线控制形式，通过总线地址模块与巡更开关相连。通过报警控制主机的软件系统对巡更路线、时间进行设置，巡更员按照设定的路线、时间进行巡更，巡更信息及时回送到报警主机，巡更员未按规定时间、路线进行巡视，系统报警，提醒值班人员关注巡更员的动向，是否会有异常情况出现。

缺点：

需要布线，施工量很大，成本较高；在室外安装传输数据的线路容易遭到人为的破坏，需设专人值守监控电脑，系统维护费用高；已经装修好的建筑物再配置在线式巡更系统就更显困难。

(二) 离线式巡更系统（如图 3-253 所示）

无线（离线）电子巡更系统由信息钮、巡更棒、通信座或传输线和电脑及管理软件组成。

信息钮（巡检点）：用于放置在必须巡检的地点或设备上。如图 3-254 所示。

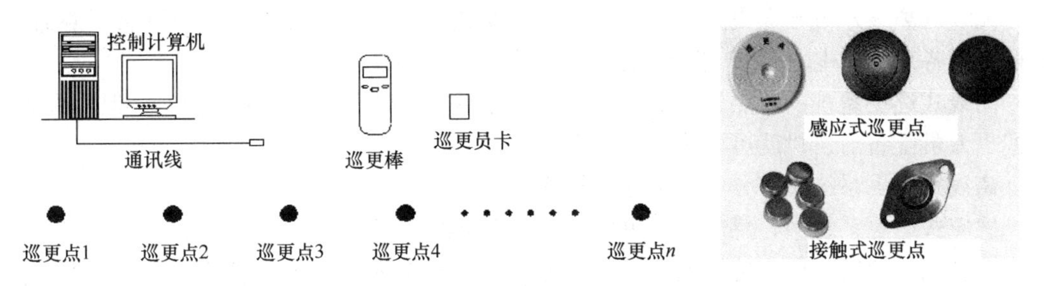

图 3-253　离线式电子巡更系统

图 3-254　巡更点信息钮

巡更棒（巡更巡检器）：即采集器。巡逻时由巡检员携带，按计划设置把信息钮所在的位置、巡更棒采集的时间、巡更人员姓名、事件等信息自动记录成一条数据进行分析处理后保存，再通过通讯座或传输线把数据导入计算机。如图 3-255 所示。

通讯座或传输线：将巡更棒与电脑连接，将巡更棒中的巡更记录上传到巡更软件中。如图 3-256 所示。

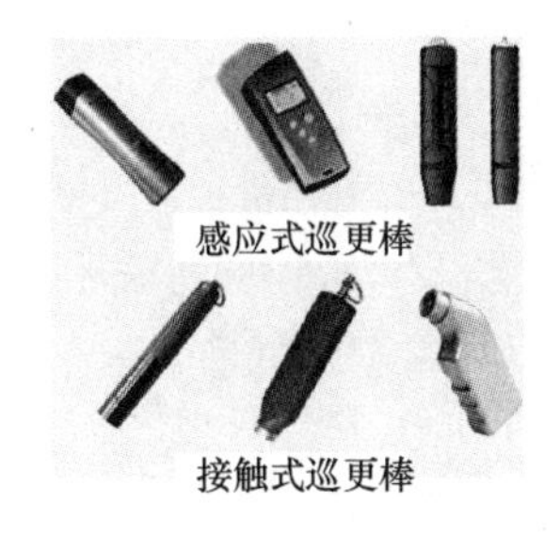

图 3-255　巡更棒

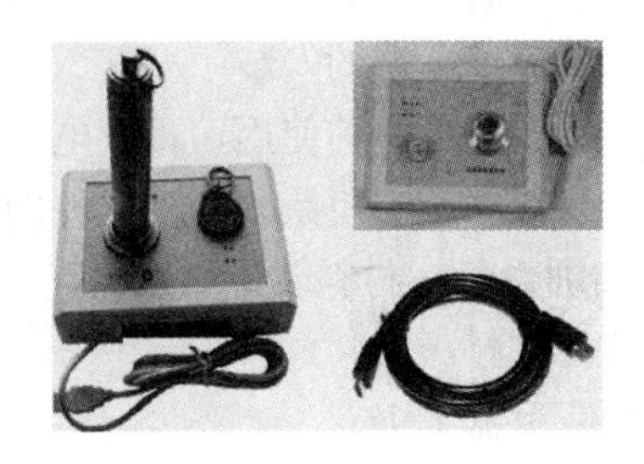

图 3-256　通讯座、传输线

管理软件：设定巡更时间计划、巡更路线、巡更地点、巡更人员等信息，读取巡更记录，保存、查阅、打印各巡更人员的巡更时间及工作情况，统计输出详尽的巡逻报告，处理巡逻结果数据。如图 3-257 所示。

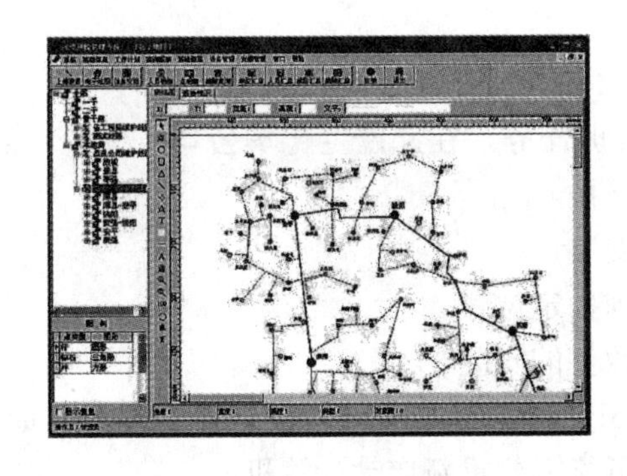

图 3-257　管理软件

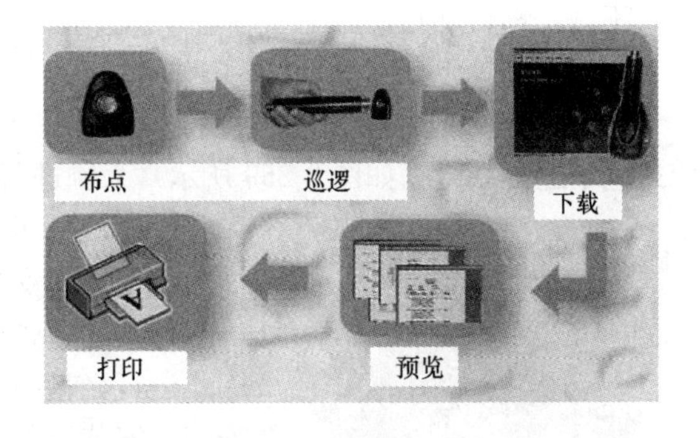

图 3-258　电子巡更系统工作原理

先将信息钮安装在小区重要部位（需要巡检的地方），然后保安人员根据要求的时间、沿指定路线巡逻，用巡更棒逐个阅读沿路的信息钮，便可记录信息钮数据、巡更员到达日期、时间、地点等相关信息。保安人员巡逻结束后，将巡更棒通过通信座与微机连接，将巡更棒中的数据输送到计算机中，在计算机中统计、存储。

无线（离线）电子巡更系统无需布线，方便快捷，系统投资少、安全可靠、寿命长，目前全国各地95%以上用户选择的是离线式电子巡更系统。

离线式巡更系统的缺点是巡更员的工作情况不能随时反馈到中央监控室，但如果能够为巡更人员配备对讲机就可以弥补它的不足之处。

离线式巡更系统又可分为：接触式与感应式。

感应式巡更系统中，感应式巡更棒靠近巡更点即可读取信息，不受灰尘、雨、雪、冰等环境影响，使用方便。传统的接触式巡更棒必须非常准确地与信息钮接触，很不方便，尤其在晚上。而且接触式巡更棒由于频繁与巡更点接触极易造成巡更棒触头故障，在灰尘、雨、雪、冰等环境下因为接触受到影响而导致无法使用。因此当前主要使用的是感应式巡更系统。

二、电子巡更系统安装与使用实训

1. 实训任务目的要求

（1）了解离线式电子巡更系统的组成。

（2）掌握信息点的安装。

（3）掌握巡更棒的使用，理解电子巡更系统的工作过程。

（4）掌握电子巡更系统管理软件的使用。

2. 实训设备、材料及工具准备

设备及材料：

（1）巡更器1个。

（2）信息钮6个。

（3）通讯线1根。

（4）巡更管理软件1套。

（5）巡更棒充电器1个。

（6）PC机1台。

工具：螺钉旋具。

3. 实训任务步骤

请阅读电子巡更系统设备说明书后完成下列实训任务。在此以兰德华公司L-9000感应式电子巡更系统（如图3-259所示）为例进行介绍。

图3-259 兰德华L-9000中文感应巡更器、信息钮、通讯线

（1）信息钮的安装

将信息钮安装到指定位置。

（2）巡更管理软件的安装

运行光盘中的SETUP.EXE文件，依据提示即可完成安装。安装过程中可能需要重新启动计算机。

（3）巡更器USB驱动安装

1）驱动安装

①第一次安装完软件后，请将巡检器用USB传输线与电脑连接好，系统自动出现【找到新的硬件向导】界面，选择第一个选项（是，仅这一次），单击下一步。

②在接下来的界面中，选择（从列表或指定位置安装）选项，继续单击下一步。

③请选中（在这些位置上搜索最佳驱动程序），选择（在搜索中包括这个位置），点击浏览，选择 USB 驱动所在的文件夹，单击下一步。

④单击完成，则 USB 驱动安装成功。

2）查看设备

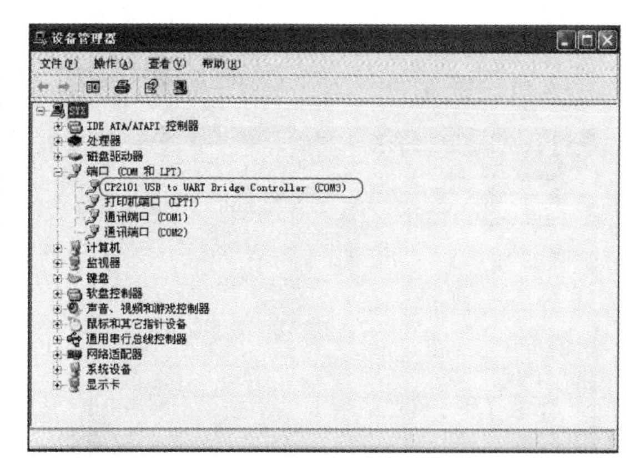

图 3-260　查看设备所用的串口号

安装完 USB 驱动后，您可以在设备管理器中查看所用的串口号，选择我的电脑按右键选择属性，在属性中选择硬件，点击设备管理器，在管理器中选择端口（COM 和 LPT），出现 CP2101 USB to UART Bridge Controller（COM3），则您在软件中应用的串口号则为 COM3。如图 3-260 所示。

然后在软件的系统设置里面更改串口号为“COM3”，如图 3-261 所示。

图 3-261　在巡更管理软件的系统设置里更改串口号为“COM3”

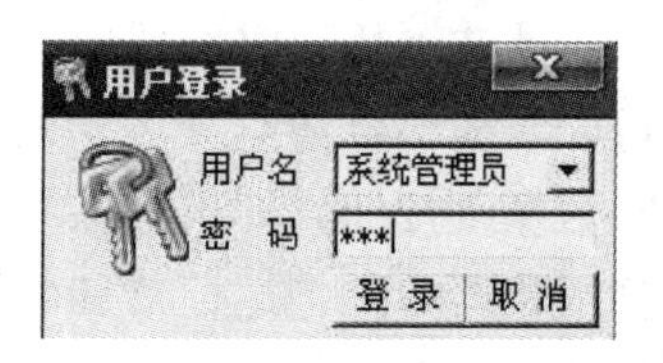

图 3-262　登录界面

(4) 巡更管理软件的设置及使用

1）启动系统

软件安装完成后，即可在 开始/程序/巡检管理系统 A1.0 中，单击“巡检管理系统 A1.0”项，系统启动，并出现登录窗口。

如果是第一次使用本系统，请选择管理员登录系统，口令为“333”，这样您将以管理员的身份登录。

系统启动后出现如图 3-263 所示各菜单操作，第一次使用本系统进行日常工作之前，应建立必要的基础数据，如果需要，应修改系统参数。

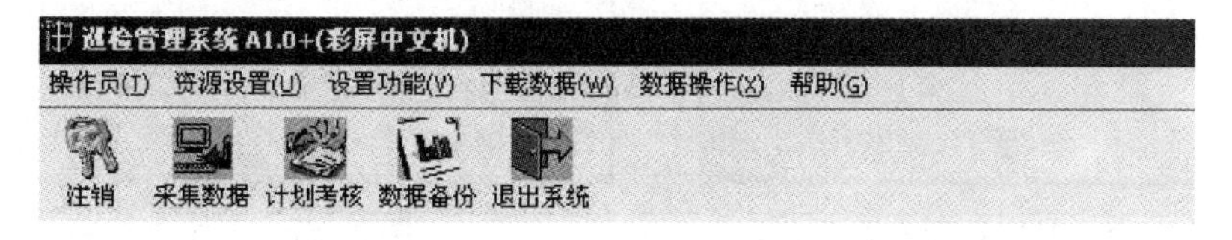

图 3-263　巡检管理系统 A1.0+（彩屏中文机）菜单栏

2）资源设置

①人员设置（如图 3-264、图 3-265 所示）

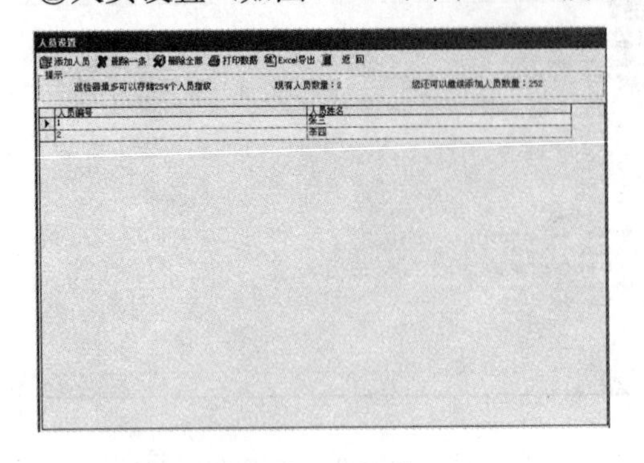

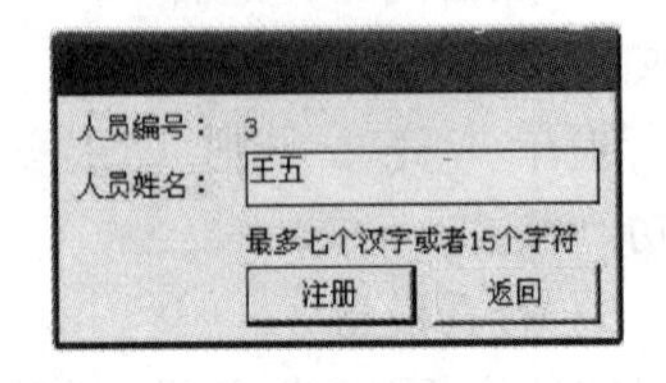

图 3-264 人员设置界面

图 3-265 添加人员

此选项用来对巡检人员进行设置，以便用于日后对巡检情况的查询。人员名称为手动添加，最多 7 个汉字或者 15 个字符，添加完毕后，可以在表格内对人员名称进行修改。中文机内最多存储 254 个人员信息，在该界面的上方有数量提示。

点击“打印数据”可以将巡检人员设置情况进行打印。也可以以 EXCEL 表格的形式将人员设置导出，以备查看。

②地点设置（如图 3-266 所示）

此选项用来对巡检地点进行设置，以便用于日后对巡检情况的查询。设置地点之前，可先将巡检器清空（在“采集数据”的界面，将巡检器设置成正在通讯的状态，点击“删除数据”按钮，即可删除中文机内的历史数据），然后将要设置的地点钮按顺序依次读入到巡检器中，把巡检器和电脑连接好，选择“资源设置→地点钮设置”点击采集数据，软件会自动存储数据。数据采集结束后，按顺序填写每个地点对应的名称。修改完毕退出即可。中文机内最多存储 1000 个地点信息，在该界面的上方有数量提示。

点击“打印数据”可以将地点设置情况进行打印。也可以以 EXCEL 表格的形式将地点设置导出，以备查看。

③事件设置（如图 3-267 所示）

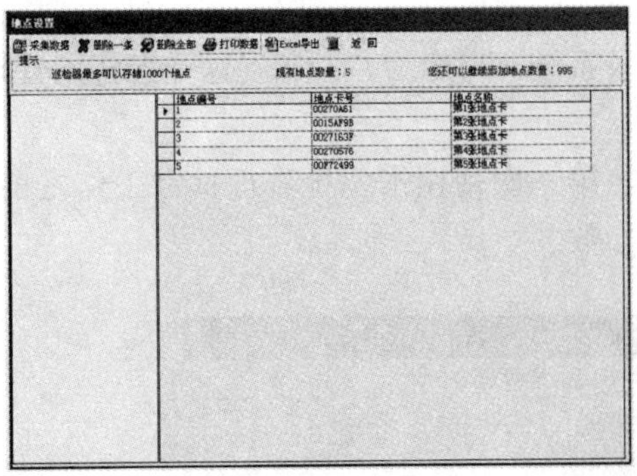

地点设置

采集数据 删除一条 删除全部 打印数据 Excel导出 返回

提示 巡检器最多可以存储1000个地点 现有地点数量：5 您还可以继续添加地点数量：995

地点编号	地点卡号	地点名称
1	00270A61	第1张地点卡
2	0015AF9B	第2张地点卡
3	0027163F	第3张地点卡
4	00270576	第4张地点卡
5	00F72499	第5张地点卡

图 3-266 地点设置界面

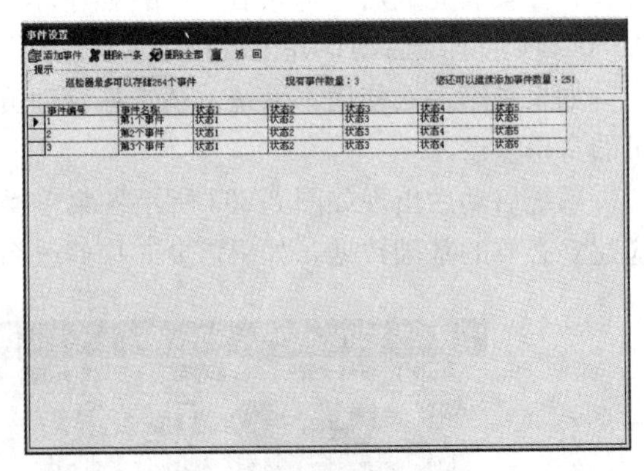

图 3-267 事件设置界面

此选项用来对巡逻事件进行设置，以便用于日后对巡检情况的查询。事件信息为手动添加，点击添加事件，系统会自动添加一条默认的事件，在相应的表格内直接修改事件名称和状态名称即可。中文机内最多存储 254 个事件信息，在该界面的上方有数量提示。

④棒号设置（如图 3-268 所示）

此选项用来对棒号进行设置，以便用于日后对巡检情况的查询。把巡检器和电脑连接好，将巡检器设置成正在通讯状态，点击采集数据，软件会自动存储数据。数据采集结束后，在相应表格内修改名称即可。修改完毕退出即可。

点击“打印数据”可以将棒号情况进行打印。也可以以 EXCEL 表格的形式将棒号导出，以备查看。

⑤系统设置（如图 3-269 所示）

图 3-268　棒号设置界面

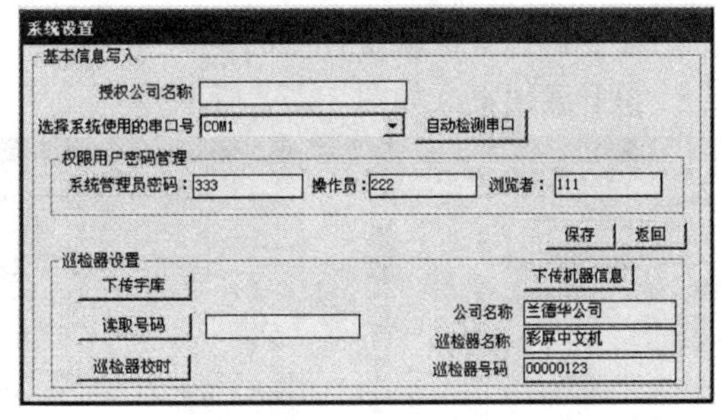

图 3-269　系统设置界面

系统设置：在第一次进入软件后，应首先对系统进行设置。

系统设置分为基本信息写入、权限用户密码管理、巡检器设置三部分。

下传字库需要较长时间，若中文机没有显示的问题（非硬件问题），无需频繁下载字库。

巡检器号码为 8 位，不够时系统会自动在前面补位。

3）设置功能

①线路设置（如图 3-270 所示）

该界面的左下角区域为线路设置区，可以添加一条新的线路或者删除已有的线路，删除线路时请慎重（删除线路后，该线路内的巡逻信息也被删除）。

左上角地点操作区内，会详细列举地点的编号和名称以及线路的列表，选择相应的线路名称，勾选该线路内包含的地点信息，点击导入线路，软件会自动保存

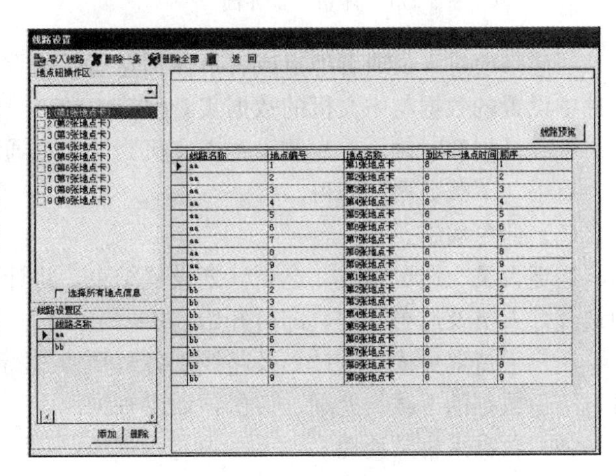

图 3-270　线路设置界面

相应的数据。

右侧表格内显示的是相应线路的具体巡逻信息，到达下一个地点时间和顺序可以修改，其他为只读。到达下一个地点时间单位是“min”，最小1min，不能设置类似0.8这样的数据。

②计划设置（如图3-271所示）

根据实际情况输入计划名称，然后选择该计划对应的线路，设置相应的时间后，点击“添加计划”。计划被保存后，在右侧的表格内会有相应的显示，表格内的数据不能修改，若需要修改，可以删除某条计划后再重新添加。

计划设置的时候，包括两种模式：a. 有序计划，b. 无序计划。

有序计划：只设置开始时间，在计划执行的巡逻过程中，线路中第一个点到达的时间就是开始时间，第二个点的到达时间是第一个的时间加上线路设置中设置的“到下一地点的分钟数”，得到的就是第二个点的准确的时间，这样一次得到以后每个点的到达的准确的时间。

无序计划：要设置开始时间和结束时间，这样的计划只要是在设置的这段时间范围内巡逻了，就是符合要求的。虽然中文机中有巡逻的次序，但是软件考核的时候就不用次序，只要到达了，就是合格的。

③下载档案（如图3-272所示）

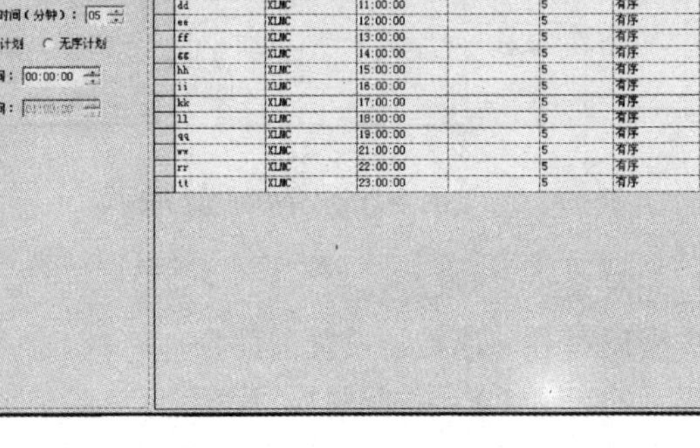

图3-271 计划设置界面

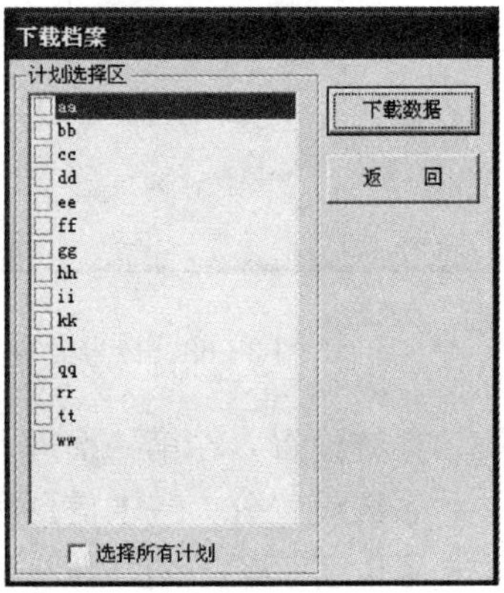

图3-272 档案下载界面

当您修改过人员或者地点或者事件信息后，请重新下载数据到中文机中，这样能保证软件中设置的数据与中文机的数据实时保持一致。

下载计划的时候，首先要设置中文机为“正在通讯”状态，然后选择好要下载的计划后，点击“下载数据”即可。

（5）巡更实施

巡更人员、巡更路线、巡更计划设置结束，将计划下载到巡更器中后，用户在巡更器中选择好人员及巡更计划，即可开始巡更。

用户手持巡更棒，按计划及路线到各巡更点进行巡更。巡更结束后，回到管理中心，进行巡更数据的下载、处理、备份，以供查询。

（6）数据采集及处理

用通讯线连接好巡更器及电脑，打开管理软件，进行数据采集及计划考核。

1）采集数据（如图 3-273 所示）

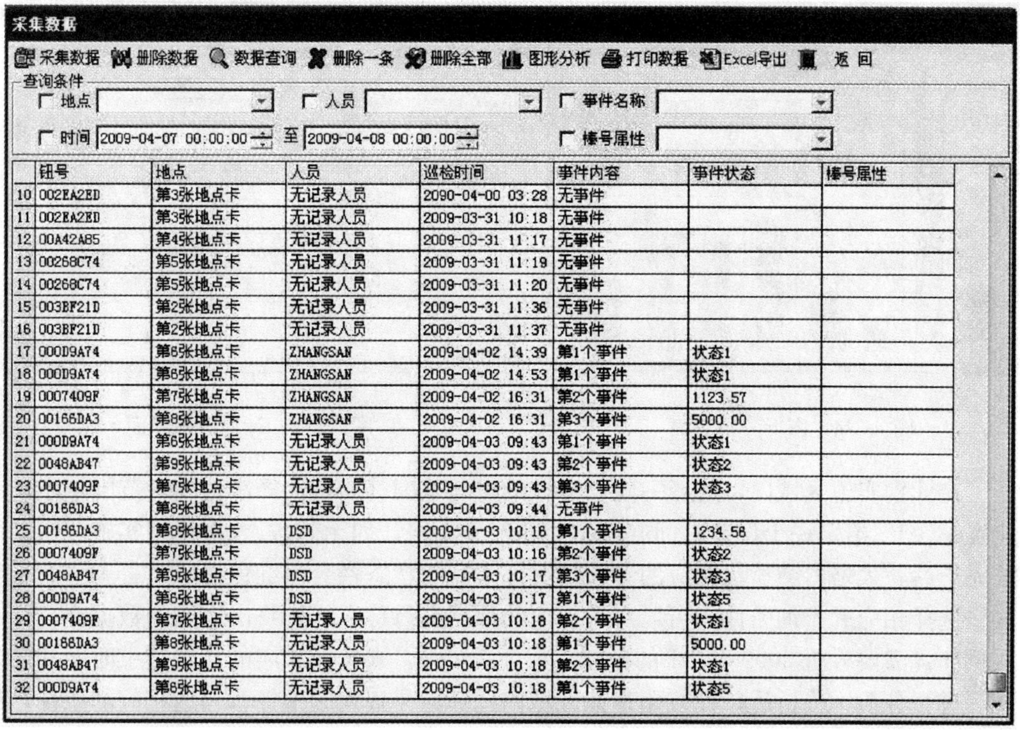

采集数据

采集数据　删除数据　数据查询　删除一条　删除全部　图形分析　打印数据　Excel导出　返回

查询条件

地点　人员　事件名称

时间 2009-04-07 00:00:00 至 2009-04-08 00:00:00　棒号属性

	钮号	地点	人员	巡检时间	事件内容	事件状态	棒号属性
10	002EA2ED	第3张地点卡	无记录人员	2090-04-00 03:28	无事件		
11	002EA2ED	第3张地点卡	无记录人员	2009-03-31 10:18	无事件		
12	00A42A85	第4张地点卡	无记录人员	2009-03-31 11:17	无事件		
13	00268C74	第5张地点卡	无记录人员	2009-03-31 11:19	无事件		
14	00268C74	第5张地点卡	无记录人员	2009-03-31 11:20	无事件		
15	003BF21D	第2张地点卡	无记录人员	2009-03-31 11:36	无事件		
16	003BF21D	第2张地点卡	无记录人员	2009-03-31 11:37	无事件		
17	000D9A74	第6张地点卡	ZHANGSAN	2009-04-02 14:39	第1个事件	状态1	
18	000D9A74	第6张地点卡	ZHANGSAN	2009-04-02 14:53	第1个事件	状态1	
19	0007409F	第7张地点卡	ZHANGSAN	2009-04-02 16:31	第2个事件	1123.57	
20	00166DA3	第8张地点卡	ZHANGSAN	2009-04-02 16:31	第3个事件	5000.00	
21	000D9A74	第6张地点卡	无记录人员	2009-04-03 09:43	第1个事件	状态1	
22	0048AB47	第9张地点卡	无记录人员	2009-04-03 09:43	第2个事件	状态2	
23	0007409F	第7张地点卡	无记录人员	2009-04-03 09:43	第3个事件	状态3	
24	00166DA3	第8张地点卡	无记录人员	2009-04-03 09:44	无事件		
25	00166DA3	第8张地点卡	DSD	2009-04-03 10:16	第1个事件	1234.56	
26	0007409F	第7张地点卡	DSD	2009-04-03 10:16	第2个事件	状态2	
27	0048AB47	第9张地点卡	DSD	2009-04-03 10:17	第3个事件	状态3	
28	000D9A74	第6张地点卡	DSD	2009-04-03 10:17	第1个事件	状态5	
29	0007409F	第7张地点卡	无记录人员	2009-04-03 10:18	第2个事件	状态1	
30	00166DA3	第8张地点卡	无记录人员	2009-04-03 10:18	第1个事件	5000.00	
31	0048AB47	第9张地点卡	无记录人员	2009-04-03 10:18	第2个事件	状态1	
32	000D9A74	第6张地点卡	无记录人员	2009-04-03 10:18	第1个事件	状态5	

图 3-273　采集数据界面

①采集数据

将巡检器与计算机连接好并且将巡检器设置成正在通讯的状态，点击“采集数据”软件会自动提取巡检器内的数据保存到数据库当中。

②删除数据

将巡检器与计算机连接好并且将巡检器设置成正在通讯的状态，点击“删除数据”，可以将巡检器硬件内存储的历史数据删除。

在前期基础设置的时候，可以先在该界面采集并删除巡检器内部的历史数据，然后再进行设置操作，可以避免历史数据造成的影响。

③删除一条、删除全部

该操作是针对软件而言，是删除软件数据库内对应的历史数据，与巡检器无关。

④图形分析

软件中对记录可进行图形分析，可方便用户直观的查看各个人员或地点的巡逻情况。

具体操作如下：点击数据查询后查询出相应条件的数据，然后点击图形分析按钮，出现图 3-274。点击地点分析，系统会自动形成图表分析。同理，可以对人员、时间段进行分析。

2）计划考核（如图 3-275 所示）

正确的操作步骤：

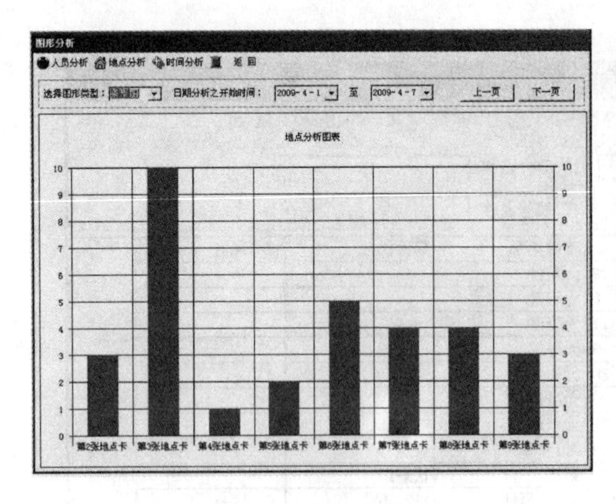

图 3-274 图形分析界面

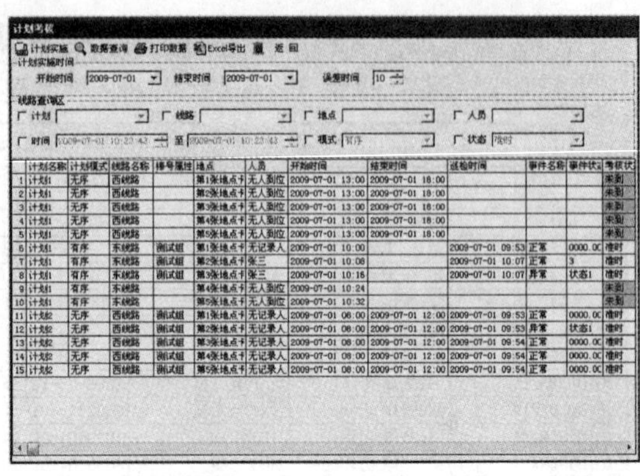

图 3-275 计划考核界面

①在计划实施区域内，选择一段要考核的时间范围（尽量选择小范围，范围越小，考核速度越快），给定一个误差时间（误差时间对于无序计划无效），点击计划实施按钮，待考核完毕后，表格内会显示相应的考核情况。未到的状态栏会以红色显示。

②选择相应的查询条件，可以对考核出的数据进行检索，查找出需要的数据。

例如：需要分析 2009-07-01 的数据，误差 10min，则选择相应的开始结束时间和误差事件后进行分析，分析后，在线路查询区域内选择需要查询的条件（勾选相应的条件，选择具体要查询的数据）点击数据查询后，即可。

3）下载数据

①数据库备份（如图 3-276 所示）

此功能用于对数据库进行备份，以供日后恢复数据库使用。点击“数据操作→备份数据库”此时会出现图 3-276，这时用户可根据日期给文件命名，方便以后查询。

②数据库还原（如图 3-277 所示）

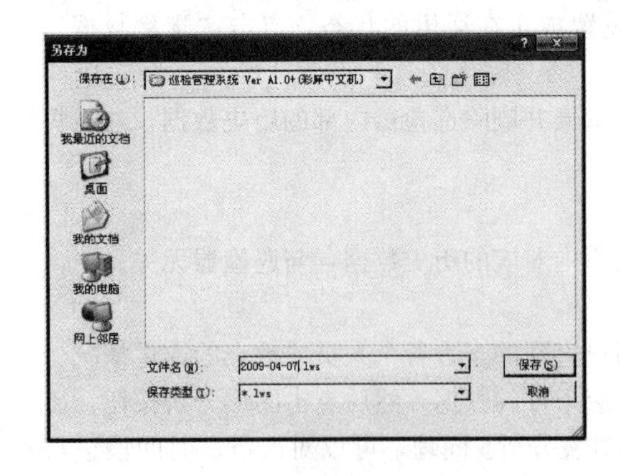

图 3-276 数据库备份

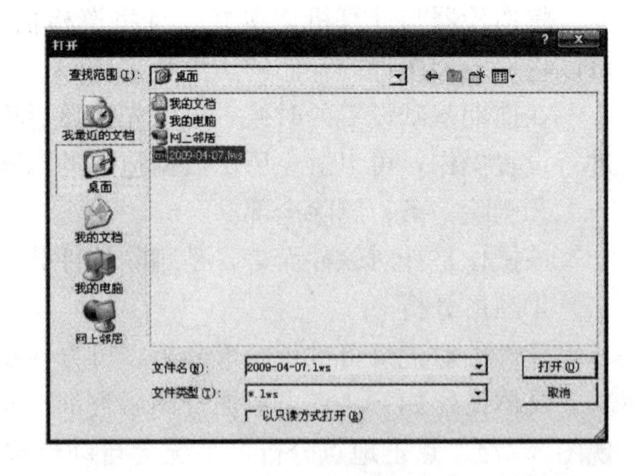

图 3-277 数据库还原

用户可根据自己的需要，选择需要还原的时间段，将备份的数据进行还原。但之前数据会丢失，要小心使用。

③数据初始化

数据初始化可以把软件中设置的信息恢复在初始化状态，如图 3-278 所示。

选择您要初始化的项目名称，确定后系统则自动将该项目初始化。

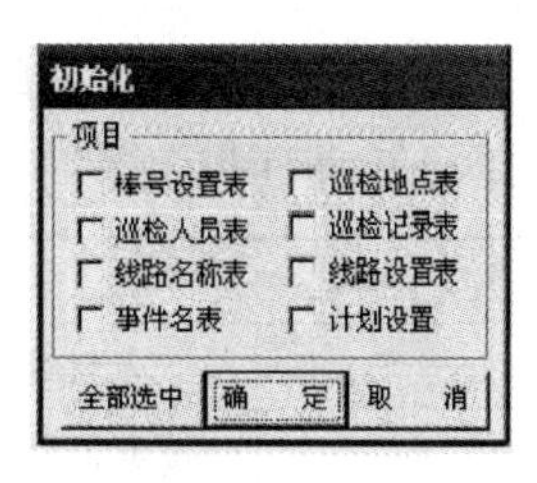

图 3-278　数据库初始化

4. 实训任务内容

(1) 请列出本次实训所需设备名称、型号、数量。

序　号	名　称	型　号	数　量

(2) 列出本次实训所需的工具。

序　号	名　称	型　号	数　量

(3) 请写出小组成员分工情况。

(4) 请完成以下操作

1) 安装巡更点。

2) 在软件中设置好巡更人员、巡更路线、巡更计划。

3) 按巡更路线和巡更计划进行巡更。

4) 利用巡更软件读取巡更信息，并进行查询。

5) 对巡更记录进行备份，并能还原。

分小组进行任务的实施。要求正确使用相关设备及工具，安全文明操作，现场工具设备摆放整齐，请记录下具体的实训过程。

（5）如发现问题，自己先分析查找故障原因，并进行记录。

5. 实训评价

序　号	评价项目及标准	自　评	互　评	教师评分
1	设备材料清单罗列清楚 5 分			
2	工具清单罗列清楚 5 分			
3	巡更点安装牢固，安装位置合理 10 分			
4	巡更人员设置正确 5 分			
5	巡更地点设置正确 5 分			
6	巡更线路设置 10 分			
7	巡更计划设置 10 分			
8	巡更后，能正确采集巡更器中的巡更信息 5 分			
9	巡更信息的查询 5 分			
10	巡更信息备份及还原 5 分			
11	能否正确进行故障判断 10 分			
12	现场工具摆放整齐 5 分			
13	工作态度 10 分			
14	安全文明操作 5 分			
15	场地整理 5 分			
16	合计 100 分			

6. 实训展示

将实训结果进行展示。能用专业的语言对整个实训过程进行描述。

项目六　综合布线系统

综合布线系统指用数据和通信电缆、光缆、各种软电缆及有关连接硬件构成的通用布线系统，它能支持语音、数据、影像和其他信息技术的标准应用系统。

综合布线系统是建筑物或建筑群内的传输网络系统，它能将语音和数据通信设备、交换设备和其他信息管理系统彼此相连接，包括建筑物到外部网络的连接点与工作区的语音或数据终端之间的所有电缆及相关联的布线部件。综合布线是集成网络系统的基础，它能满足数据、语音及其图像等的传输要求，是计算机网络和通信系统的支撑环境。同时，作为开放系统，综合布线也为其他系统的接入提供了有力的保障。

综合布线系统与智能大厦的发展紧密相关，是智能大厦的实现基础。另一方面，综合布线系统也是生活小区智能化的基础。

一、综合布线系统的常用形式

《综合布线系统工程设计规范》GB 50311—2007 规定在智能建筑与智能建筑园区的工程设计中宜将综合布线系统分为基本型、增强型、综合型三种常用形式。

基本型综合布线系统大多数能支持话音/数据，其特点是一种富有价格竞争力的综合布线方案，能支持所有话音和数据的应用，应用于语音、话音/数据或高速数据，便于技术人员管理，能支持多种计算机系统数据的传输。

增强型综合布线系统不仅具有增强功能，而且还可提供发展余地。它支持语音和数据应用，并可按需要利用端子板进行管理，特点是每个工作区有两个信息插座，不仅机动灵活，而且功能齐全，任何一个信息插座都可提供语音和高速数据应用，可统一色标，按需要可利用端子板进行管理，是一个能为多个数据应用部门提供服务的经济有效的综合布线方案。

综合型综合布线系统的主要特点是引入光缆，可适用于规模较大的智能大楼，其余特点与基本型或增强型相同。

二、综合布线系统工程的组成

《综合布线系统工程设计规范》GB 50311—2007 规定，在综合布线系统工程设计中，宜按照下列七个部分进行：工作区、配线子系统、干线子系统、建筑群子系统、设备间、进线间、管理。如图 3-279 所示。

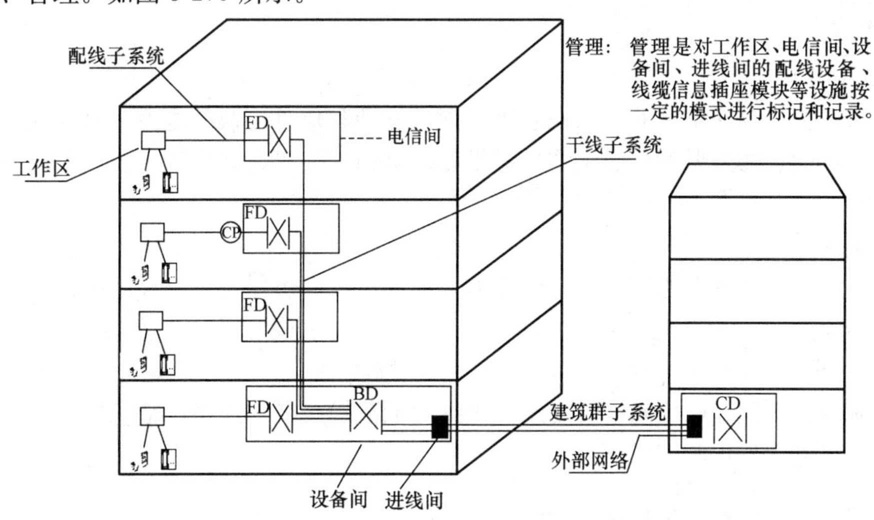

图 3-279 综合布线系统工程各子系统示意图

（一）工作区子系统

工作区子系统又称为服务区子系统，它是由跳线与信息插座所连接的设备组成。其中信息插座包括墙面型、地面型、桌面型等，常用的终端设备包括计算机、电话机、传真机、报警探头、摄像机、监视器、各种传感器件、音响设备等。

但工作区子系统不包括在进行终端设备和 I/O 连接时需要的某种传输电子装置，如调制解调器。

（二）水平子系统

水平子系统也称为配线子系统、水平干线子系统。水平子系统应由工作区信息插座模块、模块到楼层管理间连接缆线、配线架、跳线等组成。实现工作区信息插座和管理间子系统的连接，包括工作区与楼层管理间之间的所有电缆、连接硬件（信息插座、插头、端接水平传输介质的配线架、跳线架等）、跳线线缆及附件。一般采用星形结构，它与垂直子系统的区别是：水平干线系统总是一个楼层上，仅与信息插座、楼层管理间子系统连接。

水平子系统通常由4对UTP组成，能支持大多数现代化通信设备，如果有磁场干扰或信息保密时可用屏蔽双绞线，而在高带宽应用时，宜采用屏蔽双绞线或者光缆。

（三）垂直子系统

垂直子系统也称为干线子系统，提供建筑物的干线电缆，负责连接管理间子系统到设备间子系统，实现主配线架与中间配线架，计算机、PBX、控制中心与各管理子系统间的连接，该子系统由所有的布线电缆组成，或由导线和光缆以及将此光缆连接到其他地方的相关支撑硬件组合而成。干线传输电缆的设计必须既满足当前的需要，又适合今后的发展，具有高性能和高可靠性，支持高速数据传输。

（四）建筑群子系统

建筑群子系统也称为楼宇子系统，主要实现楼与楼之间的通信连接，一般采用光缆并配置相应设备，它支持楼宇之间通信所需的硬件，包括缆线、端接设备和电气保护装置。设计时应考虑布线系统周围的环境，确定楼间传输介质和路由，并使线路长度符合相关网络标准规定。

（五）设备间

设备间是在每幢建筑物的适当地点进行网络管理和信息交换的场地。对于综合布线系统工程设计，设备间主要安装建筑物配线设备。电话交换机、计算机主机设备及入口设施也可与配线设备安装在一起。

（六）进线间

进线间是建筑物外部通信和信息管线的入口部位，并可作为入口设施和建筑群配线设备的安装场地。

（七）管理

管理应对工作区、电信间、设备间、进线间的配线设备、线缆、信息插座模块等设施按一定的模式进行标识和记录。

三、综合布线系统中常用名词术语

（1）布线（cabling）：能够支持信息电子设备相连的各种缆线、跳线、接插软线和连接器件组成的系统。

（2）建筑群子系统（campus subsystem）：由配线设备、建筑物之间的干线电缆或光缆、设备缆线、跳线等组成的系统。

（3）电信间（telecommunications room）：放置电信设备、电缆和光缆终端配线设备并进行缆线交接的专用空间。

（4）信道（channel）：连接两个应用设备的端到端的传输通道。信道包括设备电缆、设备光缆和工作区电缆、工作区光缆。

（5）CP集合点（consolidation point）：楼层配线设备与工作区信息点之间水平缆线路由中的连接点。

（6）CP链路（cp link）：楼层配线设备与集合点（CP）之间，包括各端的连接器件在内的永久性的链路。

（7）链路（link）：一个 CP 链路或是一个永久链路。

（8）永久链路（permanent link）：信息点与楼层配线设备之间的传输线路。它不包括工作区缆线和连接楼层配线设备的设备缆线、跳线，但可以包括一个 CP 链路。

（9）建筑物入口设施（building entrance facility）：提供符合相关规范机械与电气特性的连接器件，使得外部网络电缆和光缆引入建筑物内。

（10）建筑群主干电缆、建筑群主干光缆（campus backbone cable）：用于在建筑群内连接建筑群配线架与建筑物配线架的电缆、光缆。

（11）建筑物主干缆线（building backbone cable）：连接建筑物配线设备至楼层配线设备及建筑物内楼层配线设备之间相连接的缆线。建筑物主干缆线可为主干电缆和主干光缆。

（12）水平缆线（horizontal cable）：楼层配线设备到信息点之间的连接缆线。

（13）永久水平缆线（fixed herizontal cable）：楼层配线设备到 CP 的连接缆线，如果链路中不存在 CP 点，为直接连至信息点的连接缆线。

（14）CP 缆线（cp cable）：连接集合点（CP）至工作区信息点的缆线。

（15）信息点 TO（telecommunications outlet）：各类电缆或光缆终接的信息插座模块

（16）线对（pair）：一个平衡传输线路的两个导体，一般指一个对绞线对。

（17）交接（交叉连接）（cross-connect）：配线设备和信息通信设备之间采用接插软线或跳线上的连接器件相连的一种连接方式。

（18）互连（interconnect）：不用接插软线或跳线，使用连接器件把一端的电缆、光缆与另一端的电缆、光缆直接相连的-种连接方式。

四、综合布线系统中的符号和缩略词（见表 3-38）

表 3-38

英文缩写	英文名称	中文名称或解释
ACR	Attenuation to crosstalk ratio	衰减串音比
BD	Building distributor	建筑物配线设备
CD	Campus Distributor	建筑群配线设备
CP	Consolidation point	集合点
dB	dB	电信传输单元：分贝
d. c.	Direct current	直流
ELFEXT	Equal level far end crosstalk attenuation（loss）	等电平远端串音衰减
FD	Floor distributor	楼层配线设备
FEXT	Far end crosstalk attenuation（loss）	远端串音衰减（损耗）
IL	Insertion LOSS	插入损耗
ISDN	Integrated services digital network	综合业务数字网
LCL	Longitudinal to differential conversion LOSS	纵向对差分转换损耗
OF	Optical fibre	光纤

续表

英文缩写	英文名称	中文名称或解释
PSNEXT	Power sum NEXT attenuation (loss)	近端串音功率和
PSACR	Power sum ACR	ACR 功率和
PS ELFEXT	Power sum ELFEXT attenuation (loss)	ELFEXT 衰减功率和
RL	Return loss	回波损耗
SC	Subscriber connector (optical fibre connector)	用户连接器（光纤连接器）
SFF	Small form factor connector	小型连接器
TCL	Transverse conversion loss	横向转换损耗
TE	Terminal equipment	终端设备
Vr. m. s	Vroot. mean. square	电压有效值

任务一　网络跳线的制作与测试实训

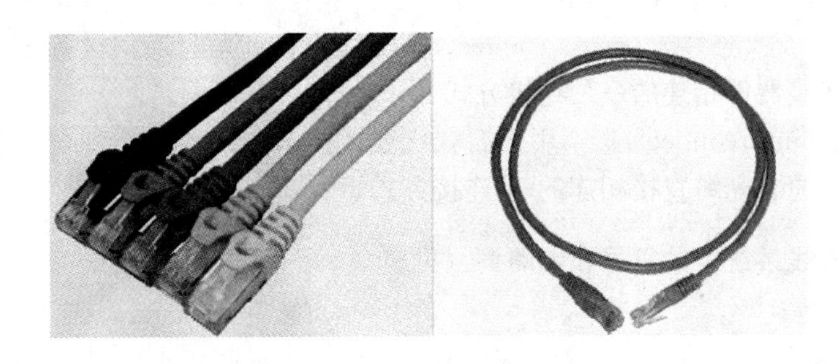

图 3-280　网络跳线

一、基础理论知识

1. 认识双绞线

双绞线是综合布线系统中最常用的传输介质，主要应用于计算机网络、电话语音等通讯系统。双绞线由按规则螺旋结构排列的两根、四根或八根绝缘导线组成。一个线对可以作为一条通信线路，各线对螺旋排列的目的是为了使各线对发出的电磁波相互抵消，从而使相互之间的电磁干扰最小。

双绞线分为屏蔽双绞线 STP（Shielded Twisted Pair）和非屏蔽双绞线 UTP（Unshielded Twisted Pair）两类，如图 3-281 所示。屏蔽双绞线电缆的外层由铝箔包裹，相对非屏蔽双绞线具有更好的抗电磁干扰能力，造价也相对高一些，如图 3-282 所示。

目前网络布线中常用超 5 类双绞线和 6 类双绞线，6 类双绞线主要用于千兆以太网的数据传输。

4 对双绞线电缆内每根铜导线的绝缘层都有色标来标记，导线的颜色标记具体为白

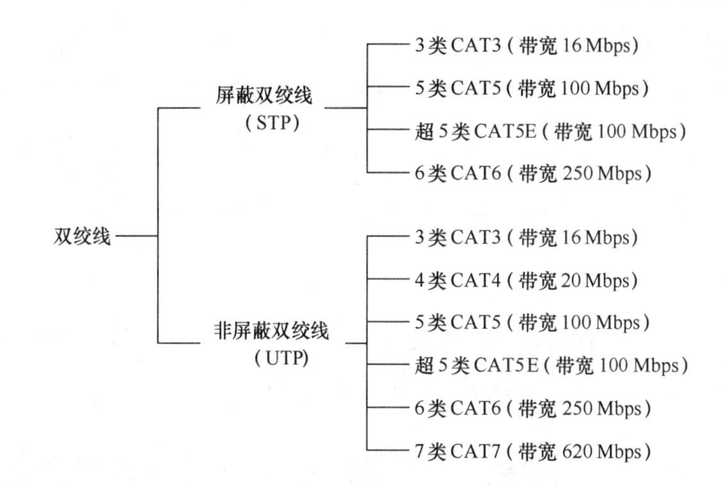

图 3-281　综合布线系统中使用的双绞线种类

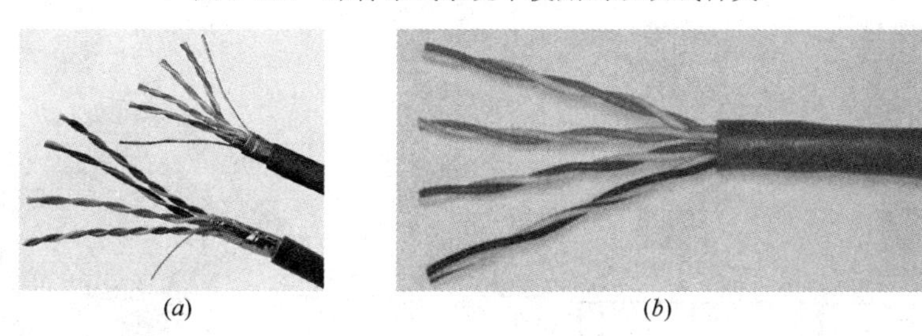

图 3-282　超五类双绞线

(*a*) 屏蔽双绞线；(*b*) 非屏蔽双绞线

橙/橙、白蓝/蓝、白绿/绿、白棕/棕。

图 3-283　大对数双绞线

图 3-284　6 类线（cat6）

大对数双绞线是由 25 对、50 对等具有绝缘保护层的铜导线组成。它有 3 类、5 类、超 5 类等，为用户提供更多的可用线对，并被设计为扩展的传输距离上实现高速数据通信应用，传输速度为 100MHz。导线色彩由蓝、橙、绿、棕、灰和白、红、黑、黄、紫编码组成。

2. 双绞网络跳线制作标准

双绞网络线有两种接法：EIA/TIA 568B 标准和 EIA/TIA 568A 标准。如图 3-285 所示。

（1）T568A 线序为：白绿，绿，白橙，蓝，白蓝，橙，白棕，棕。

（2）T568B 线序为：白橙，橙，白绿，蓝，白蓝，绿，白棕，棕。

当网络跳线两端采用同一做线标准（同为 T568A 标准或 T568B 标准），即两端都是同样的线序且一一对应时，称之为直通线。直通线用来连接两台不同的设备，如计算机至交换机。直通线应用最广泛。

当网络跳线两端采用不同做线标准（一端为 T568A 标准，另一端为 T568B 标准），即两端线序不同，称之为交叉线。交叉线用来连接两台相同的设备，如两台计算机之间、两台交换机之间等。

注意：

1. 在一个工程中，所有的连接应该采用同一种连接标准；一般是采用 T568B 标准。

2. 使用制作的交叉线时，应该设置特别标注，以防误用。

3. 水晶头（RJ45 连接器）

RJ45 头像水晶一样晶莹透明，所以也被俗称为水晶头，每条双绞线两头通过安装 RJ45 水晶头来与网卡和集线器（或交换机）相连。如图 3-286 所示。

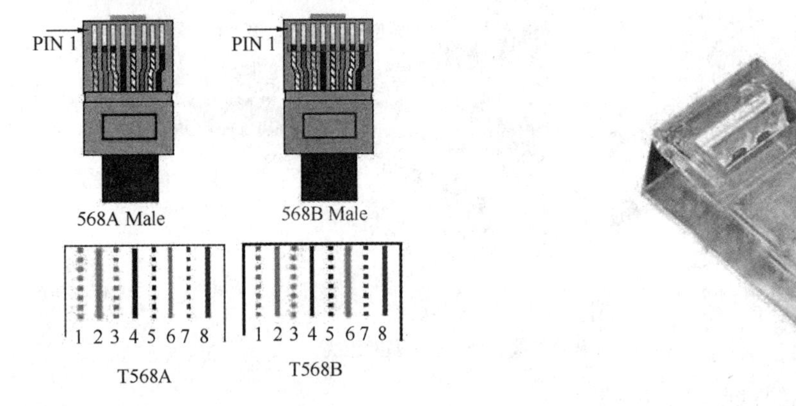

图 3-285　T568A 及 T568B 标准　　　　图 3-286　RJ45 水晶头

RJ45 水晶头由金属片和塑料构成，制作网线所需要的 RJ45 水晶接头前端有 8 个凹僧，简称“SE”（Position，位置）。凹槽内的金属触点共有 8 个，简称“8C”（Contact，触点），因此业界对此有“8P8C”的别称。特别需要注意的是 RJ45 水晶头引脚序号，当金属片面对我们的时候从左至右引脚序号是 1～8，序号对于网络连线非常重要，不能搞错。

二、网络跳线的制作与测试实训操作

1. 实训任务目的要求

（1）认识 RJ45 水晶头，掌握 RJ45 水晶的制作工艺及操作规程，能熟练制作直通线及交叉线。

（2）了解测线器的各端口及指示灯的功能，能正确使用测线器对 UTP 绞线跳线进行通断及线序测试。

（3）掌握网络线压接常用工具和技巧。

2. 实训设备、材料及工具准备

设备及材料：

（1）超 5 类 UTP 线缆 20m。

(2) 8 芯 RJ45 水晶头 20 个。

工具：剥线刀、压线钳、网线测试仪等，如图 3-287 所示。

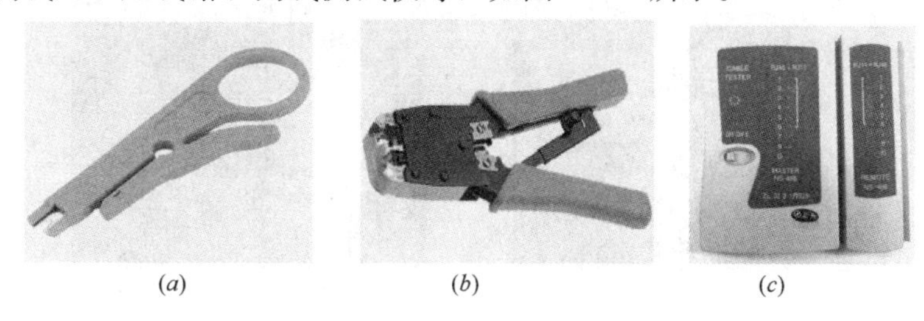

(a)　(b)　(c)

图 3-287　网络跳线制作工具

(a) 剥线刀；(b) 压线钳；(c) 网线测试仪

3. 实训任务步骤

(1) 剥开双绞线外绝缘护套（如图 3-288 所示）

首先剪裁掉端头破损的双绞线，使用专门的剥线环或压线钳沿双绞线外皮旋转一周，剥去 30mm 的外绝缘护套。特别注意不能损伤 8 根线芯的绝缘层，更不能损伤任何一根铜线芯。

(2) 拆开 4 对双绞线（如图 3-289 所示）

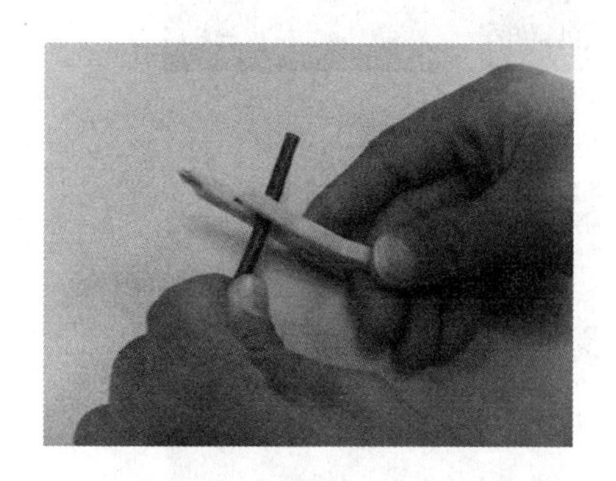

图 3-288　剥线

图 3-289　拆线

将端头已经剥去外皮的双绞线按照对应颜色拆开成为 4 对单绞线。拆开 4 对单绞线时，必须按照绞绕顺序慢慢拆开，同时保护 2 根单绞线不被拆开和保持比较大的曲率半径。不能强行拆散或者硬折线对，形成比较小的曲率半径。

(3) 拆开单绞线并排好线序

将 4 对单绞线分别拆开，同时将每根线轻轻捋直，按照 568B 线序（白橙，橙，白绿，蓝，白蓝，绿，白棕，棕）水平排好，在排线过程中注意从线端开始，至少 10mm 导线之间不应有交叉或者重叠。如图 3-290 所示。

(4) 剪齐线端

把整理好线序的 8 根线端头一次剪调，留约 14mm 长度。如 3-291 所示。

(5) 插入 RJ45 水晶头（如图 3-292 所示）

一只手捏住水晶头，将水晶头有弹片一侧向下，另一只手捏平双绞线，稍稍用力将排

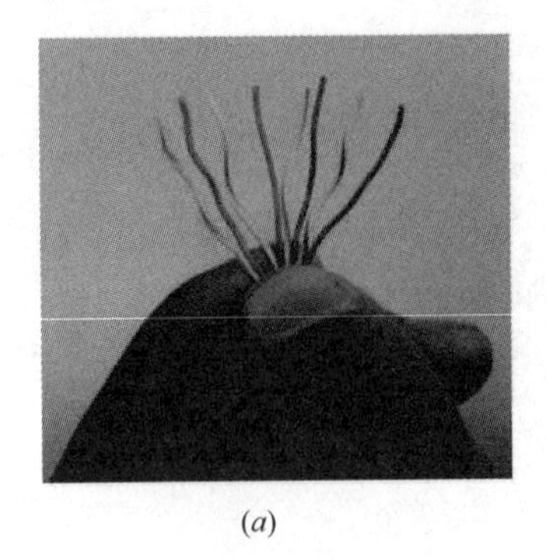

(*a*)

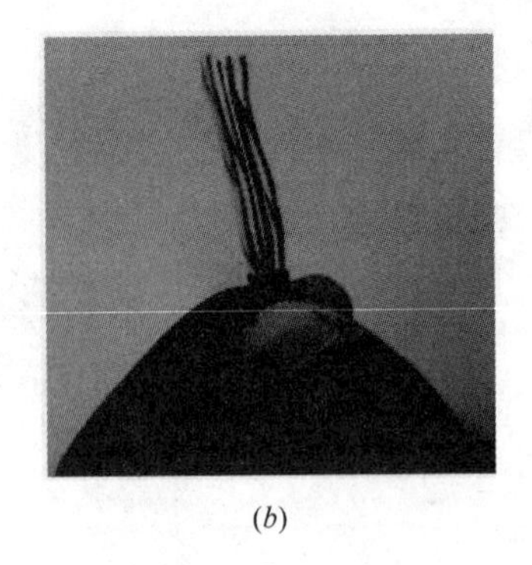

(*b*)

图 3-290 8芯线排好线序

(*a*) 分线；(*b*) 排好线序

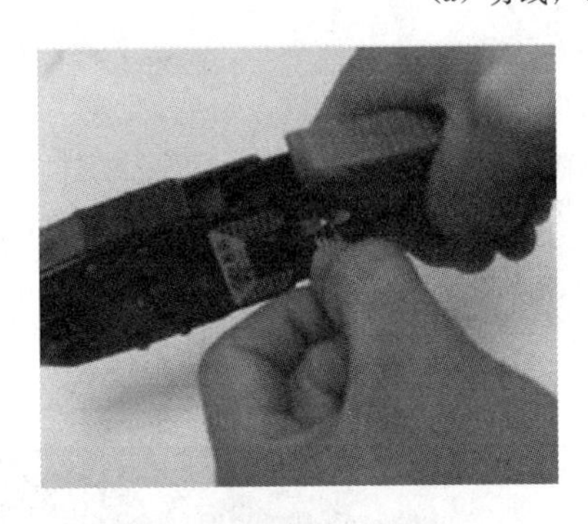

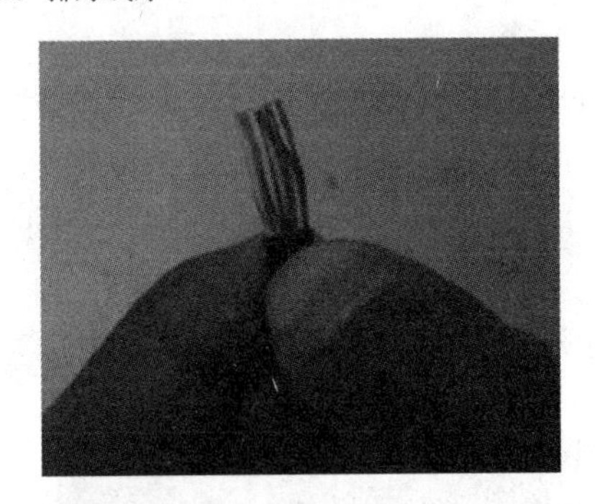

图 3-291 剪齐双绞线

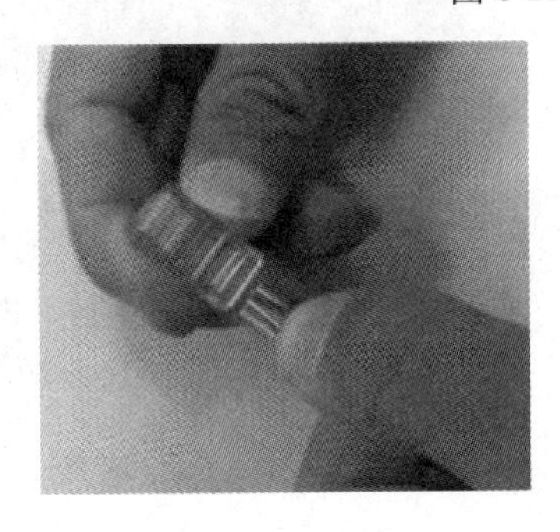

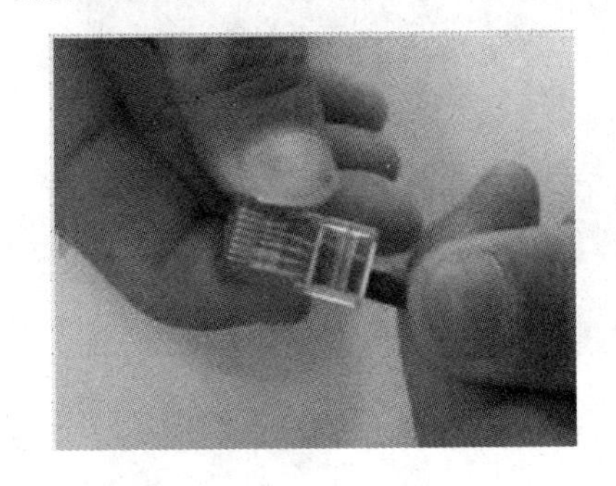

图 3-292 双绞线插入 RJ45 水晶头

好序的双绞线平行插入水晶头内的线槽中，八条导线顶端应插入线槽顶端，线头顶住水晶头的顶端。

(6) 压接（如图 3-293、图 3-294 所示）

将插好双绞线的水晶头放入压线钳对应的刀口中，用力一次压紧。

重复以上步骤，完成另一端水晶头制作，这样就完成了一根 T568B 标准的直通网络跳线了。

(7) 测试（如图 3-295 所示）

将制作好的双绞线两端上的 RJ45 头分别插入线缆测试仪的主、从两个端口，打开电源开关，当线缆测试仪的主、从两端的亮灯顺序都依次对应是 1～8 时，表示线缆畅通。

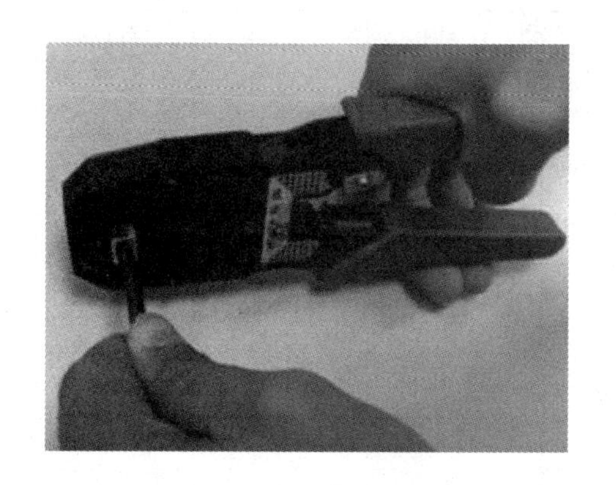

图 3-293　压接水晶头

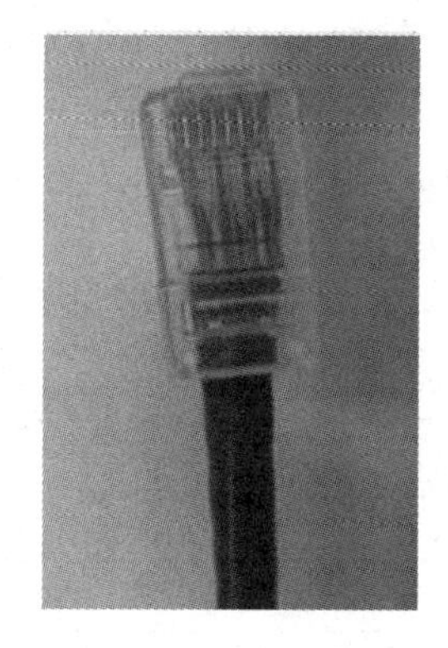

图 3-294　压接好的水晶头

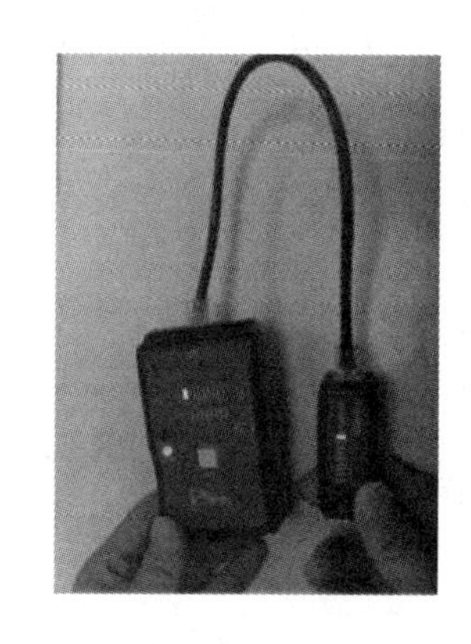

图 3-295　测试

如需制作交叉线，双绞线两端分别采用 T568B 标准和 T568A 标准即可。此时测试时，测试仪主、从两端的亮灯顺序对应为：1—3，2—6，3—1，4—4，5—4，6—2，7—7，8—8。

4. 实训任务内容

（1）请列出本次实训所需设备名称、型号、数量。

序　号	名　称	型　号	数　量

（2）列出本次实训所需的工具。

序　号	名　称	型　号	数　量

（3）写出 T568A 标准及 T568B 标准。

（4）每位同学请完成 4 根网络跳线的制作，其中 2 根为 T568B 标准制作直通线，1 根为 T568A 标准制作的直通线，1 根为交叉线。

（5）根据任务要求进行实施。要求正确使用相关设备及工具，安全文明操作，现场工具设备摆放整齐，请记录下具体的实训过程。

（6）如发现问题，自己先分析查找故障原因，并进行记录。

5. 实训评价

<table>
<tr><th>序 号</th><th colspan="2">评价项目及标准</th><th>自 评</th><th>互 评</th><th>教师评分</th></tr>
<tr><td>1</td><td colspan="2">设备材料清单罗列清楚5分</td><td></td><td></td><td></td></tr>
<tr><td>2</td><td colspan="2">工具清单罗列清楚5分</td><td></td><td></td><td></td></tr>
<tr><td>3</td><td colspan="2">操作步骤正确5分</td><td></td><td></td><td></td></tr>
<tr><td>4</td><td colspan="2">直通线（T568B）线序正确10分</td><td></td><td></td><td></td></tr>
<tr><td>5</td><td colspan="2">直通线（T568A）线序正确5分</td><td></td><td></td><td></td></tr>
<tr><td>6</td><td colspan="2">交叉线线序正确5分</td><td></td><td></td><td></td></tr>
<tr><td>7</td><td rowspan="3">测试</td><td>直通线（T568B）测试通过10分</td><td></td><td></td><td></td></tr>
<tr><td>8</td><td>直通线（T568A）测试通过5分</td><td></td><td></td><td></td></tr>
<tr><td>9</td><td>交叉线测试通过5分</td><td></td><td></td><td></td></tr>
<tr><td>10</td><td colspan="2">T568A、T568B标准书写正确10分</td><td></td><td></td><td></td></tr>
<tr><td>11</td><td colspan="2">能否正确进行故障判断10分</td><td></td><td></td><td></td></tr>
<tr><td>12</td><td colspan="2">现场工具摆放整齐5分</td><td></td><td></td><td></td></tr>
<tr><td>13</td><td colspan="2">工作态度10分</td><td></td><td></td><td></td></tr>
<tr><td>14</td><td colspan="2">安全文明操作5分</td><td></td><td></td><td></td></tr>
<tr><td>15</td><td colspan="2">场地整理5分</td><td></td><td></td><td></td></tr>
<tr><td>16</td><td colspan="2">合计100分</td><td></td><td></td><td></td></tr>
</table>

6. 实训展示

将实训结果进行展示。能用专业的语言对整个实训过程进行描述。

任务二 RJ45信息模块的压接与信息插座的安装

一、基础理论知识

1. 信息模块

信息模块是信息插座的主要组成部件，它提供了与各种终端设备连接的接口。连接终端设备类型不同，安装的信息模块的类型也不同。连接计算机的信息模块根据传输性能的要求，可以分为5类、超5类、6类信息模块，又有屏蔽和非屏蔽之分。

图3-296 各类信息模块

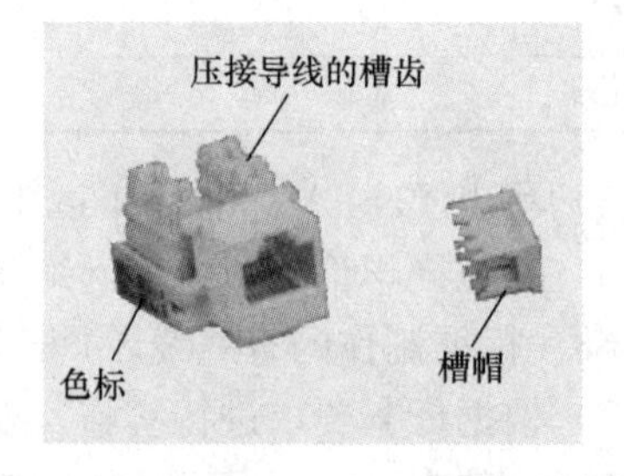

图3-297 信息模块结构

信息模块的端接同样有两种标准：EIA/TIA568A和EIA/TIA568B。两类标准规定的线序压接顺序有所不同，压接时需要按照信息模块上的色标进行压接。

信息模块安装于信息插座面板内。

2. 信息插座面板（如图 3-298 所示）

信息插座常用面板分为单口面板和双口面板，面板外形尺寸符合国标 86 型、120 型。86 型面板的宽度和长度分别是 86mm，通常采用高强度塑料材料制成，适合安装在墙面，具有防尘功能。120 型面板的宽度和长度是 120mm，通常采用铜等金属材料制成，适合安装在地面，具有防尘、防水功能。

此面板应用与工作区的布线子系统，表面带嵌入式图表及标签位置，便于识别数据和语音端口，并配有防尘滑门用于保护模块、遮蔽灰尘和污物。

3. 底盒（如图 3-299 所示）

底盒是用来固定信息插座的。常用底盒分为明装底盒和暗装底盒。明装底盒通常采用高强度塑料材料制成，而暗装底盒有塑料材料也有金属材料。

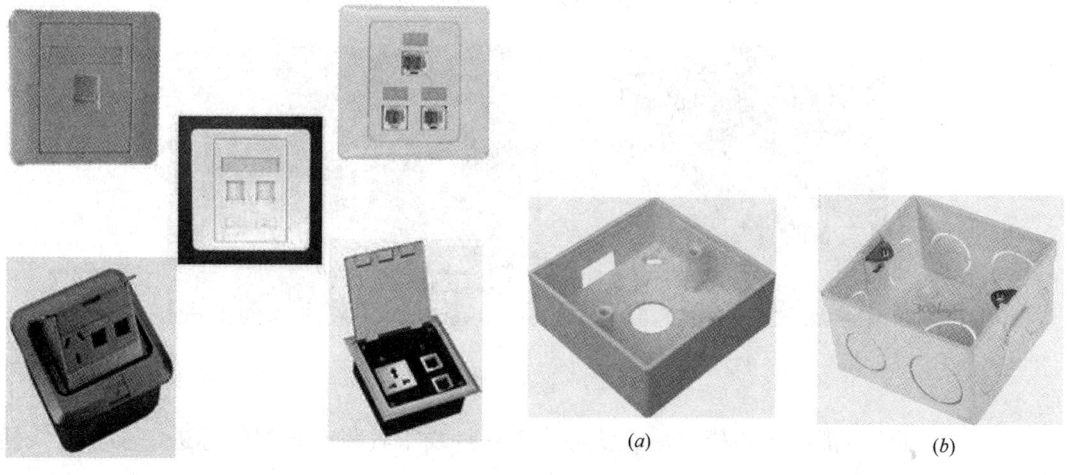

图 3-298　各类信息插座面板

图 3-299　底盒

(*a*) 明装底盒；(*b*) 暗装底盒

二、RJ45 信息模块的压接与信息插座的安装实训

1. 实训任务目的要求

(1) 认识 RJ45 信息模块、信息面板、信息插座底盒。

(2) 掌握 RJ45 信息模块的压接。

(3) 掌握信息插座的安装。

(4) 认识单对打线器并掌握其使用方法和安全注意事项。

2. 实训设备、材料及工具准备

设备及材料：

RJ45 模块、RJ11 模块、信息插座面板、底盒、超 5 类双绞线。

工具：剥线刀、单对 110 打线钳、斜口钳等，如图 3-300 所示。

3. 实训任务步骤

(1) 使用剥线工具，在距线缆末端 10cm 处剥除线缆的外皮。

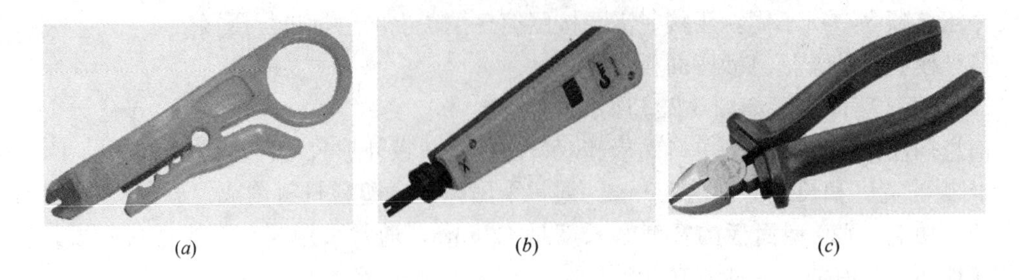
(a)　　(b)　　(c)

图 3-300　网络跳线制作工具
（a）剥线刀；（b）单对 110 打线钳；（c）斜口钳

（2）将 4 对双绞线按线对分开，但先不要拆开各线对，只有在将相应线对预先压入打线柱时才拆开。按照信息模块上所指示的色标选择我们偏好的线序模式（注：在一个布线系统中最好只统一采用一种线序模式，否则接乱了，网络不通则很难查），将剥皮处与模块后端面平行，两手稍旋开绞线对，稍用力将导线压入相应的线槽内，如图 3-301 所示。

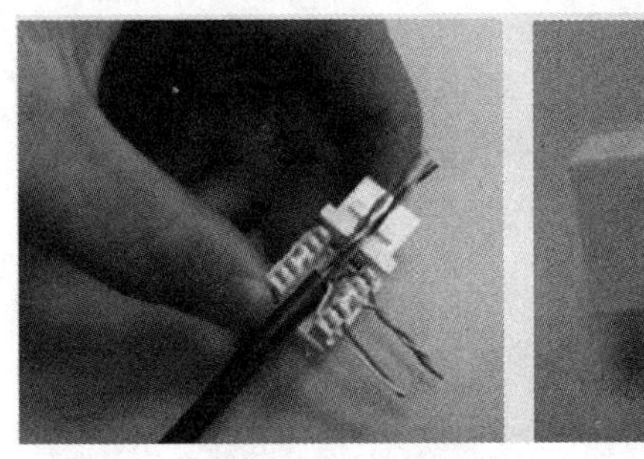
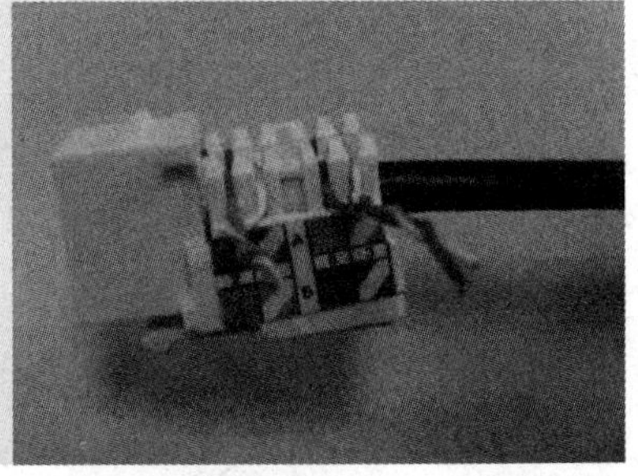

图 3-301　按色标指示压线

（3）全部线对都压入各槽位后，就可用 110 打线工具将一根根线芯进一步压入线槽中，如图 3-302 所示。

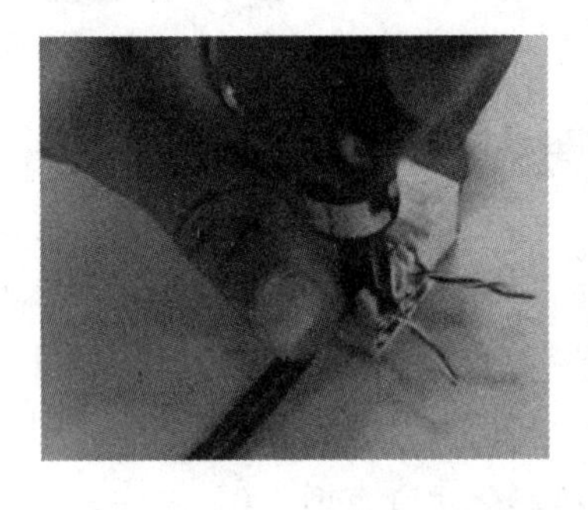
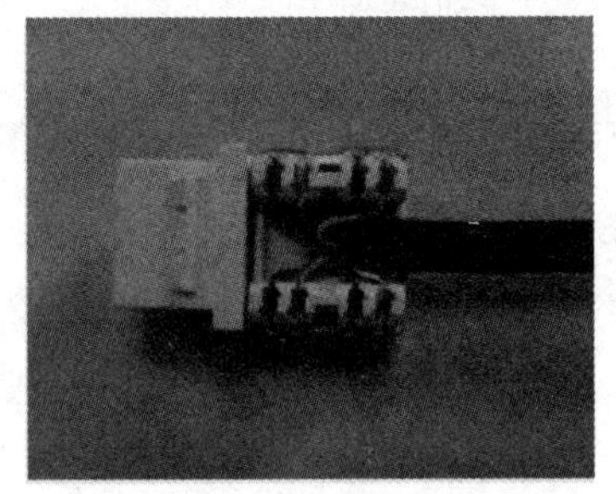

图 3-302　打线

注意：

1. 切割余线的刀口永远是朝向模块的处侧。

2. 打线工具与模块垂直插入槽位。

（4）盖好防尘帽，如图 3-303 所示。

各厂家的信息模块结构有所差异，因此具体的模块压接方法各不相同，请参照各厂家

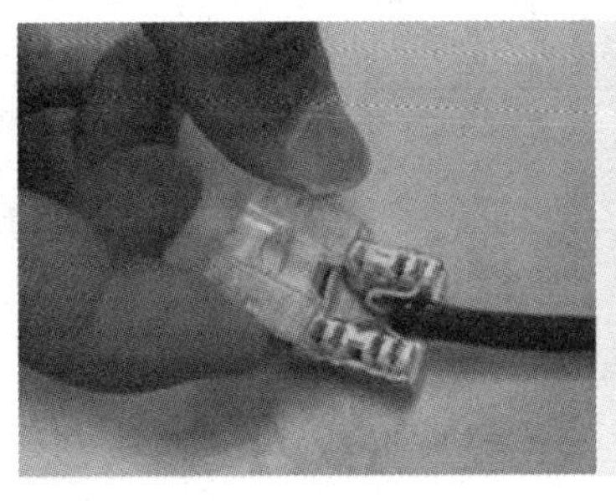

图 3-303　盖好防尘帽

信息模块的压接说明进行压接。

(5) 信息插座的安装

模块端接完成后，接下来就要安装到信息插座内，以便工作区内终端设备的使用。

将信息面板的外扣盖取下，将信息模块对准信息面板上的槽扣轻轻压入，再将信息面板用螺丝钉固定在信息插座的底盒上，最后将外扣盖扣上，如图 3-304 所示。

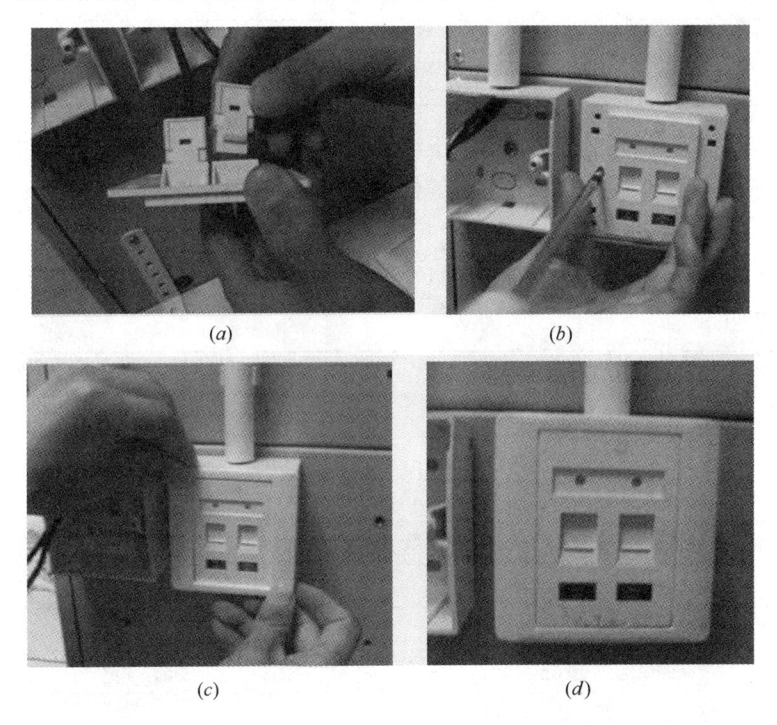

图 3-304　信息插座的安装

(a) 将模块安装到信息插座内；(b) 将信息插座固定到底盒上

(c) 扣上外扣盖；(d) 安装好的信息插座

在双绞线的另一端也端接好信息模块（或者压接好水晶头），最后用线缆测试仪测试压接好的模块。

4. 实训任务内容

(1) 请列出本次实训所需设备名称、型号、数量。

序 号	名 称	型 号	数 量

(2) 列出本次实训所需的工具。

序 号	名 称	型 号	数 量

(3) 分小组进行任务的实施。要求正确使用相关设备及工具，安全文明操作，现场工具设备摆放整齐，请记录下具体的实训过程。要求每人制作2个信息模块，并安装好信息插座。

(4) 如发现问题，自己先分析查找故障原因，并进行记录。

5. 实训评价

序 号	评价项目及标准	自 评	互 评	教师评分
1	设备材料清单罗列清楚5分			
2	工具清单罗列清楚5分			
3	线序压对10分			
4	打线后接触紧密20分			
5	模块美观，无多余的线头10分			
6	正确装入面板5分			
7	线路测试通过10分			
8	能否正确进行故障判断10分			
9	现场工具摆放整齐5分			
10	工作态度10分			
11	安全文明操作5分			
12	场地整理5分			
13	合计100分			

6. 实训展示

将实训结果进行展示。能用专业的语言对整个实训过程进行描述。

任务三　110 配线架端接实训

一、110 配线架的认识

110 配线系统主要应用于楼层管理间和建筑物的设备间内，管理语音或数据电缆。110 配线系统主要由配线架、连接块、线缆管理槽、标签、胶条等组成，如图 3-305 所示。

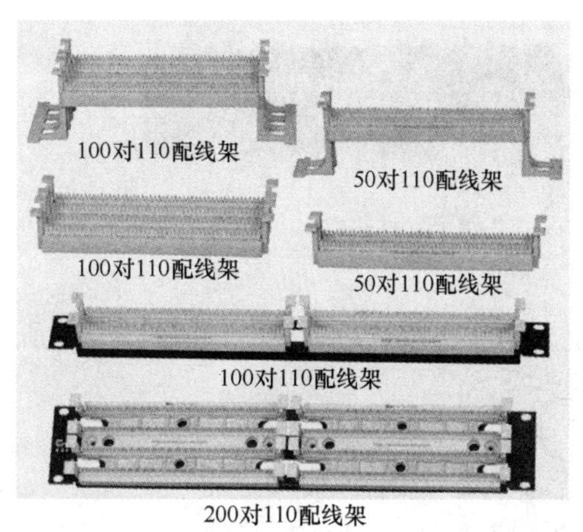

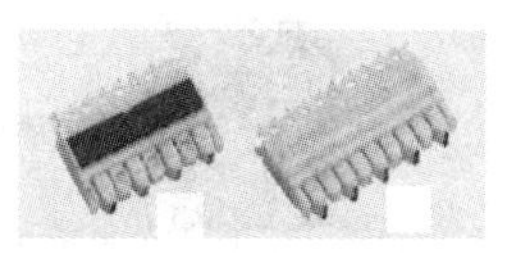

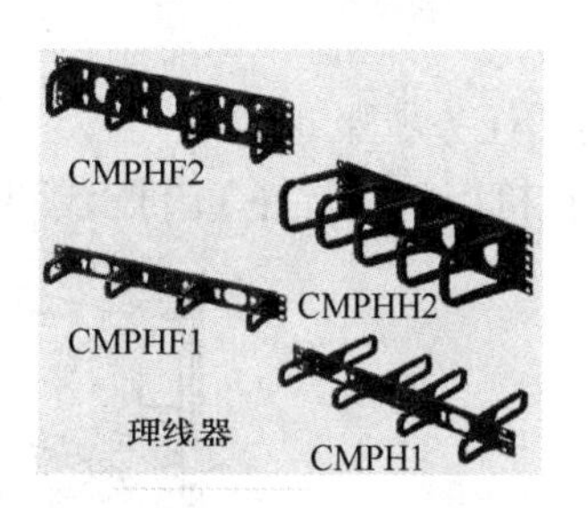

图 3-305　110 配线架、连接块、理线器

每条 110 配线架上有 50 个刀片口，即可压 25 对线。

连接块的端接原理为：在连接块下层端接时，将每根线在通信配线架底座上对应的接线口放好，用力快速将五对连接块向下压紧，在压紧过程中刀片首先快速划破线芯绝缘护套，然后与铜线芯紧密接触，实现刀片与线芯的电气连接。连接块上层端接与模块原理相同。将线逐一放到上部对应的端接口，在压接过程中刀片首先快速划破线芯绝缘护套，然后与铜线芯紧密接触实现刀片与线芯的电气连接，这样连接块刀片两端都压好线，实现了两根线的可靠电气连接，同时裁剪掉多余的线头。如图 3-306 所示。

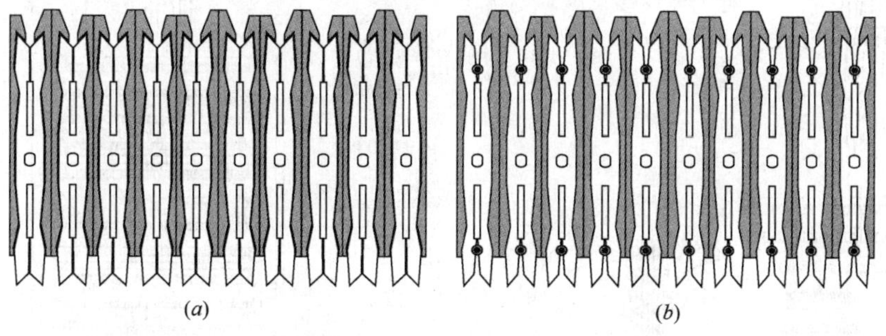

图 3-306　5 对连接块端接原理

(a) 5 对连接块在压线前的结构；(b) 5 对连接块在压线后的结构

二、110 配线系统安装实训操作

1. 实训任务目的要求

（1）认识110配线架、连接块及理线器，理解110配线架的用途。

（2）掌握双绞线压接110配线架的技能。

（3）掌握标签胶条的标识和安装方法。

（4）掌握多对打线器的使用。

2. 实训设备、材料及工具准备

设备及材料：100对110配线架，4对或5对连接块、标签胶条、超5类双绞线、25对或50对大对数双绞线、扎带、理线器等。

工具：剥线刀、单对打线钳、5对110打线钳（如图3-307所示）、斜口钳等。

图3-307　5对110打线钳

3. 实训任务步骤

（1）在机柜内安装好110配线架，在其上方安装好理线器，如图3-308所示。

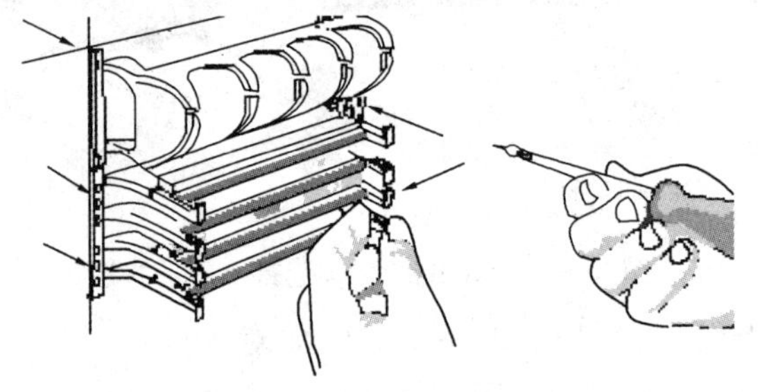

图3-308　100对110配线架及理线器固定方法

（2）将每6根4对电缆为一组绑扎好，然后布放到配线架内，如图3-309所示。注意线缆不要绑扎太紧，要让电缆能自由移动。

（3）确定线缆安装在配线架上各接线块的位置，用笔在胶条上做标记，如图3-310所示。

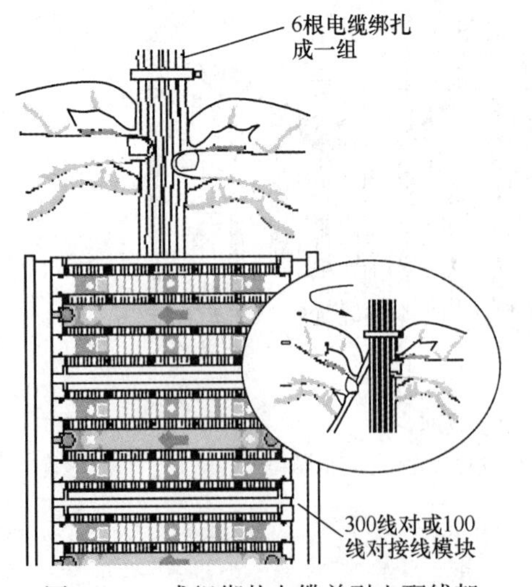

图3-309　成组绑扎电缆并引入配线架

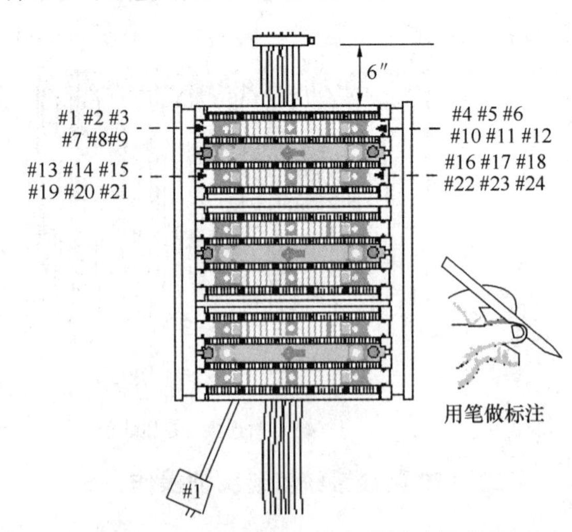

图3-310　在配线架上标注各线缆连接的位置

(4) 根据线缆的编号，按顺序整理线缆以靠近配线架的对应接线块位置，如图 3-311 所示。

(5) 按电缆的编号顺序剥除电缆的外皮，如图 3-312 所示。

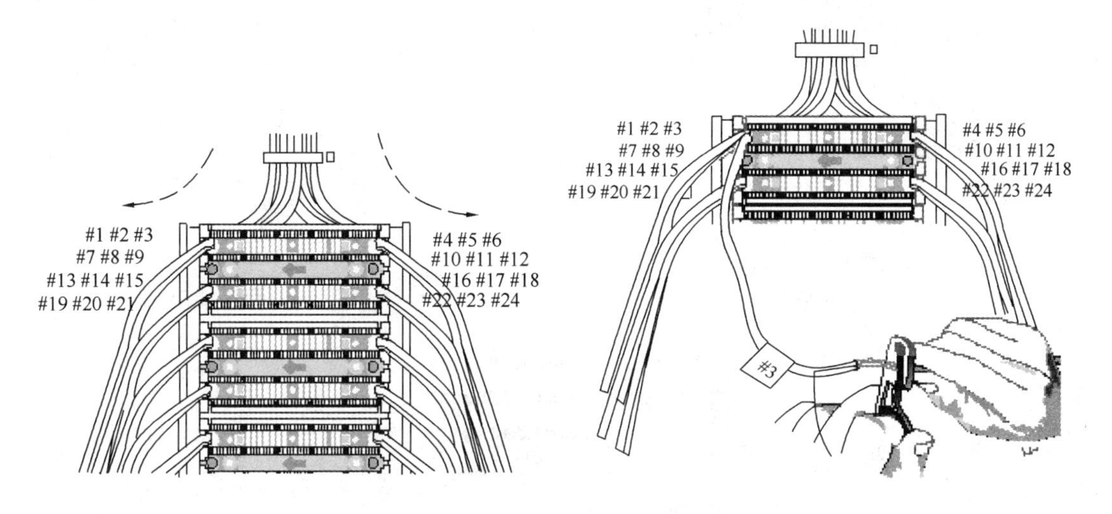

图 3-311 按连接接线块的位置整理线缆　　　　图 3-312 剥除电缆外皮

(6) 按照规定的线序将线对逐一压入连接块的槽位内，如图 3-313 所示。

(7) 将上下相邻的两个 110 槽位安装完线缆的线对，如图 3-314 所示。

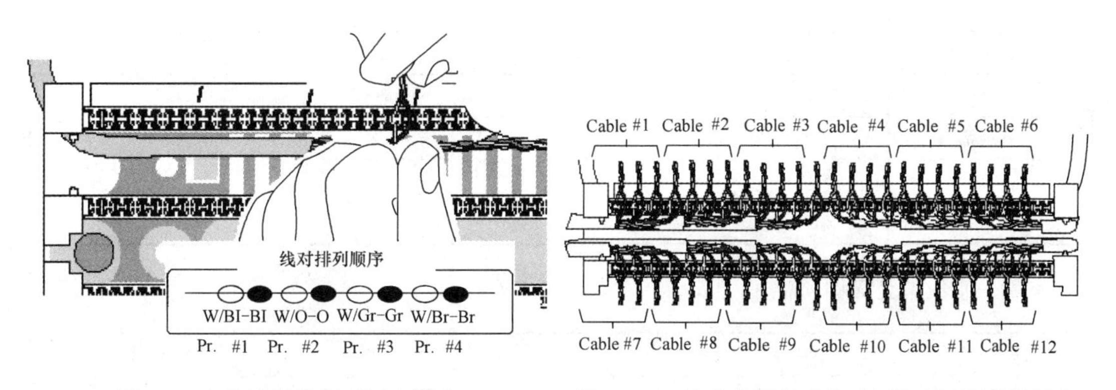

图 3-313 按线序将线对压入槽内　　　　图 3 314 将多根线缆的线对压入上下相邻的槽位

(8) 使用专用的 110 压线工具，将线对冲压入线槽内，确保将每个线对可靠地压入槽内，如图 3-315 所示。注意在冲压线对之前，重新检查线对的排列顺序是否符合要求。

(9) 使用多线对压接工具，将 4 线对连接块（或 5 对连接块）冲压到 110 配线架线槽上，如图 3-316 所示。

(10) 在配线架上下两槽位之间安装胶条及标签，如图 3-317 所示。

4. 实训任务内容

(1) 请列出本次实训所需设备名称、型号、数量。

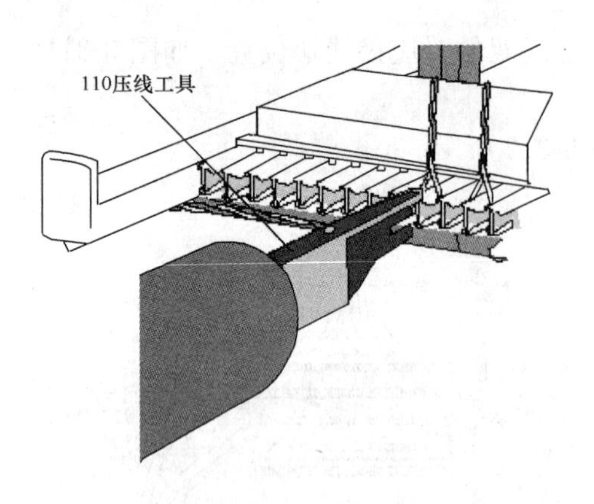

图 3-315 使用单对压线钳将线对冲压入线槽内

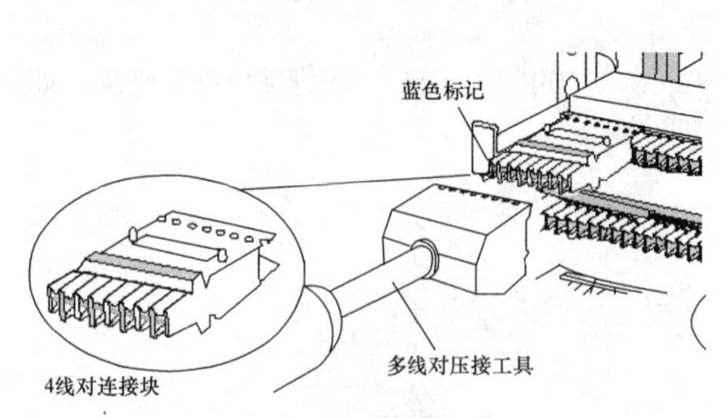

图 3-316 使用多线对压接工具将 4 线对连接块压接到配线架上

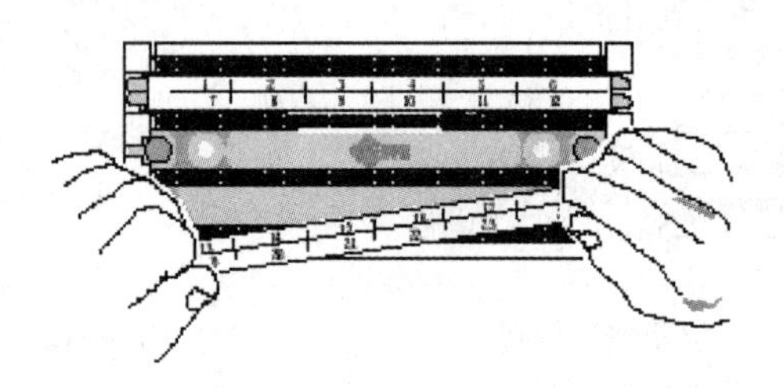

图 3-317 在配线架上下槽位间安装标签条

序　　号	名　　称	型　　号	数　　量

（2）列出本次实训所需的工具。

序　　号	名　　称	型　　号	数　　量

（3）分小组进行任务的实施。要求正确使用相关设备及工具，安全文明操作，现场工具设备摆放整齐，请记录下具体的实训过程。要求每人压接 50 对 110 配线架。

（4）如发现问题，自己先分析查找故障原因，并进行记录。

5. 实训评价

序　号	评价项目及标准	自　评	互　评	教师评分
1	设备材料清单罗列清楚 5 分			
2	工具清单罗列清楚 5 分			
3	操作步骤正确 5 分			
4	线序正确 20 分			
5	压接到位 20 分			
6	所有线都穿过理线器，布线美观 5 分			
7	线缆有标签，且压接位置正确 10 分			
8	110 配线架上能贴上对应的标签 5 分			
9	现场工具摆放整齐 5 分			
10	工作态度 10 分			
11	安全文明操作 5 分			
12	场地整理 5 分			
13	合计 100 分			

6. 实训展示

将实训结果进行展示。能用专业的语言对整个实训过程进行描述。

任务四　RJ-45 模块化配线架端接实训

一、RJ-45 模块化配线架的认识

RJ-45 模块化配线架主要应用于楼层管理间和设备间内的数据线缆的管理，此种配线架背面进线采用 110 端接方式，正面全部为 RJ45 口用于跳线配线，它主要分为 24 口、48 口等，全部为 19in 机架/机柜式安装，如图 3-318、图 3-319 所示。

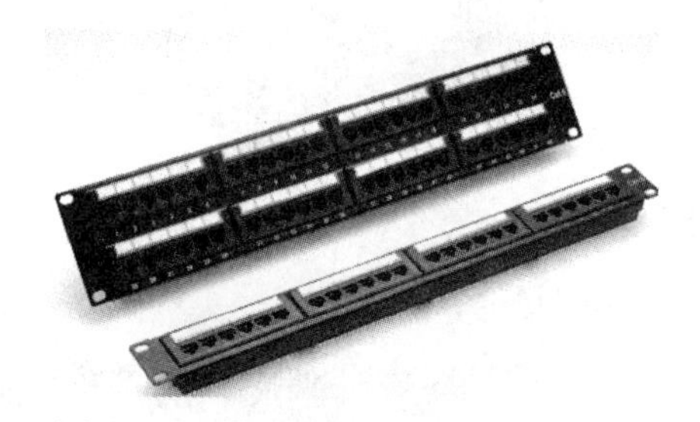

图 3-318　模块配线架（24 口、48 口）

图 3-319　模块配线架的正面和反面

二、RJ-45 配线架安装实训

1. 实训任务目的要求

（1）掌握模块配线架的端接技术。

（2）掌握模块配线架的标签标识方法。

（3）掌握端接工具的使用方法。

2. 实训设备、材料及工具准备

设备及材料：24 口模块配线架、理线架、理线环、超 5 类线、扎带、标签纸。

工具：剥线刀、打线钳、斜口钳等。

3. 实训任务步骤

（1）使用螺丝将配线架、理线架固定在机架上，如图3-320所示。

（2）在配线架背面安装理线环，将电缆整理好固定在理线环中并使用绑扎带固定好电缆，一般6根电缆作为一组进行绑扎，如图3-321所示。

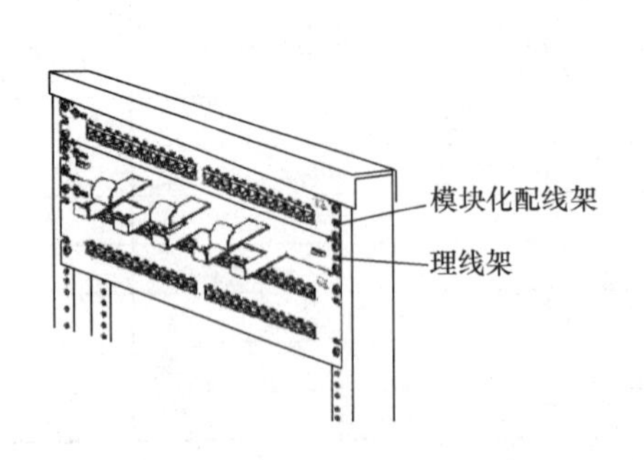

图3-320 在机架上安装配线架、理线架

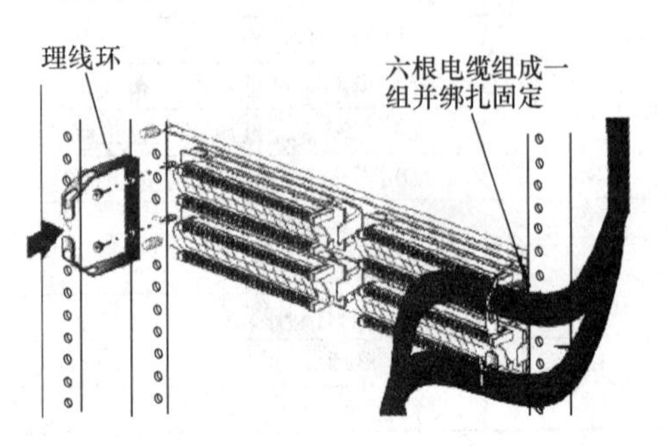

图3-321 安装理线环并整理固定电缆

（3）根据每根电缆连接接口的位置，测量端接电缆应预留的长度，然后使用平口钳截断电缆，如图3-322所示。

（4）根据系统安装标准标选定T568A或T568B标签，然后将标签压入模块组插槽内，如图3-323所示。

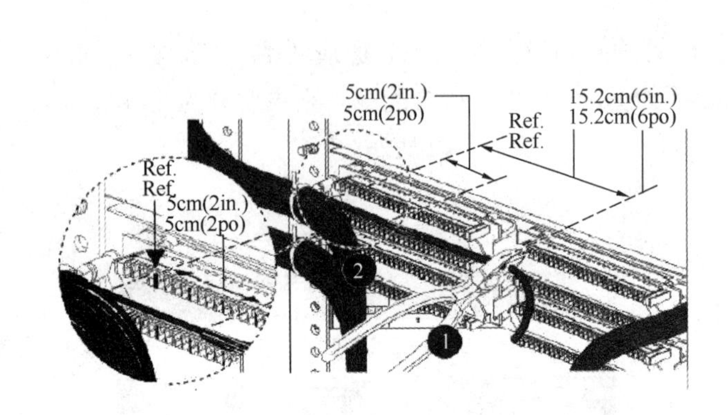

图3-322 测量预留电缆长度并截断电缆

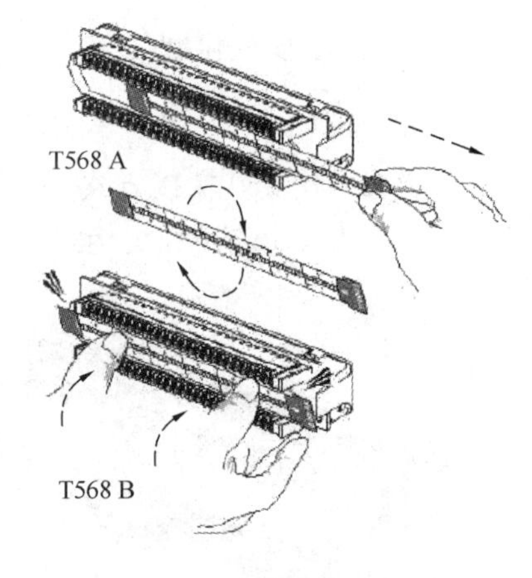

图3-323 调整合适标签并安装在模块组槽位内

（5）根据标签色标排列顺序，将对应颜色的线对逐一压入槽内，然后使用打线工具固定线对连接，同时将伸出槽位外多余的导线截断，如图3-324所示

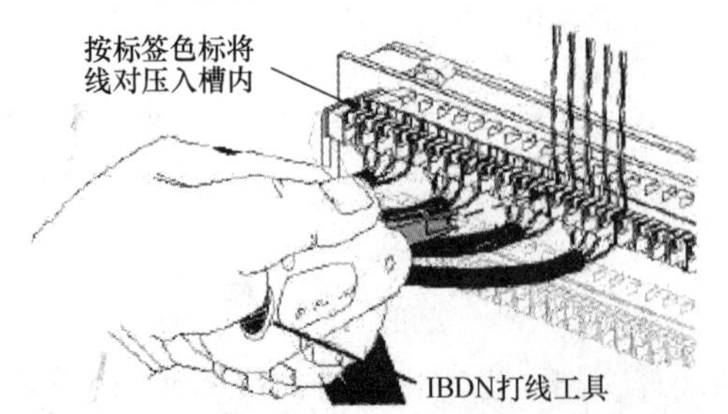

图3-324 将线对逐次压入槽位并打压固定

（6）将每组线缆压入槽位内，然后整理并绑扎固定线缆，如图3-325所示。

（7）将跳线通过配线架下方的理线架整理固定后，逐一接插到配线架前面板的RJ-45接口，最后编好标签并贴在配线架前面板，如图3-326所示。

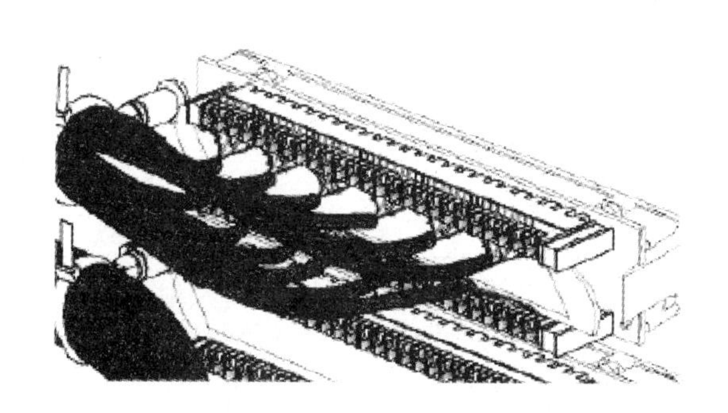

图 3-325　整理并绑扎固定线缆

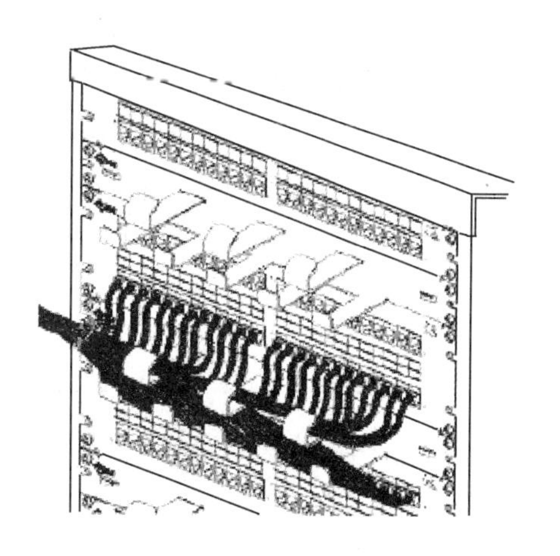

图 3-326　将跳线接插到配线架各接口并贴好标签

在机柜内安装模块化配线架的技术要点：

在楼层配线间和设备间内，模块化配线架和网络交换机一般安装在 19in 的机柜内。为了使安装在机柜内的模块化配线架和网络交换机美观大方且方便管理，必须对机柜内设备的安装进行规划，具体遵循以下原则：

1）一般模块化配线架安装在机柜下部，交换机安装在其上方。

2）每个模块化配线架之间安装有一个理线架，每个交换机之间也要安装理线架。

3）正面的跳线从配线架中出来全部要放入理线架内，然后从机柜侧面绕到上部的交换机间的理线器中，再接插进入交换机端口。

常见的机柜内模块化配线架安装实物图，如图 3-327 所示。

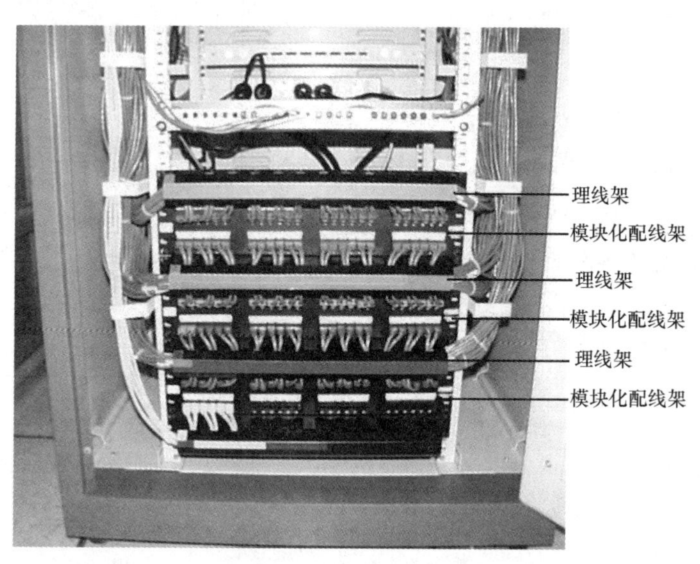

图 3-327　机柜内配线架安装实物图

4. 实训任务内容

（1）请列出本次实训所需设备名称、型号、数量。

序　　号	名　　称	型　　号	数　　量

(2) 列出本次实训所需的工具。

序　　号	名　　称	型　　号	数　　量

(3) 分小组进行任务的实施。要求正确使用相关设备及工具，安全文明操作，现场工具设备摆放整齐，请记录下具体的实训过程。

(4) 如发现问题，自己先分析查找故障原因，并进行记录。

5. 实训评价

序　号	评价项目及标准	自　评	互　评	教师评分
1	设备材料清单罗列清楚 5 分			
2	工具清单罗列清楚 5 分			
3	操作步骤正确 10 分			
4	线序压接正确 30 分			
5	所有线都穿过理线器，布线美观 10 分			
6	线缆有标签，且压接位置正确 10 分			
7	配线架上能贴上对应的标签 5 分			
8	能否正确进行故障判断 5 分			
9	现场工具摆放整齐 5 分			
10	工作态度 5 分			
11	安全文明操作 5 分			
12	场地整理 5 分			
13	合计 100 分			

6. 实训展示

将实训结果进行展示。能用专业的语言对整个实训过程进行描述。

任务五　管、槽施工及线缆敷设实训

一、基础理论知识

在智能建筑内的综合布线系统经常利用暗敷管路或桥架和槽道进行线缆敷设，它们对综合布线系统的线缆起到很好的支撑和保护的作用。在综合布线工程施工中管路和槽道的安装是一项重要工作。

（一）管路和槽道的类型与规格

根据综合布线施工的场合可以选用不同类型和规格的管路和槽道。综合布线系统施工中常用的管槽有：金属槽、PVC 槽、金属管、PVC 管。

1. 金属槽和塑料槽

金属槽由槽底和槽盖组成，每根槽一般长度为 2m，槽与槽连接时使用相应尺寸的铁板和螺丝固定。槽的外形如图 3-328 所示。

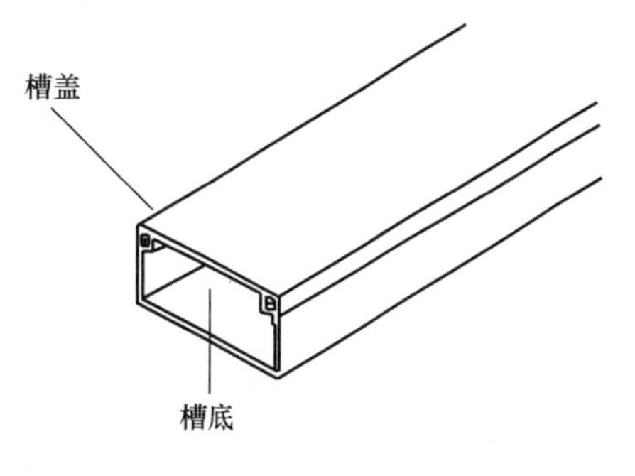

图 3-328　线槽外形

在综合布线系统中一般使用的金属槽的规格有：50mm×100mm、100mm×100mm、100mm×200mm、100mm×300mm、200mm×400mm 等多种规格。

塑料槽的外状与图 6-50 类似，但它的品种规格更多，从型号上讲有：PVC-20 系列、PVC-25 系列、PVC-25F 系列、PVC-30 系列、PVC-40 系列、PVC-40Q 系列等。

从规格上讲有：20mm×12mm、25mm×12.5mm、25mm×25mm、30mm×15mm、40mm×20mm 等。

与 PVC 槽配套的附件有：阳角、阴角、直转角、平三通、左三通、右三通、连接头、终端头、接线盒（暗盒、明盒）等，如图 3-329 所示。

2. 金属管和塑料管

金属管是用于分支结构或暗埋的线路，它的规格也有多种，以外径区分，单位为 mm。管的外形如图 3-330 所示。

工程施工中常用的金属管有：D16、D20、D25、D32、D40、D50、D63、D25、D110 等规格。

在金属管内穿线比线槽布线难度更大一些，在选择金属管时要注意管径选择大一点，一般管内填充物占 30%左右，以便于穿线。金属管还有一种是软管（俗称蛇皮管），供弯曲的地方使用。

塑料管产品分为 2 大类：即 PE 阻燃导管和 PVC 阻燃导管。

PE 阻燃导管是一种塑制半硬导管，按外径有 D16、D20、D25、D32 4 种规格。外观为白色，具有强度高、耐腐蚀、挠性好、内壁光滑等优点，明、暗装穿线兼用，它还以盘为单位，每盘重为 25kg。

PVC 阻燃导管是以聚氯乙烯树脂为主要原料，加入适量的助剂，经加工设备挤压成型的刚性导管，小管径 PVC 阻燃导管可在常温下进行弯曲。便于用户使用，按外径有

产品名称	图例	产品名称	图例	产品名称	图例
阳角		平三通		连接头	
阴角		顶三通		终端头	
直转角		左三通		接丝盒插口	
		右三通		灯口盒插口	

图 3-329 PVC-25 塑料线槽明敷安装配套附件（白色）

D16、D20、D25、D32、D40、D45、D63、D25、D110 等规格。

与 PVC 管安装配套的附件有：接头、螺圈、弯头、弯管弹簧；一通接线合、二通接线合、三通接线合、四通接线合、开口管卡、专用截管器、PVC 粘合剂等。

3. 桥架（如图 3-331 所示）

图 3-330 管外形

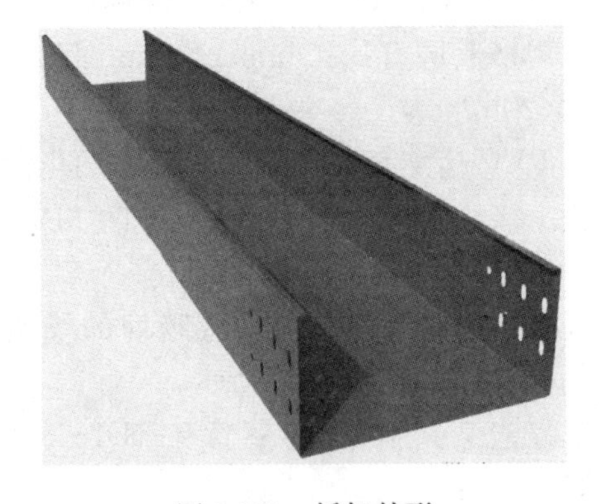

图 3-331 桥架外形

桥架是布线行业的一个术语，是建筑物内布线不可缺少的一个部分。桥架分为普通型桥架、重型桥架、槽式桥架。在普通桥架中还可分为普通型桥架，直边普通型桥架。

在普通桥架中，有以下主要配件供组合：梯架、弯通、三通、四通、多节二通、凸弯通、凹弯通、调高板、端向联结板、调宽板、垂直转角连接件、联结板、小平转角联结板、隔离板等。

在直通普通型桥架中有以下主要配件供组合：梯架、弯通、三通、四通、多节二通、凸弯通、凹弯通、盖板、弯通盖板、三通盖板、四通盖、凸弯通盖板、凹弯通盖板、花孔托盘、花孔弯通、花孔四通托盘、联结板垂直转角连接扳、小平转角联结板、端向连接板护板、隔离板、调宽板、端头挡板等。

重型桥架、槽式桥架在网络布线中很少使用，故不再叙述。

（二）线缆的槽、管敷设方法

槽的线缆敷设一般有 4 种方法。

1. 采用电缆桥架或线槽和预埋钢管结合的方式

（1）电缆桥架宜高出地面 2.2m 以上，桥架顶部距顶棚或其他障碍物不应小于 0.3m，桥架宽度不宜小于 0.1m，桥架内横断面的填充率不应超过 50%。

（2）在电缆桥架内缆线垂直敷设时，在缆线的上端应每间隔 1.5m 左右固定在桥架的支架上；水平敷设时，在缆线的首、尾、拐弯处每间隔 2～3m 处进行固定。

（3）电缆线槽宜高出地面 2.2m。在吊顶内设置时，槽盖开启面应保持 80mm 的垂直净空，线槽截面利用率不应超过 50%。

（4）水平布线时，布放在线槽内的缆线可以不绑扎，槽内缆线应顺直，尽量不交叉，缆线不应溢出线槽，在缆线进出线槽部位，拐弯处应绑扎固定。垂直线槽布放缆线应每间隔 1.5m 固定在缆线支架上。

（5）在水平、垂直桥架和垂直线槽中敷设线时，应对缆线进行绑扎。绑扎间距不宜大于 1.5m，扣间距应均匀，松紧适度。

预埋钢管如图 3-332 所示，它结合布放线槽的位置进行。

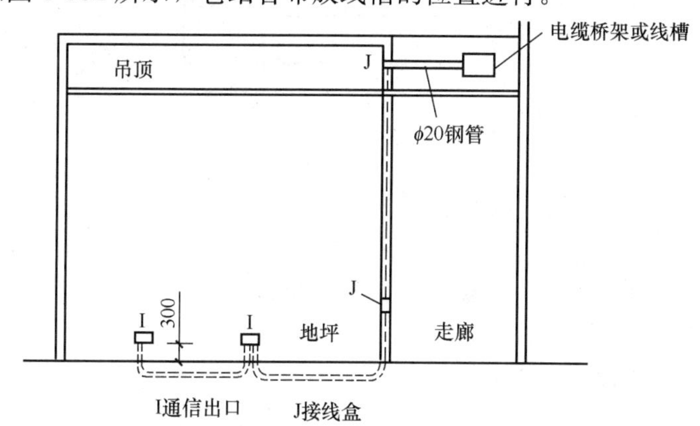

图 3-332　电缆桥架或线槽和预埋钢管结合进行的方式

设置缆线桥架和缆线槽支撑保护要求：

1）桥架水平敷设时，支撑间距一般为 1～1.5m，垂直敷设时固定在建筑物体上的间距宜小于 1.5m。

2）金属线槽敷设时，在下列情况下设置支架或吊架：线槽接头处；间距 1～1.5m；离开线槽两端口 0.5m 处；拐弯转角处。

3）塑料线槽槽底固定点间距一般为 0.8～1m。

2. 预埋金属线槽支撑保护方式

（1）在建筑物中预埋线槽可视不同尺寸，按一层或两层设置，应至少预埋两根以上，线槽截面高度不宜超过 25mm。

（2）线槽直埋长度超过 6m 或在线槽路由交叉、转变时宜设置拉线盒，以便于布放缆线和维修。

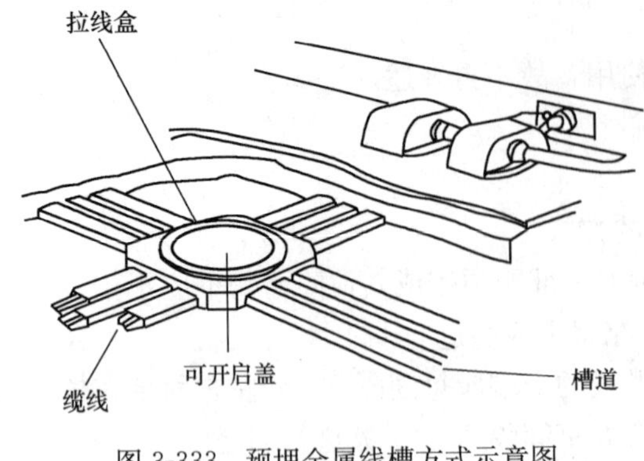

图 3-333 预埋金属线槽方式示意图

(3) 拉线盒盖应能开启，并与地面齐平，盒盖处应采取防水措施。

(4) 线槽宜采用金属管引入分线盒内。

(5) 预埋金属线槽方式如图 3-333 所示。

3. 预埋暗管支撑保护方式

(1) 暗管宜采用金属管，预埋在墙体中间的暗管内径不宜超过 50mm；楼板中的暗管内径宜为 15～25mm。在直线布管 30m 处应设置暗箱等装置。

(2) 暗管的转弯角度应大于 90°，在路径上每根暗管的转弯点不得多于两个，并不应有 S 弯出现。在弯曲布管时，在每间隔 15m 处应设置暗线箱等装置。

(3) 暗管转变的曲率半径不应小于该管外径的 6 倍，如暗管外径大于 50mm 时，不应小于 10 倍。

(4) 暗管管口应光滑，并加有绝缘套管，管口伸出部位应为 25～50mm。管口伸出部位要求如图 3-334 所示。

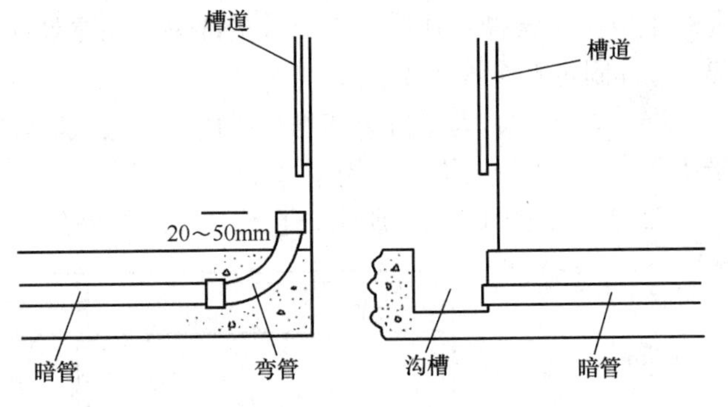

图 3-334 暗管出口部位安装示意图

4. 格形线槽和沟槽结合的保护方式

(1) 沟槽和格形线槽必须勾通。

(2) 沟槽盖板可开启，并与地面齐平，盖板和插座出口处应采取防水措施。

(3) 沟槽的宽度宜小于 600mm。

(4) 格形线槽与沟槽的构成如图 3-335 所示。

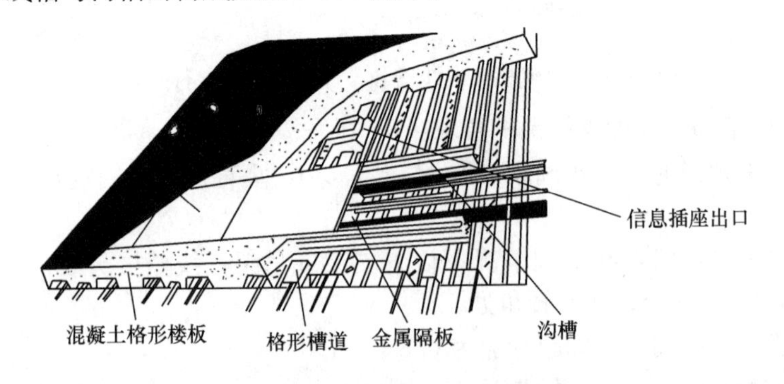

图 3-335 格形线槽与沟槽构成示意图

(5) 铺设活动地板敷设缆线时，活动地板内净空不应小于 150mm，活动地板内如果作为通风系统的风道使用时，地板内净高不应小于 300mm。

(6) 采用公用立柱作为吊顶支撑时，可在立柱中布放缆线，立柱支撑点宜避开沟槽和线槽位置，支撑应牢固。公用立柱布线方式如图3-336所示。

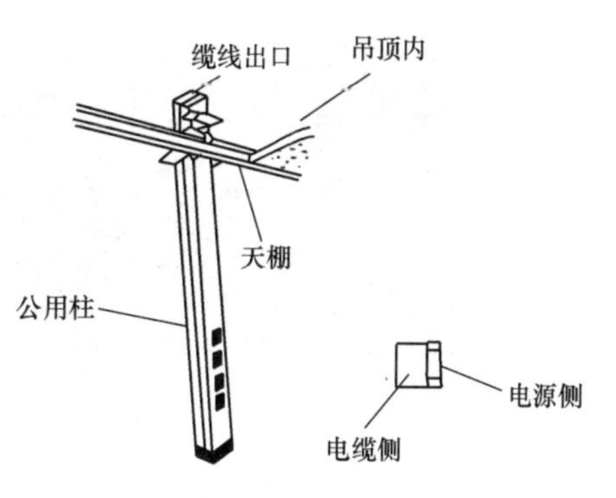

图3-336　公用立柱布线缆线方式示意图

（7）不同种类的缆线布线在金属槽内时，应同槽分隔（用金属板隔开）布放。金属线槽接地应符合设计要求。

干线子系统缆线敷设支撑保护应符合下列要求：

1）缆线不得布放在电梯或管道竖井中。

2）干线通道间应沟通。

3）竖井中缆线穿过每层楼板孔洞宜为矩形或圆形。矩形孔洞尺寸不宜小于300mm×100mm；圆形孔洞处应至少安装三根圆形钢管，管径不宜小于100mm。

（8）在工作区的信息点位置和缆线敷设方式未定的情况下，或在工作区采用地毯下布放缆线时，在工作区宜设置交接箱，每个交接箱的服务面积约为80cm^2。

二、线缆的槽、管敷设实训

1. 实训任务目的要求

（1）了解槽、管、桥架的安装技术，掌握线缆在槽里和梯级桥架上的敷设。

（2）掌握在预埋管中穿线技术。

（3）掌握垂直子系统中拉线技术。

（4）掌握常用布线工具的使用。

2. 实训设备、材料及工具准备

设备及材料：槽、管、梯级桥架及各种组件，双绞线缆等。

工具：电动工具、冲击钻、滑轮车、梯子、拉线绳、PVC线槽剪、电源线盘、弯管器等，如图3-337、图3-338所示。

1）线槽剪是PVC线槽专用剪。

2）电源线盘长度有20m、30m、50m等规格。

3）弯管器可用于金属管的弯曲。

4）充电起子既可当螺丝刀用，又能作电钻用，具有正反转快速变换按钮，使用灵活方便。

5）手电钻既能在金属型材上钻孔，也能用于木材、塑料上钻孔。

6）冲击电钻适用于在混凝土、预制板、瓷砖等建筑材料上钻孔、打洞。

7）电锤适用于在混凝土、岩石、砖石砌体等脆性材料上钻孔、开槽、凿毛等。

8）角磨机是一种用来磨平金属管、槽切割后留下的锯齿形毛边的工具。

9）型材切割机用于切割铁件，比如线管、线槽、固定支架等。

10）台钻用于在比较厚的金属构件上打孔，以便进行螺丝固定。

（1）钓鱼线是一根很长的玻璃纤维树脂线。它既柔软（可以穿过弯管和角落），又有刚性，可以拉着线缆穿过线管而不会断裂和打结。

（2）当大楼主干布线采用向上牵引的方法时，就需要用牵引机向上牵引线缆。图示的

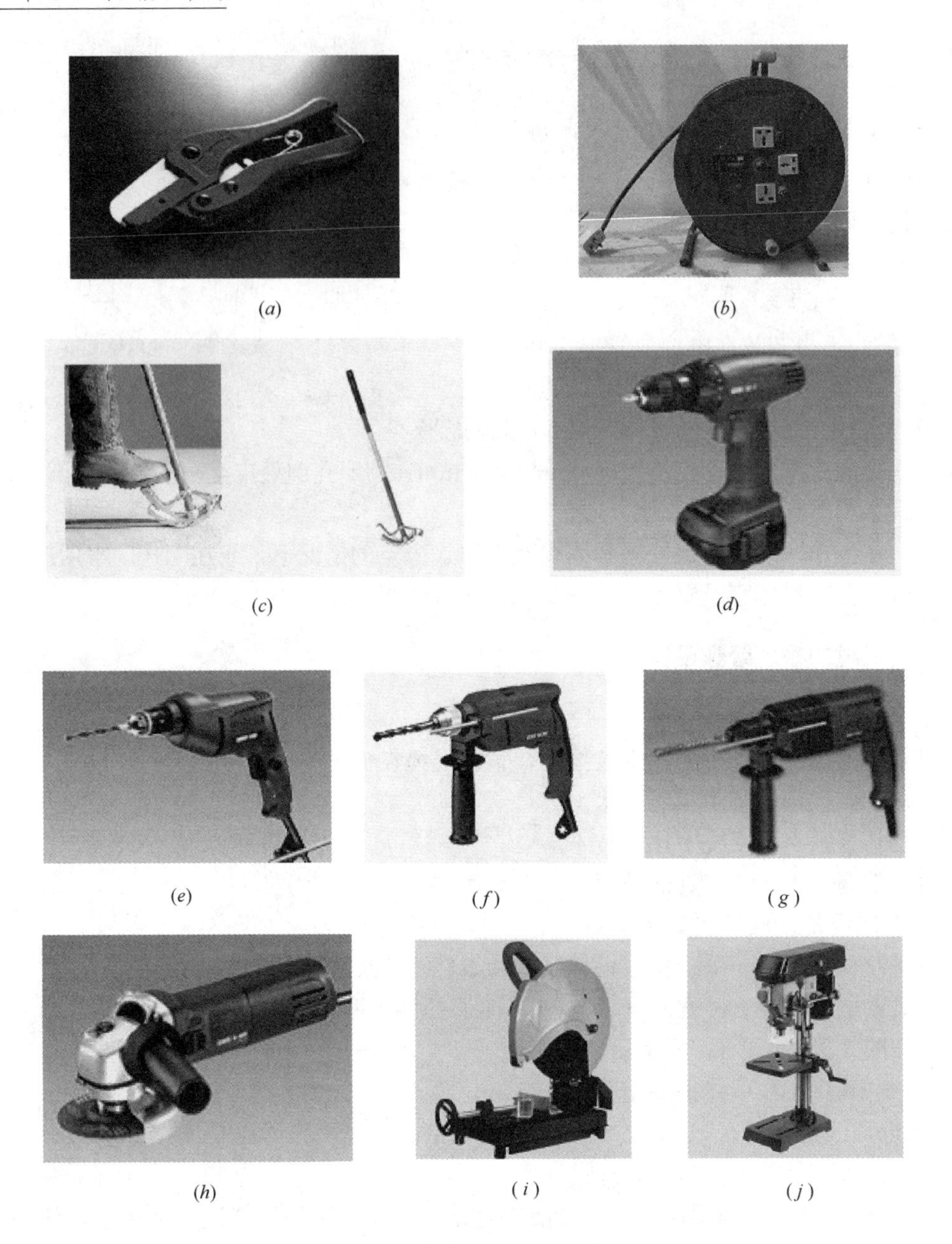

图 3-337 电工工具

(a) PVC线槽剪；(b) 电源线盘；(c) 弯管器；(d) 充电起子；(e) 手电钻；(f) 冲击电钻；(g) 电锤；(h) 角磨机；(i) 型材切割机；(j) 台钻

牵引机为电动式牵引机。

(3) 当大楼主干布线采用向下垂放的方法时，为了保护线缆，需要一个滑车轮，保证线缆从线缆卷轴拉出后经滑车轮平滑地往下放线。

3. 实训任务步骤

(1) 管槽施工实训

管槽安装的基本要求：

1) 管路的安装要求

图 3-338　线缆布放工具
(a) 钓鱼线；(b) 线轴支架；(c) 牵引机；(d) 滑轮车

①预埋暗敷管路应采用直线管道为好，尽量不采用弯曲管道，直线管道超过 30m 再需延长距离时，应置暗线箱等装置，以利于牵引敷设电缆时使用。如必须采用弯曲管道时，要求每隔 15m 处设置暗线箱等装置。

②暗敷管路如必须转弯时，其转弯角度应大于 90°。暗敷管路曲率半径不应小于该管路外径的 6 倍。要求每根暗敷管路在整个路由上需要转弯的次数不得多于两个，暗敷管路的弯曲处不应有折皱、凹穴和裂缝。

③明敷管路应排列整齐，横平竖直，且要求管路每个固定点（或支撑点）的间隔均匀。

④要求在管路中放有牵引线或拉绳，以便牵引线缆。

⑤在管路的两端应设有标志，其内容包含序号、长度等，应与所布设的线缆对应，以使布线施工中不容易发生错误。

2）桥架和槽道的安装要求

①桥架及槽道的安装位置应符合施工图规定，左右偏差不应超过 50mm。

②桥架及槽道水平度每延米偏差不应超过 2mm。

③垂直桥架及槽道应与地面保持垂直，并无倾斜现象，垂直度偏差不应超过 3mm。

④两槽道拼接处水平偏差不应超过 2mm。

⑤线槽转弯半径不应小于其槽内的线缆最小允许弯曲半径的最大值。

⑥吊顶安装应保持垂直，整齐牢固，无歪斜现象。

⑦金属桥架及槽道节与节间应接触良好，安装牢固。

⑧管道内应无阻挡，道口应无毛刺，并安置牵引线或拉线。

⑨为了实现良好的屏蔽效果，金属桥架和槽道接地体应符合设计要求，并保持良好的电气连接。

3）金属管的敷设

①金属管的加工要求

综合布线工程使用的金属管应符合设计文件的规定，表面不应有穿孔、裂缝和明显的凹凸不平，内壁应光滑，不允许有锈蚀。在易受机械损伤的地方和在受力较大处直埋时，应采用足够强度的管材。

金属管的加工应符合下列要求：

a. 为了防止在穿电缆时划伤电缆，管口应无毛刺和尖锐棱角。

b. 为了减小直埋管在沉陷时管口处对电缆的剪切力，金属管口宜做成喇叭形。

c. 金属管在弯制后，不应有裂缝和明显的凹瘪现象。弯曲程度过大，将减小金属管的有效管径，造成穿设电缆困难。

d. 金属管的弯曲半径不应小于所穿入电缆的最小允许弯曲半径。

e. 镀锌管锌层剥落处应涂防腐漆，可增加使用寿命。

②金属管切割套丝

在配管时，应根据实际需要长度，对管子进行切割。管子的切割可使用钢锯、管子切割刀或电动机切管机，严禁用气割。管子和管子连接，管子和接线盒、配线箱的连接，都需要在管子端部进行套丝。焊接钢管套丝，可用管子绞板（俗称代丝）或电动套丝机。硬塑料管套丝，可用圆丝板。套丝时，先将管子在管子压力上固定压紧，然后再套丝。若利用电动套丝机，可提高工效。套完丝后，应随时清扫管口，将管口端面和内壁的毛刺用锉刀锉光，使管口保持光滑，以免割破线缆绝缘护套。

③金属管弯曲

在敷设金属管时应尽量减少弯头。每根金属管的弯头不应超过3个，直角弯头不应超过2个，并不应有S弯出现。弯头过多，将造成穿电缆困难。对于较大截面的电缆不允许有弯头。当实际施工中不能满足要求时，可采用内径较大的管子或在适当部位设置拉线盒，以利线缆的穿设。金属管的弯曲一般都用弯管器进行。先将管子需要弯曲部位的前段放在弯管器内，焊缝放在弯曲方向背面或侧面，以防管子弯扁，然后用脚踩住管子，手扳弯管器进行弯曲，并逐步移动弯管器，使可得到所需要的弯度，弯曲半径应符合下列要求：

a. 明配时，一般不小于管外径的6倍；只有一个弯时，可不小于管外径的4倍；整排钢管在转弯处，宜弯成同心圆的弯。

b. 暗配时，不应小于管外径的6倍，敷设于地下或混凝土楼板内时，不应小于管外径的10倍。

④金属管的接连（如图3-339所示）

金属管连接应牢固，密封应良好，两管口应对准。套接的短套管或带螺纹的管接头的长度不应小于金属管外径的2.2倍。金属管的连接采用短套接时，施工简单方便；采用管接头螺纹连接则较为美观，保证金属管连接后的强度。无论采用哪一种方式均应保证牢固、密封。金属管进入信息插座的接线盒后，暗埋管可用焊接固定，管口进入盒的露出长度应小于5mm。明设管应用锁紧螺母或管帽固定，露出锁紧螺母的丝扣为2～4扣。引至配线间的金属管管口位置，应便于与线缆连接。并列敷设的金属管管口应排列有序，便于识别。

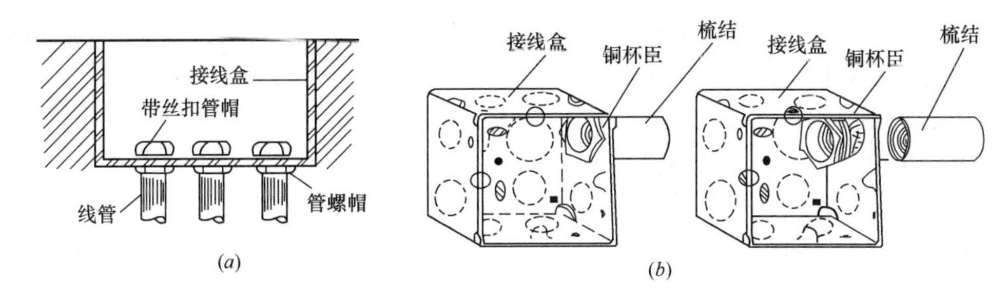

图 3-339 金属管的连接

(*a*) 金属管和接线盒连接；(*b*) 铜杯臣、梳结与接线盒连接

⑤金属管的暗设

预埋在墙体中间的金属管内径不宜超过 50mm，楼板中的管径宜为 15～25mm，直线布管 30m 处设置暗线盒。敷设在混凝土、水泥里的金属管，其地基应坚实、平整、不应有沉陷，以保证敷设后的线缆安全运行。金属管连接时，管孔应对准，接缝应严密，不得有水和泥浆渗入。管孔对准无错位，以免影响管路的有效管理，保证敷设线缆时穿设顺利。金属管道应有不小于 0.1％的排水坡度。建筑群之间金属管的埋没深度不应小于 0.8m；在人行道下面敷设时，不应小于 0.5m。属管内应安置牵引线或拉线。金属管的两端应有标记，表示建筑物、楼层、房间和长度。园区内距离较大的管道，应按通信管道要求建设，合理分配手井。

⑥金属管的明敷

金属管应用卡子固定。这种固定方式较为美观，且在需要拆卸时方便拆卸。金属的支持点间距，有要求时应按照规定设计。无设计要求时不应超过 3m。在距接线盒 0.3m 处，用管卡将管子固定。在弯头的地方，弯头两边也应用管卡固定。

光缆与电缆同管敷设时，应在暗管内预置塑料子管。将光缆敷设在子管内，使光缆和电缆分开布放。子管的内径应为光缆外径的 2.5 倍。

4）金属线槽（桥架）的安装

金属桥架多由厚度为 0.4～1.5mm 的钢板制成。与传统桥架相比，具有结构轻、强度高、外形美观、无需焊接、不易变形、连接款式新颖、安装方便等特点，它是敷设线缆的理想配套装置。

金属桥架分为槽式和梯式 2 类。槽式桥架是指由整块钢板弯制成的槽形部件；梯式桥架是指由侧边与若干个横档组成的梯形部件。桥架附件是用于直线段之间，直线段与弯通之间连接所必需的连接固定或补充直线段、弯通功能部件。支、吊架是指直接支承桥架的部件。它包括托臂、立柱、立柱底座、吊架以及其他固定用支架。

为了防止金属桥架腐蚀，其表面可采用电镀锌、烤漆、喷涂粉末、热浸镀锌、镀镍锌合金纯化处理或采用不锈钢板。我们可以根据工程环境、重要性和耐久性，选择适宜的防腐处理方式。一般腐蚀较轻的环境可采用镀锌冷轧钢板桥架；腐蚀较强的环境可采用镀镍锌合金纯化处理桥架，也可采用不锈钢桥架。综合布线中所用线缆的性能，对环境有一定的要求。为此，我们在工程中常选用有盖无孔型槽式桥架（简称线槽）。

①桥架安装要求

安装桥架应在土建工程基本结束以后，与其他管道（如风管、给排水管）同步进行，也可比其他管道稍迟一段时间安装。但尽量避免在装饰工程结束以后进行安装，造成敷设线缆的困难。安装桥架应符合下列要求：

桥架安装位置应符合施工图规定，左右偏差视环境而定，最大不超过 50mm。

桥架水平度每米偏差不应超过 2mm。

垂直桥架应与地面保持垂直，并无倾斜现象，垂直度偏差不应超过 3mm。

桥架节与节间用接头连接板拼接，螺丝应拧紧。两桥架拼接处水平偏差不应超过 2mm。

当直线段桥架超过 30m 或跨越建筑物时，应有伸缩缝。其连接宜采用伸缩连接板。

桥架转弯半径不应小于其槽内的线缆最小允许弯曲半径的最大者。

盖板应紧固。并且要错位盖槽板。

支吊架应保持垂直、整齐牢固、无歪斜现象。

为了防止电磁干扰，宜用辫式铜带把桥架连接到其经过的设备间，或楼层配线间的接地装置上，并保持良好的电气连接。

②水平子系统线缆敷设支撑保护要求

埋金属桥架支撑保护要求：

在建筑物中预埋桥架可为不同的尺寸，按一层或二层设备，应至少预埋二根以上，线槽截面高度不宜超过 25mm。桥架直埋长度超过 15m 或在桥架路由交叉、转变时宜设置拉线盒，以便布放线缆和维护。接线盒盖应能开启，并与地面齐平，盒盖处应采取防水措施。桥架宜采用金属引入分线盒内。

设置桥架支撑保护要求：

水平敷设时，支撑间距为 1.5～2m，垂直敷设时固定在建筑物构体上的间距宜小于 2m。金属桥架敷设时，在下列情况下设置支架或吊架。

a. 线槽接头处；

b. 间距 1.5～2m；

c. 离开线槽两端口 0.50m 处；

d. 转弯处。

桥架底固定点间距一般为 1m。

在活动地板下敷设线缆时，活动地板内净空不应小于 150mm。如果活动地板内作为通风系统的风道使用时，地板内净高不应小于 300mm。

采用公用立柱作为吊顶支撑柱时，可在立柱中布放线缆。立柱支撑点宜避开沟槽和线槽位置，支撑应牢固。

在工作区的信息点位置和线缆敷设方式未定的情况下，或在工作区采用地毯下布放线缆时，在工作区宜设置交接箱，每个交接箱的服务面积约为 80cm。

不同种类的线缆布放在金属线槽内，应同槽分室（用金属板隔开）布放。

5）PVC 塑料管的铺设

PVC 管一般是在工作区暗埋线管，操作时要注意两点：

管转弯时，弯曲半径要大，便于穿线。管内穿线不宜太多，要留有 50%以上的空间。

6）PVC 塑料槽的铺设

塑料槽的规格有多种，塑料槽的铺设从理性上讲类似金属槽，但操作上还有所不同。

具体表现为 3 种方式：

①在天花板吊顶打吊杆或托式桥架。

②在天花板吊顶外采用托架桥架铺设。

③在天花板吊顶外采用托架加配定槽铺设。

采用托架时，一般在 1m 左右安装一个托架。固定槽时一般 1m 左右安装固定点。固定点是指把槽固定的地方，根据槽的大小：

①25mm×20mm～25mm×30mm 规格的槽，一个固定点应有 2～3 个固定螺丝，并水平排列。

②25mm×30mm 以上的规格槽，一个固定点应有 3～4 固定螺丝，呈梯形状，使槽受力点分散分布。

除了固定点外应每隔 1m 左右，钻 2 个孔，用双绞线穿入，待布线结束后，把所布的双绞线捆扎起来。

水平干线、垂直干线布槽的方法是一样的，差别在一个是横布槽一个是竖布槽。

在水平干线与工作区交接处，不易施工时，可采用金属软管（蛇皮管）或塑料软管连接。

（2）线缆施工实训

在综合布线工程中，线缆布设是一项非常关键的工作，它关系到整个工程的质量问题。

1）线缆牵引技术

在线缆敷设之前，建筑物内的各种暗敷的管路和槽道已安装完成，因此线缆要敷设在管路或槽道内就必须使用线缆牵引技术。为了方便线缆牵引，在安装各种管路或槽道时已内置了一根拉绳（一般为钢绳），使用拉绳可以方便地将线缆从管道的一端牵引到另一端。

根据施工过程中敷设的电缆类型，可以使用三种牵引技术，即牵引 4 对双绞线电缆、牵引单根 25 对双绞线电缆、牵引多根 25 对或更多对线电缆。

①牵引 4 对双绞线电缆

主要方法是使用电工胶布将多根双绞线电缆与拉绳绑紧，使用拉绳均匀用力缓慢牵引电缆。具体操作步骤如下：

a. 将多根双绞线电缆的末端缠绕在电工胶布上，如图 3-340 所示；

b. 在电缆缠绕端绑扎好拉绳，然后牵引拉绳，如图 3-341 所示。

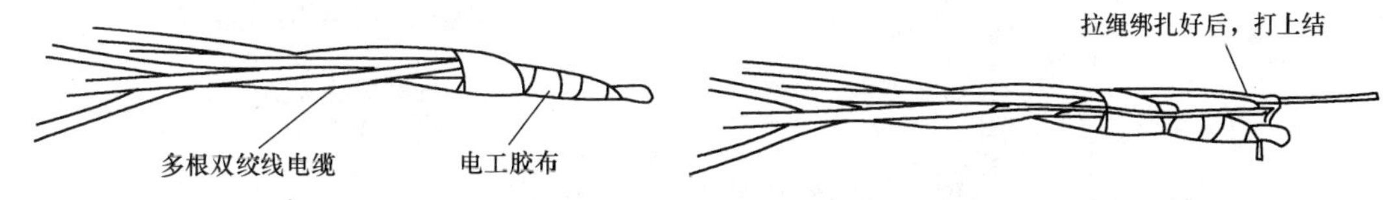

图 3-340 用电工胶布缠绕多根双绞线电缆的末端　　图 3-341 将双绞线电缆与拉绳绑扎固定

对双绞线电缆的另一种牵引方法也是经常使用的，具体步骤如下：

a. 剥除双绞线电缆的外表皮，并整理为两扎裸露金属导线，如图 3-342 所示。

b. 将金属导体编织成一个环，拉绳绑扎在金属环上，然后牵引拉绳，如图 3-343 所示。

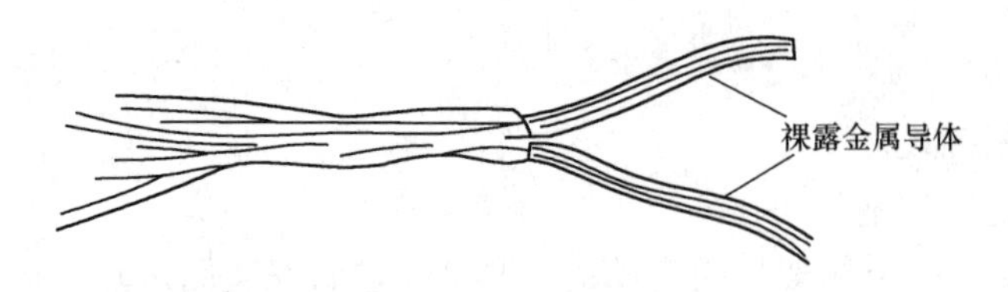

图 3-342 剥除电缆外表皮得到裸露金属导体

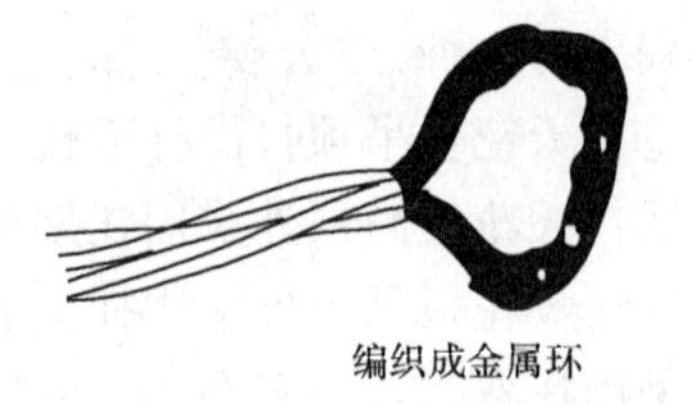

图 3-343 编织成金属环以供拉绳牵引

②牵引单根 25 对双绞线电缆

主要方法是将电缆末端编制成一个环，然后绑扎好拉绳后，牵引电缆，具体的操作步骤如下所示：

a. 将电缆末端与电缆自身打结成一个闭合的环，如图 3-344 所示。

b. 用电工胶布加固，以形成一个坚固的环，如图 3-345 所示。

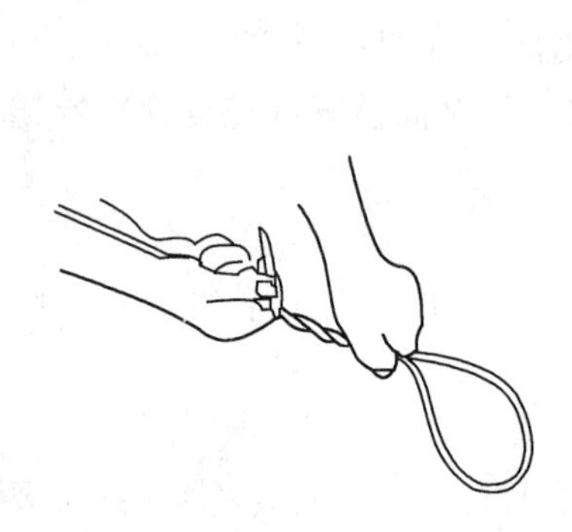

图 3-344 电缆末端与电缆自身打结为一个环

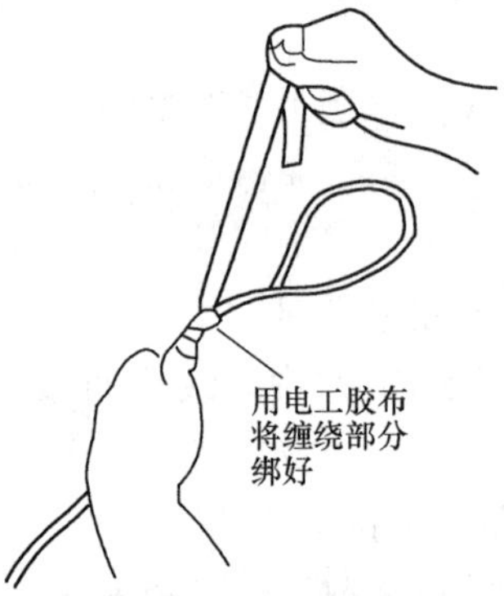

图 3-345 用电工胶布加固形成坚固的环

c. 在缆环上固定好拉绳，用拉绳牵引电缆，如图 3-346 所示。

③牵引多根 25 对双绞线电缆或更多线对的电缆

主要操作方法是将线缆外表皮剥除后，将线缆末端与拉绳绞合固定，然后通过拉绳牵引电缆，具体操作步骤如下：

a. 将线缆外皮表剥除后，将线对均匀分为两组线缆，如图 3-347 所示。

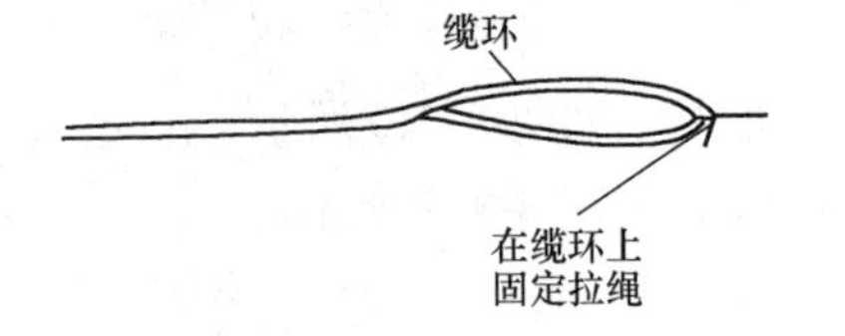

图 3-346 在缆环上固定好拉绳

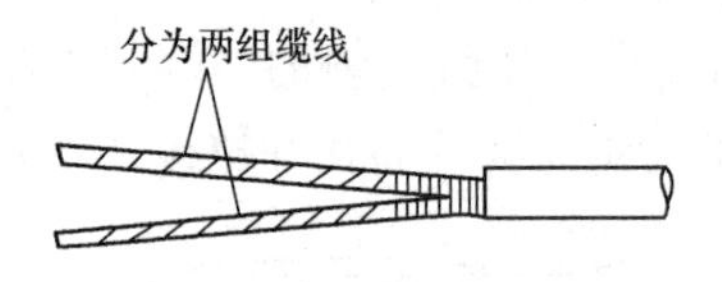

图 3-347 将电缆分为两组线缆

b. 将两组线缆交叉地穿过接线环，如图 3-348 所示；

c. 将两组线缆缠纽在自身电缆上，加固与接线环的连接，如图 3-349 所示。

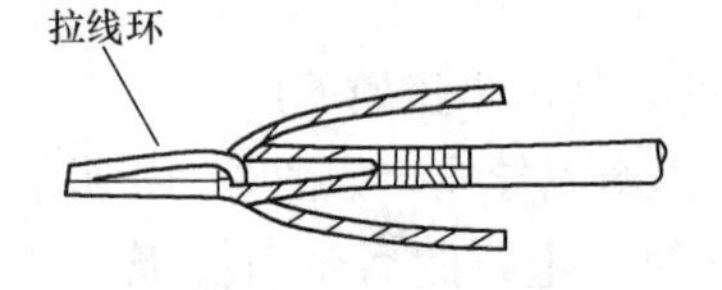

图 3-348 两组线缆交叉地穿过接线环

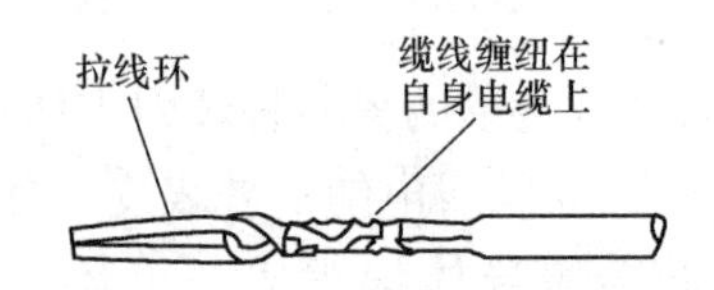

图 3-349 缆线缠纽在自身电缆上

d. 在线缆缠纽部分紧密缠绕多层电工胶布，以进一步加固电缆与接线环的连接，如图 3-350 所示。

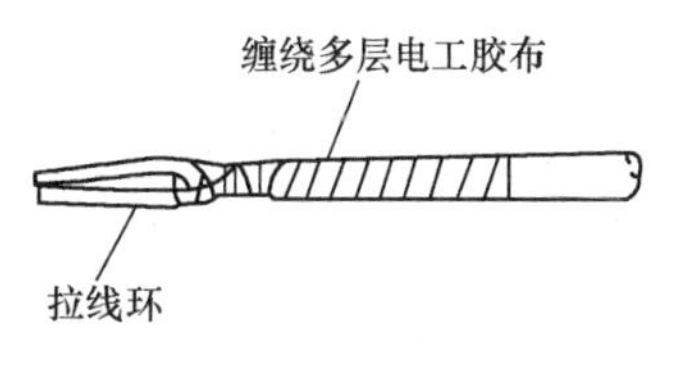

图 3-350　在电缆缠纽部分紧密缠绕电工胶布

2）水平电缆（配线电缆）布放

水平线缆在布设过程中，不管采用何种布线方式，都应遵循以下要求：

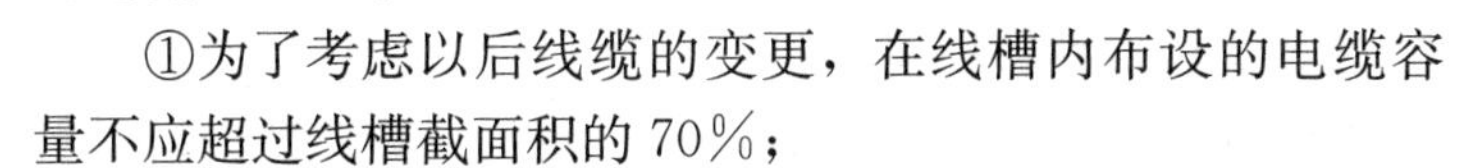

①为了考虑以后线缆的变更，在线槽内布设的电缆容量不应超过线槽截面积的 70%；

②水平线缆布设完成后，线缆的两端应贴上相应的标签，以识别线缆的来源地；

③非屏蔽 4 对双绞线缆的弯曲半径应至少为电缆外径的 4 倍，屏蔽双绞线电缆的弯曲半径应至少为电缆外径的 6～10 倍；

④线缆在布放过程中应平直，不得产生扭绞、打圈等现象，不应受到外力的挤压和损伤；

⑤线缆在线槽内布设时，要注意与电力线等电磁干扰源的距离要达到规范的要求；

⑥线缆在牵引过程中，要均匀用力缓慢牵引，线缆牵引力度规定如下：

a. 一根 4 对双绞线电缆的拉力为 100N；

b. 二根 4 对双绞线电缆的拉力为 150N；

c. 三根 4 对双绞线电缆的拉力为 200N；

d. 不管多少根线对电缆，最大拉力不能超过 400N。

①管道布线

管道一般从交接间埋到信息插座安装孔。管道布线是在浇筑混凝土时已把管道预埋在地板中，管道内有牵引电缆的钢丝或铁丝，施工人员只需索取管道图纸来了解地板的布线管道，确定路径。

②吊顶内布线

天花板吊顶内布线方式是水平布线中最常使用的方式。这种布线方式较适合于新建的建筑物布线施工。天花板吊顶内布线方式的具体施工步骤如下：

a. 根据建筑物的结构确定布线路由。

b. 沿着所设计的布线路由，打开天花板吊顶，用双手推开每块镶板，如图 3-351 所示。楼层布线的信息点较多的情况下，多根水平线缆会较重，为了减轻线缆对天花板吊顶的压力，可使用 J 形钩、吊索及其他支撑物来支撑线缆。

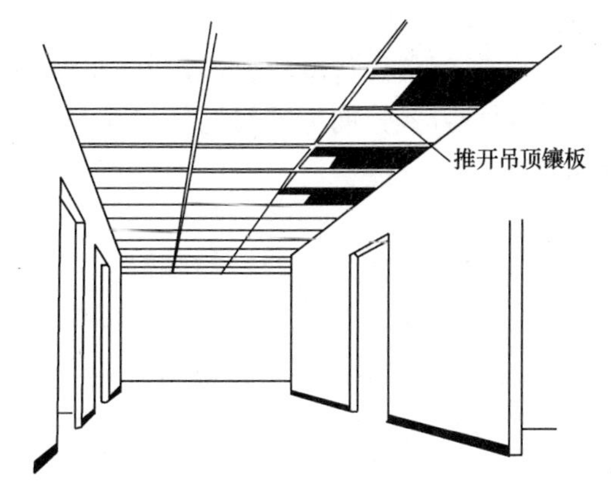

图 3-351　打开天花板吊顶的镶板

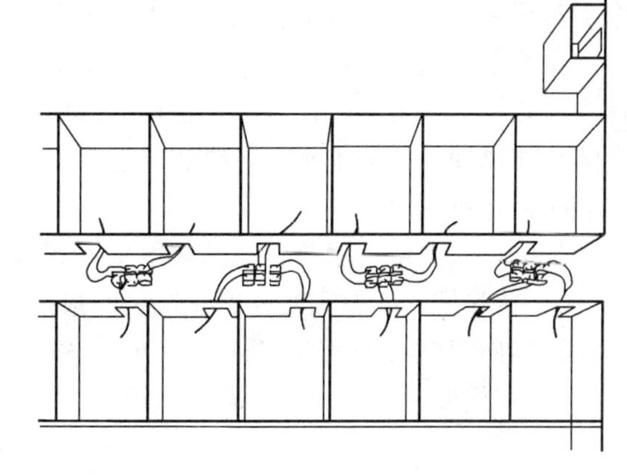

图 3-352　分组堆放电缆箱

c. 假设一楼层内共有12个房间，每个房间的信息插座安装两条UTP电缆，则共需要一次性布设24条UTP电缆。为了提高布线效率，可将24箱线缆放在一起并使线缆接管嘴向上，如图3-352所示分组堆放在一起，每组有6个线缆箱，共有4组。

d. 为了方便区分电缆，在电缆的末端应贴上标签以注明来源地，在对应的线缆箱上也写上相同的标注。

e. 在离楼层管理间最远的一端开始，拉到管理间。

f. 电缆从信息插座布放到管理间并预留足够的长度后，从线缆箱一端切断电缆，然后在电缆末端上贴上标签并标注上与线缆箱相同的标注信息。

③墙壁线槽布线

墙壁线槽布线方法一般按如下步骤施工：

a. 确定布线路由。

b. 沿着布线路由方向安装线槽，线槽安装要讲究直线美观。

c. 线槽每隔50cm要安装固定螺钉。

d. 布放线缆时，线槽内的线缆容量不超过线槽截面积的70%。

e. 布放线缆的同时盖上线槽的塑料槽盖。

3）干线电缆布放

主干线缆布线施工过程，要注意遵守以下要求：

a. 应采用金属桥架或槽道敷设主干线缆，以提供线缆的支撑和保护功能，金属桥架或槽道要与接地装置可靠连接；

b. 在智能建筑中有多个系统综合布线时，要注意各系统使用的线缆的布设间距要符合规范要求；

c. 在线缆布放过程中，线缆不应产生扭绞或打圈等有可能影响线缆本身质量的现象；

d. 线缆布放后，应平直处于安全稳定的状态，不应受到外界的挤压或遭受损伤而产生故障；

e. 在线缆布放过程中，布放线缆的牵引力不宜过大，应小于线缆允许的拉力的80%，在牵引过程中要防止线缆被拖、蹭、磨等损伤；

f. 主干线缆一般较长，在布放线缆时可以考虑使用机械装置辅助人工进行牵引，在牵引过程中各楼层的人员要同步牵引，不要用力拽拉线缆。

干线电缆提供了从设备间到每个楼层的水平子系统之间信号传输的通道，主干电缆通常安装在竖井通道中。在竖井中敷设干线电缆一般有两种方式：向下垂放电缆和向上牵引电缆。相比而言，向下垂放电缆比向上牵引电缆要容易些。

①向下垂放电缆

如果干线电缆经由垂直孔洞向下垂直布放，则具体操作步骤如下：

a. 首先把线缆卷轴搬放到建筑物的最高层；

b. 在离楼层的垂直孔洞处3～4m处安装好线缆卷轴，并从卷轴顶部馈线；

c. 在线缆卷轴处安排所需的布线施工人员，每层上要安排一个工人以便引寻下垂的线缆；

d. 开始旋转卷轴，将线缆从卷轴上拉出；

e. 将拉出的线缆引导进竖井中的孔洞。在此之前先在孔洞中安放一个塑料的套状保护物，以防止孔洞不光滑的边缘擦破线缆的外皮，如图 3-353 所示；

f. 慢慢地从卷轴上放缆并进入孔洞向下垂放，注意不要快速地放缆；

g. 继续向下垂放线缆，直到下一层布线工人能将线缆引到下一个孔洞；

h. 按前面的步骤，继续慢慢地向下垂放线缆，并将线缆引入各层的孔洞。

如果干线电缆经由一个大孔垂直向下布设，就无法使用塑料保护套，最好使用一个滑车轮，通过它来下垂布线，具体操作如下：

a. 在大孔的中心上方安装上一个滑轮车，如图 3-354 所示；

b. 将线缆从卷轴拉出并绕在滑轮车上；

c. 按上面所介绍的方法牵引线缆穿过每层的大孔，当线缆到达目的地时，把每层上的线缆绕成卷放在架子上固定起来，等待以后的端接。

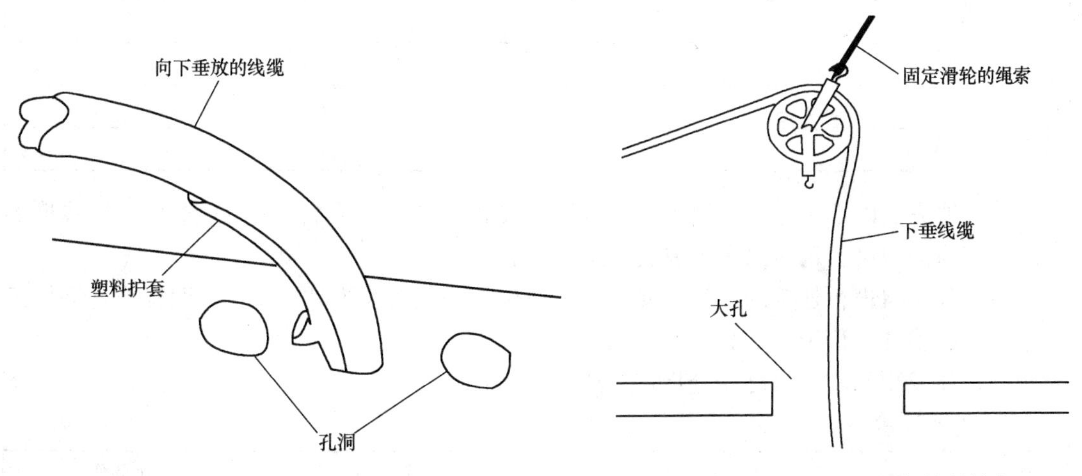

图 3-353　在孔洞中安放塑料保护套　　图 3-354　在大孔上方安装滑轮车

②向上牵引电缆

向上牵引线缆可借用电动牵引绞车将干线电缆从底层向上牵引到顶层，如图 3-355 所示。具体的操作步骤如下：

a. 先往绞车上穿一条拉绳；

b. 启动绞车，并往下垂放一条拉绳，拉绳向下垂放直到安放线缆的底层；

c. 将线缆与拉绳牢固地绑扎在一起；

d. 启动绞车，慢慢地将线缆通过各层的孔洞向上牵引；

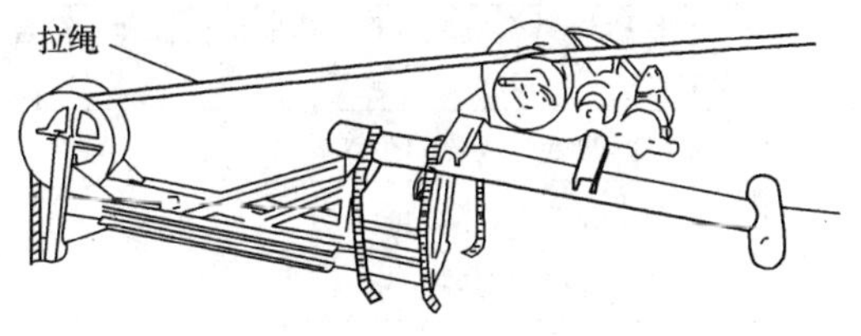

图 3-355　电动牵引绞车向上牵引线缆

e. 线缆的末端到达顶层时，停止绞车；

f. 在地板孔边沿上用夹具将线缆固定好；

g. 当所有连接制作好之后，从绞车上释放线缆的末端。

4. 实训任务内容

(1) 请列出本次实训所需设备名称、型号、数量。

序号	名　　称	型　　号	数　　量

（2）列出本次实训所需的工具。

序号	名　　称	型　　号	数　　量

（3）请完成以下任务：干线子系统桥架的安装；水平子系统PVC线管、PVC线槽的安装；线缆的敷设。请写出小组成员分工情况。

（4）分小组进行任务的实施。要求正确使用相关设备及工具，安全文明操作，现场工具设备摆放整齐，请记录下具体的实训过程。

（5）如发现问题，自己先分析查找故障原因，并进行记录。

5. 实训评价

序号	评价项目及标准	自评	互评	教师评分
1	设备材料清单罗列清楚5分			
2	工具清单罗列清楚5分			
3	金属线槽安装到位，符合规范要求15分			
4	水平PVC线槽安装美观，符合规范要求15分			
5	水平PVC线管安装合理，弯曲半径合理，符合规范要求15分			
6	能规范的进行线缆的布放20分			
7	能否正确进行故障判断5分			
8	现场工具摆放整齐5分			
9	工作态度5分			
10	安全文明操作5分			
11	场地整理5分			
12	合计100分			

6. 实训展示

将实训结果进行展示。能用专业的语言对整个实训过程进行描述。

任务六　光纤熔接实训

一、基础理论知识

（一）认识光纤、光缆

1. 光纤

光纤是光导纤维的简称，光导纤维是一种传输光束的细而柔韧的媒质。光导纤维线缆由一捆光导纤维组成，简称为光纤。

典型的光纤结构自内向外为纤芯、包层及涂覆层，如图 3-356 所示。

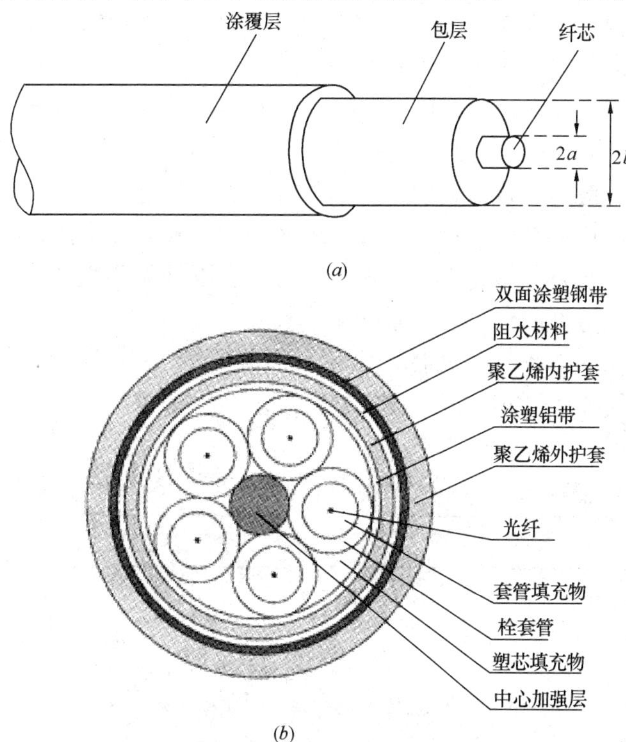

图 3-356　光纤、光缆结构

(a) 光纤结构；(b) 典型的光缆结构

纤芯和包层是不可分离的，合起来组成裸光纤，主要决定光纤的光学特性和传输特性。

常见的 62.5/125μm 多模光纤，是指纤芯的外径是 62.5μm，加上包层后外径是 125μm。而单模光纤的纤芯外径通常是 4～10μm，包层外径依然是 125μm。

套塑后的光纤（称为芯线）还不能在工程中使用，必须把若干根光纤疏松地置于特制的塑料绑带或铝皮内，再涂覆塑料或用钢带铠装，加上外护套后才成光缆。

光缆是数据传输中最有效的一种传输介质，

它有以下几个优点：

1）光纤通信的频带很宽，理论可达30亿兆赫兹。

2）电磁绝缘性能好。

3）衰减较小。

4）需要增设光中继器的间隔距离较大，因此整个通道当中中继器的数目可以减少，降低成本。

5）重量轻，体积小，适用的环境温度范围宽，使用寿命长。

6）光纤通讯不带电，使用安全，可用于易燃，易爆场所。

7）抗化学腐蚀能力强，适用于一些特殊环境下的布线。

按光在光纤中的传输模式分，光缆可分为单模光缆和多模光缆两种，如图3-357所示。

所谓“模”是指以一定角速度进入光纤的一束光。单模光纤采用固体激光器作为光源，多模光纤则采用发光二极管作为光源。

多模光纤允许多束光在光纤中同时传播，从而形成模分散，模分散技术限制了多模光纤的带宽和距离，因此，多模光纤的芯线粗、传输速度低、距离短、整体的传输性能差，但其成本比较低，一般用于建筑物内或地理位置相邻的环境。

单模光纤只能允许一束光传播，所以单模光纤没有模分散特性，因而，单模光纤的纤芯相应较细、传输频带宽、容量大、传输距离长，但因其需要激光源，故成本较高，通常在建筑物之间或地域分散时使用。

国内计算机网络一般采用的纤芯直径为62.5μm，包层为125μm，也就是通常所说的62.5μm。另一种纤芯直径为50μm。

单模光纤芯径为8～10μm，包层直径为125μm。

在导入波长上，单模为1310nm和1550nm、多模为850nm和1300nm

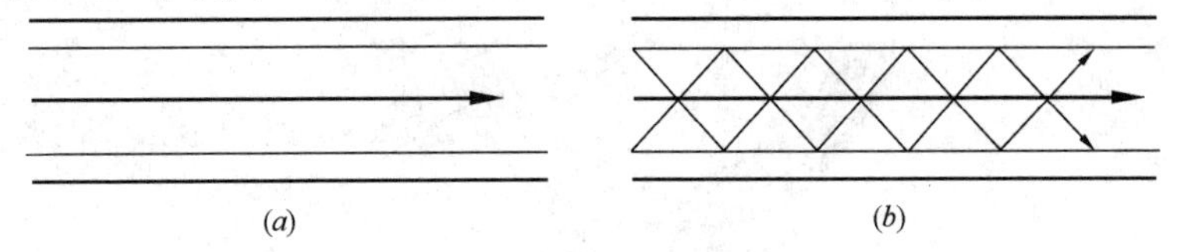

图3-357 单模光纤、多模光纤
(*a*) 单模光纤；(*b*) 多模光纤

按照纤芯直径可划分为以下几种：

1）50/125（μm）缓变型多模光纤；

2）62.5/125（μm）缓变增强型多模光纤；

3）10/125（μm）缓变型单模光纤。

按照光纤芯的折射率分布可分为以下几种：

1）阶跃型光纤（StepIndexFiber，SIF）；

2）梯度型光纤（GriendedIndexFiber，GIF）；

3）环形光纤（RingFiber）；

4）W形光纤。

2. 光缆

光纤传输系统中直接使用的是光缆而不是光纤。光纤最外面常有 100μm 厚的缓冲层或套塑层，套塑层的材料大都采用尼龙、聚乙烯或聚丙烯等塑料。套塑后的光纤（称为芯线）还不能在工程中使用，必须把若干根光纤疏松地置于特制的塑料绑带或铝皮内，再被涂覆塑料或用钢带铠装，加上外护套后才成光缆。

一根光缆由一根直至多根光纤组成，外面再加上保护层。光缆中有 1 根光纤（单芯）、2 根光纤（双芯）、4 根光纤、6 根光纤、甚至更多光纤的（48 根光纤、1000 根光纤），一般单芯光缆和双芯光缆用于光纤跳线，多芯光缆用于室内室外的综合布线。

光缆的分类：

1）按敷设方式分有：架空光缆、管道光缆、铠装地埋光缆、水底光缆和海底光缆等。

2）按光缆结构分有：束管式光缆，层绞式光缆，紧抱式光缆，带式光缆，非金属光缆和可分支光缆等。

3）按用途分有：长途通讯用光缆、短途室外光缆、室内光缆和混合光缆等。

（二）光纤连接器件

一条光纤链路，除了光纤外还需要各种不同的硬件部件，其中一些用于光纤连接，另一些用于光纤的整合和支撑。

光纤的连接主要在配线间完成，它的连接是这样完成的：光缆敷设至配线间后连至光纤配线架（光纤终端盒），光缆与一条光纤尾纤熔接，尾纤的连接器插入光纤配线架上的光纤耦合器的一端，耦合器的另一端用光纤跳线连接，跳线的另一端通过交换机的光纤接口或光纤收发器与交换机相连，从而形成一条通信链路。

1. 光纤配线设备

光纤配线设备是光缆与光通信设备之间的配线连接设备，用于光纤通信系统中光缆的成端和分配，可方便地实现光纤线路的熔接、跳线、分配和调度等功能。

光纤配线架有机架式光纤配线架、光纤接续盒、挂墙式光缆终端盒和光纤配线箱等类型，可根据光纤数量和用途加以选择，如图 3-358～图 3-360 所示。

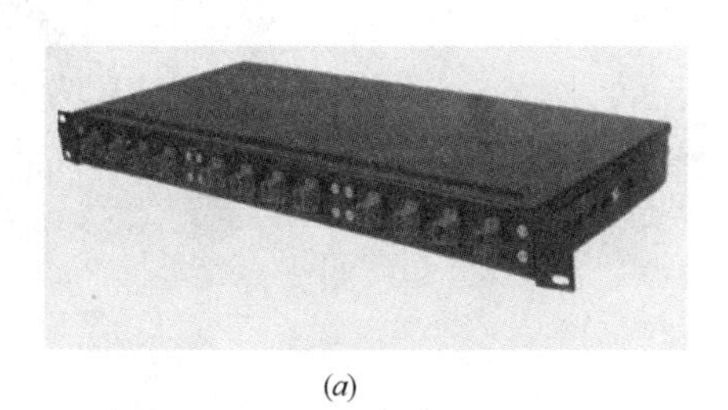

(a)

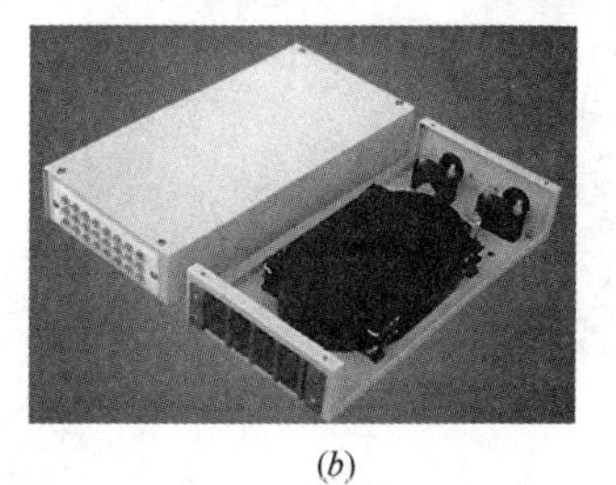

(b)

图 3-358　光纤配线架

(a) 机架式光纤配线架；(b) 挂墙式光纤配线架

2. 光纤连接器（Fiber Connector）（如图 3-361 所示）

光纤连接器是光纤系统中使用最多的光纤无源器件，是用来端接光纤的，光纤连接器的首要功能是把两条光纤的芯子对齐，提供低损耗的连接。

光纤连接器按连接头结构可分为：FC、SC、ST、LC、D4、DIN、MU、MT 等各种形式。

按光纤端面形状分有 FC、PC（包括 SPC 或 UPC）和 APC 型；按光纤芯数分还有单

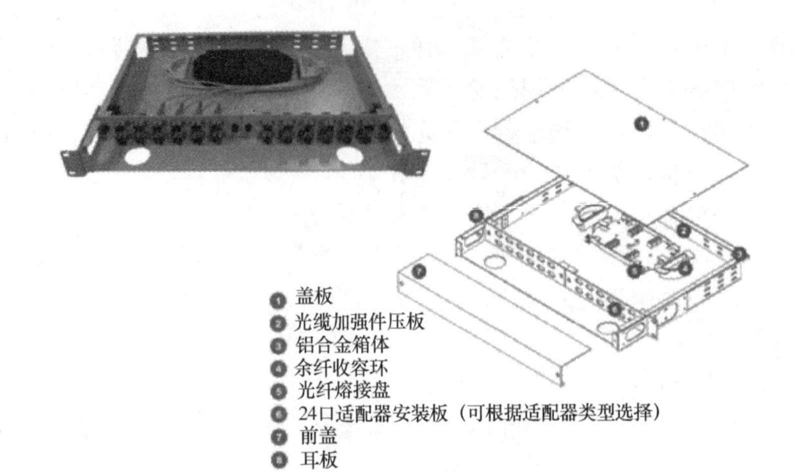

图 3-359 光纤配线架内部结构

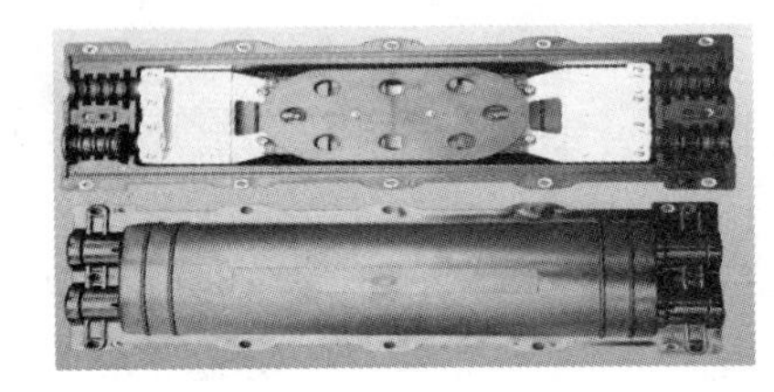

图 3-360 光纤接续盒

芯、多芯（如 MT-RJ）型光纤连接器之分。

传统主流的光纤连接器品种是 FC 型（螺纹连接式）、SC 型（直插式）和 ST 型（卡扣式）3 种，它们的共同特点是都有直径为 2.5mm 的陶瓷插针，这种插针可以大批量地进行精密磨削加工，以确保光纤连接的精密准直。插针与光纤组装非常方便，经研磨抛光后，插入损耗一般小于 0.2dB。

小型化（SFF）光纤连接器是为了满足用户对连接器小型化、高密度连接的使用要求而开发出来的。它压缩了整个网络中面板、墙板及配线箱所需要的空间，使其占有的空间只相当传统 ST 和 SC 连接器的一半。而且在光纤通信中，连接光缆时都是成对儿使用的，即一个输出（Output，也为光源），一个输入（Input，光检测器）。如果在使用时，能够

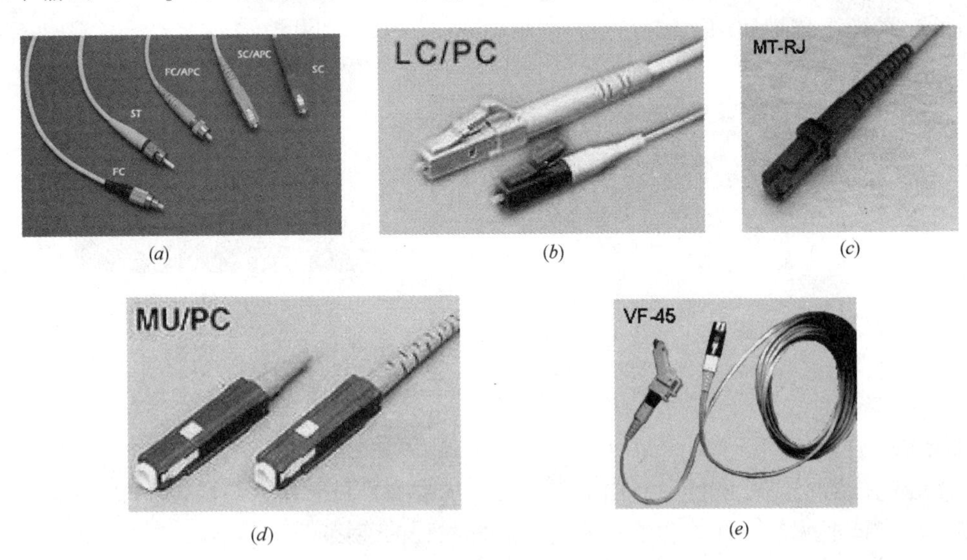

(*a*) (*b*) (*c*) (*d*) (*e*)

图 3-361 光纤连接器

(*a*) FC/SC/ST 型光纤连接器；(*b*) LC 型光纤连接器；(*c*) MT-RJ 型光纤连接器；(*d*) MU 型光纤连接器；(*e*) VolitionVF-45 型光纤连接器

成对一块儿使用而不用考虑连接的方向，而且连接简捷方便，有助于网络连接。SFF光纤连接器已受到越来越受到用户的喜爱，大有取代传统主流光纤连接器FC、SC和ST的趋势。因此小型化是光纤连接器的发展方向。

3. 光纤跳线（如图3-362所示）

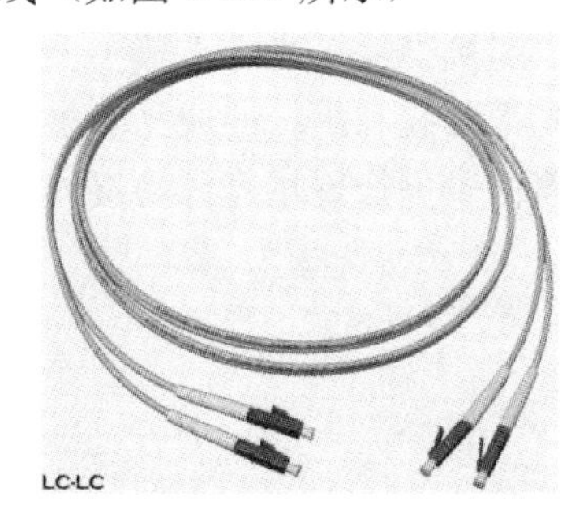

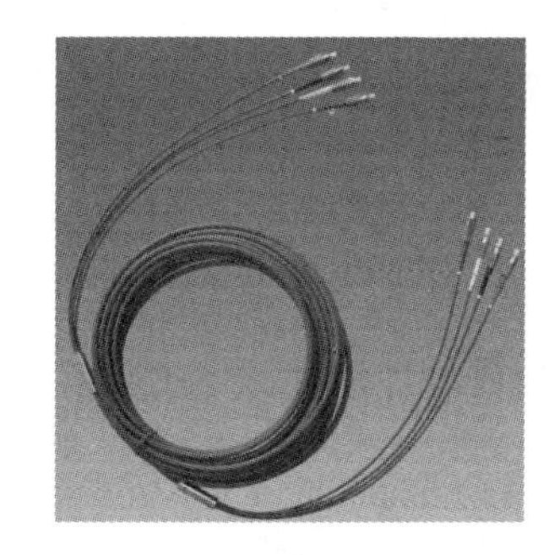

图3-362 光纤跳线

4. 光纤尾线（如图3-363所示）

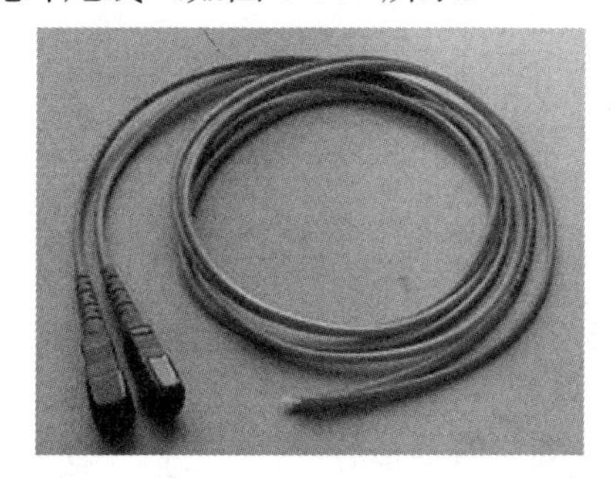

图3-363 光纤尾线

5. 光纤适配器（耦合器）

光纤适配器（FiberAdapter）又称光纤耦合器，它的作用是将两个光纤接头对准并固定，以实现两个光纤接头端面的连接。光纤耦合器的规格与所连接的光纤接头有关。常见的光纤接头有：SC型和ST型。光纤耦合器分为：ST型、SC型和FC型等。如图3-364所示。

（三）光纤的连接

光纤具有高带宽、传输性能优良、保密性好等优点，广泛应用于综合布线系统中。建筑群子系统、干线子系统等经常采用光缆作为传输介质，因此在综合布线工程中往往会遇到光缆端接的场合。光纤连接有接续和端接两种方式。

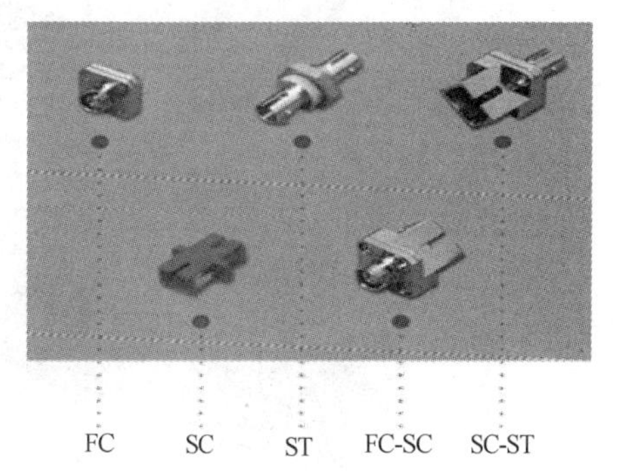

图3-364 光纤适配器

光纤接续是指两段光纤之间的永久连接。光纤接续分为机械接续和熔接两种方法。

机械接续是把两根切割清洗后的光纤通过机械连接部件结合在一起，机械接续部件是一个把两根光纤集中在一起并把它们接续在一起的设备，机械接续可以进行调谐以减少两条光纤间的连接损耗。

光纤熔接是在高压电弧下把两根切割清洗后的光纤连接在一起，熔接时要把两光纤的接头熔化后接为一体。光纤熔接机是专门用于光纤熔接的工具。目前工程中主要采用操作方便、接续损耗低的熔接连接方式。

光纤端接是把光纤连接器与一根光纤接续然后磨光的过程。光纤端接时要求连接器接续和对光纤连接器的端头磨光操作正确，以减少连接损耗。光纤端接主要用于制作光纤跳线和光纤尾纤，目前市场上端接各型连接器的光纤跳线和尾纤的成品繁多，所以现在综合布线工程中普通选用现成的光纤跳线和尾纤，而很少进行现场光纤端接连接器。

因此本部分实训主要以光纤的熔接为主。

二、光纤的熔接实训操作

1. 实训任务目的要求

（1）认识各种光纤连接器，了解光纤熔接机的保养与维护，学习光纤配线盒的安装标准。

（2）掌握光纤的切割技术。

（3）学习熔接机的操作，掌握光纤熔接技术。

（4）熟悉光纤耦合器的种类和安装方法。

（5）掌握光纤配线架的安装。

2. 实训设备、材料及工具准备

设备及材料：单模/多模光纤若干、光纤配线架、光纤耦合器、熔接尾纤、热缩套管等。

工具：光纤剥线钳、光纤切割机、光纤熔接机、光纤陶瓷剪刀、光纤接头清洁组、OTDR测试仪等。

1）光纤剥线钳主要用于剥离单根光纤的保护层，使裸纤无损露出，以便光纤成端或接头用。

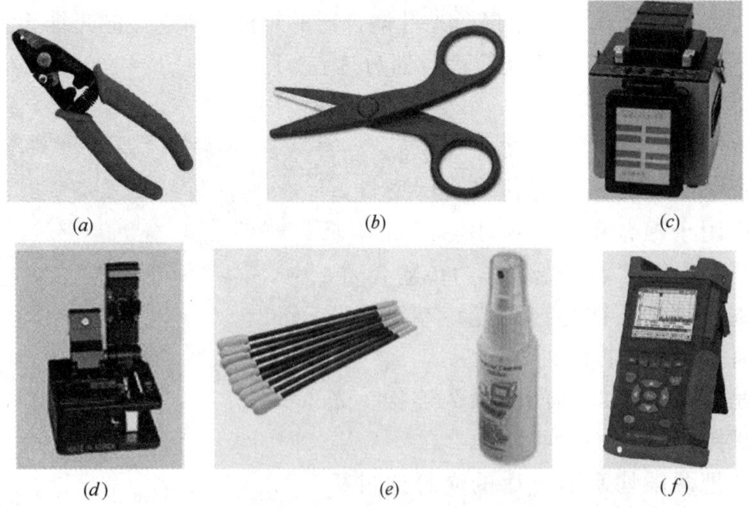

图3-365　光纤熔接工具

（*a*）光纤剥线钳；（*b*）光纤陶瓷剪刀；（*c*）光纤熔接机；（*d*）光纤切割机；（*e*）光纤接头清洁组；（*f*）OTDR测试仪

2）光纤陶瓷剪刀用于切断和修理光纤外的凯芙拉线。

3）光纤熔接机采用芯对芯标准系统设计，能进行光纤的快速、全自动熔接。

4）光纤切割机用于光纤的精密切割；光纤切割笔用于光纤的简易切割。

5）光纤接头清洁组用于光纤接头快速清洁，鹿皮擦拭棒使用后不留残屑。

6）OTDR测试仪为光时域反射仪（OTDR：Optical Time Domain Reflectometer），其原理是：往光纤中传输光脉冲时，由于在光纤中散射的微量光，返回光源侧后，可以利用时基来观察反射的返回光程度。它被广泛应用于光缆线路的维护、施工之中，可进行光纤长度、光纤的传输衰减、接头衰减和故障定位等的测量。

3. 实训任务步骤

光纤连接采用熔接方式。熔接是通过将光纤的端面熔化后将两根光纤连接到一起的，这个过程与金属线焊接类似，通常要用电弧来完成。熔接的示意图如图3-366。

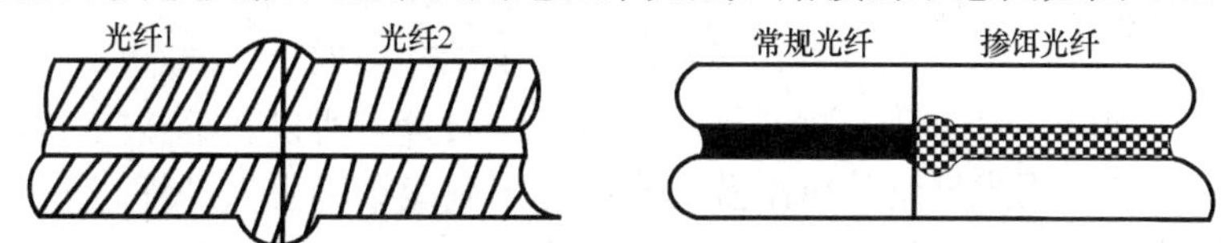

图3-366 光纤熔接示意图

熔接连接光纤不产生缝隙，因此不会引入反射损耗，入射损耗也很小，在0.01～0.15dB之间。在光纤进行熔接前要把它的涂敷层剥离。机械接头本身是保护连接的光纤的护套，但熔接在连接处却没有任何的保护。因此，熔接光纤设备包括重新涂敷器，它涂敷熔接区域。作为选择的另一种方法是，我们使用熔接保护套管。它们是一些分层的小管，其基本结构和通用尺寸如图3-367。

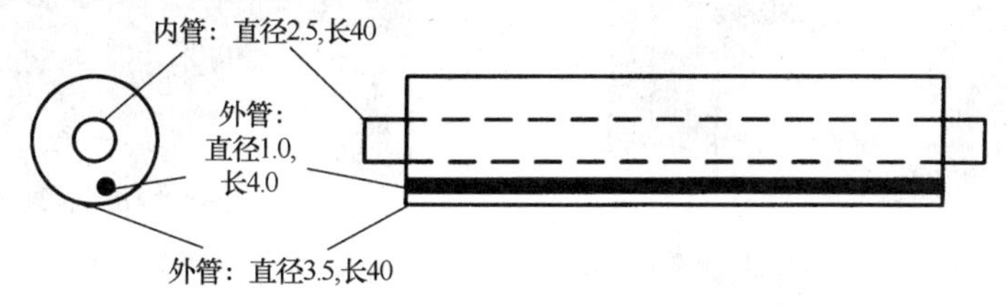

图3-367 光纤熔接保护套管的基本结构和通用尺寸

将保护套管套在接合处，然后对它们进行加热。内管是由热缩材料制成的，因此这些套管就可以牢牢地固定在需要保护的地方，加固件可避免光纤在这一区域受到弯曲。

（1）光纤熔接的过程和步骤

1）开剥光缆，并将光缆固定到接续盒内。

在开剥光缆之前应去除施工时受损变形的部分，使用专用开剥工具，将光缆外护套开剥长度1m左右。如遇铠装光缆时，用老虎钳将铠装光缆护套里护缆钢丝夹住，利用钢丝将线缆外护套开剥，并将光缆固定在接续盒内，用卫生纸将油膏擦拭干净后，穿入接续盒。固定钢丝时一定要压紧，不能有松动。否则，有可能造成光缆打滚折断纤芯。注意，剥光缆时不能伤到束管。

注意事项：在剥除光纤的套管时要使套管长度足够伸进容纤盘内，并有一定的滑动余地，使得翻动纤盘时避免套管口上的光纤受到损伤。

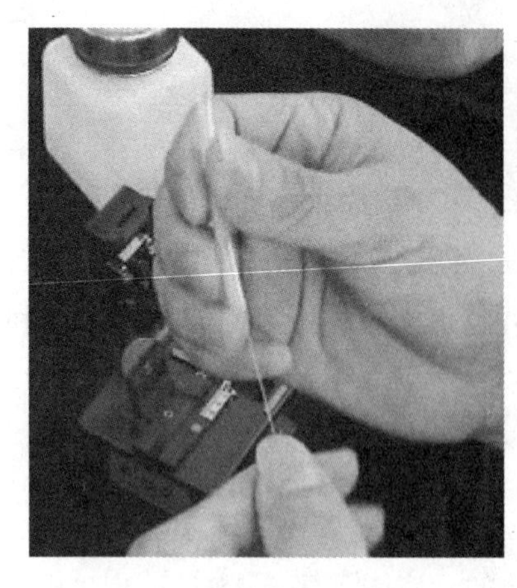

图 3-368 光纤穿热缩管护套

2）分纤

将光纤分别穿过热缩管。将不同束管，不同颜色的光纤分开，穿过热缩管。剥去涂覆层的光纤很脆弱，使用热缩管，可以保护光纤熔接头。如图 3-368 所示。

3）准备熔接机

打开熔接机电源，采用预置的程式进行熔接，并在使用中和使用后及时去除熔接机中的灰尘，特别是夹具，各镜面和 V 型槽内的粉尘和光纤碎末。熔接前要根据系统使用的光纤和工作波长来选择合适的熔接程序。如没有特殊情况，一般都选用自动熔接程序。

4）制作对接光纤端面

光纤端面制作的好坏将直接影响光纤对接后传输质量，所以在熔接前一定要做好被要熔接光纤的端面。首先用光纤熔接机配置的光纤专用剥线钳剥去光纤纤芯上的涂覆层，再用沾酒精的清洁棉在裸纤上擦拭几次，用力要适度，如图 3-369，然后用精密光纤切割刀切割光纤，切割长度一般为 10～15mm。如图 3-370 所示。

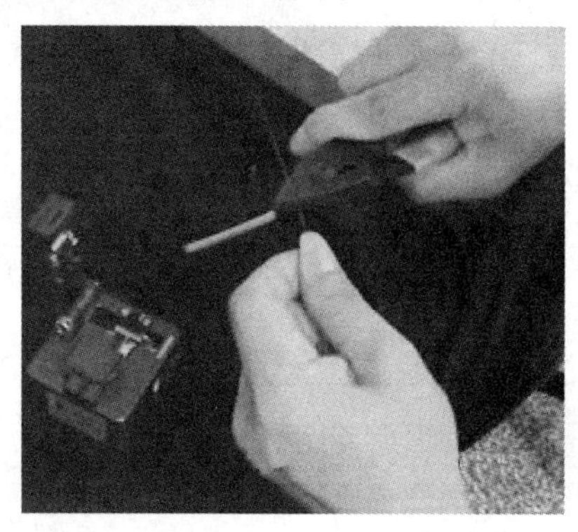

图 3-369 用剥线钳去除纤芯涂覆层

图 3-370 用光纤切割刀切割光纤

5）放置光纤

将光纤放在熔接机的 V 形槽中，小心压上光纤压板和光纤夹具，要根据光纤切割长度设置光纤在压板中的位置，一般将对接的光纤的切割面基本都靠近电极尖端位置。关上防风罩，按“SET”键即可自动完成熔接。需要的时间一般根据使用的熔接机而不同，一般需要 8～10s。如图 3-371。

6）移出光纤，用加热炉加热热缩管。

打开防风罩，把光纤从熔接机上取出，再将热缩管放在裸纤中间，在放到加热炉中加热。加热器可使用 20mm 微型热缩套管和 40mm 及 60mm 一般热缩套管，20mm 热缩管需 40s，60mm 热缩管为 85s。如图 3-372 所示。

7）盘纤固定

将接续好的光纤盘到光纤收容盘内，在盘纤时，盘圈的半径越大，弧度越大，整个线路的损耗越小。所以一定要保持一定的半径，使激光在光纤传输时，避免产生一些不必要的损耗。

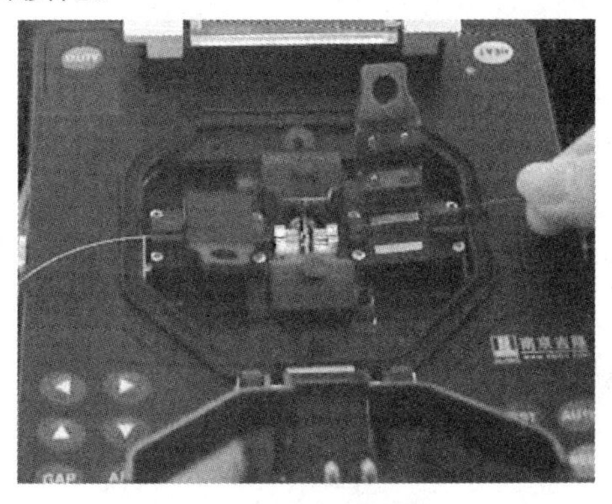

图 3-371　将光纤放入熔接机的 V 形槽

图 3-372　用加热炉加热热缩管

8）密封和挂起

如果野外熔接时，接续盒一定要密封好，防止进水。熔接盒进水后，由于光纤及光纤熔接点长期浸泡在水中，可能会先出现部分光纤衰减增加。最好将接续盒做好防水措施并用挂钩并挂在吊线上。至此，光纤熔接完成。

在工程施工过程中，光纤接续是一项细致的工作，此项工作做得好坏将直接影响到整套系统运行情况，它是整套系统的基础。这就要求我们在现场操作时仔细观察、规范操作，这样才能提高实践操作技能，全面提高光纤熔接质量。

（2）光缆接续质量检查

在熔接的整个过程中，都要用 OTDR 测试仪表加强监测，保证光纤的熔接质量、减小因盘纤带来的附加损耗和封盒可能对光纤造成的损害，决不能仅凭肉眼进行判断好坏：

1）熔接过程中对每一芯光纤进行实时跟踪监测，检查每一个熔接点的质量；

2）每次盘纤后，对所盘光纤进行例检，以确定盘纤带来的附加损耗；

3）封接续盒前对所有光纤进行统一测定，查明有无漏测和光纤预留空间对光纤及接头有无挤压；

4）封盒后，对所有光纤进行最后监测，以检查封盒是否对光纤有损害。

影响光纤熔接损耗的因素较多，大体可分为光纤本征因素和非本征因素两类。

光纤本征因素是指光纤自身因素，主要有 4 点。

1）光纤模场直径不一致；

2）两根光纤芯径失配；

3）纤芯截面不圆；

4）纤芯与包层同心度不佳。

影响光纤接续损耗的非本征因素即接续技术：

1）轴心错位：单模光纤纤芯很细，两根对接光纤轴心错位会影响接续损耗。当错位 1.2μm 时，接续损耗达 0.5dB。

2）轴心倾斜：当光纤断面倾斜 1°时，约产生 0.6dB 的接续损耗，如果要求接续损耗≤0.1dB，则单模光纤的倾角应为≤0.3°。

3）端面分离：活动连接器的连接不好，很容易产生端面分离，造成连接损耗较大。

4）端面质量：光纤端面的平整度差时也会产生损耗。

5）接续点附近光纤物理变形。

其他因素的影响：接续人员操作水平、操作步骤、盘纤工艺水平、熔接机中电极清洁程度、熔接参数设置、工作环境清洁程度等均会影响到熔接损耗的值。

降低光纤熔接损耗的措施：

1）一条线路上尽量采用同一批次的优质名牌裸纤。

2）光缆架设按要求进行。

3）挑选经验丰富训练有素的光纤接续人员进行接续。

4）接续光缆应在整洁的环境中进行。

5）选用精度高的光纤端面切割器来制备光纤端面。

6）正确使用熔接机。

（3）光纤配线架的安装

在综合布线系统中，最常使用的光纤管理器件是安装在机柜内的机架式光纤配线架。各厂家的机架式光纤配线架的结构有所差异，但功能是相类似的。光纤配线架对光纤起到较好的保护作用并提供了一系列光纤连接器实现光纤端接管理工作。下面以 IBDNFiber-Express 机架式光纤配线架为例，介绍光纤配线架安装步骤。

1）打开并移走光纤配线架的外壳，在配线架内安装上耦合器面板，如图 3-373 所示。

2）用螺丝将光纤配线架固定在机架合适的位置上，如图 3-374 所示。

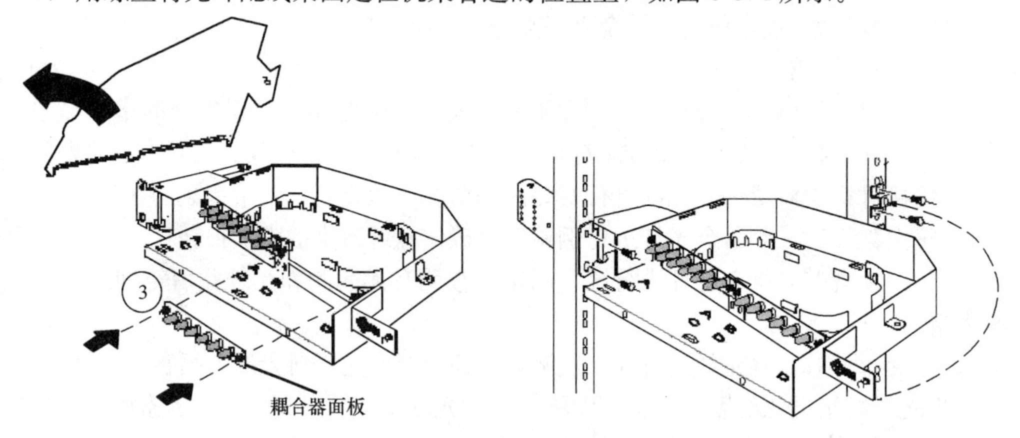

图 3-373 移走外壳并安装耦合器面板　　图 3-374 将光纤配线架固定在机架上

3）从光缆末端分别测量出 297.2cm 和 213.4cm 位置并打上标志，以便后续的光缆安装，如图 3-375 所示。

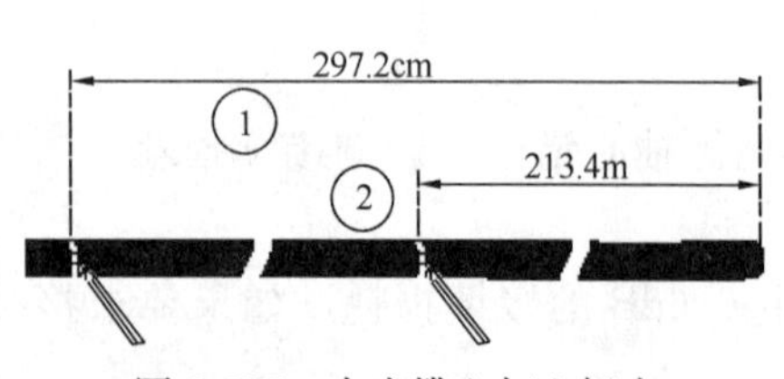

图 3-375 在光缆上打上标志

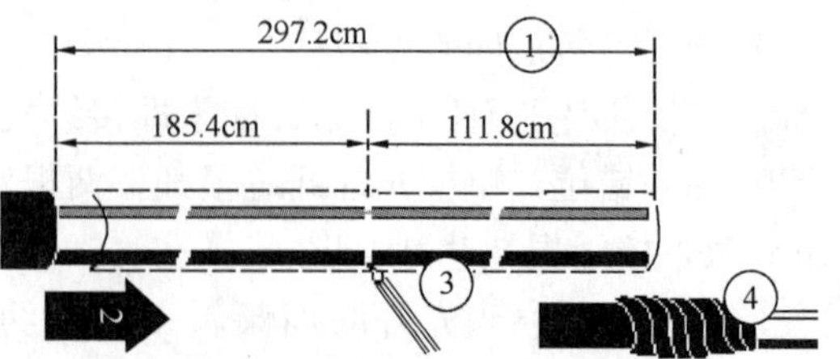

图 3-376 按要求剥除光缆并作标志

4）距光缆末端 297.2cm 处剥除光缆的外皮并清洁干净，在距光缆末端 111.8cm 处打上标志，并在光缆已剥除外皮的部分覆盖一层电工胶皮，以便进行光缆的固定，如图 3-376 所示。

5）如图 3-377 所示，按图示要求将光缆穿放到机架式光纤配线架并对光缆进行固定。

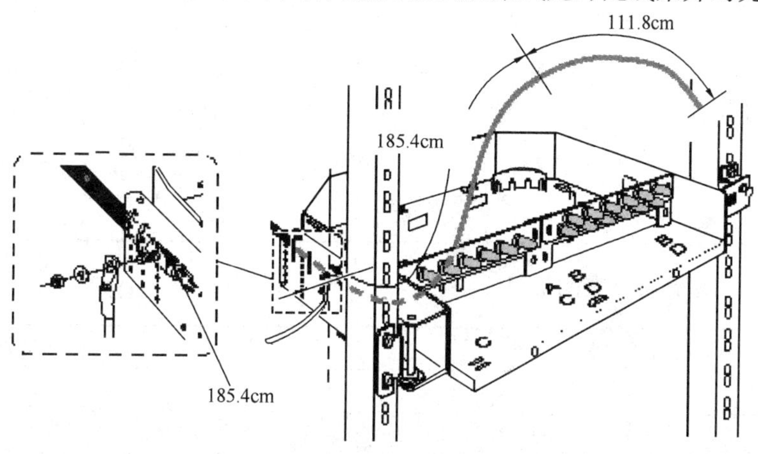

图 3-377 光缆穿放在配线架上并进行固定

6）将光缆各纤芯与尾纤熔接好后，各尾纤在配线架内盘绕安装并接插到配线架的耦合器内，如图 3-378 所示。

7）将光纤配线架的外壳盖上，在配线架上标签区域写下光缆标记，如图 3-379 所示。

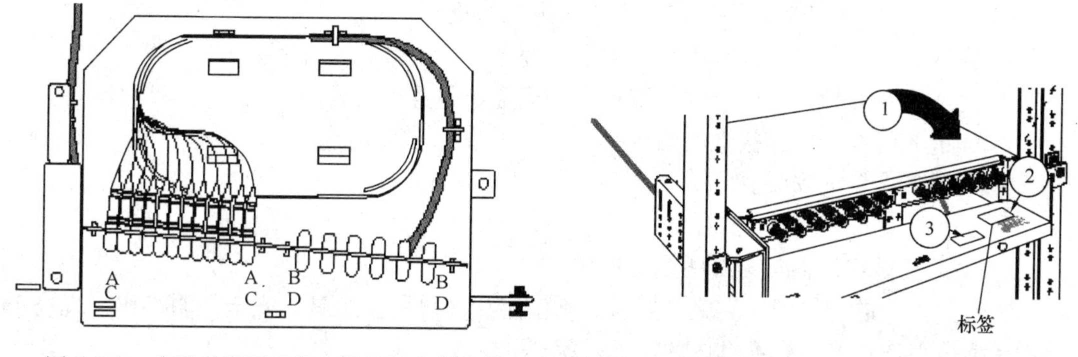

图 3-378 光纤及尾纤盘绕安装并插入耦合器

图 3-379 盖上外壳并做好光缆的标签

8）移去耦合器防尘罩，接插光纤跳线到耦合器，另一端连接设备的光纤接口，如图 3-380 所示。

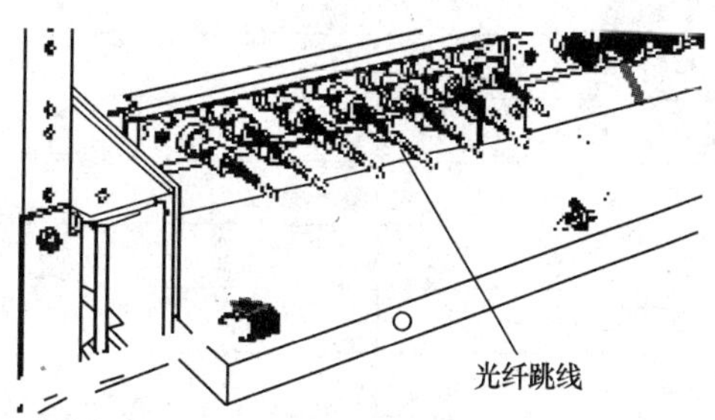

图 3-380 将光纤跳线插入耦合器内

4. 实训任务内容

(1) 请列出本次实训所需设备名称、型号、数量。

序号	名　称	型　号	数　量

(2) 列出本次实训所需的工具。

序号	名　称	型　号	数　量

(3) 请完成以下任务，请写出小组成员分工情况。

- 完成光缆的两端剥线，不允许损伤光缆光芯，而且长度合适。
- 完成光缆的熔接实训。要求熔接方法正确，并且熔接成功。
- 完成光缆在光纤熔接盒的固定。
- 完成耦合器的安装。
- 完成光纤配线架的安装。
- 完成光纤收发器与光纤跳线的连接。

(4) 分小组进行任务的实施。要求正确使用相关设备及工具，安全文明操作，现场工具设备摆放整齐，请记录下具体的实训过程。

(5) 如发现问题，自己先分析查找故障原因，并进行记录。

5. 实训评价

序号	评价项目及标准	自评	互评	教师评分
1	设备材料清单罗列清楚 5 分			
2	工具清单罗列清楚 5 分			
3	操作步骤正确 20 分			
4	工具使用得当 10 分			
5	光纤熔接质量符合要求 10 分			
6	光纤耦合器安装正确 10 分			
7	光纤配线架安装正确 15 分			

续表

序号	评价项目及标准	自评	互评	教师评分
8	能否正确进行故障判断 5 分			
9	现场工具摆放整齐 5 分			
10	工作态度 5 分			
11	安全文明操作 5 分			
12	场地整理 5 分			
13	合计 100 分			

6. 实训展示

将实训结果进行展示。能用专业的语言对整个实训过程进行描述。

单元4 技能训练的组织与管理

4.1 技能训练的制度

通过技能实训，加深理解、验证、巩固课堂教学内容，提高培养学生对楼宇智能化系统工程的设计、施工、测试验收、项目管理等各环节的技术要求和各方面的综合能力。实训的基本目标是使学生能够熟练地进行系统的配置、监控与组织管理、现场安装、施工、调试、程序输入、参数测试、故障诊断，以及对楼宇智能化系统的维护等有全面的理解。为成为一名合格的工程技术人员打下坚实的基础：

1. 通过实训掌握楼宇智能化系统总体方案和各子系统的设计方法。

2. 熟悉一种施工图的绘制方法（AUTOCAD或VISIO），按实际画出施工、控制柜安装和接线图、绘制安装接线图。

3. 掌握设备材料预算方法、工程费用计算方法。

4. 设计内容符合以下国家标准规范要求：

《建筑与建筑群综合布线系统工程设计规范》GBT—T—50311—2000；

《民用建筑电气设计规范》TBT/T 16—92；

《火灾自动报警系统设计规范》GBJ 116—92；

《民用闭路电视监控系统工程技术规范》GB 50198—94。

5. 编写设计方案、材料清单。

6. 整理相关技术资料。

7. 项目经过小组成员和相关人员验收。

8. 编写项目设计报告、PPT并做汇报。

每个学生应通过综合实训项目课程的学习，培养自己系统、完整、具体地完成一项楼宇智能化系统项目所需的工作能力，通过信息收集处理、方案比较决策、制定行动计划、实施计划任务和自我检查评价的能力训练，以及团队工作的协作配合，锻炼学生自己今后职场应有的团队工作能力。每个学生经历综合实训项目完整工作过程的训练，将掌握完成楼宇智能化弱电工程系统实际项目应具备的核心能力和关键能力。具体要求如下：

1. 充分了解技能项目任务书规定拟填写的项目各阶段的作业文件与作业记录。

2. 充分了解自己的学习能力，针对拟完成项目的设计功能要求与工艺规范，查阅资料，了解相关产品或技术情况，主动参与团队各阶段的讨论，表达自己的观点和见解。

3. 在学习过程中，认真负责，在关键问题与环节上下工夫，充分发挥自己的主动性、创造性来解决技术上与工作中的问题，并培养自己在整个工作过程中的团队协作意识。

4. 认真填写与撰写从资讯、方案、计划、实施、检查到评估各阶段按规范要求完成的相关作业文件与工作记录，并学会根据学习与工作过程的作业文件和记录及时反省与总结。

5. 实训安排

实训以3～5个人一小组为单位进行，每组各推荐1名组长，每天任务的分配均由组长组织进行，组长要了解关心小组的进展，记录小组每天的内容和成果，活动小组成员间要互相帮助，最终考核评比优秀班组，并进行产品（作品）评比，选出最佳产品（作品）展示。

6. 实训过程要求

按照企业的要求来规范自己的行为，安全第一、节能环保。工具、附件、仪器设备摆放规范。在独立完成工作时要求态度认真，不允许串岗、大声喧哗，不得抄袭各种作业文件和记录，若作业记录不齐全，将无实训成绩。在小组讨论时，要积极发言，提出自己的见解和方案。

7. 学生成绩评定标准

（1）过程考核：每一项工作任务学生参与情况和按时、全面、独立地完成项目各项任务，完成的作业文件和记录；学生参与工作的热情、工作的态度、与人沟通、独立思考、勇于发言，综合分析问题和解决问题的能力；学生安全意识、卫生状态、出勤率等。

（2）结果考核：作业文件齐全，符合企业管理规范，产品（作品）性能测试结果正确、外形美观、安全可靠，项目答辩条理清楚、语言表达准确等综合成绩。

（3）成绩评定：过程考核占60%，结果考核占40%。

4.2 技能训练进度计划管理内容

楼宇智能化系统工程技能训练实施涉及强弱电、建筑结构等方面的因素，由于这类工程的复杂性、其进度计划的管理和控制则显得尤为重要。进度安排要求做得非常详细，因为每项活动都关系着项目能否按期顺利完成。

楼宇智能化工程技能训练进程计划的管理内容包括项目工程总体进度计划和下属各弱电子系统，如：楼宇自动化控制系统（BA）、安全保护系统（SA）、公共广播系统（PA）、有线电视系统（CCTV）、保安监视系统（CATV）、综合布线系统（PDS）、计算机网络系统（Network）、程控交换机系统（PABX）、移动通信系统（MPES）和车库管理系统（PAS）等子系统的工程总体进度计划。

进度计划内容应涵盖各子系统的以下内容：

（1）系统设备订货计划。

（2）施工人员进场计划。

（3）系统设备进场及保管计划。

（4）系统安装、调试计划。

（5）系统测试计划。

（6）系统验收计划。

（7）系统试运行计划。

（8）系统档案管理计划。

楼宇智能化弱电系统工程进度计划必须和项目土建结构、强电、装潢等工程进度计划配合，特别当弱电系统的工程进度与土建结构、强电、装潢进度计划发生冲突时，应在合同允许的范围内根据建筑总承包的进度计划进行调整。

为了提高弱电系统工程的施工质量，确保系统的正常运行，弱电系统工程的施工必须严格执行国家有关的标准、规范。弱电系统工程的施工全过程分为掌握弱电系统工程施工的规范和标准，施工组织设计，施工图的绘制与施工项目的施工。

弱电系统工程施工的规范和标准。

1. 国家颁布的弱电施工及验收规范

《民用建筑电气设计规范》(JB/T 16—92)；

《建筑设计防火规范》(GBJ 16—87)；

《火灾自动报警系统设计规范》(GBJ 116—92)；

《自动喷淋灭火系统设计规范》(GBJ 84—85)；

《工业企业共用天线电视系统设计规范》(GBJ 120—88)；

《30MHI—1GHI声音和电视信号的电缆分布系统》(GB 6516—86)；

《有线电视系统工程技术规范》(GB 50200—94)；

《通信光缆的一般要求》(JB/T 7427—87)；

《火灾自动报警系统施工验收规范》(GB 50116—92)；

《工业企业通信设计规范》(GBJ 42—81)；

《建筑物防雷设计规范》(GB 50057—94)；

《民用闭路监视电视系统工程技术规范》(GB 50198—94)。

2. 一些相关标准和规范

《建筑及建筑群综合布线系统工程设计规范》(CECS 72—95)；

《有线电视广播系统技术规范》(GY/T 06—92)；

《商用建筑线缆标准》(EIA/TIA—56A)；

《商用建筑通信通道和空间标准》(EL4A1A—569)；

《建筑与建筑群综合布线系统工程设计规范》(修订本CECS72—97)；

《建筑与建筑群综合布线系统工程施工及验收规范》(CECS89—97)；

《建筑物电气设备选择和布线系统安装》国际标准 (IEC—364—5—52)；

《国际标准化组织的布线标准》(ISO/IEC/IS1180)；

《城市住宅区和办公楼电话通信设施设计标准》(YD/T2008—1993)。

3. 其他技术规范中的施工及验收内容

《智能建筑设计标准》(DBJ 08—47—95)；

《电气装置安装施工及验收规范》(GBJ 232—82)；

《建筑电气安装工程质量检验评定标准》(GB 303—88)：

《自动化仪表工程及验收规范》(GBJ 93—96)；

《自动化仪表工程质量检验评定标准》(GBJ 131—90)。

4.3 技能训练项目进度计划的编制

技能项目的进度计划编制必须遵循科学性、客观性的原则，做到既考虑系统全局，又兼顾各个子系统的具体特点。

首先，进度计划标志必须明确项目目标，应根据系统实施工作范围、时间和人员安排及施工成本等因素使项目目标明确化、文档化。即在根据项目任务书编制智能化系统工程进度计划时，必须根据任务书规定的所提供服务的工作范围、时间要求、技术要求和现场工程的各系统实际进展情况，对实施的系统进行合理的人员、物质和时间安排。

其次，进度计划编制通过结构分析工作将一个项目分解成易于管理的几个部分或几个细目，这样有助于确保找出完成细目工作范围所需的所有工作要素。具体到智能化系统工程，即将一个完整的智能化系统按每个弱电子系统进行分解，再将每个弱电子系统按所提供的服务内容分解细化到每个任务。所有的进度控制都将落实到各弱电子系统的各个任务完成情况跟踪上。

进度计划编制的形式应以文档的形式表示，主要分为两个部分：

1. 系统任务描述和定义

系统任务描述和定义是针对每个弱电子系统的具体任务，明确地规定该任务功能、时间要求、实施负责人、考核标准等内容。

任务描述一定要详细具体，否则其完成考核标准就难以确定，对其进度控制也就失去了意义。

2. 工程进度图表

工程进度图表常用 Microsoft Office Project 2003 或甘特表和工作流程图来表示，其优点是直观和便于整体了解整个智能化系统工程的进度计划。有许多计算机软件可帮助画出进度甘特图和工作流程图。网络计划技术也是目前正在得到应用的进度计划编制工具。

3. 进度计划编制

智能化系统工程进度计划编制时，应估计每项任务活动的工期，确定整个项目的预计开始时间和要求完工时间，在项目的预计开始时间的集成上，计算每项活动必须开始和完成的最迟时间，确定每项活动能够开始（或完工）与必须开始（或完工）时间之间的正负时差，确定关键（最长）活动路径。

智能化系统工程进度计划编制时，首先小组为单位编制系统工程总进度计划并下落实到各弱电子系统完成人员。各弱电子系统完成人员根据项目总进度及各子系统的具体情况编制楼宇自动化控制系统（BA）、安全保护系统（SA）、公共广播系统（PA）、有线电视系统（CCTV）、保安监视系统（CATV）、综合布线系统（PDS）、计算机网络系统（Network）、程控交换机系统（PABX）、移动通信系统（MPES）和车库管理系统（PAS）等子系统工程体进度计划。在此期间，小组长与各弱电子系统完成人应保持良好的沟通，协调解决在进度计划编制时出现的时间或工序上的差异。

4. 项目管理软件

目前，大部分项目管理软件和工具软件为各公司自己开发，或为市场上的成熟产品。这些软件可应用于：

（1）生成项目任务一览表，包括预计工期；

（2）建立任务间的相互依存关系；

（3）以不同的时间尺度工作，如：小时、天、周、月和年；

（4）处理运行项目中的限制，如先后顺序等；

（5）计算实际工作日；

（6）生成相关报表和传输电子数据；

（7）以微软 Microsoft Office Project 或甘特图和网络图等方式直观表现计划内容总之，应有合适的项目管理软件帮助实施智能化系统工程的项目管理工作更加有效和方便。

弱电系统的进度计划编制，基本上是在实训小组总计划的基础上对相关楼层、区域的弱电各子系统，如：监控综合布线、门将控制等系统的布线、端接和设备安装等工序的时间要求进行规定。

如图 4-1 所示为楼宇智能化系统技能项目实训部分弱电子系统进度计划安排例子，对其中涉及的通信、安保、电话、电视机房智能卡及车库系统的签约、订货、到货、现场情况和预计工程时间安排等用 Project 图或甘特图进行表示，这样为计划实施的监督和控制等都提供了方便的手段。

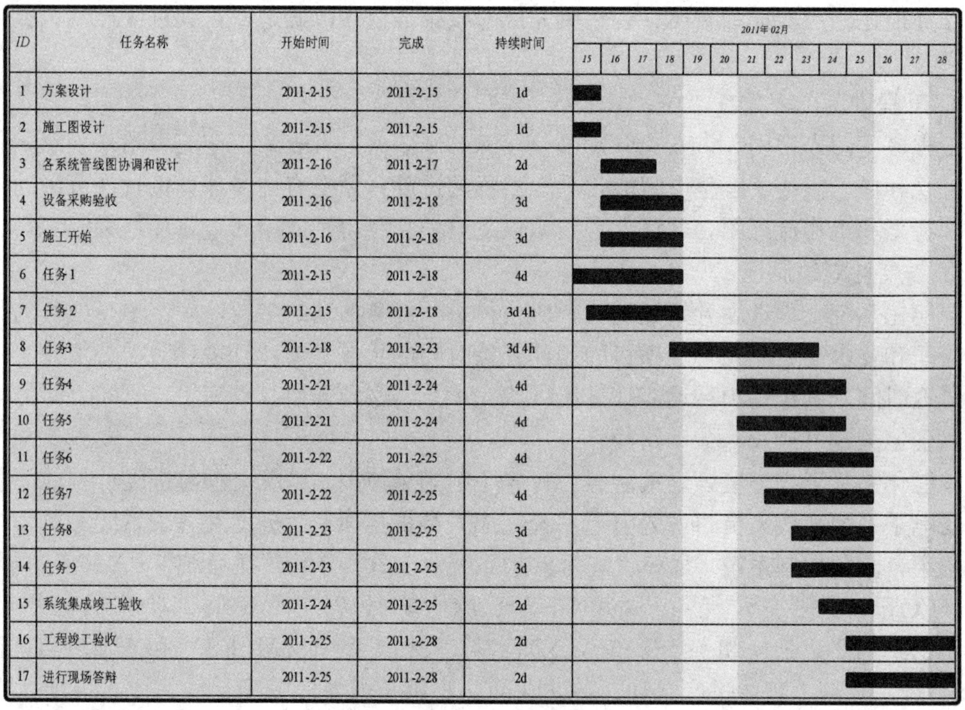

ID
任务名称
开始时间
完成
持续时间
2011年02月
15 16 17 18 19 20 21 22 23 24 25 26 27 28
1 方案设计 2011-2-15 2011-2-15 1d
2 施工图设计 2011-2-15 2011-2-15 1d
3 各系统管线图协调和设计 2011-2-16 2011-2-17 2d
4 设备采购验收 2011-2-16 2011-2-18 3d
5 施工开始 2011-2-16 2011-2-18 3d
6 任务1 2011-2-15 2011-2-18 4d
7 任务2 2011-2-15 2011-2-18 3d 4h
8 任务3 2011-2-18 2011-2-23 3d 4h
9 任务4 2011-2-21 2011-2-24 4d
10 任务5 2011-2-21 2011-2-24 4d
11 任务6 2011-2-22 2011-2-25 4d
12 任务7 2011-2-22 2011-2-25 4d
13 任务8 2011-2-23 2011-2-25 3d
14 任务9 2011-2-23 2011-2-25 3d
15 系统集成竣工验收 2011-2-24 2011-2-25 2d
16 工程竣工验收 2011-2-25 2011-2-28 2d
17 进行现场答辩 2011-2-25 2011-2-28 2d

(*a*)

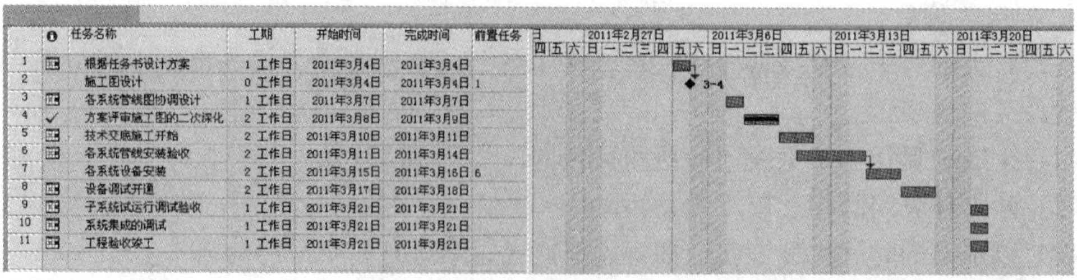

任务名称
工期
开始时间
完成时间
前置任务
2011年2月27日
2011年3月6日
2011年3月13日
2011年3月20日
1 根据任务书设计方案 1 工作日 2011年3月4日 2011年3月4日
2 施工图设计 0 工作日 2011年3月4日 2011年3月4日 1
3 各系统管线图协调设计 1 工作日 2011年3月7日 2011年3月7日
4 方案评审施工图的二次深化 2 工作日 2011年3月8日 2011年3月9日
5 技术交底施工开始 2 工作日 2011年3月10日 2011年3月11日
6 各系统管线安装验收 2 工作日 2011年3月11日 2011年3月14日
7 各系统设备安装 2 工作日 2011年3月15日 2011年3月16日 6
8 设备调试开通 2 工作日 2011年3月17日 2011年3月18日
9 子系统试运行调试验收 1 工作日 2011年3月21日 2011年3月21日
10 系统集成的调试 1 工作日 2011年3月21日 2011年3月21日
11 工程验收竣工 1 工作日 2011年3月21日 2011年3月21日
3-4

(*b*)

图 4-1　弱电系统施工进度计划图

4.4 工程项目进度控制

项目根据任务书正式开始后，就必须监控项目的进程，以确保每项活动按进度计划进行，因此必须掌握实际进度，并将它与进度计划进行比较。

在项目进行期间，一旦认定项目落后于进度计划，就必须采取纠正措施以维护进度的正常进行。如果项目远远落后于进度计划，可能会很难保持原进度。

有效项目进度控制要掌握以下几个方面：

(1) 项目控制过程的执行步骤；

(2) 确定实际进度完成情况对项目进度的影响；

(3) 将项目变更融入进度计划；

(4) 计算更新后的进度计划；

(5) 控制项目进度。

1. 项目控制过程

项目控制过程定期收集项目完成情况的数据，并将它与已制定的进度计划相比较。在项目进行期间，如果项目实施落后于进度计划，就必须召集相关单位，采取必要纠正措施，保证项目工程进度的正常进行。

2. 项目控制过程的执行步骤

项目控制过程如图 4-2 所示。

3. 项目控制实际操作

应确定一个固定的报告期，跟踪和反馈实际进度与进度计划的比较。根据项目的复杂程度和时间期限，可以将报告期定于时、日、周、双周、月、双月、季度和年。

在整个报告期内，需要收集的数据和信息有：

(1) 实际执行中的数据，包括：活动开始或结束的实际时间；使用或投入的实际（材料）成本；

(2) 有关项目范围、进度计划和预算变更的信息。

一般来说，楼宇智能化系统工程项目拿到任务书以后，项目需建立一个新的基准计划，这个计划的范围、进度和预算与项目任务书的基准计划略有不同。因为其间的项目相关方面的进展会有变化。比如：现场系统功能（如计算机网络传输带宽）要求有进一步提供等。

项目报告的数据和信息必须及时收集，作为更新项目进度计划和预算的依据。因为项目的进展日新月异，所以，数据和信息的有效期应以考虑；同时，应多方面收集项目报告的数据和信息，所谓“兼听则明”，每个子系统所处的位置不同，工作量不同，所提供的信息和数据不能排除其片面性。因此，项目报告的数据和信息必须准确、及时和全面，否则，所制定的项目进度计划和预算就起不到其应有的效果。

项目报告的数据和信息收集方法有：

(1) 每个弱电子系统向本项目经理（组长）定期提交本系统的实际进度，并提供系统实施情况报告；

(2) 项目经理（组长）定期召开项目工程协调会，及时了解各弱电子系统进展和进

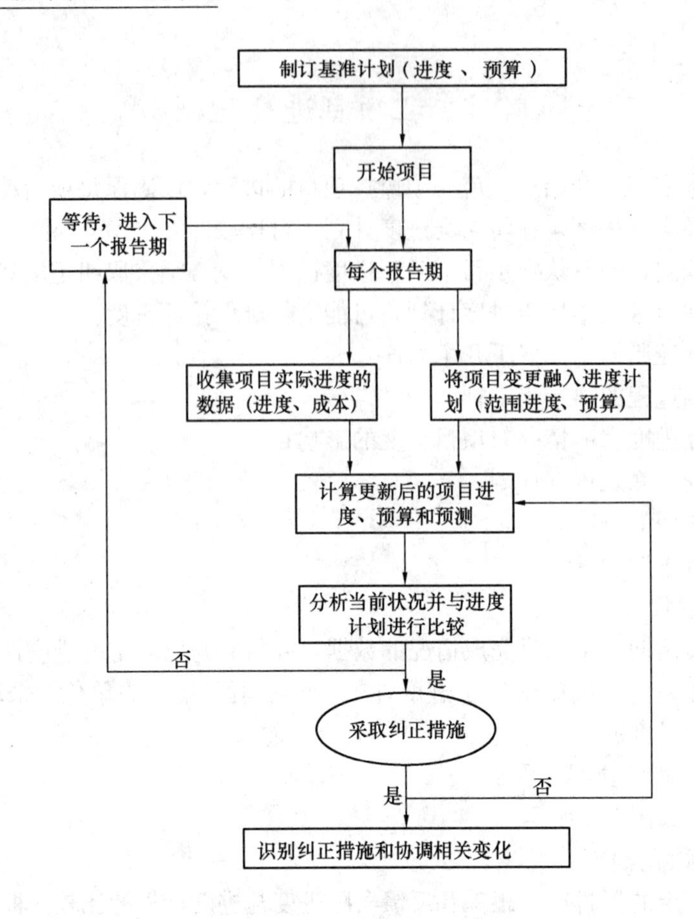

图4-2　项目控制过程示意图

度，解决项目实施碰到的问题。

(3) 项目经理（组长）定期下发项目工程进展报告和变更通知（如发生变更），各弱电子系统及时反馈；

(4) 项目经理（组长）会同各弱电子系统承包成员定期进行现场检查，及时掌握第一手资料。

特别在工程实施的关键阶段，每天现场的进展情况会发生许多变化，弱电各子系统又互相影响，所以应根据工程不同阶段及时调节对工程的检查方法和时间。

4. 进度计划的更改及措施

智能化系统工程的实施过程中，遇到的各种变数比较多。有些是最终用户的需求发生可变化，如：部门调整而引起的办公室重新布置，业务变化而引起的设备的不同，有些是产品供应商的变化（如：产品更新换代、企业倒闭等）而使项目的服务范围发生了变化。

所有智能化系统工程实施过程中的变化和更改，大都会影响到项目实施的进程和进度，有些变化和更改甚至会使项目的成本发生很大变化，而需要重新修改任务书。

智能化系统工程实施过程中的变化和更改必须加以控制，以确保项目按时、按任务书要求高品质地完成。

智能化系统工程实施过程中的变化更改必须按照正常的处理程序操作。

4.5 智能化系统工程实施质量控制

弱电工程质量管理执行 ISO 9001 系统工程质量体系，贯穿于弱电系统的整个工程实施过程中。为了保证系统的高质量，需要确切做好质量控制、质量检验和质量评定。

(1) 施工图的规范化和制图的质量标准；

(2) 管线施工的质量检查和监督；

(3) 配线规格的审查和质量要求；

(4) 配线施工的质量检查和监督；

(5) 现场设备和终端设备的质量检查和监督；

(6) 主控设备的质量检查和监督；

(7) 智能化弱电系统的监控；

(8) 调试大纲的审核和实施以及质量监督；

(9) 系统运行时的参数统计和质量分析；

(10) 系统验收的步骤和方法；

(11) 系统验收的质量标准；

(12) 系统操作与运行管理的规范要求；

(13) 系统的保养和维修的规范和要求；

(14) 年检的记录和系统运行总结等。

施工质量的管理与控制是智能化系统工程质量的根本保证。再好的系统，其功能的实现都是由施工所完成的。另外由于智能化系统的实施与建筑物土建、装潢等其他系统的实施交叉进行，涉及的协调方面非常多，协调时间比较长，因此施工质量的管理与控制就显得尤为重要。一旦施工质量不能保证，重返工难度及对整个项目的进度影响将非常大。

因此，必须严格做好施工质量的管理与控制工作（图 4-3）。

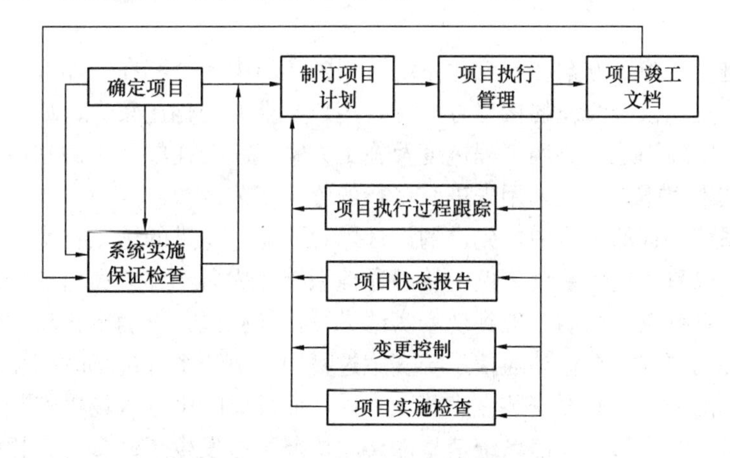

图 4-3 施工质量的管理与控制示意图

施工质量的管理与控制可以在以下几个方面开展工作：

(1) 首先，必须建立完善的项目管理队伍，制定严格的项目管理制度，设立专职的质量管理人员。

质量管理人员必须参与项目计划的制订，避免盲目赶进度而带来质量隐患。同时，质量管理人员必须亲临现场，掌握项目进展中的实际质量情况，随时对工程中的质量问题进行处理。所以，对项目的质量管理人员必须做到充分授权。

（2）在项目实施过程中设立中继检查点，对质量问题做到“防患于未然”。

项目实施过程中会碰到许多意想不到的情况，如天花板上的布置，本来已有消防水管、空调风管和强电线槽等，弱电工程一般进场较晚，弱电子系统的楼宇自动化控制系统（BA）、安全保护系统（SA）、公共广播系统（PA）、有线电视系统（CCTV）、保安监视系统（CATV）、综合布线系统（PDS）、计算机网络系统（Network）、程控交换机系统（PABX）等都有线槽要布、而移动通信系统（MPES）更需要在天花板上安装信号天线，现场的情况是往往空间有限，各弱电子系统的走管会发生冲突，有时各系统在施工工序上的影响也会增加施工难度。

因此，应会同设计单位等进行了解协调保证智能化项目顺利进行。

（3）随时供质量全面跟踪，把责任落实到个人。

对施工的质量控制和管理，不能总是质量管理员的工作，要把工程质量的概念深入到每个施工人员中。在进场施工之前，项目总承包应组织各弱电子系统承包单位及相关部门进行项目的质量教育，请各弱电子系统承包单位拿出施工质量控制和管理方案。技术监督人员既是技术人员，也要协助质量管理员的工作，工程每一步都要达到设计的技术和质量要求。

（4）系统实施必须按照最新的图纸、生效的设计方案进行。

项目实施特别是后半阶段，工程时间安排很紧，而项目变更又难避免，系统实施必须按照最新的图纸、生效的设计方案进行。在工程中，有时由于更新的施工图纸未能及时发放到相关单位，而造成建筑、装潢单位与弱电子系统施工所用的图纸不一致，这时施工就会发生问题，可能出现工程的返工，从而影响项目的进度计划和工程预算。

（5）项目管理人员做好与建设单位及其他系统实施单位的实施沟通，协调工程进度及施方案。

协调工程进度及施工方案在智能化系统工程的实施中无处不在，如有线电视系统，房间内电视机的位置、信号线缆的接口方式等，用户要求的变化比较大，如不与用户及其他系统的实施单位实施沟通，协调工程进度及施工方案，就会在施工中碰到许多问题。

（6）制定技术实施方案，采用先进、可行的施工工艺。

在智能化系统工程的实施中，先进的设计思想要通过先进的施工技术方案、可行的施工工艺来实践。以移动通信系统为例，移动通信系统完成后，移动通信信号应覆盖整个大楼或整个厂区。系统设计初期，应到现场实地进行信号测试，以确定移动通信系统设备的配置和信号强度的要求；在移动通信系统实施过程中，由于系统进场时间相对比较晚，设备（包括天线）的安装有些要安装在隐蔽工程内，而且此时由于现场以安装了许多其他系统的设备或建筑设施，移动通信系统信号的接收情况可能发生了许多的变化，另外在实施过程中，外界信号发射源也可能对内部系统带来意想不到的影响，如果忽视这些因素，系统实施计划安排不好的话，不但会影响其他系统的实施，而且移动通信系统的性能本身也达不到设计要求。

（7）实行技术和质量负责制，进行层层技术把关。

每个现场施工人员都要对所做的工作有责任心，对项目有主人翁精神。工作态度一定要认真。智能化系统有各个弱电子系统组成，而每个弱电子系统又是由每个系统的线缆、接口终端设备和中控设备组成。每一部分的施工虽然是独立的，但所有工作的总和就是每个系统。只有人人对技术和质量负责，才能建成一个合格的智能化系统。

（8）其他一些项目实施中常用质量管理措施列举如下：

1）通过现场协调会议等手段及时解决施工中出现的问题；

2）施工人员的资质必须严格审查，避免非正常施工带来的危害；

3）必须严格遵守相关施工管理条例；

4）做好工程实施及质量检验文档。

综上所述，质量管理和质量控制必须贯穿于智能化系统工程的整个过程，并落实于工程实施管理的每个方面，这样才能使智能化系统工程在保证质量的基础上按时完成。

参 考 文 献

[1] GB 50348—2004，安全防范工程技术规范[S]. 北京：中国计划出版社，2004.

[2] GB 50394—2007，入侵报警系统工程设计规范[S]. 北京：中国计划出版社，2007.

[3] GB 50395—2007，视频安防监控系统工程设计规范[S]. 北京：中国计划出版社，2007.

[4] GB 50396—2007，出入口控制系统工程设计规范[S]. 北京：中国计划出版社，2007.

[5] GB 50311—2007，综合布线系统工程设计规范[S]. 北京：中国计划出版社，2007.

[6] GA/T 72—2005，楼宇对讲系统及电控防盗门通用技术条件[S]. 北京：中国标准出版社，2005.

[7] 董春利 . 安全防范工程技术[M]. 北京：中国电力出版社，2009.

[8] 王公儒 . 网络综合布线系统工程技术实训教程[M]. 北京：机械工业出版社，2009.

[9] 禹禄君 . 综合布线技术实用教程[M]. 北京：电子工业出版社，2007.

[10] 侯正昌 . 智能楼宇弱电系统规划与实施[OL]. 无锡：无锡职业技术学院计算机技术系：http：//jpkc. wxit. edu. cn/2009_znly/index. html.

[11] GB 50045—95，高层民用建筑设计防火规范[S]. 北京：中国计划出版社，2004.

[12] GB 50116—98，火灾自动报警系统设计规范[S]. 北京：中国计划出版社，2001.

[13] 王东伟 . 智能楼宇管理师[M]. 北京：中国劳动社会保障出版社，2009.

[14] 杨连武 . 火灾报警及联动控制系统施工[M]. 北京：电子工业出版社，2006.

[15] 邱海霞 . 电工基本知识及技能[M]. 北京：中国建筑工业出版社，2005.

[16] 黎连业等 . 综合布线系统弱电工程设计与施工技术[M]. 北京：电子工业出版社，2003.

[17] 陈志新等 . 建筑智能化技术综合实训教程[M]. 北京：机械工业出版社，2007.

[18] 熊幸明 . 电工电子技能训练[OL]. 北京：超星数字图书馆 .

http：//new. ssreader. com/ebook/search. jhtml? type＝all&sw＝%B5%E7%B9%A4%B5%E7%D7%D3%BC%BC%C4%DC%D1%B5%C1%B7&ec＝gbk